水环境品质提升与水生态安全保障丛书

城市河流水环境品质提升 与生态健康维系

Environment Improvement and
Ecosystem Health Promotion of
Urban River

贾海峰 等 编著

化学工业出版社

·北京·

内容简介

本书以建立城市河流水环境品质提升与生态健康维系技术体系为主线，针对城市河流水环境治理的阶段特点与构建高品质水环境的需求，重点论述了城市水体感官愉悦度与生态健康评价、城市径流污染多维立体控制、城市河网流态联控联调、河流典型污染物快速去除与透明度提升、河道生态修复与健康维系等技术，进而介绍了各项技术在苏州中心城区范围内的示范验证情况；形成的城市水环境品质提升与水生态健康维系的集成技术体系及实践可支撑我国城市河流水环境治理，也为我国类似城市的水环境治理工作发挥积极的示范和引领作用。

本书内容丰富，体系完整，注重理论与实践结合、技术先进性与实用性结合，可供生态环境、城市水务、市政等领域的工程技术人员、科研人员和管理人员参考，也可供高等学校环境科学与工程、市政工程、生态工程及相关专业师生参阅。

图书在版编目（CIP）数据

城市河流水环境品质提升与生态健康维系 / 贾海峰
等编著. —北京 ：化学工业出版社，2023.11
（水环境品质提升与水生态安全保障丛书）
ISBN 978-7-122-43804-1

Ⅰ.①城… Ⅱ.①贾… Ⅲ.①城市 - 河流 - 水环境 -
环境管理 Ⅳ.①X522

中国国家版本馆CIP数据核字（2023）第129444号

责任编辑：刘 婧 刘兴春　　　　　　　　文字编辑：丁海蓉
责任校对：王 静　　　　　　　　　　　　装帧设计：韩 飞

出版发行：化学工业出版社（北京市东城区青年湖南街13号　邮政编码100011）
印　　装：北京建宏印刷有限公司
787mm×1092mm　1/16　印张24　字数563千字　　2025年1月北京第1版第1次印刷

购书咨询：010-64518888　　　　　　　　　售后服务：010-64518899
网　　址：http://www.cip.com.cn
凡购买本书，如有缺损质量问题，本社销售中心负责调换。

定　　价：198.00元

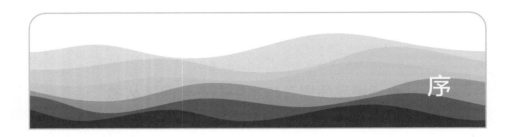

序

改革开放以来，工业化和城市化的不断推进及社会经济的高速发展，使我国面临严峻的水资源短缺、污染加剧和生态系统退化等问题，大自然敲响了生态环境保护的警钟，特别是20世纪90年代以来，我国河流湖泊水质不断恶化，生态和水环境问题积重难返，社会可持续发展及人民群众生产、生活和健康面临重大风险。面对污染治理、环境管理和饮用水安全的严峻挑战，2007年党中央国务院高瞻远瞩，做出了科技先行的英明决策和重大战略部署，启动了水体污染控制与治理科技重大专项（简称"水专项"），开启了新型举国体制科学治污的先河。"水专项"抓住科技创新这个牛鼻子，开展以问题和目标为导向的科技攻关，按照流域系统性与整体性治理理念，分控源减排、减负修复、综合调控三步走战略，重点突破重点行业、农业面源污染、城市污水、生态修复、饮用水安全保障以及监控预警六个领域关键技术，构建流域水污染治理、饮用水安全保障与水环境管理三大技术体系，开展工程示范，在典型流域和重点地区开展综合示范，通过科技创新、理念创新和体制机制创新，政产学研用深度融合，形成可复制可推广科技解决方案，为国家流域水环境综合整治和饮用水安全保障提供技术与经济可行的科技支撑，全面提升我国水生态环境治理体系和治理能力现代化水平。"水专项"实施以来，特别是"十三五"以来，紧密围绕国家战略和地方需求，聚焦水污染治理、饮用水安全保障、水环境管理三个重点领域，形成中央地方协同、政产学研用联合攻关模式和系统解决方案。针对三大重点领域，"水专项"建立了适合我国国情的流域水污染治理、饮用水安全保障和水环境管理技术体系，各有侧重、互为补充、形成合力，推动了复杂水环境问题的整体系统解决，减少了成果的碎片化，经过工程规模化应用和实践检验，已在水环境质量改善和饮用水安全保障中发挥了重要的科技支撑与示范引领作用。

针对我国经济发达地区城市水环境品质提升与水生态安全保障的需求，"十三五"期间水专项设置了"苏州区域水质提升与水生态安全保障技术及综合示范项目"。该项目由清华大学牵头，分别针对水设施功能提升与全系统调控、水源地生态环境安全保障、河道水环境品质提升与水生态健康维系技术开展了系统研究和工程示范。项目首席专家清华大学贾海峰教授组织编写的"水环境品质提升与水生态安全保障丛书"，凝聚了苏州"十三五"水专项研究成果的精华。该丛书由三部专著组成，是在总结国内外城市水环境治理经验和教训基础上，以苏州为研究案例，对城市水环境品质提升与水生态安全保障理论方法、技术体系和实践经验的系统总结和提升。其中，《水环境设施功能提升与水系统调控》以城市水系统安全高效运行和水设施精细化智能化管控技术体系构建为主线，选择印染废水处理厂、城市污水处理厂和城市管网等典型设施，系统介绍了设施排水的生态安全性评价与监控、印染废水处理厂毒害污染物与毒性控制、城市污水处理厂数字化全流程优化运行与节能降耗、城市排水系统多设施协同调控与雨季高效安全运行、城市污泥处理处置对水环境影响的综合评价、水环境设施效能动态评估6项核心技术。《湖湾型水源地水生态健康提升与水质保障》以湖湾型水源地水生态健康提升与水质保障技术体系构建为主线，围绕水源地水生态评价、陆域典型污染源综合防控和湖滨带水生植被优化管理等重点方向，全面介绍了湖湾型水源地水生态健康安全评价体系、特色农业水肥一体化精准施肥、山地生态种植与病虫害绿色防控、集中式污水处理厂优化运行与尾水深度净化、分散型农村生活污水处理设施长效维护管理、湖滨带水生植被群落优化调控和水生植物收割残体资源化7项核心技术。《城市河流水环境品质提升与生态健康维系》以建立城市河流水环境品质提升与生态健康维系技术体系为主线，针对城市构建高品质水环境的需求，整体介绍了城市水体感官愉悦度与生态健康评价、城市径流多维立体控制、城市河网流态联控联调、河流典型污染物快速去除与透明度提升、河流生态修复与健康维系5项核心技术。丛书还全面介绍了各项技术和技术模式在苏州中心城区范围内的验证、工程示范和成效情况。

该丛书体系完整，内容丰富，研究方法合理，技术先进实用，实践案例翔实，成效显著，创新性强，代表了当前我国城市水环境与水生态安全领域的最高研究水平，可为环保系统、城市建设、水利水务部门的技术人员和管理者以及相关专业的师生提供参考，相信也会对我国城市水环境管理有所帮助。

中国工程院院士
国家科技重大专项技术总师
中国环境学会　副理事长

吴丰昌

2023 年 2 月

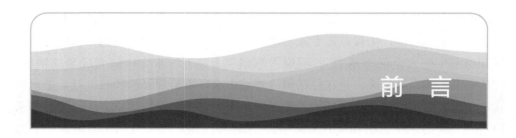

前　言

随着水环境治理工作的不断深入和水环境质量的不断改善，我国城市水环境治理逐渐进入转型期，对水环境品质提升与水生态安全保障提出了更高的要求。在转型期城市水环境治理工作面临着"5个转变"：环境质量改善目标从常规污染物达标向构造亲水环境和实现水生态安全转变；污染物控制从COD和氨氮负荷削减向多种污染物协同减排和微量污染物毒性控制转变；工程技术措施从治理设施建设规模扩张向强调设施安全稳定高效运行转变；污染治理模式从粗放治理向精准化靶向治理转变；监管手段从以人工经验半自动为主向智能化转变。

苏州作为我国率先进入城市水环境治理转型期的代表性城市，具有实现苏州水环境品质持续提升、保障太湖东部区域水生态安全的迫切需求。在此背景下国家水体污染控制与治理科技重大专项于2017～2021年实施了"苏州区域水质提升与水生态安全保障技术及综合示范项目"研究，该项目由清华大学牵头，设置三个课题，分别针对水设施功能提升与全系统调控、水源地生态环境安全保障、河道水环境品质提升与水生态健康维系技术开展了系统研究和工程示范。"水环境品质提升与水生态安全保障丛书"的三部专著，就是本项目三个课题研究成果的系统提炼和总结。

本书是"河道水环境品质提升与水生态健康维系技术及示范"科研项目成果的总结。该科研项目由清华大学负责，参加单位包括上海市政工程设计研究总院（集团）有限公司、水利部交通运输部国家能源局南京水利科学研究院、上海交通大学、上海海洋大学、悉地（苏州）勘察设计顾问有限公司、苏州科技大学、苏州市河道管理处等。本书围绕城市水环境治理过程中面临的河道水环境品质提升与水生态健康维系问题，重点介绍了城市水体感官愉悦度与生态健康评价、城市区域径流污染多维立体控制、河道水体快速净化、河网水动力优化与活水工程调控以及河流水生态构建与健康维系技术，并介绍了在苏州市区综合示范区内进行的关键技术的示范与验证，书中形成的城市水环境品质提升与水生态健康维系的集成技术体系为我国类似城市的水环境治理工作发挥积极的示范和引领作用。

本书共 7 章：第 1 章阐述了城市河流生态功能与问题及水环境现状与问题；第 2 章介绍了城市河流水环境品质的相关指标，介绍了城市河流水体感官愉悦度评价技术、城市河流水生态健康评价技术的建立与应用；第 3 章论述了城市河流雨季污染与降雨径流面源污染问题，介绍了区域径流多维立体控制技术及工程案例；第 4 章面向复杂河网的水动力调控问题，论述了河网水动力 - 水质阈值确定技术、河网水系流动性调控技术、以模型为核心的水动力 - 水质调度技术、基于物联感知的自动监控技术和模型云技术等，并介绍了相关工程案例；第 5 章论述了表面流人工湿地、膜分离、磁分离、滤布滤池、软质外壁可膨胀式弹性滤池等河道水体典型污染物识别与快速去除技术及工程案例；第 6 章论述了城市河道生态修复技术与维系技术，讲述了河道底质电化学原位修复技术、水草生境构建技术、植物源化感抑藻技术、河流健康生物链构建技术及水生态修复工程；第 7 章为结语与展望。

本书的架构由贾海峰设计，孙朝霞完成初稿的编著，贾海峰最终统稿并定稿。各章核心内容的贡献者如下：第 1 章和第 7 章由贾海峰、孙朝霞完成；第 2 章由席劲瑛、贾海峰、朱强、潘杨、陈正侠、张波、杨俊、孙朝霞完成；第 3 章由陈嫣、陆敏博、贾海峰、韩素华、王盼、柯杭、曹倩男、孙朝霞完成；第 4 章由吴时强、夏坚、贾海峰、范子武、谢忱、柳杨、孙朝霞、马振坤、丁瑞、程颖完成；第 5 章由何圣兵、贾海峰、孙珊珊、袁文璟、昂安坤、孙朝霞完成；第 6 章由贾海峰、何培民、李广贺、张芳、杨珏婕、赵赢双、郑海粟、彭自然、邵留、汤春宇、盛林华、孙朝霞完成。在编著过程中，为本书提供素材的人员（按姓氏笔画排序）还有王卫刚、毛旭辉、石莎、石雨鑫、印定坤、刘洁、李可、杨烨、冷林源、沈尚荣、顾澄伟、钱冬旭、徐特、徐斯迪、高郑娟。在此对所有参加本书编著的人员表示感谢。同时本书作者衷心感谢国家水体污染控制与治理科技重大专项、苏州市政府的支持，以及课题实施过程中众多评估专家的宝贵建议，感谢苏州市生态环境局、苏州市水务局、苏州市住房和城乡建设局以及课题全体研究人员的贡献，本书内容体现了课题组全体研究成员的集体研究成果。书中还引用了部分专家、学者的相关研究成果，在此一并向他们表示衷心感谢！

限于编著者水平及编著时间，书中不足及疏漏之处在所难免，敬请读者批评斧正。

编著者

2023 年 2 月

目 录

第5章　河流典型污染物快速去除与透明度提升　　206

第6章　城市河道生态修复与健康维系　　294

第7章 结语与展望 369

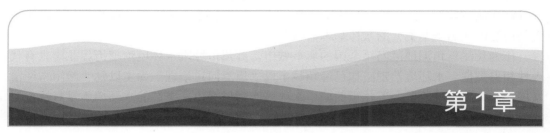

第 1 章

绪 论

　　城市河流是指流经城市，且其汇水区也主要在城市地区，并与城市融为一体的中小型河流。城市河流作为河流流域的重要组成部分，受到自然和人类活动的双重影响。而作为城市空间的一部分，城市河流也具有重要的自然和社会双重功能。

　　随着城市的迅速发展，城市人口急剧扩张，污染物排放量大幅增加，很多城市的环境保护基础设施严重滞后，水质日趋恶化，水环境质量差、水生态严重受损等问题日益突出，严重影响了城市河流自然和社会功能的发挥，妨碍了城市经济社会的可持续发展。为切实加大水污染防治力度，保障国家水安全，2015 年国务院印发《水污染防治行动计划》，要求到 2020 年，全国水环境质量得到阶段性改善，污染严重水体较大幅度减少，饮用水安全保障水平持续提升。主要指标中要求地级及以上城市建成区黑臭水体均控制在 10% 以内，京津冀区域丧失使用功能（劣于Ⅴ类）的水体断面比例下降 15% 左右，长江三角洲、珠江三角洲区域力争消除丧失使用功能的水体。到 2030 年，力争全国水环境质量总体改善，水生态系统功能初步恢复，全国七大重点流域水质优良比例总体达到 75% 以上，城市建成区黑臭水体总体得到消除。同年，住房和城乡建设部发布《城市黑臭水体整治工作指南》，指南中提出了水体感官性指标，并首次制定了包括排查、识别、整治、效果评估与考核在内的城市黑臭水体整治长效机制，对区域水环境治理与质量提升提出了更高的要求。

　　各省市也根据各自的问题和特点出台了相关的专项行动计划，例如江苏省 2016 年启动"两减六治三提升"（简称"263"）专项行动计划，其中"六治"是指治理太湖及长江流域水环境、生活垃圾、黑臭水体、畜禽养殖污染、挥发性有机物和环境隐患。"三提升"是指提升生态保护水平、环境经济政策调控水平和环境执法监管水平。

　　苏州市作为太湖流域的重点城市，城内河道纵横，为我国代表性的平原河网城市。随着人口的快速增加和工业的发展，苏州市城市河道自 20 世纪 80 年代以后，开始出现了严重污染和黑臭现象。2003 年水质监测统计数据表明，Ⅴ类及劣Ⅴ类水体达到 70% 以上。2012 年 6 月，苏州市政府开展了"古城区河道水质提升行动计划"，围绕"截污、清淤、活水、保洁"四个环节，通过三年集中治理，实现污水入河截流，实行河道清淤，消除断头河，百分之百达到河道保洁全覆盖，全面提升河道管理水平，使古城区水质、水景观明显改善，黑臭河道基本消除。2017 年苏州市发布《苏州市"两减六治三提升"专项行动实施方案》，要求到 2020 年，"省考以上断面水质优 III 比例达到 60%，地表水丧失使用功能（劣于 V 类）的水体基本消除"。

作为长江三角洲地区乃至全国的典型城市，苏州市城市水环境治理历程非常具有代表性和典型性，水环境治理工作已经超越了以"黑臭河道治理"为主以及"治污与经济发展矛盾突出"的阶段。苏州市的城市水环境治理已提出了更高的水环境质量目标，也在探索构建高品质水环境的模式、技术与方法。

1.1　城市河流生态功能与问题

河流是汇集和接纳地表和地下径流的场所及连通上下游水体的通道。河流生态系统是陆地生态系统和水生态系统间物质循环的主要连接通道，主要受到河流形态和河流水文调减、流域内土地覆被和利用状况的影响。

1.1.1　河流生态系统的组成

河流生态系统是指河流的生物群落与周围环境构成的统一整体，由河道水体生态系统和河岸带生态系统两部分组成。河道水体生态系统主要由河床内的水生生物及其生境组成；河岸带生态系统主要由岸边的植物、迁徙的鸟群及其环境组成，是陆地生态系统和河流生态系统进行物质、能量、信息交换的过渡地带。

具体而言，河流生态系统的组成主要包括非生物环境和生物环境两大部分。

（1）非生物环境

非生物环境由能源、气候、基质和介质、物质代谢原料等因素组成。其中能源包括太阳能、水能；气候包括光照、温度、降水、风等；基质包括岩石、土壤及河床地质、地貌；介质包括水、空气；物质代谢原料包括参加物质循环的无机物质（C、N、P、CO_2、H_2O 等）和联系生物与非生物的有机化合物（蛋白质、脂肪、碳水化合物、腐殖质等）。这些非生物成分是河流生态系统中各种生物赖以生存的基础。

（2）生物环境

生物环境由生产者、消费者和分解者组成，三者构成了河流生物群落的结构。其中生产者是能用简单的无机物制造有机物的自养生物，主要包括大型植物（漂浮植物、挺水植物、沉水植物等）、浮游植物、附着植物和某些细菌，它们通过光合作用制造初级产品碳水化合物，并进一步合成脂肪和蛋白质，维持自身活动；消费者是不能用无机物制造有机物的生物，称异养生物，主要包括各类水禽、鱼类、浮游动物等水生或两栖动物，它们直接或间接地利用生产者所制造的有机物，起着对初级生产物质的加工和再生产的作用；分解者皆为异养生物，又称还原者，主要指细菌、真菌、放线菌等微生物及原生动物等，它们把复杂的有机物逐步分解为简单的无机物，并最终以无机物的形式还原到水环境中。

河流中的生物群落经由食物网紧密地联系在一起，食物网是指植物所固定的太阳光能量通过取食和被取食在生态系统中的传递关系。一般认为食物网越简单，生态系统就越脆弱，越易受到破坏。

1.1.2 河流生态系统的生态功能

根据河流生态系统的组成特点、结构特征和生态过程，河流生态系统的功能具体体现在水生生物栖息、调节局地气候、补给地下水、泄洪、雨洪调蓄、排水、输沙、景观、文化等多个方面，具体归纳划分为调节支持功能、环境净化功能、提供产品功能及娱乐文化功能。

（1）调节支持功能

河流系统的调节支持功能，一方面主要表现为河流生态系统对灾害的调节功能和生态支持功能；另一方面河流生态系统为河道及河岸的各种动植物提供了生存所必需的淡水和栖息环境。

河流生态系统对灾害的调节功能主要体现在减缓洪涝、干旱、泥沙输移、环境负荷超载等灾害方面。河流本身即具有纳洪、行洪、排水、输沙功能。在洪涝季节，河流沿岸的洪泛区具有蓄洪能力，可自动调节水文过程，从而减缓水的流速，削减洪峰，缓解洪水向陆地的袭击。而在干旱季节，河水可供灌溉。河道生态系统的生态支持功能具体体现在调节水文循环、调节气候、补给地下水、涵养水源等方面，对生态系统的稳定具有很好的支持作用。现今我国正在大力开展海绵型城市的建设，其中城市河流就是"海绵体"中的重要一员，正体现出了其调节支持功能的重要性。

（2）环境净化功能

河流生态系统在一定程度上能够通过自然稀释、扩散、氧化等一系列物理和生物化学反应来净化进入河道的各种污染物。河流生态系统中的各种植物、微生物能吸附水中的悬浮颗粒和有机或无机化合物等营养物质，将水域中氮、磷等营养物质有选择地吸收、分解、同化或排出。水生动物可以对活的或者死的有机体进行机械的或生物化学的切割和分解，然后把这些物质加以吸收、加工、利用或排出。这些生物在河流生态系统中进行新陈代谢的摄食、吸收、分解、组合，防止某些物质过分积累所导致的水体污染，河道水质得到维持。

（3）提供产品功能

河流生态系统中自养生物（高等植物和藻类等）通过光合作用，将二氧化碳、水和无机盐等合成为有机物质，并把太阳能转化为化学能储存在有机物质中，而异养生物对初级生产产生的物质进行取食加工和再生产从而形成次级生产产品。河流生态系统通过这些初级生产和次级生产过程，生产了丰富的水生植物和水生动物产品。

（4）娱乐文化功能

河流生态系统景观独特，具有很好的休闲娱乐功能。河道及河岸生态系统具有美学、艺术、文化、健身休闲等方面的价值，为城市居民提供独特的休闲、娱乐、文体活动的场所。水清岸美、鱼翔浅底等景致构成河流景观的和谐与统一，给人们以视觉上的享受及精神上的美感体验，在闲暇节日进行休闲活动，如远足、露营、摄影、写生等，有助于促进人们的身心健康，提高生活质量。很多城市河流还承载着深厚的当地历史和文化，担负着水文化传承的功能。总之，不同的河流生态系统深刻地影响着人们的美学倾向、艺术创造、感性认知和理性智慧。

1.2 城市河流水环境现状与问题

1.2.1 城市河流水环境从污染到逐步改善的现状

在 20 世纪末和 21 世纪初，随着我国社会经济几十年的高速增长、污染物的增加和人水争地现象的加剧，我国城市河流污染越来越严重，生态越来越失衡。根据《2014年中国环境状况公报》，十大流域的国控断面水质监测结果表明：Ⅰ类水质断面占2.8%，Ⅱ类占 36.9%，Ⅲ类占 31.5%，Ⅳ类占 15.0%，Ⅴ类占 4.8%，劣Ⅴ类占 9.0%。主要污染指标为化学需氧量（COD）、五日生化需氧量（BOD_5）和总磷（TP）。

即使在干流水质较好的长江中下游区域（包括太湖流域），城市河流的水质污染也很严重，例如地处长江下游太湖流域河网地区的苏州市，20 世纪 90 年代以来，随着经济的快速发展，水质严重恶化，生态系统严重退化。2011 年，苏州市古城区及周边水系中，共有 56 条严重污染的河道，这些河道不但丧失了景观娱乐等实用功能，同时还因臭味污染等问题成为周边居民投诉的对象。

经过国家和地方多年持续的环境保护投入和专项整治，我国城市水环境改善明显。相比于《2014 年中国环境状况公报》的水质监测数据，《2021 年中国生态环境状况公报》中显示：全国地表水Ⅰ～Ⅲ类水质断面比例为 84.9%，Ⅳ～Ⅴ类占 13.9%，劣Ⅴ类断面比例为 1.2%。

对典型平原河网城市苏州市来说，水环境质量改善尤其明显。如图 1-1 所示，2007年以来，国考、省考的Ⅱ类、Ⅲ类水比例总体上逐年增高，劣Ⅴ类水比例逐渐降低直至消失。到 2018 年，均达到Ⅳ类水及以上；到 2020 年，优于Ⅲ类水的比例达到 81.20%。

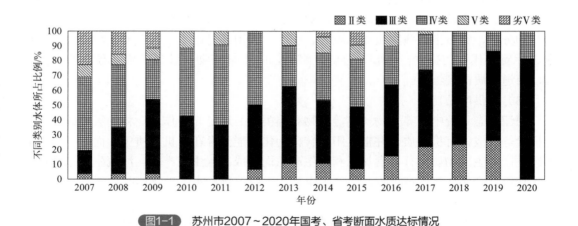

图1-1 苏州市2007～2020年国考、省考断面水质达标情况

1.2.2 城市化进程中城市河流普遍遇到的主要问题

在城市化进程中，城市河流普遍遇到的影响其生态功能的环境生态问题主要有以下5 个方面。

（1）河道被建设用地侵占，水面萎缩，连通性降低

随着城镇化的发展，不少河道被填埋，河道长度缩短、宽度变窄，甚至完全消失；很多河道被截断，形成断头河（浜）或独立的水塘等，降低甚至失去连通性。

（2）河流改造断面形状单一，结构性硬化严重

早期城市河流整治的主要目的是防洪和行洪。大规模的裁弯取直与河床硬化处理不仅减少了水面面积，也改变了原有河道的形态和走向，原有生物赖以生存的生境系统产生变异或完全消失。

（3）河流入河污染负荷超自净能力，水污染加剧

水资源过量利用和污染物的大量输入，再加上城市环保基础设施建设的滞后和能力不足，致使入河污染负荷超过自净能力，河流污染日趋严重。

（4）河流生态系统严重破坏

河道硬化改变了城市河流的边界条件，阻断了水体、陆地、大气之间的物质、能量和信息交换，原有河流的生态系统运动功能逐渐丧失，成了单纯的过水通道，河流生态系统严重退化。

（5）河流自然景观严重丧失

受人类活动干扰，城市用地挤占河道，很多原有的河道空间变成了道路或其他建筑用地，河流自然景观逐渐消失。

1.2.3　水环境治理转型期城市河流品质提升面临的挑战

随着工业污染源的控制和城市污水厂的建设，城市水环境质量不断改善，水环境治理工作的重点开始从以点源治理为主转向了系统治理、生态修改的阶段。而在城市水环境治理转型期，河网水体水质不稳定、水体感官指标不佳、流动不畅、城市面源污染没有得到有效控制、河道水生态功能失衡等水环境突出问题逐渐成为城市水环境质量提升的瓶颈，具体表现在以下几个方面。

（1）河道水体水质不稳定，水体感官指标不佳，缺乏针对性的评价体系

要提升城市水环境质量，首先需要对城市水环境现状有一个系统、全面的评价。水质评价的主要目的是：

① 评价某个水体的水质是否达到某种功能要求；

② 分析水质污染对工农业生产和生态系统的影响；

③ 分析水质对人体健康的影响；

④ 分析水质状况对人体感官的影响。

水体水质评价需要建立一个"评价标准"，这个标准与水的用途密切相关。目前，我国颁布的水环境标准主要有《地表水环境质量标准》（GB 3838—2002）、《渔业水质标准》（GB 11607—89）、《农田灌溉水质标准》（GB 5084—2021）等。依据相应的水质标准，可以采用分级评价法或水质指数法对水体水质进行评价。

分级评价法是根据水质指标监测结果，对应标准规定的限值来评价水质优劣的方法。《地表水环境质量标准》（GB 3838—2002）按功能高低将水体水质分为5类。分级评价方法的优点是简单易行，并且标准相对统一；缺点是难以反映多个指标的综合影响，存在因为某项指标异常高估或低估水质的情形。

除了分级评价法，还可以采用水质指数法对水体进行评价。水质指数法是根据所选取水质指标的监测结果，按照一定规则和公式计算出一个综合性指数，根据指数大小对水质优劣和污染程度进行评价。国内外常见的水质指数包括内梅罗指数、Brown 指数、Ross 指数、有机污染综合指数、综合污染指数 K 等。

当前随着水环境保护力度的加大，城市水体 COD、氨氮等化学水质指标得到明显改善，但水体透明度、色度、浊度等感官指标及水草丰度等生态类指标还不佳。用传统的水质指数方法对水体进行评价，很难直接和水体的感官愉悦度以及生态健康水平挂钩，需要开发适宜的评价指标和方法体系，以更加贴近人的感受与城区水体的生态功能性要求。

（2）城市雨季地表径流污染尚未得到有效控制

城市地表径流污染是指降雨过程中形成的径流在流经城市地面（工业区、商业区、居民区、停车场、建筑工地等）时，冲刷和携带地表聚集的一系列污染物质（如油脂、氮、磷、重金属、有机物等）进入水体从而引起的污染。

城市地表径流污染伴随着城市化进程而产生，是人类活动集中和加强对环境产生负面影响的表现。城市化进程中，一方面由于人类活动的影响，天然流域被开发，土地利用状况改变，混凝土建筑、道路、停车场等不透水地面大量增加，使城市的水文过程发生了很大的变化，蒸发、渗透、蓄洼的量减少，而地表径流流量和峰值量大量增加；另一方面，城市人口密度增加，人类的各种频繁活动导致城市地表累积较多的污染物质，大量的地面径流冲刷地面后携带污染物通过城市下水道排放到城市河流、湖泊及河口，严重污染了受纳水体。这种变化随着城市化的发展愈演愈烈，给城市防洪排涝、水环境保护、水资源利用带来了很大的负面影响。

长江三角洲为全国经济发展最快的区域之一，城镇化率也较高。2016 年的城镇化率平均为 68.57%，约为全国平均水平的 1.2 倍。而苏州作为长江三角洲的重要中心城市之一，以江苏省 8% 的面积承担了全省 20% 的经济总量。但快速城市化也导致了城市不透水面积大幅增加，降雨源头消纳空间不断降低，再加上现有雨水管网设计标准偏低，排水管网运行效能不彰，城市面源污染没有得到有效的控制，并逐渐凸显为城市尤其是建成区水环境质量达标的主要问题。

地表径流控制是削减入河面源污染的关键。传统径流控制的顶层设计理念强调雨水的快速收集和系统末端的集中排放与处理，尤其对于城市河网密布的平原河网，各地块降雨径流就近入河，导致既有雨水管道路径短、数量多、分布广，加上地下水位高，在管网末端新建调蓄池来截留和预处理降雨径流，存在施工难度大、经济成本高的问题。城区雨水管道过水能力不足、污染控制能力差、应急能力薄弱等问题也随之出现。同时，由于不同下垫面和降雨条件下，径流污染的时空分布呈现出不同的特点，也为系统全面开展面源污染管理增加了难度。

以典型平原河网城市苏州为例，其水体面积占总面积的 42%，且为"水陆平行、河街相邻"的"双棋盘"格局，使得苏州市的雨水排水体系呈现管网分散、管段服务面积小、重力自流、就近入河的特点。而且，苏州地处以太湖为中心的浅蝶形平原的东部，地势低洼，大部分管道处于不同程度的淹没状态，管道内沉积物较多，有可能对雨水径流污染负荷产生较大的影响。而苏州城区具有的"四高一低"（降雨量高、河网密度高、地下水位高、土地利用率高和土壤入渗率低）的特点，也限制了雨水径流源头调控技术的大规模应用和效能发挥。需要因地制宜地研究城市降雨径流的多维立体控制技术体系，实现降雨径流有针对性的控制。

（3）缺乏"靶向性"的水体典型污染快速高效治理措施

要提升城市河道水环境品质、维系水生态健康、达到感官愉悦的目标，重点在于控制河道水体中的典型污染物——悬浮态污染物，例如有针对性地进行城市地表径流污染控制、河道旁路透析、原位净化、水动力调控等，全方位高效控制悬浮态污染物，实现河道水环境品质的提升。

以苏州市为例，城区河网两个水源（外塘河、西塘河）来水水质不稳定，均存在"三高"（浊度高、色度高、藻类数量高）现象，加上城区地表径流入河、尚未完全截流的生活污水等沿程输入，以及河床底泥的再悬浮等，城区水体一直存在感官品质不高的问题。需要将河道水体悬浮物、藻类等感官类典型污染物快速去除。对于水中悬浮物的去除，国内外相关研究主要集中在混凝沉淀技术、气浮技术、过滤技术和人工湿地技术等；对于藻类的去除，则通过预氧化的方式杀藻，再配合混凝手段加以去除；对于色度问题，一部分是藻类造成的，色度会由于藻的去除而得到削减，而非藻类原因引起的色度则需要通过氧化技术加以解决。城市河道水不同于其他类型的水，针对城市河道水体中感官类典型污染物及指标（悬浮物、藻类、色度）同时快速高效去除的研究和实践都还有待深入。

（4）河网流态不利于污染物自净，河网水动力不足，缺乏精准调度措施

河道水体合适的流态对于改善河道淤积、提高水体自净能力、维持良好的生态环境、营造宜人的水景具有十分重要的作用。河道流速过高，会使水体中的悬浮物不能有效沉降，浊度指标升高，透明度下降，水体感官质量下降；河道流速过低，则会使污染物在水体中累积，溶解氧降低，导致河道黑臭。

在平原河网城市，随着工业化和城市化的进程，人水争地现象打破了城市水环境空间均衡。河湖面积减少、河网阻断和分割，使原本流动性较弱的河网区城市河道水流更加不畅。同时为服务于洪涝防治和水资源利用，平原河网区城市河湖修建的闸泵工程众多，也进一步降低了水系的连通性。

为了改善河流的水动力条件，很多城市实施了闸泵的联合调度，不过当前日常调度仍靠人工调度，调控能耗高，河网流态也无法优化，导致有些河道流速高，而有些流速变化不大，这也不利于污染物自净和河道生境构建。由于河道流动性指标与主要水质指标之间统计学关系不明确，河网的水动力-水质指标调控阈值也不明确，日常引水流量采用经验值，例如苏州市城区引水流量一般采用 $30m^3/s$ 的经验值，调度响应时间一般为 20min 以上，河网水量分配不均匀，导致城区河道流速分布不均匀（0.01～26m/s），滞流区与急流区并存，造成末端缓流或底泥再悬浮的问题。并且大部分闸门多为平板闸门，活水调控时易翻起底泥，且水位调度难以精准调控。底泥翻起也会增加河道悬浮态污染物，影响水体感官，不利于河道生境构建。河网水系流动性优化构建以及优化城区河网闸、泵、堰等水利工程调度运行方式等也成了平原河网、城市河网调控亟需解决的瓶颈问题。

（5）河道水生植物的生境差，生态系统不完整，生态服务功能失衡

健康的水生态系统是城市水环境高品质的重要组成部分。良好的生境条件和物能流动、通畅的生物链结构是实现生态健康的关键。构建健康水生态系统的基础在于恢复或重构生物链，以修复生态系统结构、改善生态系统功能。

目前城市河流大部分都是经过人工改造的直立驳岸，河流底质硬，缺乏生态坡岸改造和水生植物的立地条件。河道中悬浮物和藻类密度高、透明度低，难以满足水生植物

生长所需的光照条件。因城区河道不同区位流速相差较大，部分区域流速过快，不利于水下植被的恢复。水生植物生境差，生物多样性低，水生态系统不完整，生态服务功能失衡。据调查，苏州市 90% 以上河道水生生态系统沉水植被缺失，水体自净能力和自我维持能力弱，河流藻类数量甚至长期处于 10^7 cell/L 的经验警戒线上，水华风险不容忽视。

1.3　城市河流水环境品质提升技术路线图

从我国城市水环境科学研究和治理的历程来看，环境治理阶段大致可以分为三个阶段（图 1-2）：第一阶段的目标主要是水体污染源的"控源减排"，要通过污水厂的升级改造、氮磷的控制实现污染负荷的削减，水环境修复；第二阶段的目标主要是水体"减负修复"，重点为氮磷的高标准控制、径流和面源的控制以及综合监管与技术集成，实现水环境质量的整体改善；第三阶段的目标主要是流域水环境"综合调控"，通过污染物全面控制、水 / 资源 / 能源协同资源化、基础设施整体效能提升，实现水环境生态安全保障。

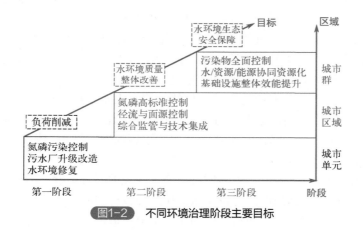

图1-2　不同环境治理阶段主要目标

对于城市水环境而言，进入环境治理转型期，意味着环境质量改善目标从常规污染物浓度达标向构造亲水环境和实现水生态安全的高标准转变，污染治理模式从原有的工程建设和相对粗放的治理向精准化靶向治理和设施效能系统提升转变，监督管控手段从以人工经验半自动为主向推行数字化信息化的智能化转变。

苏州市被称为"东方水城"，以其独特的水环境、水生态、水文化魅力名扬海内外。苏州市也是太湖流域乃至长江三角洲地区的典型城市，其城市水环境治理历程非常具有代表性和典型性，其水环境治理工作已经超越了以"黑臭河道治理"为主以及"治污与经济发展矛盾突出"的阶段。总体上看苏州市水污染态势已得到遏制，地表水环境质量稳步提升，正在逐步趋近良性水循环和健康水生态的拐点，开始全面步入环境治理转型期。

环境治理转型期的阶段特征给苏州的水污染控制和水环境整治提出了更高的要求，将苏州的水环境保护工作带入更高的层次和阶段，也对城市水环境治理提出了更高的水环境质量目标，例如近年来推行的"有河有水、有鱼有草、人水和谐"的生态美丽河道建设，最终实现城市水环境由"水好"向"水清、水美"的再提升。

因此，国家水体污染控制治理科研重大专项以苏州市为城市水环境品质提升与生态健康维系的研究案例，针对苏州市河道水环境质量提升的阶段性特征与需求，以创建水生态文明和引领水环境科技进步为导向，以促进苏州市河道水环境品质持续提升为目标，开展了苏州市水体感官愉悦度与生态健康评价指标体系和目标值研发、城市区域径流多维立体控制技术、河道水体典型污染物快速净化技术、城市河网流态联控联调技术以及河流水生态构建与健康维系技术等研究与应用。

首先，研究和构建城市水体感官愉悦度与生态健康评价方法，为全面解析和评价城市水环境改善过程与技术示范效果提供支撑；进而针对河道中的悬浮态污染物去除问题，从全方位角度，通过区域径流多维立体控制、河道水体快速净化削减进入河道的污染负荷，同时通过河网水动力优化调控以及河流水生态构建与健康维系，强化河道的自净能力；形成适合发达地区的城市水环境品质提升与水生态健康维系成套集成技术体系，实现城市河道从遏制河道水污染态势走向良性水循环和健康水生态的转变。

城市水环境品质提升技术路线如图 1-3 所示。

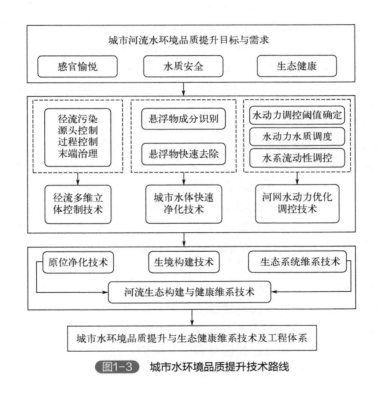

图1-3　城市水环境品质提升技术路线

具体包括以下内容。

（1）城市水体感官愉悦度与生态健康评价

对城市河道水体监测所获得的数据开展统计和分析，筛选出表征城市水体"感官愉悦、水质安全、生态健康"的关键指标；基于各类水质指标的时空赋存水平，结合环境基准和风险阈值，对河道水质安全与水生态状况进行评价和风险预测，识别出关键污染因子及变化特征；根据指标的代表性、测定的准确度和成本等因素综合考虑，归纳成合适的指标体系，提出相应的限值和分级评价方法，建立城市水体愉悦度、水质安全和生态健康的评价方法，提出针对不同污染类型城市水体品质提升和河流生态健康维系的整体策略。

（2）城市区域径流多维立体控制

针对城市降雨径流控制问题，开展不同城市下垫面径流冲刷污染负荷、雨水管网混接污染负荷、管道沉积物污染负荷的估算分析，识别不同区域径流污染主要来源和雨水系统特点，筛选符合当地实际的 LID-BMPs 源头控制技术类型；研究排水系统内的管道沉积分布特征和沉积物性质等，分析引起管道沉积的水力条件和管道布置形式；研究各 LID-BMPs 源头控制设施与传统雨水管网的耦合途径，构建绿灰耦合系统，兼顾工程措施和非工程措施，因地制宜提出综合"源头控制 + 过程控制、工程措施 + 非工程措施"的区域径流多维立体控制技术。

（3）河网水动力优化与活水工程调控

基于平原河网城区的河网水系复杂特征和调控手段的实际情况，以高效低耗改善河网水动力条件为目标，筛选城市河网水体关键水动力指标与主要水质指标，解析城市河道流速与透明度统计学关系，探索水动力调控对水质指标的改善作用，并充分考虑河道的不同功能，确定城市河网水动力 - 水质指标阈值；以河网水动力 - 水质模型为核心，建立水动力与水质、生态指标的响应关系，结合精细化基础数据和原型观测，通过不同的水动力调度情景模拟分析，提出优化的城市河网水动力调控方案；结合面向水位精细调控及底泥免扰动的平板闸门改造关键技术以及基于增阻减阻措施的河网水系流动性优化技术，通过集成闸泵联合调控优化水系流动性，实现城市河网水动力 - 水质联控联调。

（4）河道水体快速净化

针对城市河流水体感官品质不佳，悬浮物、色度、藻类数量高等水环境问题，对城市上游来水、城区河道旁侧入河支流、活水末端缓流河道等不同类型水体，实施强化絮凝、快速沉淀、快速过滤等典型污染物快速去除技术和城区河道水体景观特征污染物快速去除技术；针对城市河道周围用地状况一般都比较紧缺的实际情况，研发适合小水量、低占地率、低物耗、低能耗且耐受高藻、高浓度悬浮物的污染物快速去除技术以适应实际需求，并分析不同种类技术的技术经济性和生态安全性。

（5）河流水生态构建与健康维系

针对城区河道生态退化的现状，以提升水草生境为目标，针对不同类型的城市河道，研发浮动式生态坡岸改造、改良底质生态种植、流动水体水下植被恢复等生境营造技术；在生境恢复基础上，以形成健康稳定的水生生态系统为目标，开展水生生物链构建技术研究；评估河流生态系统自我循环和恢复能力，提出生态系统稳定调控策略，形成城市河流生态系统健康长效维系与监管技术体系。

参考文献

[1] 贾海峰. 城市河流环境修复技术原理及实践[M]. 北京：化学工业出版社，2016.

[2] Daily G C. Nature's services social dependence on natural ecosystem[M]. Washington, D C:Island

Press, 1997.

[3] Costanza R, D Arge R, de Groot, et al. The value of the world's ecosystem services and natural[J]. Nature, 1997, 387: 253-260.

[4] 欧阳志云，王如松. 生态系统服务功能、生态价值与可持续发展[J]. 世界科技研究与进展，2000, 22(5): 45-50.

[5] Loomis J, Kent P, Strange L, et al. Measuring the economic value of restoring ecosystem services in an impaired river basing: Results from a contingent valuation survey[J]. Ecological Ecnomics, 2000, 33: 103-117.

[6] 蒋林君，李丹，张娜，等. 小城镇水资源利用与保护指南[M]. 天津：天津大学出版社，2015.

[7] 郑滨洁. 外源污染对城区河道的影响[D]. 杭州：浙江工业大学，2016.

[8] 宋庆辉，杨志峰. 对我国城市河流综合管理的思考[J]. 水科学进展，2002, 3: 377-382.

[9] 邓凡. 水资源及水体污染的现状研究[J]. 魅力中国，2010, 14: 368-371.

[10] Wu Z, Zhang Y, Zhou Y, et al. Seasonal-spatial distribution and long-term variation of transparency in Xin'anjiang Reservoir: Implications for reservoir management[J]. International Journal of Environmental Research & Public Health, 2015, 47(3): 9492-9507.

[11] 付江波，赵文信，胡红勇，等. 苏州市古城区河道水质时空变化分析与评价[J]. 水利科技与经济，2019, 25(2): 22-27.

[12] 张运林，秦伯强，陈伟民，等. 太湖水体透明度的分析、变化及相关分析[J]. 海洋湖沼通报，2003(2): 32-38.

[13] 邓旎. 城市污染河流水污染控制技术研究[D]. 昆明：昆明理工大学，2005.

[14] 蔡建楠，潘伟斌，曹英姿，等. 广州城市河流形态对河流自净能力的影响[J]. 水资源保护，2010, 26(5): 16-19.

[15] 牛小磊. 西安护城河整治与水体修复研究[D]. 西安：西安建筑科技大学，2007.

[16] 欧阳志云，赵同谦，王效科，等. 水生态服务功能分析及其间接价值评价[J]. 生态学报，2004, 24(10): 2091-2099.

[17] 蒋宗莉，张晓红，郑超. 浅谈造成城市河道污染的原因及治理方案[J].城市建设理论研究，2015, 1038(9): 648-649.

[18] 王少言. 浅谈城市河道综合治理中存在的问题及对策研究[J]. 城市建设理论研究，2014, 000(36): 10968.

[19] 聂德彬. 关于城市河道污染源及污水治理的浅析[J]. 城市建设理论研究(电子版)，2014(8): 2095-2104.

[20] Borkman D G, Smayda T J. Long-term trends in water clarity revealed by Secchi-disk measurements in lower Narragansett Bay[J]. ICES Journal of Marine Science, 1998(4): 668-679.

[21] Wang Hua, Pang Yong, Ding Ling, et al. Numerical simulations of the transparency of waterfront bodies[J]. Tsinghua Science and Technology, 2008, 13(5): 720-729.

[22] 周怀东，彭文启. 水污染与水环境修复[M]. 北京：化学工业出版社，2005.

[23] 中国21世纪议程管理中心，北京大学环境工程研究所. 城市河流生态修复手册[M]. 北京：社会科学文献出版社，2008.

[24] 李圭白. 水质工程学[M]. 北京：中国建筑工业出版社，2005.

[25] 赵银军，魏开湄，丁爱中. 河流功能及其与河流生态系统服务功能对比研究[J]. 水电能源科学，2013, 13(1): 72-75.

[26] 陈兴茹. 国内外城市河流治理现状[J]. 水利水电科技进展，2012, 32(2): 83-88.

[27] 陈兴茹. 国内外河流生态修复相关研究进展[J]. 水生态学杂志，2011, 32(5): 122-128.

[28] 黄民生，陈振楼. 城市内河污染治理与生态修复：理论方法与实践[M]. 北京：中国环境科学出版社，2010.

[29] 徐祖信. 河流污染治理技术与实践[M]. 北京：中国水利水电出版社，2003.

[30] 张自杰. 排水工程（下册）[M]. 4版. 北京：中国建筑工业出版社，2011.

[31] 赵剑强. 城市地表径流污染与控制[M]. 北京：中国环境科学出版社，2002.

[32] 住房城乡建设部. 城市黑臭水体整治工作指南[Z]. 2015.

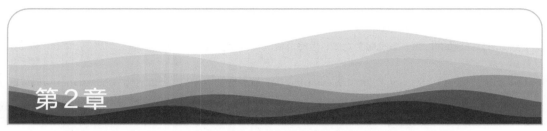

第2章

城市河流水环境品质调查与评价

城市河道水环境基础信息调查与分析是开展城市河流品质提升和生态修复的基础。一般来说，要从河道水体感官指标、水质安全指标、水体流动性指标、水生态指标等方面开展现场调查与分析，并对城市河道水环境存在的问题进行识别。在此基础上，要针对所获得的数据进行系统的统计和分析，筛选出表征城市水体感官品质和水生态健康相关的关键指标及特征因子，构建城市水体感官品质和水生态健康的评价方法，以支撑城市河流水环境和生态健康评价。

2.1 城市河流水体水环境品质指标

影响城市河流水体水环境品质的指标主要包括水体感官相关指标、水质安全指标、水体流动性指标、水生态指标等，各项指标的调查与监测应根据合理的采样方法、监测时间、断面和样点的布设要求进行。为了考虑不同季节的水文、生态情况，常规评价宜以水文年为周期，不同指标采用不同的时间频次进行监测。

2.1.1 水体感官相关指标

（1）指标选取

与水体感官相关的常见指标主要包括温度、pH 值、溶解氧（DO）、氧化还原电位（ORP）、浊度、色度、氨氮（NH_3-N）、透明度、总氮（TN）、总磷（TP）、化学需氧量（COD）、嗅味、UV_{254}（水中一些有机物在 254nm 波长紫外线下的吸光度）、溶解性有机碳（DOC）、叶绿素 a（Chla）、溶解性有机质（DOM）荧光光谱与紫外光谱、高锰酸盐指数（COD_{Mn}）等，多为常规监测的水质物理指标、化学指标和生态指标。

氧化还原电位是反映水体氧化还原状态的综合性指标，水中有机污染物浓度过高会导致氧化还原电位降低并产生厌氧反应，形成嗅味影响水体感官质量。

（2）监测频率

水质数据分析，需要长期系统的水质指标监测数据。一般来说，应按照不低于每月 1 次的监测频次，进行长期连续监测，以保证所用数据的连续性、完整性以及充分性。

（3）监测点位

监测断面在总体和宏观上需能反映水系或所在区域的水环境质量状况。尽可能以最少的断面获取足够的有代表性的环境信息，同时还需考虑实际采样时的可行性和方便性。在布设监测点位时将监测点位选择在河床和水流状况较为稳定、水面宽阔、无浅滩的顺直河段，所在位置也能够全面反映被监测区域河湖水质的真实状况，且应避开回水区、死水区以及容易造成淤积和水草生长区域。对于水深小于 5m 的河道，在水面上层（水面下 0.5m 处）进行水样采集。

2.1.2　水质安全指标

城市的生产生活活动不可避免地往城市水体排放各类污染物。目前城市水环境受传统污染物和新兴污染物复合污染的现象日益严峻，部分重金属、抗生素指标可能具有潜在致癌风险，不管是对藻类等低等植物，还是对鱼类等水生动物都存在一定的生态风险，给城市水生态安全和人类可持续健康发展带来挑战，因此水体和沉积物中的抗生素、重金属、持久性有机污染物（POPs）等水质安全指标也受到越来越多的关注。

2.1.2.1　指标选取

（1）抗生素指标

各类抗生素不但用于人类和动物的细菌感染等疾病治疗中，也在养殖业中作为饲料添加剂大量使用。然而抗生素在动物和人体内通常只能部分代谢，剩余的 30% ～ 90% 将通过粪便和尿液排放进入环境。但抗生素在传统污水处理厂中只能部分去除。水环境中抗生素主要来源于生活污水、医疗废水、制药厂、畜禽水产养殖、农业面源污染等，环境中抗生素残留可能诱导耐药细菌和抗生素抗性基因的产生及传播，对生态系统和人类健康产生威胁。由于抗生素在环境中被广泛检出，抗生素污染问题正得到全球环境学者们的高度关注。

根据国内外抗生素的使用量和水环境中检出频次，推荐监测五大类共 14 种典型抗生素及其对应的 CAS 编号 [美国化学会的下设组织化学文摘社（Chemical Abstracts Service，CAS），中文名为物质数字识别号码] 如表 2-1 所列，包括 3 种磺胺类（SAs）、3 种喹诺酮类（QNs）、2 种大环内酯类（MLs）、3 种四环素类（TCs）和 3 种其他类（Others）。研究抗生素在表层水、悬浮物和沉积物三相中的污染特征和分配行为，同时开展生态风险评价和优先控制抗生素筛选，可为抗生素污染防治提供数据支撑和科学依据。

（2）重金属指标

近年来，不少城市河流接纳了大量工业废水等多种混杂污水，底泥中积蓄了不同种类和数量的重金属污染物，而且底泥中各类污染物在一定条件下会重新释放出来，污染上覆水体，导致城市河流水质进一步恶化。

表2-1　抗生素指标信息

抗生素			简称	CAS号
磺胺类（SAs）	1	sulfadiazine（磺胺嘧啶）	SDZ	68-35-9
	2	sulfamonomethoxine（磺胺间甲氧嘧啶）	SMM	1220-83-3
	3	sulfaquinoxaline（磺胺喹噁啉）	SQX	59-40-5
喹诺酮类（QNs）	4	norfloxacin（诺氟沙星）	NFX	70458-96-7
	5	ciprofloxacin（环丙沙星）	CFX	85721-33-1
	6	ofloxacin（氧氟沙星）	OFX	82419-36-1
大环内酯类（MLs）	7	tylosin（泰乐菌素）	TYL	1401-69-0
	8	erythromycin-H_2O（脱水红霉素）	ETM	23893-13-2
四环素类（TCs）	9	oxytetracycline（氧四环素）	OTC	2058-46-0
	10	tetracycline（四环素）	TC	64-75-5
	11	doxycycline（强力霉素）	DC	24390-14-5
其他类	12	cefalexin（头孢氨苄）	LEX	23325-78-2
	13	vancomycin（万古霉素）	VAN	1404-93-9
	14	lincomycin（林可霉素）	LIN	154-21-2

因此，需要对河流水体以及底泥沉积物中的重金属指标进行监测，对其污染水平进行分析，并开展生态风险评价，为城市重金属污染管理和修复提供数据支撑。推荐监测的重金属指标主要包括钒（V）、铬（Cr）、锰（Mn）、钴（Co）、镍（Ni）、铜（Cu）、锌（Zn）、砷（As）、镉（Cd）、锑（Sb）、汞（Hg）和铅（Pb）共12种。

（3）持久性有机污染物（POPs）指标

POPs是指一类能够长期存在于环境中，并给生态环境和人体健康带来一定危害的化合物。从20世纪末POPs就持续不断地被生产与释放，并已经在一些地区引起了环境问题，也会对人体健康造成损害。POPs的污染问题逐渐成了世界各国关注的环境焦点问题。

城市水体也普遍面临POPs污染，推荐选取36种常见的POPs指标开展研究，包括有机氯农药、多环芳烃（PAHs）和多氯联苯（PCBs），如表2-2所列。

表2-2　POPs指标信息

简写	名称	简写	名称	简写	名称
TCB1	1,3,5-三氯苯	β-BHC	β-六六六	PCB66	PCB66
TCB2	1,2,4-三氯苯	γ-BHC	γ-六六六	TCD	γ-氯丹
TCB3	1,2,3-三氯苯	PCB18	PCB18	o, p'-DDE	o, p'-DDE
TET1	1,2,3,5-四氯苯	δ-BHC	δ-六六六	PCB101	PCB101
TET2	1,2,4,5-四氯苯	PCB31	PCB31	CCD	α-氯丹
TET3	1,2,3,4-四氯苯	HPC	七氯	PCB87	PCB87
PCB1	PCB1	PCB52	PCB52	p, p'-DDE	p, p'-DDE
PEB	五氯苯	ALD	艾氏剂	DLD	狄氏剂
α-BHC	α-六六六	PCB44	PCB44	PCB110	PCB110
PCB5	PCB5	KEL	三氯杀螨醇	o, p'-DDD	o, p'-DDD
HCB	六氯苯	HCE	环氧七氯	PCB151	PCB151
PCNB	五氯硝基苯	THCE	外环氧七氯	END	异狄氏剂

2.1.2.2 监测方法

（1）监测频率

考虑到水质安全指标相对变化慢、监测复杂，可按照春夏秋冬四个季节、每季度 1 次的频率开展采样工作。为反映城市水体常态下的水质情况，采样前 3 天均为晴天，无降雨过程，以确保水质稳定，减少误差。

（2）监测点位

河道监测断面的选取首先要尽量避开死水区、回水区以及污水排放口，尽可能多地在城市干流、干流和支流的汇合处、出入境断面、风景名胜及重要商圈水体处布设监测断面。

2.1.2.3 评价方法

河道水体中重金属和抗生素的评价方法有所不同。可分别采用人体健康风险评价和沉积物重金属地累积系数法对表层水与沉积物中的重金属风险进行评估，而分别采用风险熵值法和优先控制抗生素筛选法对表层水抗生素生态风险与沉积物抗生素累积情况进行评估。

（1）表层水重金属人体健康风险评价

人体健康风险评价是基于美国环保署的风险评价模型，评估人体长期暴露于重金属的条件下对人体健康产生负面影响的风险。重金属污染物进入人体主要有三种途径，即呼吸道吸入、消化道摄取和皮肤吸收。鉴于人体与水接触的主要途径，选用消化道摄取和皮肤吸收两种途径进行风险评价。

人体健康风险评价包括致癌风险和非致癌风险，计算公式如式（2-1）～式（2-10）所列：

$$\mathrm{CDI_{ingestion}} = \frac{C_\mathrm{w} \times \mathrm{IR} \times \mathrm{ED} \times \mathrm{EF}}{\mathrm{BW} \times \mathrm{AT}} \tag{2-1}$$

$$\mathrm{CDI_{dermal}} = \frac{C_\mathrm{w} \times K_\mathrm{p} \times \mathrm{SA} \times \mathrm{ET} \times \mathrm{ED} \times \mathrm{EF} \times 10^{-3}}{\mathrm{BW} \times \mathrm{AT}} \tag{2-2}$$

$$\mathrm{CR_{ingestion}} = \mathrm{CDI_{ingestion}} \times \mathrm{CSF_{ingestion}} \tag{2-3}$$

$$\mathrm{HQ_{ingestion}} = \frac{\mathrm{CDI_{ingestion}}}{\mathrm{RfD}} \tag{2-4}$$

$$\mathrm{CR_{dermal}} = \mathrm{CDI_{dermal}} \times \mathrm{CSF_{dermal}} \tag{2-5}$$

$$\mathrm{HQ_{dermal}} = \frac{\mathrm{CDI_{dermal}}}{\mathrm{RfD_{dermal}}} \tag{2-6}$$

$$\mathrm{CR_{total}} = \mathrm{CR_{ingestion}} + \mathrm{CR_{dermal}} \tag{2-7}$$

$$\mathrm{HI} = \mathrm{HQ_{ingestion}} + \mathrm{HQ_{dermal}} \tag{2-8}$$

$$\mathrm{CSF_{dermal}} = \mathrm{CSF} / \mathrm{ABS_{GI}} \tag{2-9}$$

$$\mathrm{RfD_{dermal}} = \mathrm{RfD} \times \mathrm{ABS_{GI}} \tag{2-10}$$

式中　$CDI_{ingestion}$，CDI_{dermal}——通过消化道摄取和皮肤吸收的每日慢性摄入量；

　　　$CR_{ingestion}$，CR_{dermal}——通过消化道摄取和皮肤吸收的致癌风险；

　　　$HQ_{ingestion}$，HQ_{dermal}——通过消化道摄取和皮肤吸收的非致癌风险；

　　　CR_{total}，HI——总致癌风险和总非致癌风险。

根据美国环保署（US EPA）标准，如果 CR_{total} 值在 $1.0 \times 10^{-6} \sim 1.0 \times 10^{-4}$ 之间，则总致癌风险处于可接受范围；如果 CR_{total} 值大于 10^{-4}，表示总致癌风险较高；如果 CR_{total} 值小于 10^{-6}，表示总致癌风险较低。如果 HI≥1，表示总非致癌风险较大；如果 HI<1，表示总非致癌风险较小。具体参数设置如表2-3所列。

表2-3　人体健康生态风险评价参数汇总

参数	简称	数值	单位
重金属含量	C_w	表层水中重金属浓度	μg/L
消化率	IR	2.2	L/d
暴露年份	ED	70	a
暴露频率	EF	365	d/a
体重	BW	70（成人）	kg
平均寿命	AT	AT=70×365, 致癌性 AT=30×365, 非致癌性	d
皮肤渗透系数	K_p	—	cm/h
皮肤表面积	SA	18000（成人）	cm²
暴露时间	ET	0.58	h/d
胃肠道吸收率	ABS_{GI}	—	—
参考剂量	RfD	—	μg/(kg·d)

（2）沉积物重金属地累积系数法

地累积系数法（I_{geo}）由 Müller 于1969年提出，将沉积物重金属含量与沉积物重金属环境背景含量对比来评估重金属污染水平。计算方法见式（2-11）：

$$I_{geo} = \log_2 \left[\frac{C_i}{1.5(B_i)} \right] \quad (2\text{-}11)$$

式中　C_i——金属 i 的实测浓度，mg/L；

　　　B_i——金属 i 的环境背景浓度，mg/L；

　　　1.5——岩性效应影响下的矩阵校正因子。

根据前人针对太湖沉积物中重金属背景浓度的研究，钒（V）、铬（Cr）、锰（Mn）、钴（Co）、镍（Ni）、铜（Cu）、锌（Zn）、砷（As）、镉（Cd）、锑（Sb）、汞（Hg）和铅（Pb）的背景浓度分别为83.4mg/kg、79.3mg/kg、585mg/kg、10mg/kg、15.7mg/kg、18.9mg/kg、59.2mg/kg、9.4mg/kg、0.27mg/kg、1.04mg/kg、0.11mg/kg 和 19.5mg/kg。I_{geo} 值划分为七个级别：无污染，$I_{geo} \leq 0$；轻度污染到中度污染，$0 < I_{geo} \leq 1$；中度污染 $1 < I_{geo} \leq 2$；中度污染到重度污染，$2 < I_{geo} \leq 3$；重度污染，$3 < I_{geo} \leq 4$；重度污染到严重污染，$4 < I_{geo} \leq 5$；严重污染，$I_{geo} > 5$。

（3）表层水抗生素风险评价

根据欧盟环境风险评价方法，采用风险熵值法（RQ）来评估表层水抗生素潜在生态风险，计算公式如式（2-12）和式（2-13）所列：

$$RQ = \frac{MEC}{PNEC}$$

（2-12）

$$PNEC = \frac{EC_{50}(NOEC)}{AF}$$

（2-13）

式中　MEC——抗生素实测浓度，ng /L；

PNEC——预测无效应浓度（表 2-4），ng/L；

EC$_{50}$——半最大效应浓度（药物安全性指标，是指能引起 50% 最大效应的浓度），ng/L；

NOEC——无观察效应浓度，ng/L；

AF——评估因子（急性毒性通常采用 1000）。

式中，NOEC 和 EC$_{50}$ 值从美国 ECOSAR 数据库中查找确定。

表2-4　表层水抗生素毒性数据

抗生素	绿藻PNEC/(ng/L)	大型溞PNEC/(ng/L)	鱼PNEC/(ng/L)
SDZ	2200	1500	15000
SMM	3820	2259	166297
SQX	131000	781000	—
NFX	160	880	2647200
CFX	2500	81300	1553600
OFX	5000	3130	1000000
TYL	950	—	—
ETM	20	220	32000
OTC	230	30800	500000
TC	90	5600	25000
DC	62	500	2658
LEX	2500	—	—
VAN	600	—	—
LIN	70	33000	10000000

抗生素风险取决于 RQ 值大小，具体可分为三个等级：0.01<RQ≤0.1，为低风险；0.1<RQ≤1，为中等风险；RQ>1，为高风险。

（4）沉积物中优先控制抗生素筛选

目前关于沉积物中抗生素的环境行为和毒性资料相对有限，通过参考相关学者的文献，综合考虑沉积物中抗生素累积浓度和抗生素半衰期衰减距离两个重要参数来计算累积增长因子，进而开展优先控制抗生素筛选。其中抗生素累积浓度代表污染程度，半衰期衰减距离代表抗生素的理化性质和河流的环境状况。

具体计算公式见式（2-14）和式（2-15）：

$$P_f = \frac{AC \times AD}{AC_{max} \times AD_{max}}$$

（2-14）

$$A_f = \frac{P'_f}{P_f} \quad (2\text{-}15)$$

式中　AC，AC$_{max}$——沉积物中抗生素浓度和所有被测抗生素中的最高浓度；

　　　AD，AD$_{max}$——抗生素半衰期距离和最大半衰期距离；

　　　P_f——长期优先因子；

　　　P'_f——短期优先因子；

　　　A_f——累积增长因子。

式中，针对 AD 值，分为短期（<2 年）和长期（>50 年），具体数值见表 2-5。P'_f 使用短期半衰期距离值计算，P_f 使用长期半衰期距离值计算。如果 A_f 值大于 1，则表明抗生素在环境中累积速率高于衰减速率；反之亦然。

表2-5　沉积物抗生素短期和长期半衰期距离值

抗生素名称	抗生素半衰期距离(AD)/km	
	短期(<2年)	长期(>50年)
SDZ	6.30	3.55
CFX	7.15	12.38
OFX	7.15	6.80
EFX	6.08	3.50
RTM	8.35	9.90
OTC	5.68	7.00

2.1.3　水体流动性指标

（1）指标选取

俗话说流水不腐，这说明流动的水体具有相对较大的自净功能。流速处于适当的条件下，流动的水体可以促进大气复氧过程，使水中的溶解氧含量增加，有利于污染物的降解，而且污染物可以在水流的带动下逐渐稀释，最后在河流天然的自净能力作用下逐渐被降解。当然，流速过大或者过小都会对水体表观产生影响。

当水体流速长期处于比较小或者水流处于静止的时候，因为水体的大气复氧能力低，水体处于缺氧状态，水中存在的各种动植物残骸腐烂或其他耗氧污染物进一步使水体进入厌氧状态，水中腐殖酸含量增加，水体呈现黑臭状态；当水体流速过快时，虽然水中含有丰富的溶解氧，但是过快的流速导致水中的底泥上浮，释放营养物质，同时由于水流的夹带作用，大颗粒物质悬浮于上层水体中，使水体透明度降低，对水体表观质量产生影响。

流速、流量、水深是表征河流水动力条件的重要评价指标。

① 流速是表征水动力条件最基本、最直观的水动力因子，它的表征因子一般为流速和摩阻流速，在水中起到水平迁移和混合的作用。

② 流量是指单位时间内，通过河流某一横截（断）面的水量，为平均流速与断面面积的乘积，一般用 m³/s 表示。

③ 水深指水体的自由表面到其河床面的垂直距离。

为了分析验证水动力指标对水体感官质量的影响，在流速、流量、水深等水动力指标监测的同时，也要进行浊度、透明度、溶解氧（DO）、总氮（TN）、总磷（TP）、氨氮（NH₃-N）和高锰酸盐指数（COD$_{Mn}$）等常规水质指标的监测分析。

（2）监测点位

河道水体流动性指标的监测点位，应结合河道调度方式和河流的结构形式，选择河道重要的闸、泵、堰等关键控制节点以及其他重要点位，要选择流动平稳的河段开展监测。

（3）监测方法

水动力指标的测量，对于流速相对较慢的城市河流水体，建议采用声学多普勒流速剖面仪（ADCP），ADCP 可以用于河道剖面的高精度测量，能反映河道的真实结构。一次测量可获得河道剖面内多个深度的流速，并同时获得底跟踪速度、底深、河道断面形状等数据。

2.1.4　水生态指标

目前大部分城市河道基本上都已经消除黑臭，不过河道水生态系统大多不完整，水生生物种类单一，物种多样性较差。河道水体中的水生生物长期存在于河流中，可以客观地反映河流的水环境状态和生态完整性，例如大型底栖无脊椎动物作为水体底层重要的定居动物，在水生态系统的物质循环和能量流动方面具有不可替代的作用，且很大程度上可以反映区域水系的生态健康水平。通过分析水生生物物种丰度、多样性与生态恢复现状，可以较为全面、准确地以生态学观点来评价和预测河流的水环境状况，为城市河道生态修复工程提供基础数据支撑。

沉水植物生长对水环境具有较高的要求，已成为水生态健康评估的一项关键指标。篦齿眼子菜（*Potamogeton pectinatus*）、穗状狐尾藻（*Myriophyllum spicatum*）和轮叶黑藻（*Hydrilla verticillata*）等耐污性较强，一般为沉水植物恢复的先锋种，如果水环境得到改善，则金鱼藻、苦草种群可逐步恢复出现。研究发现，2018 年，苏州市城区河道23 个监测断面中发现有沉水植物分布生长的河道仅占总河道的23%，而 2020 年 23 条河道已有 11 条河道出现了沉水植物，并且有 7 条河道出现了金鱼藻、苦草种群，这标志着苏州河道水生态环境得到了明显改善。

2.1.4.1　指标选取

河流水生态指标主要包括水生维管束植物（代表生产者）、水生浮游植物（代表生产者）、水生浮游动物（代表初级消费者）、大型底栖无脊椎动物（代表初级或次级消费者）、鱼类（代表初级或次级消费者）等。

2.1.4.2　采样方法

（1）水生维管束植物

首先对采样点进行目测，如有水草则进行采取，并且观察水生维管束植物的繁茂程度并记录。将采草器（长 50cm× 宽 30cm）的口张开到最大，沉入水中，迅速提起采草器，将采到的草收入自封袋中并做好标记。

（2）水生浮游植物

水深小于 3m，自水面下 0.5m 采集 1L 水样；水深 3 ～ 10m，自水面 0.5m 处采集 5L 水样，自底部 0.5m 处采集 5L 水样，共 10L 水样混合后取 1L 水样。立即用鲁哥氏液 15mL 加以固定，即杀死水样中的生物，再在水样中加入 5mL 左右甲醛溶液，带回实验室经沉淀浓缩，在显微镜下鉴定种类及计数。

（3）水生浮游动物

轮虫采样方法主要有两种：一种同浮游植物的采样；另一种为采用 30μm 的定量浮游生物网进行垂直拖网，对整个水柱进行采样，拖网深度由采样点的深度决定，样品用 5% 甲醛溶液固定。

1）浮游甲壳动物（枝角类、桡足类）采样

从表层 0.5m 往下每隔 1.0m 采水 5L，混合均匀，用浮游生物网当场过滤，样品均用 5% 的福尔马林溶液现场固定，带回实验室经沉淀浓缩，在解剖镜和显微镜下鉴定种类及计数。

2）浮游甲壳动物（枝角类、桡足类）采样

从表层 0.5m 往下每隔 1.0m 采水 5L，混合均匀，用浮游生物网当场过滤，样品均用 5% 的福尔马林溶液现场固定，带回实验室经沉淀浓缩，在解剖镜和显微镜下鉴定种类及计数。

（4）大型底栖无脊椎动物

大型底栖无脊椎动物的调查采用面积为 $1/16m^2$ 的彼得逊采泥器在每个断面处抓取 3 个不同位置记为一个样品，泥样使用 60 目尼龙筛网筛洗干净之后，将网内留下的残渣装入保鲜袋带回实验室后，将沉积物残渣放在解剖盘中，将大型底栖无脊椎动物逐一挑出，样本用 10% 的福尔马林溶液保存。利用解剖镜和显微镜，将标本鉴定至尽可能低的分类单元，然后用滤纸吸去表面固定液，置于万分之一电子天平上称重。

（5）鱼类

鱼类样本采用地笼网和三层刺网进行采样，地笼网主要用于采集底层鱼类，三层刺网可以采集全水层鱼类。冷冻后带回实验室进行分类、称重及鉴种等工作。物种鉴定主要依据《中国鱼类系统检索》、《太湖鱼类志》和《江苏鱼类志》等。所有样品生物量换算成单位面积（m^2）的个体数及生物量。

2.2 城市河流水体感官愉悦度评价技术

在我国城市水体的水质评价中，单因子评价法、多因子综合评价法、多元线性回归评价法、BP- 神经网络法、灰色评价法、主成分分析法等水体评价方法目前被较多使用。上述评价方法均有各自的适用领域，在水体评价方面均具有一定的针对性，但在针对城市河湖水体的感官质量评价方面的适用性却不是很高。目前的《地表水环境质量标准》（GB 3838—2002）是从江河湖库水体功能出发制定的评价标准，也不适用于城市水体的特点。城市河湖在多数情况下是作为城市的景观娱乐水体，为公众提供服务功能。因此，应该更加关注其感官质量，在评价过程中更多地考虑与感官愉悦密切相关的水质指标。然而，目前在这方面缺乏统一、实用的评价方法和标准要求。

目前，国内外评价水体标准主要集中于"水质安全"上，涉及感官质量方面评价的标准和评价方法较少。国家环保总局（现生态环境部）于1992年颁布实施的《景观娱乐用水水质标准》（GB 12941—91），从感官愉悦的角度提出了景观、娱乐用水水体的评价标准。标准主要从包括色、嗅、漂浮物、透明度、水温等几个感官指标来评价景观用水水质对人体感官愉悦度的影响。此外，建设部（现住房和城乡建设部，简称住建部）于2002年发布了《城市污水再生利用 景观环境用水水质》（GB/T 18921—2002），水利部于2007年颁布了《再生水水质标准》（SL 368—2006）。这两个标准从感官愉悦的角度提出了景观用水的水质要求，将色度、浊度以及嗅味列为再生水利用于景观用水的控制项目及指标。虽然以上标准都提到了与感官质量密切相关的色、嗅味、透明度等指标，但并没有形成统一的评价指数，难以被非专业人群理解和应用。

在2015年住建部发布的《城市黑臭水体整治工作指南》中，涉及黑臭水体的评判指标和方法，但这些指标更多偏重重污染水体的评价，仍然缺乏对城市水体感官质量的全面、系统的评价方法和标准。

为此，有必要针对城市水体治理和品质提升过程中面临的评价方法不适宜的问题，开展基于感官性状的水质评价方法的研究，为未来我国城市河湖治理与评价提供技术指导，并为相关管理部门开展绩效评估提供支撑。

2.2.1　水体感官愉悦度评价方法的建立

城市水体感官愉悦度评价应首先明确评价目的，确定评价对象。例如，通过对苏州市城区河道水体感官指标进行长期连续监测分析后，得出城市河道水体感官愉悦度特征指标为溶解氧、氧化还原电位、浊度、氨氮等特征指标。然后针对特征指标进行长期连续监测，通过感官愉悦度指数算法，计算得到每个水质指标对应的水体感官愉悦度分指数，并进一步通过加权平均计算得到监测断面的水体感官愉悦度指数。根据计算得到的感官愉悦度指数对城市水体感官质量进行评级，评级可分为"优、良、中、差、劣"5个等级。城市水体感官愉悦度评价结果可通过一定的媒介发布给相关政府部门或当地公众。

城市水体感官愉悦度评价流程如图2-1所示。

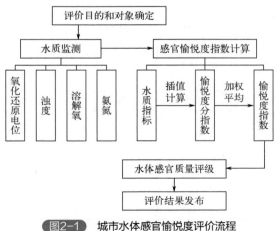

图2-1　城市水体感官愉悦度评价流程

城市水体感官愉悦度评价方法是在对平原河网城市苏州城区河道水体感官质量进行监测评估的基础上形成的，适用于平原地区城市建成区内地表水的水体感官质量评价。

2.2.1.1 水体感官质量主观评价

公众对于城市水体的感官质量评价主要取决于水的清澈程度、颜色、嗅味等水质特征，有时也受到水面漂浮物、水生生物、水体周边环境景观等因素的影响。

城市水体感官愉悦度评价技术需建立客观水质指标与公众主观感受结果之间的定量关系。为了定量评价城市水体的感官质量，筛选出可以表征城区河道感官质量的特征参数，首先建立了相应的主观评价方法。通过对水体颜色、嗅味、浊度、漂浮物等可以表征河道水体感官性状的指标进行现场观察，由现场人员（一般不少于4人）结合表2-6对所观测城市水体（采样点）的感官质量进行主观评级（很好、较好、一般、较差、很差）。将每个评价人员的评级结果换算为对应分数（100分、75分、50分、25分、0分），计算所有得分的平均值作为该采样点的感官质量评分。

表2-6 水体感官质量评分对照表

水体呈现性状	感官评价等级	分值/分
水体颜色很浅，非常清澈，无漂浮物，无恶臭气味	很好	100
水体颜色较浅，水体清澈，无明显漂浮物，无明显恶臭气味	较好	75
水体颜色一般，较清澈，有少量漂浮物，基本无明显恶臭气味	一般	50
水体颜色较深，较浑浊，多伴有漂浮物，偶尔存在明显恶臭气味	较差	25
水体颜色很深，非常浑浊，有较多漂浮物，多存在明显恶臭气味	很差	0

2.2.1.2 感官愉悦度评价参数筛选

通过对平原河网城市——苏州市城区23个河道断面进行为期2年的水质调查与分析，获取了400多组水质数据，分析了主要水质指标与水体感官质量主观评价结果的相关性，如表2-7所列。

表2-7 水质指标的统计信息和相关系数

参数	均值	最大值	最小值	和水体感官质量的相关系数
溶解氧/(mg/L)	6.19	18.82	0.09	0.324[①]
氧化还原电位/mV	99.93	266	−353.3	0.597[①]
透明度（塞氏盘法）/cm	53.4	170	7	0.550[①]
浊度/NTU	23.56	155	4	−0.517[①]
叶绿素a/(μg/L)	49.85	2748.8	1.51	−0.214[①]
氨氮/(mg/L)	3.24	46.42	0.03	−0.483[①]
总磷/(mg/L)	0.45	4.9	0.02	−0.251[①]
化学需氧量/(mg/L)	36.2	289.09	1.39	−0.466[①]
pH值	7.86	9.35	6.93	0.1
总有机碳/(mg/L)	9.02	69.5	0.8	−0.467[①]
总氮/(mg/L)	7.11	50.35	1.44	−0.377[①]

① 在0.01水平（双侧）上显著相关。

从表 2-7 中可以看出，与城市河道感官质量主观评价相关性较大的指标主要有氧化还原电位、透明度（塞氏盘法）、浊度、氨氮（NH₃-N）、总有机碳（TOC）、化学需氧量（COD）、总氮（TN）、溶解氧（DO）等，综合考虑相关性及指标监测的便捷性，从其中筛选出了与城市水体感官质量相关程度较高的 4 项水质指标（包括氧化还原电位、浊度、氨氮和溶解氧）作为表征水体感官质量的水质指标。

① 氧化还原电位是反映水体氧化还原状态的综合性指标，水中有机污染物浓度过高会导致氧化还原电位降低并产生厌氧反应，形成嗅味物质，影响水体感官质量。

② 浊度与水体透明度均可以较好地反映城市水体的清澈程度，两者呈负相关关系。透明度在测定过程中容易受到多种因素影响且存在一定的安全隐患而浊度是有效反映水中悬浮物质和胶体物质含量的物理指标，浊度升高会导致水体透明度和感官质量下降。

③ 氨氮是水体中典型的污染物和微生物生长的营养物质，是表征水体受到人为污染程度的生物化学指标。氨氮浓度高，表明水体的污染负荷高，水中细菌和藻类等微生物生长旺盛，水体感官质量低。

④ 溶解氧是水体中微生物好氧代谢和大气复氧综合作用的结果，是表征水体自净能力的指标。溶解氧浓度低，表明水体污染负荷高，微生物代谢活跃，水体感官质量低。溶解氧过饱和，表明水中藻类生长旺盛，同样可导致水体感官质量降低。

2.2.1.3　感官愉悦度指数计算

首先确定不同水质指标的感官愉悦度分指数，再计算感官愉悦度指数。感官愉悦度分指数可以反映所对应的单个水质指标对水体感官质量的影响和贡献。感官愉悦度指数（WCI）由分指数加权平均得到，反映多个水质指标对水体感官质量的综合影响，更能反映水体的综合状况。

（1）感官愉悦度分指数计算

为了方便对分指数进行计算，将浓度限值符号定义为 $C_{i,j}$，将感官愉悦度分指数定义为 $WCI_{i,j}$，当水质指标为氧化还原电位、浊度、氨氮和溶解氧数值时，浓度限值符号中的 i 分别为 1、2、3、4；n 为各水质指标所对应的浓度限值等级，如表 2-8 所列。

表2-8　水体感官愉悦度分指数及对应的水质指标区间边界值

感官愉悦度分指数 $WCI_{i,j}$	氧化还原电位 $C_{1,j}$ /mV	浊度 $C_{2,j}$ /NTU	氨氮 $C_{3,j}$ /(mg/L)	溶解氧 $C_{4,j}$ /%
0	−20	44	12	5
25	70	36	5	10
50	125	18	2	50
75	185	12	1	90
100	205	7	0.5	100

表 2-8 中的区间边界值，是在开展大量水体感官评价和水体水质指标监测的基础上，通过参数回归方法确定的。

参数回归方法为：针对感官质量不同的城市河道断面开展水质监测，同时对断面的感官质量进行人为评价（按百分制打分，多人评价取平均值），获得各水质指标与人为感官评价结果的相关关系。根据此相关关系可以获得某个感官愉悦度区间边界值对应的水质指标波动区间，从而获得其平均值作为对应水质指标的边界值。

获取监测的水质指标的浓度值 C_i 后，从表 2-8 中找到与 C_i 最近的浓度限值及其相应感官愉悦度等级。采用分段插值法计算感官愉悦度分指数，当水质指标的浓度值高于或低于浓度区间边界值的上限或下限时，对应的感官愉悦度分指数为 100 或 0。

1）氧化还原电位分指数 WCI_1

按式（2-16）计算：

$C_1 > C_{1,5}$，则 $WCI_1 = 100$；

$C_{1,j} \leqslant C_1 \leqslant C_{1,j+1}$（$j=1,2,3,4$），则

$$WCI_1 = 25 \times \frac{C_1 - C_{1,j}}{C_{1,j+1} - C_{1,j}} + WCI_{1,j} \qquad (2-16)$$

$C_1 < C_{1,1}$，则 $WCI_1 = 0$。

式中　C_1——氧化还原电位测定结果，mV；

$C_{1,j}$，$C_{1,j+1}$——氧化还原电位区间边界值，mV；

$WCI_{1,j}$——感官愉悦度分指数区间边界值。

2）浊度分指数 WCI_2 和氨氮分指数 WCI_3

按式（2-17）计算：

$C_i < C_{i,5}$，则 $WCI_i = 100$；

$C_{i,j} \leqslant C_i \leqslant C_{i,j+1}$（$j=1,2,3,4$），则

$$WCI_i = 25 \times \frac{C_i - C_{i,j}}{C_{i,j+1} - C_{i,j}} + WCI_{i,j} \qquad (2-17)$$

$C_i > C_{i,1}$，则 $WCI_i = 0$。

式中　C_i——浊度测定结果（$i=2$，NTU）或氨氮测定结果（$i=3$，mg/L）；

$C_{i,j}$，$C_{i,j+1}$——浊度区间边界值（$i=2$，NTU）或氨氮区间边界值（$i=3$，mg/L）；

$WCI_{i,j}$——感官愉悦度分指数区间边界值。

3）溶解氧分指数 WCI_4

按式（2-18）计算：

$C_4 > C_{4,5}$，则

$$WCI_4 = 100 - 25 \times \frac{C_4}{C_{4,5}} \times \frac{C_4 - C_{4,5}}{C_{4,5} - C_{4,1}} \qquad (2-18)$$

$C_{4,j} \leqslant C_4 \leqslant C_{4,j+1}$（$j=1 \sim 4$），则

$$WCI_4 = 25 \times \frac{C_4 - C_{4,j}}{C_{4,j+1} - C_{4,j}} + WCI_{4,j} \qquad (2-19)$$

$C_4 < C_{4,1}$，则 $WCI_4 = 0$。

式中　C_4——溶解氧测定结果，%；

$C_{4,j}$，$C_{4,j+1}$——溶解氧区间边界值，%；

$WCI_{4,j}$——感官愉悦度分指数区间边界值。

当水质指标为溶解氧时，其浓度超过上限值时应对其进行修正 [式（2-18）]，这是由于在水体中富营养化引起藻密度的增加会导致水体出现溶解氧的过饱和现象。在这种情况下水体感官质量反而会恶化，因而对溶解氧进行了过饱和修正。

当水质指标值处于区间边界值上下限范围内时，应先确定所属区间，然后通过线性内插法求得水质指标对应的感官愉悦度分指数。

（2）感官愉悦度指数计算

计算得到各水质指标的感官愉悦度分指数后，需要引入水质指标的权重值 a_i，再通过式（2-20）得到感官愉悦度指数 WCI，用以表征水体感官质量等级。

$$\text{WCI} = \sum_{i=1}^{n}(a_i \times \text{WCI}_i) \qquad (2\text{-}20)$$

式中　WCI_i——感官愉悦度分指数；

　　　n——水质指标个数；

　　　a_i——感官愉悦度分指数的权重系数，且 $\sum_{i=1}^{4}a_i=1$，$\text{WCI}=\sum_{i=1}^{4}a_i \times \text{WCI}_i$。

感官愉悦度分指数的权重系数取决于某个水质指标对水体感官质量的影响程度。根据表 2-7 可知，氧化还原电位、浊度、氨氮和溶解氧的相关系数分别为 0.597、-0.517、-0.483 和 0.324，氧化还原电位、浊度对水体感官质量的影响大于氨氮和溶解氧。建议 DO、ORP、浊度和氨氮的权重值范围分别为 0.05 ～ 0.25、0.25 ～ 0.45、0.3 ～ 0.5 和 0 ～ 0.2。本书中 DO、ORP、浊度和氨氮的权重值分别为 0.15、0.35、0.4 和 0.1。

感官愉悦度分指数权重系数的确定流程为：选择某一城市内水质不同的多个地表水监测断面，对氧化还原电位、浊度、氨氮、溶解氧 4 项指标开展连续监测。所选择断面数应不少于 20 个，获得的样本数不少于 200 组。针对所选择的断面，在开展水质监测的同时对其感官质量进行人为评价。参与评价的人员不少于 5 人，并且相对固定。评价时每人独立给出意见，避免相互交流和影响。以百分制对水体感官质量进行打分，并进行平均，从而得到感官质量人为评价结果。然后分别计算氧化还原电位、浊度、氨氮、溶解氧与感官质量人为评价结果的 Pearson 相关系数，并把其绝对值占 4 个水质指标相关系数绝对值之和的比例作为对应感官愉悦度分指数权重的初始值。

根据式（2-16）～式（2-20）计算得到水体的感官愉悦度指数，并与人为评价值进行对比，相对误差小于 40% 时认为计算值与人为评价值相符。调整 4 个水质指标权重值，以样本点愉悦度计算值和人为评价值误差最小为目标，进行多元回归和优化，确定权重值的最佳组合。一般情况下，所有样本点的计算值与人为评价值的匹配度应不低于 80%。根据苏州市、佛山市、北京市的 240 组河流水质监测和评价数据，采用试算法等多变量优化算法确定氧化还原电位、浊度、氨氮和溶解氧的最优权重值分别取 0.35、0.4、0.1 和 0.15。在最优权重值下，感官愉悦度指数计算值与公众感受符合度可达到 90%。

由于不同城市水体的水质特点和公众认知的差异，每个城市应根据监测和评价结果建立适合自己的权重值，并定期对权重值进行修正，以确保评价结果能真实反映公众感受。在尚不具备条件的情况下，也可以参照相似条件下其他城市所取权重值。水质指标的权重值一旦确定，在开展水质评价期间应相对固定，不宜随意更改。在使用一段时间后，如果发现愉悦度计算结果与公众感受差距较大，可采用以上方法对权重值进行重新率定。

（3）水体感官质量分级方法

基于水质监测结果计算得到的感官愉悦度指数，可对城市水体相关的监测断面进行感官质量评级，并用相应的颜色表示，从而更加直观地反映城市水体水质。

水体感官质量级别按照表2-9来分级。

表2-9 水体感官质量分级方法

感官愉悦度指数（WCI）	水体感官质量级别	指示颜色
80～100	优	蓝色
60～80	良	浅绿色
40～60	中	绿色
20～40	差	黄色
0～20	劣	黑色

2.2.2　水体感官愉悦度评价方法的验证

为说明城市水体感官愉悦度评价方法的合理性和可信度，可对不同地区城市河道水体的感官质量进行长时间公众人群验证。本章利用2018年2月至2019年12月期间监测的494组河道水质监测数据与同步采集的各种主观感官评价数据，进行计算得出的城市水体感官愉悦指数与水体感官评价结果的对比分析，以得到长时间序列验证结果。

根据感官愉悦度评价指数计算方法计算得出苏州市河道的感官愉悦度指数与实际的感官评价变化情况，如图2-2所示。感官愉悦度指数与实际感官评价有着相同的变化趋势，现场感官评价分数在0～100之间，而感官愉悦度指数在0～92.6之间，两者具有较好的重合度，总体上来说感官愉悦度指数能够较好地评价水体的感官变化情况。

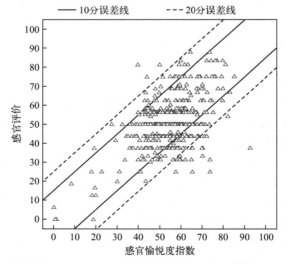

图2-2 苏州市河道感官愉悦度指数（WCI）与感官评价

进一步通过引入匹配度来表征感官愉悦度指数与感官评价之间的匹配情况，定义两者的相对误差在±40%内即为互相匹配。感官愉悦度指数与感官评价相对误差统计如图2-3所示。

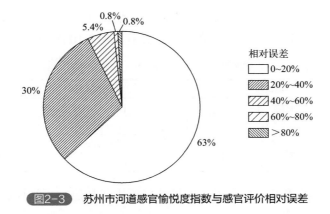

图2-3　苏州市河道感官愉悦度指数与感官评价相对误差

在进行水体感官愉悦度评价方法验证的 494 组数据中，满足感官愉悦度指数与感官评价结果相对误差在 20% 以内的共有 311 组，占比为 62.96%，相对误差 40% 以内的共有 459 组，占比达到了 92.9%，即采用感官愉悦度指数评价方法对河道的感官进行评价的准确度可达到 92.9%，河道水质感官质量评价结果与公众感受的符合度较高。

虽然水体感官愉悦度指数评价方法能够较好地评价河道水体的感官质量，但是仍面临以下问题：

① 感官愉悦度指数不能反映水体的污染类型和污染源解析；

② 感官愉悦度指数评价方法在评价城市河道水体的时候并未对河道表面的漂浮物进行统计，然而公众对实际水体的感官评价结果常因水体表面存在漂浮物而发生变化；

③ 不同地区的不同时间阶段人们对于城市河道水体的感官评价具有阶段性，因此在采用感官愉悦度指数评价方法对水体的感官质量进行评价的时候有时会面临失真的现象。

2.2.3　城市水体感官愉悦度在线监测系统

基于城市水体感官愉悦度评价技术成果，建立了城市水体感官愉悦度在线监测系统，通过对溶解氧、氧化还原电位、浊度、氨氮的在线监测，同步传输各水质指标的监测结果，通过终端平台对传输数据进行计算，得出各水体评价点位的感官愉悦度指数，并通过城市水体感官愉悦度系统信息管理平台进行综合分析与管理。

2.2.3.1　城市水体感官愉悦度在线监测系统组成

城市水体感官愉悦度在线监测系统主要包括水样采集监测站、水质自动监测数据分析平台。其中水样采集监测站主要包括采配水单元、控制单元、检测单元、数据采集和传输单元。分析单元由多参数水质自动分析仪（ORP、溶解氧、浊度）、氨氮水质自动分析仪等组成。采水系统将水样采集预处理后供各分析仪使用。系统泵阀及辅助设备由 PLC（可编程逻辑控制器）控制系统统一进行控制。各仪器数据经 RS232/485 接口由数据采集工控设备进行统一的数据采集和处理，系统数据通过无线 DTU 模块传输，监测系统配置完善的防直击雷和感应雷措施。

城市水体感官愉悦度在线监测设备对溶解氧、氧化还原电位、浊度、氨氮进行在线监测，各水质指标的测试原理、测量范围和分辨率如表 2-10 所列。

表2-10　各水质指标的测试原理、测量范围和分辨率

水质指标	测试原理	测量范围	分辨率
氨氮	水杨酸分光光度法	0～10mg/L,0～150mg/L	<0.15mg/L
氧化还原电位	电极法	−2000～2000mV	1mV
溶解氧	荧光法	0～20mg/L	0.01mg/L
浊度	组合红外吸收散射光线法	0.01～100NTU/0.01～4000NTU	0.1NTU或1NTU

城市水体感官愉悦度在线监测设备站址选择原则包括建站可行性、水质代表性、监测长期性、系统安全性和运行经济性。为确保水质自动监测系统的长期稳定运行，所选取的站址应具备良好的交通、电力、清洁水、通信、采水点距离、采水扬程、枯水期采水可行性和运行维护安全性等建站基础条件。所选取站点的监测结果能代表监测水体的水质状况和变化趋势。河流监测断面一般选择在水质分布均匀、流速稳定的平直河段，原则上与原有的常规监测断面一致或者相近，以保证监测数据的连续性。湖库断面要有较好的水力交换，所在位置能全面反映被监测区域湖库水质真实状况，避免设置在回水区、死水区以及容易造成淤积和水草生长处。

2.2.3.2　城市水体感官愉悦度系统信息管理平台

城市水体感观愉悦度系统信息管理平台，是集数据与状态采集、处理和各类报表生成于一体的操作系统，具备现场数据与主要状态参数的采集、现场系统及仪表的有条件反控、数据分析与管理、报表生成与上报、报警等业务功能。数据平台软件采用安全、稳定的数据传输方式，具有定期自动备份、自动分类报警和远程监控等功能，并具有可扩展性。平台展示如图 2-4 所示。

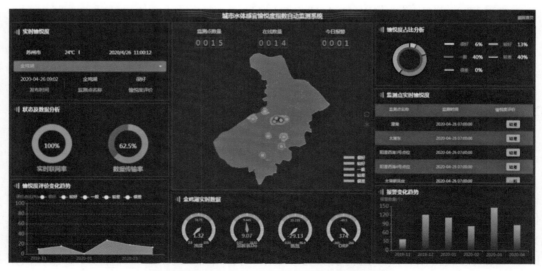

图2-4　城市水体感官愉悦度系统信息管理平台

城市水体感官愉悦度在线监测系统设备和平台，可以实现城市水体感官质量的实时、快速、标准化评价，可为未来我国城市河湖治理与评价提供技术指导和支持，并指导市民开展相关娱乐活动。感官愉悦度在线监测设备也可以与城市现场水质在线监测设备相结合，在监测常规水质指标的同时采集城市水体感官愉悦度信息。

2.3　城市河流水生态健康评价技术

随着工业化和城市化进程的不断深入，很多城市河道水体正经受着不同程度的干扰和破坏，导致水质恶化以及生态功能退化甚至丧失。国际上近几十年来水环境保护和治理的实践表明，水体健康取决于整个流域内的社会经济和自然经济状况。基于流域的管理方法也逐渐成了解决水环境问题的有效手段之一。传统式根据单一目标评价和管理水质的方法已经不适用于城市复杂的水环境问题，需要综合物理、化学、生物手段进行全面的生态分析。因此，从生态健康角度对城市河流水环境进行综合评价也成为水环境保护和水生态治理的迫切需要。

2.3.1　城市河流水生态健康评价体系

水生态环境质量的监测和评价是指通过对河流生态系统中不同于水生态相关的非生物和生物指标的监测来客观反映河流生态系统完整性状况。在水生态环境评价领域，国外从 20 世纪 80 年代就已经开始了研究和实践，其中欧盟、美国、澳大利亚、英国和南非等已经建立了各自的评价体系和技术方法体系，各类评价体系在发展历程中表现出不同的特点和适用特性。

常用的评价体系和方法包括 IBI 指数法、预测模型法、WFD 评价法等。

（1）IBI 指数法

以美国为代表使用的生物完整性指数评价方法（index of biotic integrity，IBI），是一种生物评价方法，起源于 1972 年《美国水污染控制法》（后称为《清洁水法》），在这部法律中首次明确水体的生物完整性与物理、化学完整性在法律上具有同样重要的地位，以法律形式将生态的概念引入水体污染控制领域。

IBI 指数法是指通过多个生物指标综合反映水体生态状态，主要内容包括：参照状态的确定；参数有效性评价和 IBI 指数构建；用受影响状态与参照状态的比值代表河湖的相对生态环境质量。基于 IBI 指数，1989 年美国环保署流域评价与保护部门提出旨在为全美国水质管理提供基础水生生物数据的快速生物监测协议（Rapid Bioassessment Protocols，RBPs），并于 1999 年推出新版的 RBPs，其中包括河流藻类、大型无脊椎动物，以及鱼类的监测及评价方法和标准。随后，于 2006 年提出了不可徒涉河溪的生物评价概念及方法，以及大型河流生态系统的环境监测与评价计划，2007 年发布了美国湖泊调查的现场操作手册。

IBI 指数法在巴西、韩国和比利时等国家的河流生态监测计划及溪流环境状况评价中也都有广泛的应用，也被应用在我国的昆明市、上海市和广州市城市河道的河流生态系统状况与健康评价中。国内也有不少学者利用微生物完整性指数、鱼类和底栖动物 IBI 指数等对城市河道进行水生态系统健康评价。但是，IBI 评价体系的核心是评价生物群落的完整性，借助生物群落结构变化对水体和生境质量的响应，比较水生态环境质量的优劣。生境要素和水质理化要素作为胁迫因子虽然纳入了研究但是不参与水生态环境质量的评价，因此在随后的城市河道生态环境评价研究中，有学者开始用 IBI 生物完整性指数结合水质和生境指标来建立综合评价指标，国际上也有学者结合鱼类 IBI 指数、水质综合指标（包括 TN、TP、COD 等指标）和栖息地指标对城市河道生态环境质量进行评价。

（2）预测模型法

预测模型法以英国的河流无脊椎动物预测与分类系统（River Invertebrate Prediction and Classification System，RIVPACS）和澳大利亚河流评价系统（Australian River Assessment Scheme，AUSRIVAS）为主要代表。预测模型法是通过选择无人为干扰或人为干扰最小的样点为参考点，建立理想情况下样点的环境特征及相应的生物组成的经验模型，比较观测点生物组成的实际值（O）与模型推导的该点的预期值（E）并对其进行评价。在该方法中应用最广泛的生物类群是大型底栖无脊椎动物，例如澳大利亚的河流评价系统 AUSRIVAS 就是基于底栖大型无脊椎动物生物多样性及其功能监测实现对河流生态状况的评价。预测模型法同时考虑了水质、生境状况、生物、水文、河岸质量甚至景观休闲等多要素指标，对河流的整体生态环境状况进行综合评价。但是预测模型法所需的数据量大，例如模型参照位点数量一般需要几百个，而且数据必须系统完整，因此需要长期的调查监测数据，工作量大。同时，预测模型的建立和评价需要运用复杂的统计分析手段，对评价人员有更高的专业要求。而城市河道的监测数据特别是长期的生物监测数据往往比较缺乏，因此目前预测模型法较少运用在城市河道的生态环境评价中。

（3）WFD 评价法

欧盟水框架指令（Water Framework Directive，WFD）评价方法于 2000 年颁布，目的是在同一个法律框架内协调欧盟各国共同行动，通过流域综合管理的手段，防止水生态系统及陆地生态系统和湿地系统的状况进一步恶化，并在此基础上保护并改善其状况，促进水资源的可持续利用等。南非 1994 年实施的"河流健康计划"（River Health Programme，RHP）中提出栖息地整体评价系统（IHAS）和栖息地完整性指数（IHI）是 WFD 评价框架的技术基础。

WFD 指标体系用"生态状态"代表"与地表水体有关的水生生态系统的结构和功能的质量"，所提出的水体健康评价指标体系中按生物质量要素、水文地貌质量要素、物理 - 化学质量要素 3 大类质量要素进行评价。WFD 中的水体健康分为极好、优良、中等、差、极差 5 级。针对各质量要素中的各项分指标，规定了不同类别所应达到的水平。在 WFD 的框架下，丹麦使用了物理要素（the Danish Physical Index, DPI）和生物要素（the Danish Stream Fauna Index, DSFI）对全丹麦 316 条城市河流进行评价。瑞典采用水体有机污染指数（ASPT）、DSFI 指数和大型底栖生物类群指数对其国内的湖泊、水体进行生态环境评价。除此之外，芬兰和德国都运用 WFD 评价体系，利用多指标系统对国内的河流生态环境质量进行评价。我国也有学者基于 WFD 框架同时考虑水质、栖息地质量和鱼类生物指标对郑州河道的生态环境进行评价。

国际上主要的水生态环境评价指标和方法如表 2-11 所列。

表2-11　各国水生态环境评价指标和方法对比

方法	模型/指数	使用国家	水质	生境条件	河岸质量	水生生物	物理形态	景观休闲	水文	主要用途	特点
IBI生物完整性指数法	IBI指数	美国、巴西、韩国、比利时				✓				全国河流状态	以生物的完整性表征水生态的完整性
预测模型法	AUSRIVAS	澳大利亚	✓		✓	✓	✓		✓	全国河流状态	需要大量生物数据，预测模型的建立和预测评价专业要求高
	RIVPACS	英国		✓		✓		✓	✓	河流现状详细评估	
WFD欧盟水框架指令法	IHAS和IHI	南非	✓	✓		✓			✓	河流健康估评	多要素评价，同时考虑流域水文、生物及水质等要素
	DPI和DSFI	丹麦		✓		✓	✓			河流健康评估	
		芬兰	✓	✓		✓				河流生态环境评估	
		德国				✓				河流现状评估	
	ASPT和DSFI	瑞典	✓	✓		✓				河流生态环境评估	

目前，国内外的城市河道生态环境质量评价都具有多要素、综合评估的趋势，评价体系同时考虑生境、水质和生物等多要素指标。然而不同城市河道由于其所处区域的自然、社会特征不同，其生态环境状况也不同，亟需结合不同城市河道的自然地理条件、生物类群栖息及时间变化特点，构建多要素的、具有代表性的评价指标体系和评估方法。因此，以苏州市、上海市等平原河网为研究对象，借鉴国内外的研究成果建立了适于我国东部平原河网的城市河道生态环境质量评价方法和指标体系，为准确识别城市河道生态健康受损成因提供科学依据。

2.3.2　城市河道生态健康评价指标和赋值

城市河道生态健康评价应在收集现有河道平面和剖面结构、水文、水质、生态以及社会经济等资料的基础之上进行整理、分析和实地踏勘，应制定河道生态健康的调查、监测和评价的指标与方案。

为了确保河道生态环境健康评价的科学性和准确性，城市河道生态健康评价专项调查与监测周期宜为一个自然水文年。结合城市河道生态环境的实际情况，根据河道的自然地理条件和生物类群的时间变化特点，选择具有代表性的河段进行生境和生态要素指标调查与评价。

城市河道水生态健康专项调查时需要注意以下几点。

① 水文特征突然变化处如支流汇入处等，水质急剧变化处如污水排入处等，重点

水上构筑物如取水口、桥梁涵洞。

② 当河道断面形状为矩形或接近矩形时，在取样断面的主流线上设一条取样垂线。在一条垂线上，水深大于 3m，应在水面下 0.5m 处及在距河底 0.5m 处，各取 1 个样；水深 1～3m 时，可在水面下 0.5m 处取 1 个样；在水深不足 1m 时，取样点距水面不应小于 0.3m，距河底也不应小于 0.3m。

③ 水生维管束植物监测应先目测估算物种丰度，可使用采草器进行水生植物样本采集：将采草器的口张开到最大，随后沉入水中，迅速提起采草器，将采到的草收入自封袋中并做好标记。

④ 浮游藻类采样应避开急流和漩涡，自水面下 0.5m 采集 1L 水样。立即用鲁哥氏液 15mL 加以固定，带回实验室经沉淀浓缩，在显微镜下鉴定种类及计数。

⑤ 底栖动物采样可采用踢网法或手抄网法。采样时，网口与水流方向相对，用脚或手扰动网前 1m 的河床底质，利用水流的流速将底栖动物驱逐入网。用踢网法进行采样，移动性强的一些物种会向侧方游动而不被采获。一般应采集 3～5 个样方，视样品量而定，记录采集样方个数。手抄网法适合范围较广，迎水站立，深水可以采用"弓"字采法，采集一定面积，每个样点应采集 3～5 次。

借鉴国际上常用的水生态评价体系和方法，针对城市河道的特点，建立的生态健康评价指标主要包括河道结构、水文状态、水质状况、水生生物四种类型，在对四类评价指标进行要素评价的基础上进行城市河道生态健康综合评价。

2.3.2.1 河道结构评价指标

河道形态与结构，包括底质组成、河道岸坡材料构成、河道形状和河岸稳定性的变化、岸带植被等都会影响河流的流通和水生生物栖息地的质量。

河流底质是水生植物、底栖动物以及微生物的主要栖息地，是河流生态系统物质交换和能量流动的主要场所。底质的异质性和稳定性是水生生物群落多样性的决定性因素。其中土质、卵石、砾石都是稳定底质，而砂粒流动性高、稳定性差，难以为水生植物和底栖动物提供稳定的生境。另外，底泥含量的增加会掩盖原有河道底质多样性，降低底质异质性。同时底泥还是氮、磷和重金属等水体污染物的储存库和释放源，影响水质和水生态健康。

河道岸坡材料构成和河道的断面形状（自然形状、规则的梯形和矩形）都会影响河道水力特性、河岸的稳定性以及水生动植物的栖息环境。而河岸稳定性又会进一步影响河道泥沙输入和河床沉积物含量，尤其是在汛期，河岸的侵蚀程度影响河床的稳定性和河流生境质量。根据韩国环境保护部的《河流自然状态评价指南》，对河道岸坡材料构成、河道形状和河道稳定性进行分级评价。

岸带植被对截留面源污染物具有重要作用，同时岸带植被能避免阳光对水面的照射，调节水温和光照，影响水生植被的生长。同时，岸带植被的减少也会通过减少河道底质中木质残体进一步影响水生境质量。按照美国 RBPs 评价体系，植被群落组成和覆盖率都是影响岸带植被质量的重要因素。

因此，参考韩国环境保护部的《河流自然状态评价指南》和美国环保署的快速生物监测协议（Rapid Bioassessment Protocols，RBPs），并结合我国平原地区城市河道的具体情况，确定了河道结构评价指标和评价等级。评价指标体系具体包括底质、河道岸坡材料构成、河道断面形状、河岸稳定性、河岸陆地植被覆盖率（表 2-12）5 个指标。每项指标评分范围为 1 ～ 4，分别代表好、较好、一般、差四个评价等级。

表2-12　河道结构指标设置及评分标准

评价指标 （分值）	好（4）	较好（3）	一般（2）	差（1）
底质	天然河道底质，如土质、砂质、卵石等；泥厚小于有效水深的5%	天然河道底质人工增设卵砾石或抛石；泥厚为有效水深的5%～20%	河底有大量石块等材料；泥厚为有效水深的20%～30%	河底满铺石块等材料，或混凝土铺底，或河底严重沉积
河道岸坡材料构成	自然土质岸坡和生物护坡	天然有机材质护坡	人工生态护坡（例如格宾、石笼、干砌、鱼巢式等人工材料护坡）	混凝土或混凝土灌砌块石、混凝土板或砖块护坡
河道断面形状	不规则的自然剖面	含自然剖面的复式剖面	规则的梯形剖面	规则的矩形剖面
河岸稳定性	河岸稳定，观察范围（100m）内无侵蚀痕迹	比较稳定，观察范围（100m）内有10%以内的河岸出现侵蚀现象	观察范围内10%～30%河岸发生侵蚀	观察范围内30%以上的河岸发生侵蚀
河岸陆地植被覆盖率	河道管理范围内植被覆盖80%以上	河道管理范围内植被覆盖50%～80%	河道管理范围内有植被，但是植被覆盖少于50%	无植被覆盖，全部为硬质铺装地面

　　河道结构评价时需对河道生态健康进行现场调查，记录调查当天的天气情况、河岸植被情况、河道特征（河道宽度、河道上方覆盖率、是否有闸泵堰等工程设施、排水口等），同时开展水温、盐度、电导率、溶解氧、pH 值、氧化还原电位、浊度等水质指标监测，评估水体感官情况，判断河道底质及底泥淤积情况等。在现场调查的基础上，按底质、河道岸坡材料构成、河道断面形状、河岸稳定性、河岸陆地植被覆盖率 5 项指标得分加和计算。

2.3.2.2　水文状态和水质状况评价指标

（1）水文状态评价指标

　　水文状态评价包含两个指标，分别为水深和流速。水量丰富、稳定是河流发挥其生态功能和社会功能的首要条件。同时，水流流速也会通过改变悬浮物的沉降和水体复氧过程影响水质。另外，流速还会影响藻类生长、集群和沉降过程。有研究表明，城市河流流速在 0.10 ～ 0.15m/s 之间时藻类生长速率最低，水华潜势为最低水平；当流速低于 0.05m/s 时藻类生长速率加快，水体水华潜势较高；而流速高于 0.20m/s 时藻类生物多样性降低。因此，水文状态评价指标由 2 个参数构成，包括河水水量状况和流速，评分范围为 1 ～ 5（最高值），划分为 5 个评价等级。调查点位的河水水深和流速的测量应符合现行行业标准《水文测量规范》（SL 58—2014）和现行国家标准《河流流量测验规范》（GB 50179—2015）的规定。

　　因此，水文状态指标评价等级划分参考了城市河道中避免藻类水华发生、水环境保护以及景观营造等方面的相关研究和案例，建立评分表（表 2-13）进行评分。其中，流速取多次监测结果的中位数值。

表2-13 水文状态指标设置及评分标准

评价指标 （分值）	好（5）	较好（4）	一般（3）	差（2）	极差（1）
河水水深	平均水深1.5～2.0m	平均水深1.0～1.5m 或2.0～3.0m	平均水深0.5～1.0m 或3.0～4.0m	平均水深0.2～0.5m 或4.0～5.0m	平均水深0.2m以下 或5.0m以上
流速	0.10～0.15m/s	0.05～0.1m/s或 0.15～0.2m/s	0.02～0.05m/s或大 于0.2m/s	小于0.02m/s	死水

（2）水质状况评价指标

水质状况评价使用单因子评价法，指标包括水温、pH值、溶解氧、化学需氧量、高锰酸钾指数、氨氮、总磷、总氮（其中水温和pH值不作为评价指标）等。参照《地表水环境质量标准》（GB 3838—2002）基本项目标准限值。水质优劣程度应根据评价河段的逐月水质监测数据进行评价，评价周期应为水文全年。

城市河道的水样采集、保存、分析的原则与方法，在现行国家标准《地表水环境质量标准》（GB 3838—2002）中未有提及的可参考《水和废水监测分析方法（第四版）》的规定。

2.3.2.3 水生生物评价指标

水生态健康评价常用生物类群包括水生维管束植物、鱼类、浮游动物、底栖动物和藻类等。由于浮游动物、鱼类的调查及种属鉴别比较复杂、工作量大，而水生维管束植物、浮游藻类和底栖动物属于水生态中的综合性指示物种，因此选择水生维管束植物、浮游藻类和底栖动物作为城市河道水生生物调查的类群。

河道水生生物评价共设置4个指标，包括水生维管束植物指示物种分值、浮游藻类香农-威纳指数、帕尔默（Palmer）藻类污染指数和底栖动物监测记分系统（BMWP记分系统）。每项参数评分范围为1～5（最高值），划分为5个评价等级（表2-14）。

表2-14 水生生物指标设置及评分标准

评价指标（分值）	好（5）	较好（4）	一般（3）	差（2）	极差（1）
水生维管束植物指示物种分值	4.01～5.00	3.01～4.00	2.01～3.00	1.01～2.00	0.00～1.00
浮游藻类香农-威纳指数	>3	2～3	1～2	0～1	0
帕尔默藻类污染指数	—	—	<15	15～19	>20
BMWP记分系统	>100	71～100	41～70	11～40	0～10

水生生物评价按水生维管束植物指示物种分值、浮游藻类香农-威纳指数、帕尔默藻类污染指数、底栖动物监测记分系统四项指标的得分加和计算。

（1）水生维管束植物指示物种分值

挺水植物、浮叶植物和沉水植物等水生维管束植物，对水生态系统的健康具有重要作用。其根、茎、叶不仅能为微生物和底栖动物提供食物及栖息地，也能通过过滤、吸收和吸附作用减少水体中的营养物质及重金属等污染物。同时，水生植物能通过光合放氧调整水生环境，以及通过分泌化感物质来降低藻类生物量，减少水华暴发和维持生物多样性。

河道水生生物评价中，采用指示物种对河道挺水植物、浮叶植物和沉水植物等水生维管束植物进行分类分级评价（表2-15）。单一评价分值参考了各水生维管束植物耐污性如脯氨酸、丙二醛产生量，以及营养环境如生物量增长率。只使用盖度超过调查面积3%的水生维管束植物的出现情况来评价水体的生态健康程度，其中水生植物盖度可通过随机选取3个0.4m×0.4m大小的样方，估算水生植物面积占比。

表2-15 水生维管束植物指示物种分值

挺水植物	评价分值	浮叶植物	评价分值	沉水植物	评价分值
旱伞草	1	大薸	1	菹草	1
再力花	1	凤眼莲	1	蓖齿眼子菜	1
水葱	2	槐叶萍	2	穗花狐尾藻	2
荷花	2	水鳖	2	黑藻	2
梭鱼草	3	菱	3	狐尾藻	3
茭白	3	芡实	3	金鱼藻	3
千屈菜	4	萍蓬草	4	苦草	4
镳草	4	睡莲	5	轮叶黑藻	4
鸢尾	5			大茨草	5
黄菖蒲	5			小茨草	5

注：无指示物种出现按照0分计，未出现在名录中的植物按2分计，10年内的外来入侵种按1分计。

水生维管束植物指示物种分值按照式（2-21）计算：

$$P=(e+f+s)/3 \qquad (2-21)$$

式中 P——水生维管束植物生态健康评价分值；

e——水体中出现的评分最高且盖度＞3%的挺水植物的评价分值；

f——水体中出现的评分最高且盖度＞3%的浮叶植物的评价分值；

s——水体中出现的评分最高且盖度＞3%的沉水植物的评价分值。

（2）浮游藻类香农-威纳指数

浮游植物通常指藻类，其生命周期短，对干扰的响应迅速，是水生态环境评价的重要指示物种。藻类的丰度、种类和群落组成会随着水环境质量的变化发生变化，可以使用藻类群落结构的相关指数来反映水质的综合状况。例如，藻类多样性指数就是常用的反映藻类群落结构差异的指数。

浮游藻类香农-威纳指数的表达见式（2-22）：

$$H'=-\sum(N_i/N)\ln(N_i/N) \qquad (2-22)$$

式中 N_i——第i个浮游藻类物种的个体数；

N——该样本浮游藻类总个体数。

通常浮游藻类香农-威纳指数越大，表示藻类群落结构越复杂，藻类群落稳定性越大，生态环境状况越好；而当水体受到污染时，某些浮游藻类种类会消亡，多样性指数减小，群落结构趋于简单，指示水质出现下降。浮游藻类多样性指数更适用于对同一河道上下游样点之间的群落结构差异的评价或者同一河道不同时段的比较，不适用于反映群落中敏感和耐污物种组成差异信息的评价，如不具备高物种多样性的源头水。因此，

浮游藻类香农 - 威纳指数要结合帕尔默藻类污染指数进行评价。

（3）帕尔默藻类污染指数

帕尔默藻类污染指数（Palmer Index）是对不同属的耐受污染藻类进行打分来评价水体受污染程度的一种生物指数方法。使用 Palmer 藻类污染指数，样品只需要对藻类进行定性监测并鉴定到属，监测的工作量比较小。

表 2-16 给出了耐受污染的 18 种浮游藻类的属名以及不同的污染指数值，可据此计算其分值。

表2-16　耐受污染藻类的帕尔默藻类污染指数

属名	污染指数值	属名	污染指数值
直链藻属	1	微芒藻属	1
鳞孔藻属	1	异极藻属	1
新月藻属	1	小环藻属	1
席藻属	1	实球藻属	1
扁裸藻属	2	针杆藻属	2
纤维藻属	2	小球藻属	3
舟形藻属	3	菱形藻属	3
衣藻属	4	栅藻属	4
颤藻属	5	裸藻属	5

参照藻类污染指数的相关研究和案例，根据监测得到的藻属按照表 2-16 给出的污染指数值计算监测点总藻类污染指数，根据指数值对监测位点水体质量状况进行分级评价。Palmer 指数分值越小表明水体质量越好。

（4）底栖动物监测记分系统

底栖动物是水生态系统中的分解者之一，也是水生栖息地中的重要成员。目前国际上已经建立了多种底栖动物指数，包括指示生物、多样性、优势度和物种丰度等指标。本书选用大型底栖动物监测记分系统（Biological Monitoring Working Party Scoring System，BMWP 记分系统），基于不同底栖动物对有机污染不同的敏感性或者耐受性特征，按照出现的各个类群的耐受程度给予分值来反映河道生态系统健康状况。

BMWP 记分系统以大型底栖动物科为单位，每个样品各科记分值（表 2-17）之和，即为 BMWP 分值。

表2-17　BMWP记分系统分值

类群	科	分值
蜉蝣目	短丝蜉科、扁蜉科、细裳蜉科、小蜉科、河花蜉科、蜉蝣科	10
襀翅目	带襀科、卷襀科、黑襀科、网襀科、襀科、绿襀科	
半翅目	盖蝽科	
毛翅目	石蛾科、枝石蛾科、贝石蛾科、齿角石蛾科、长角石蛾科、瘤石蛾科、鳞石蛾科、短石蛾科、毛石蛾科	
十足目	正螯虾科	8
蜻蜓目	丝螅科、色螅科、箭蜓科、大蜓科、蜓科、伪蜻科、蜻科	

续表

类群	科	分值
蜉蝣目	细蜉科	7
襀翅目	叉襀科	
毛翅目	原石蛾科、多距石蛾科、沼石蛾科	
螺类	蜓螺科、田螺科、盘蜷科	6
毛翅目	小石蛾科	
蚌类	蚌科	
端足目	螳蜚蝛科、钩虾科	
蜻蜓目	扇螅科、细螅科	
半翅目	水蝽科、尺蝽科、龟蝽科、蝽科、潜蝽科、仰蝽科、固头蝽科、划蝽科	5
鞘翅目	沼梭科、水甲科、龙虱科、豉甲科、牙甲科、拳甲科、沼甲科、泥甲科、长角泥甲科、叶甲科、象鼻虫科	
毛翅目	纹石蛾科、经石蚕科	5
双翅目	大蚊科、蚋科	
涡虫	真涡虫科、枝肠涡虫科	
蜉蝣目	四节蜉科	4
广翅目	泥蛉科	
蛭纲	鱼蛭科	
螺类	盘螺科、螺科、椎实螺科、滴螺科、扁卷螺科	3
蛤类	球蚬科	
蛭纲	舌蛭科、医蛭科、石蛭科	
虱类	栉水虱科	
双翅目	摇蚊科	2
寡毛类	寡毛纲	1

注：使用底栖动物监测记分系统时，宜以底栖动物的科为单位进行样品分值计算。当样品中出现不同分值的底栖动物时，取最高分值。但当样品中只有1～2个个体科时，说明样本量较少，不能参加记分。

BMWP记分系统的评价原理是基于不同的大型底栖动物对有机污染（如富营养化）有不同的敏感性/耐受性，按照各个类群的耐受程度给予分值。按照分值分布范围，对监测位点水体质量状况进行评价。BMWP分值越大表明水体质量越好。BMWP中各科的记分值，可参考当地研究区物种对污染物耐受性的研究文献进行调整。

2.3.3 城市河道生态健康评价方法

城市河道生态健康评价，首先要对河道结构、水文状态、水质状况和水生生物四类指标进行要素评价，得到各指标的分值，对四类评价指标进行加权求和，利用综合指数法对城市河道生态健康状况进行综合评价。

2.3.3.1 要素评价

（1）河道结构评价

河道结构评价按底质、河道岸坡材料构成、河道断面形状、河岸稳定性、河岸陆地植被覆盖率五项指标得分加和计算，并进行分级评价。

河道结构的分级赋分参照表 2-18。

表2-18　河道结构的分级赋分

得分分值	得分>15	12<得分≤15	9<得分≤12	6<得分≤9	得分≤6
赋分	5	4	3	2	1

水质评价采用单因子评价法，其中水温和 pH 值不作为评价指标，应符合现行国家标准《地表水环境质量标准》（GB 3838—2002）基本项目标准限值的规定；针对城市河道水体，以地表水Ⅲ类水质作为最优标准限值；达不到Ⅴ类标准但不是黑臭水体的为劣Ⅴ类水质。

（2）河道水文状态评价

河道水文状态评价应按河水水深和流速两项指标得分加和计算，并进行分级评价。水文状态的分级赋分参照表 2-19。

表2-19　水文状态的分级赋分

得分分值	得分>8	6<得分≤8	4<得分≤6	2<得分≤4	得分≤2
赋分	5	4	3	2	1

（3）河道水质状况评价

河道水质状况评价应符合现行国家标准《地表水环境质量标准》（GB 3838—2002）中基本项目标准限值的规定。水质状况的分级赋分参照表 2-20。

表2-20　水质状况的分级赋分

水质类别	Ⅲ类及以上	Ⅳ类	Ⅴ类	劣Ⅴ类
赋分	5	3	1	0

（4）河道水生生物评价

河道水生生物评价可按照水生维管束植物指示物种分值、浮游藻类香农 - 威纳指数、帕尔默藻类污染指数和底栖动物监测记分系统四项指标得分加和计算，并进行分级评价。水生生物的分级赋分参照表 2-21。

表2-21　水生生物的分级赋分

得分分值	得分>16	12<得分≤16	8<得分≤12	4<得分≤8	得分≤4
赋分	5	4	3	2	1

2.3.3.2　综合评价

采用综合指数法对城市河道生态环境质量进行综合评估，通过河道结构、水文状态、水质状况以及水生生物指标加权求和，构建综合评估指数 CAI，以该指数表示评估河道的整体生态环境质量状况。

$$CAI=\sum_{i=1}^{n}x_i w_i \tag{2-23}$$

式中　CAI——河道生态环境质量综合指数；

x_i——评价指标分值，0～5分；

w_i——评价指标权重。

各评价指标权重如表2-22所列。

表2-22　河道生态环境质量综合评价各指标权重

指标	分值范围	建议权重
河道结构	0～5	0.2
水文状态	0～5	0.2
水质状况	0～5	0.4
水生生物	0～5	0.2

综合评价指数中河道结构、水文状态、水质状况和水生生物各指标的权重代表了当地从管理角度评价河道不同要素的主要承担，有条件的城市可以通过专家打分法确定本地当前的权重值。

根据河道生态环境质量综合评价指数（CAI）分值大小，将生态环境质量状况等级分为健康、亚健康、一般、中度受损、重度受损五个级别。具体指数分值和质量状况分级详见表2-23。

表2-23　河道生态健康评价分级标准

水生态环境质量状况	健康	亚健康	一般	中度受损	重度受损
综合指数（CAI）	CAI≥4	4>CAI≥3	3>CAI≥2	2>CAI≥1	CAI<1
表征颜色	蓝色	绿色	黄色	橙色	红色

2.3.4　苏州市城区河道生态健康评价

因缺少有效的数据，无法对某特定河道进行水生态健康评价，因此以苏州市城区河道整体为评价对象，尝试进行总体评价，评价结果仅供参考。如要精确地评价水生态健康，需要在长序列完整的基础数据条件下进行评价。

2.3.4.1　苏州市城区河道水生态健康要素评价

（1）河道结构评价

河道结构评价包括底质、河道岸坡材料构成、河道断面形状、河岸稳定性、河岸陆地植被覆盖率五项指标，根据表2-12的评分标准进行赋分。

底质方面，苏州市城市河道基本上都为人工河道，基本都为混凝土铺底的硬质底河道。按照评分标准，底质为差，分值为1分。

河道岸坡材料构成方面，苏州市城市河道基本上都为人工直立岸坡，基本为混凝土或混凝土灌砌块石等材料。因此按照评分标准，河道岸坡材料构成为差，分值为1分。

河道断面形状方面，苏州市城市河道一般都为规则的矩形断面，按照评分标准，分值为1分。

河岸稳定性方面，调查时发现，苏州市城市河道河岸比较稳定，暂时没有侵蚀痕迹，因此分值为4分。

河岸陆地植被覆盖率方面，根据 2020 年 5 ~ 12 月水草覆盖率监测结果，如表 2-24 所列，城区上游西塘河区域水草覆盖率均值为 23.3%，平江历史片区内某河道的水草覆盖率均值为 11.39%。可以看出，苏州市城区河道管理范围内有植被，但是植被覆盖率小于 50%，因此，评分标准为一般，分值为 2 分。

表 2-24　典型断面水生植物覆盖率

区域	典型断面2020年水生植物覆盖率/%							
	5月	**6月**	**7月**	**8月**	**9月**	**10月**	**11月**	**12月**
平江片某河道	15.56	13.33	8.89	11.11	13.33	13.33	8.89	6.67
上游西塘河	20.00	22.22	26.67	28.89	22.22	24.44	22.22	20.00

总的来说，河道评价结构要素综合打分为 9 分，根据表 2-18 分级评价，河道结构的分级赋分为 2 分。

（2）河道水文状态评价

河道水文状态评价，按照水深和流速两项指标来评价。水深方面，以苏州市古城区河道为例，河道水深为 0.33 ~ 2.51m，平均水深为 1.42m。根据表 2-13 水文状态指标设置及评分标准，苏州市城区河道水深状态较好，分值为 4 分。

流速方面，以苏州市古城区河道为例。2013 年，苏州市古城区"自流活水"工程正式运行。2015 年，利用多普勒流速仪对 43 个河道断面水体流速、流量进行了现场监测，结果发现，除少数水体断头河道水体流动条件不佳外，古城区内河网整体的流速情况较好，流速平均值达到了 0.152m/s。2020 年，苏州"清水工程"实施以来，根据模型模拟和现场监测结果，古城区大部分河道流速均为 0 ~ 0.1m/s，小部分河道流速可以达到 0.10 ~ 0.2m/s，甚至 0.2m/s 以上。根据表 2-13 水文状态指标设置及评分标准，苏州城区河道评分标准为较好，分值为 4 分。

（3）河道水质状况评价

水质监测指标选用近 3 年监测值的均值和方差（数据来源：苏州市环保局和苏州市城市排水监测站）进行单因子指数法评价。参照《地表水环境质量标准》（GB 3838—2002）基本项目标准限值，结果发现：26 个监测评价点位中，包括黄花泾桥等 9 个点位达到Ⅲ类水标准，占 34.6%；包括娄门桥东等 10 个点位达到Ⅳ类水标准，占 38.6%；包括泰让桥等 6 个点位达到Ⅴ类水标准，占 23.1%；1 个点位在湄长河水质为劣Ⅴ类，占 3.7%。评价结果如图 2-5 所示。

虽然苏州市城区河道大部分可以达到Ⅳ类标准，少部分断面为Ⅴ类和劣Ⅴ类水质断面，根据表 2-20 的评分标准，水质状况分级打分取值 3 分。

（4）河道水生生物评价

根据城市河流水生态健康评价方法，河道水生生物评价按照水生维管束植物指示物种分值、浮游藻类香农 - 威纳指数、帕尔默藻类污染指数和底栖动物监测记分系统四项指标得分加和计算。

1）水生维管束植物指示物种分值

2017 年 11 月至 2020 年 11 月（2020 年 2 ~ 6 月调查暂停）针对苏州市城区河道 23 条断面进行水生维管束植物调查。在调查期间，到 2019 年下半年，城区河道有水生维管束植物生长的断面在 45% 左右，大部分河道水生态系统由于生产者的缺失被破坏。

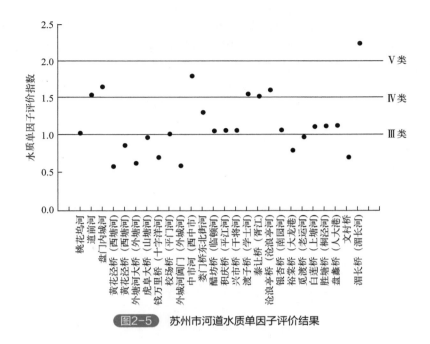

图2-5　苏州市河道水质单因子评价结果

采集到的水生维管束植物主要由水盾草、轮叶黑藻、菹草及苦草组成，其中以水盾草为主要水生维管束植物。从图 2-6 中可以看出，监测初期水盾草占所有水生维管束植物样品的 70% 以上，其次为轮叶黑藻，到后期，苦草的占比有所增加。这三种水生维管束植物的水草覆盖率均在 3% 以上。根据表 2-15 中沉水植物指示物种的评分标准，菹草为 1 分，苦草为 4 分，轮叶黑藻为 4 分。因此水生维管束植物指示物种分值为 3 分。

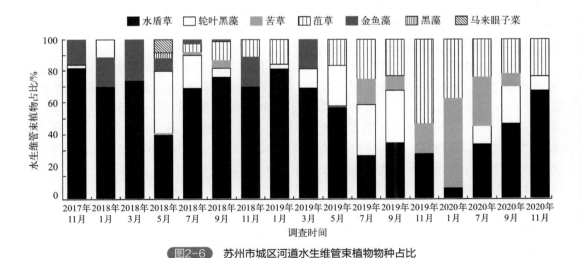

图2-6　苏州市城区河道水生维管束植物物种占比

2）浮游藻类香农 - 威纳指数（Shannon 指数）

对苏州市河道 21 个监测点位的水生生物调查数据进行分析，21 个点位中均监测到藻类和浮游动物，其中包括 88 种藻类数据和 66 种浮游动物数据。只有 7 个点位有底栖动物数据，2 个点位有鱼类数据。21 个监测点位中，藻密度最小值为 2.52×10^6 cell/L，在外城河闸门；最大值为 $2.429×10^7$cell/L，在上塘河的白莲桥。除了沧浪亭桥和白莲桥河道的藻密度超过 $1.0×10^7$cell/L，其余 19 个监测点位的藻密度在 $1.0×10^7$cell/L 以下，藻密度空间分布较为均匀，如图 2-7 所示。

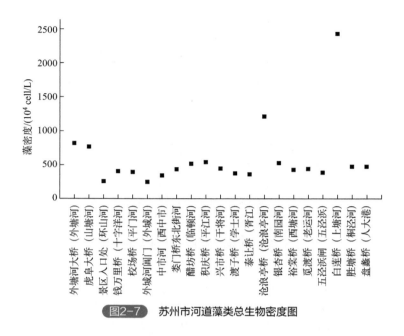

图2-7　苏州市河道藻类总生物密度图

以图 2-8 中的 Shannon 指数为例，苏州市河道藻类多样性结果的 21 个监测点位中，藻类多样性最小值为 0.47，在中市河，最大值为 1.99，在沧浪亭桥。Shannon 指数越大代表物种丰度越多样，一般 Shannon 指数在 2 以上表示水质状态好，但是苏州市河道的全部监测样点多样性指数都小于 2，空间分布较为均匀。

3）帕尔默藻类污染指数

根据苏州市城区河道 2017 年 11 月～ 2020 年 11 月的浮游植物调查结果，共鉴定出浮游植物 7 门，83 属，216 种。其中蓝藻门 33 种，甲藻门 5 种，金藻门 3 种，黄藻门 2 种，硅藻门 66 种，裸藻门 30 种，绿藻门 77 种，属绿藻 - 硅藻 - 蓝藻型。2017 年 11 月至 2020 年 11 月间的浮游植物优势种共 5 种，分别为微囊藻属、鱼腥藻属、颗粒直链藻、小环藻属、小球藻。根据表 2-16 耐受污染藻类属名污染指数值，小环藻属为 1 分，小球藻属为 3 分，帕尔默藻类污染指数总计 4 分。

4）底栖动物监测记分系统

在苏州市城区河道 23 个采样断面中，2017 年 11 月至 2020 年 11 月采集到的底栖动物样本中，大型底栖无脊椎动物共采集到 3 门，7 纲，11 目，13 科，17 种，分别为苏氏尾鳃蚓、霍甫水丝蚓、克拉泊水丝蚓、方格短沟蜷、尖口圆扁螺、铜锈环棱螺、梨形环棱螺、方形环棱螺、纹沼螺、白旋螺、中国圆田螺、展开琥珀螺、具角无齿蚌、宽身舌蛭、八目石蛭、平铗枝角摇蚊、中国长足摇蚊。其中苏氏尾鳃蚓、霍甫水丝蚓、克拉泊水丝蚓、方格短沟蜷、尖口圆扁螺、铜锈环棱螺、梨形环棱螺、方形环棱螺、纹沼螺、白旋螺、中国圆田螺、展开琥珀螺、具角无齿蚌均为耐污种，而宽身舌蛭、八目石蛭、平铗枝角摇蚊、中国长足摇蚊为不耐种。

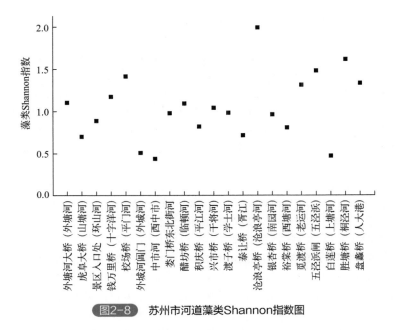

图2-8　苏州市河道藻类Shannon指数图

根据表 2-17 打分，田螺科等为 6 分，蚌类为 6 分，蛭纲为 4 分，扁卷螺科等螺类为 3 分，舌蛭科等为 3 分，摇蚊科为 2 分。底栖动物监测记分系统总计 24 分。

总的来看，水生维管束植物指示物种分值为 3 分，浮游藻类香农 - 威纳指数分值为 3，帕尔默藻类污染指数为 4 分，底栖动物监测记分系统总计 24 分，根据表 2-14 水生生物指标评分标准，水生生物指标总计得分为 12 分，根据表 2-21 可知水生生物分级得分为 3 分。

2.3.4.2　苏州市城区河道水生态健康综合评价

从上节中可以看到，河道结构评价要素分值为 2，水文状态评价要素分值为 4，水质状况评价要素分值为 3 分，水生生物评价要素分值为 3 分。按照城市河道生态健康综合评价指数公式以及推荐的权重取值，$CAI=\sum_{i=1}^{n}x_iw_i$ =2 分 ×0.2+4 分 ×0.2+3 分 ×0.3+3 分 ×0.2=2.7 分，参考表 2-23 河道生态健康评价分级标准，苏州市城区河道生态健康状况为一般。

参考文献

[1]　佚名. 苏州河长制转入治河阶段黑臭水体将实行销号管理[J]. 给水排水 , 2017, 53(9):99.

[2]　佚名. 苏州市生态河湖三年行动计划启动2020年消除劣 V 类水体[J]. 给水排水 , 2018, 54(7): 128.

[3]　Effendi H. River water quality preliminary rapid assessment using pollution index[J]. Procedia Environmental Sciences, 2016, 33: 562–567.

[4]　Fang Y, Zheng X, Peng H, et al. A new method of the relative membership degree calculation in variable fuzzy sets for water quality assessment[J]. Ecological Indicators, 2019, 98: 515–522.

[5] Li R, Zou Z, An Y. Water quality assessment in Qu River based on fuzzy water pollution index method[J]. Journal of Environmental Sciences, 2016, 50: 87–92.

[6] Liu Y, Zheng B H, Fu Q, et al. The selection of monitoring indicators for river water quality assessment[J]. Procedia Environmental Sciences, 2012, 13: 129–139.

[7] Mitra S, Ghosh S, Satpathy K K, et al. Water quality assessment of the ecologically stressed Hooghly River Estuary, India: A multivariate approach[J]. Marine Pollution Bulletin, 2018, 126: 592–599.

[8] Oliveira M D d, Rezende O L T d, Fonseca J F R d, et al. Evaluating the surface water quality index fuzzy and its influence on water treatment[J]. Journal of Water Process Engineering, 2019, 32: 100890.

[9] Zhang X H. A study on the water environmental quality assessment of fenjiang River in Yaan City of Sichuan Province in China[J]. IERI Procedia, 2014, 9: 102–109.

[10] 段小卫, 卜鸡明, 周峰, 等. 基于组合权重法的河流水质综合评价[J]. 水文, 2020, 40(1):70–75.

[11] 范春萌. 基于模糊评价模型的城市河道水质评价及优化[J]. 水利技术监督, 2017, 25(4):17–19.

[12] 何平, 徐玉裕, 周侣艳, 等. 杭州市区主要河道水质评价及评价方法的选择[J]. 浙江大学学报(理学版), 2014, 41(3): 324–330.

[13] 刘顿开, 吴以中. 改进的模糊综合评价法及在河道水质评价中的应用研究[J]. 环境科学与管理, 2017, 42(3): 190–194.

[14] 袁振辉, 李秋华, 何应, 等. 基于贝叶斯方法的贵州高原百花水库水体营养盐变化及评价(2014–2018年)[J]. 湖泊科学, 2019(6): 1623–1636.

[15] Erturk A, Gurel M, Ekdal A, et al. Water quality assessment and meta model development in Melen watershed – Turkey[J]. Journal of Environmental Management, 2010, 91(7): 1526–1545.

[16] Liao Y, Xu J, Wang W. A method of water quality assessment based on biomonitoring and multiclass support vector machine[J]. Procedia Environmental Sciences, 2011, 10: 451–457.

[17] Wu Z, Kong M, Cai Y, et al. Index of biotic integrity based on phytoplankton and water quality index: Do they have a similar pattern on water quality assessment? A study of rivers in Lake Taihu Basin, China[J]. Science of The Total Environment, 2019, 658: 395–404.

[18] 陈辉, 顾建辉, 李治源. 不同水质评价方法在城市河道水质评价中的应用比较[J]. 苏州科技大学学报(工程技术版), 2017, 30(1): 42–46.

[19] 刘琰, 郑丙辉, 付青, 等. 水污染指数法在河流水质评价中的应用研究[J]. 中国环境监测, 2013, 29(3): 49–55.

[20] 王德铭, 王明霞, 罗森源. 水生生物监测手册[M]. 南京: 东南大学出版社, 1993.

[21] 夏莹霏, 胡晓东, 徐季雄, 等. 太湖浮游植物功能群季节演替特征及水质评价[J]. 湖泊科学, 2019, 31(1): 134–146.

[22] 曾海逸, 钟萍, 赵雪枫, 等. 热带浅水湖泊后生浮游动物群落结构对生态修复的响应[J]. 湖泊科学, 2016, 28(1): 170–177.

[23] 池仕运. 应用底栖动物完整性指数评价水源地水库溪流健康状态[J]. 水生态学杂志, 2012, 33(2): 17–25.

[24] Carvalho I T, Santos L. Antibiotics in the aquatic environments: A review of the European scenario[J]. Environment International, 2016: 736–757.

[25] Martínez J L. Antibiotics and antibiotic resistance genes in natural environments[J]. Science, 2008, 321: 365–367.

[26] Singh R, Singh A P, Kumar S, et al. Antibiotic resistance in major rivers in the world: A systematic review on occurrence, emergence, and management strategies[J]. Journal of Cleaner Production, 2019, 234: 1484–1505.

[27] Jiang Y, Li M, Guo C, et al. Distribution and ecological risk of antibiotics in a typical effluent –

receiving river (Wangyang River)in north China[J]. Chemosphere, 2014, 112:267-274.

[28]　Lofrano G, Pedrazzani R, Libralato G, et al. Advanced oxidation processes for antibiotics removal: A review[J]. Current Organic Chemistry, 2017, 21(12): 1054-1067.

[29]　Liu X, Steele J C, Meng X-Z. Usage, residue, and human health risk of antibiotics in Chinese aquaculture: A review[J]. Environmental Pollution, 2017, 223: 161-169.

[30]　Zhang Q Q, Ying G G, Pan C G, et al. Comprehensive evaluation of antibiotics emission and fate in the river basins of China: Source analysis, multimedia modeling, and linkage to bacterial resistance[J]. Environmental Science & Technology, 2015, 49(11): 6772-6782.

[31]　Zhu Y G, Zhao Y, Li B, et al. Continental-scale pollution of estuaries with antibiotic resistance genes[J]. Nature Microbiology, 2017, 2: 16270.

[32]　Chen Y, Cui K, Huang Q, et al. Comprehensive insights into the occurrence, distribution, risk assessment and indicator screening of antibiotics in a large drinking reservoir system[J]. Science of The Total Environment, 2020, 716: 137060.

[33]　Tran N H, Chen H, Reinhard M, et al. Occurrence and removal of multiple classes of antibiotics and antimicrobial agents in biological wastewater treatment processes[J]. Water Research, 2016, 104: 461-472.

[34]　Gao Q, Li Y, Cheng Q, et al. Analysis and assessment of the nutrients, biochemical indexes and heavy metals in the Three Gorges Reservoir, China, from 2008 to 2013[J]. Water Research, 2016, 92: 262-274.

[35]　Islam M S, Ahmed M K, Raknuzzaman M, et al. Heavy metal pollution in surface water and sediment:A preliminary assessment of an urban river in a developing country[J]. Ecological Indicators, 2015, 48: 282-291.

[36]　Muller H R, Muheim G. Recording sensory action potentials of the finger nerves by use of a special needle electrode[J]. Electroencephalography and Clinical Neurophysiology, 1969, 27(1):108.

[37]　Zhang Yuping Q W. Determination of heavy metal contents in the sediments from Taihu Lake and its environmental significance (in Chinese)[J]. Rock and Mineral Analysis, 2001, 20(1):34-36.

[38]　Hernando M D, Mezcua M, Fernández-Alba A R, et al. Environmental risk assessment of pharmaceutical residues in wastewater effluents, surface waters and sediments[J]. Talanta, 2006, 69(2): 334-342.

[39]　Hu X, He K, Zhou Q. Occurrence, accumulation, attenuation and priority of typical antibiotics in sediments based on long-term field and modeling studies[J]. Journal of Hazardous Materials, 2012, 225-226: 91-98.

[40]　谢映霞. 城市排水与内涝灾害防治规划相关问题研究[J]. 中国给水排水, 2013, 29(17): 105-108.

[41]　胡坚, 赵宝康, 刘小梅, 等. 镇江市主城区排水能力与内涝风险评估[J]. 中国给水排水, 2015, 31(1): 100-103.

[42]　钱立鹏, 李田. 基于1D/2D 耦合模型的排水系统内涝重现期校核[J]. 中国给水排水, 2014, 30(15): 155-158.

[43]　孟伟, 张远, 郑丙辉. 水环境质量基准、标准与流域水污染物总量控制策略[J]. 环境科学研究, 2006, 19(3): 1-6.

[44]　阴琨. 松花江流域水生态环境质量评价研究[D]. 北京: 中国地质大学, 2015.

[45]　Yu C, Muñoz-Carpena R, Gao B, et al. Effects of ionic strength, particle size, flow rate, and vegetation type on colloid transport through a dense vegetation saturated soil system:Experiments and modeling [J]. Journal of Hydrology, 2013, 499: 316-323.

[46]　国家环境保护总局《水和废水监测分析方法编委会》. 水和废水监测分析方法[M]. 4版. 北京: 中国环境科学出版社, 2002.

[47] 李倩倩. 流速对城市景观水体表观污染的影响[D]. 苏州：苏州科技大学，2016.

[48] 丁经祥，栗斌，郑海粟，等. 苏州城区河道大型水生生物分布特征[J]. 上海海洋大学学报，2022：1-16.

[49] 杨晓军. 城市环境质量对人口流迁的影响——基于中国237个城市的面板数据的分析[J]. 城市问题，2019，284(3)：25-33.

[50] 潘嘉立. 对城市河流水污染综合治理方法的分析[J]. 环境与发展，2019，31(5)：42-44.

[51] 张坤. 城市河流整治与生态环境保护[J]. 环境与发展，2018，30(10)：216-218.

[52] 周军，于德淼，白宇，等. 再生水景观水体色度和臭味控制研究[J]. 给水排水，2008，34(1)：47-49.

[53] 保金花. 景观水体感官质量评价方法研究[D]. 苏州：苏州科技学院，2008.

[54] 郭红兵，陈荣，王晓昌. 基于感官指数的城市水体景观功能评价[J]. 环境工程学报，2016，10(11)：6229-6234.

[55] 孙傅，刘毅，曾思育，等. 城市水体功能定位与水质控制标准制定技术[J]. 中国给水排水，2014，30(4)：25-31.

[56] Wu Z S, Kong M, Cai Y J, et al. Index of biotic integrity based on phytoplankton and water quality index：Do they have a similar pattern on water quality assessment? A study of rivers in Lake Taihu Basin, China [J]. Science of the Total Environment, 2019, 658: 395-404.

[57] Zhang X H. A study on the water environmental quality assessment of Fenjiang River in Yaan City of Sichuan Province in China[J]. IERI Procedia, 2014, 9(9): 102-109.

[58] 段小卫，卜鸡明，周峰，等. 基于组合权重法的河流水质综合评价[J]. 水文，2020，40(1)：70-75.

[59] 郭红兵，陈荣，王晓昌. 基于感官指数的城市水体景观功能评价[J]. 环境工程学报，2016，10(11)：6229-6234.

[60] 刘顿开，吴以中. 改进的模糊综合评价法及在河道水质评价中的应用研究[J]. 环境科学与管理，2017，42(3)：190-194.

[61] 陆菲. 苏州古城区河流景观质量分析与评价[D]. 苏州：苏州大学，2016.

[62] 魏攀龙，潘杨，戴天杰，等. 采用水体表观污染指数法评价苏州城市水体表观质量[J]. 环境工程，2019，37(4)：12-16.

[63] 朱强，潘杨，夏坚，等. 一种城市水体感官质量的评价方法[J]. 环境科学学报，2020，40(12)：4598-4602.

[64] 朱强，谢忱，潘杨，等. 苏州城区水体感官质量评价及其时空变化[J]. 环境科学学报，2021，41(4)：1557-1563.

[65] 戴纪翠，倪晋仁. 底栖动物在水生生态系统健康评价中的作用分析[J]. 生态环境，2008，17(6)：2107-2111.

[66] 王霞，郭传新，张丽杰. 基于水生态功能分区的流域水环境监测网络体系构建[J]. 环境与可持续发展，2018，43(2)：46-47.

[67] 阴琨，王业耀. 水生态环境质量评价体系研究[J]. 中国环境监测，2018，34(1)：1-7.

[68] 金小伟，王业耀，王备新，等. 我国流域水生态完整性评价方法构建[J]. 中国环境监测，2017，33(1)：75-81.

[69] 王业耀，阴琨，杨琦，等. 河流水生态环境质量评价方法研究与应用进展[J]. 中国环境监测，2014，30(4)：1-9.

[70] Barbour M T, Gerritsen J, Snyder B D, et al. Rapid bioassessment protocols foruse in streams and wadable rivers: Periphyton, benthic invertebrates and fish[M]. Washington DC: Environment Protection Agency, 1999.

[71] Korol R, Kolanek A, Strońska M. Trends in water quality variations in the Odra River the day before implementation of the Water Framework Directive[J]. Limnologica, 2005, 35(3): 151-159.

[72] Moya N, Hughes R M, Domínguez E, et al. Macroinvertebrate-based multimetric predictive models for evaluating the human impact on biotic condition of bolivian streams[J]. Ecological Indicators, 2011, 11: 840-847.

[73] Pont D, Hughes R M, Whittier T R, et al. A predictive index of biotic integrity model for aquatic-

vertebrate assemblages of western U.S. streams[J]. Transactions of the American Fisheries Society, 2009, 138(2): 292-305.

[74] Hawkins C P. Quantifying biological integrity by taxonomic completeness:Its utility in regional and global assessments [J]. Ecological Applications, 2006, 16 (4):277-294.

[75] 阴琨, 王业耀, 许人骥, 等. 中国流域水环境生物监测体系构成和发展[J]. 中国环境监测, 2014, 30(5): 114-120.

[76] 杨珏婕, 李广贺, 张芳, 等. 城市河道生态环境质量评价方法研究 [J]. 环境保护科学, 2022, 48(6): 81-85.

[77] 马丁·格里菲斯. 欧盟水框架指令手册 [M]. 水利部国际经济技术合作交流中心译. 北京: 中国水利水电出版社, 2008.

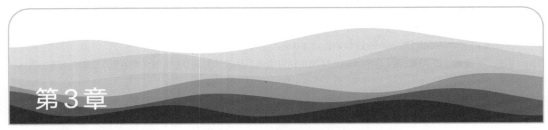

第3章

城市径流污染多维立体控制

　　城市硬化地面面积大、降雨径流量大、径流路径短，大量污染物在短期内进入城市河道，对城市河道水质产生很大影响。尤其是不同城区土地利用差异十分显著，与自然流域的非点源产生规律和特征差异明显。降雨事件的随机性、地表径流流向的非唯一性，再加上人类生产和生活活动强度的不均匀性，导致城市径流污染的不确定性很大，控制难度大。

　　对于城市径流污染的控制与管理，从其产生和排放途径角度看主要包括两个方面：一方面是对污染产生源的源头控制，将城市径流污染物的排放控制在最低限度；另一方面是对污染物扩散途径的控制，通过对城市径流污染的迁移转化机理的识别，采取管理与工程措施，减少径流污染物进入城市水体的数量，降低城市水体污染风险。

　　我国近几年开始关注高速城镇化带来的突出雨水问题，并于 2013 年开始推进海绵城市的建设，其中降雨径流污染控制是重要的内容。但是，目前国内对于地处降雨量大、地下水位高、土壤入渗率低的区域内的源头径流的控制技术尚在探索过程中；同样，虽然雨水系统截流调蓄技术已实践多年，但对于淹没式出流的自排系统如何控制溢流污染也还存在很多挑战。

3.1　城市河流雨季污染特征

　　城市降雨径流污染是指通过降水淋洗大气和冲刷地表从而形成携带多种污染物的地表径流，通过地面或排水管网进入城市受纳水体的污染。随着城市化进程的加快，污水处理的广泛建设，我国城市污水管网覆盖率和污水处理率多已高达 90% 以上，点源污染逐步得到有效控制，城市降雨径流污染逐渐成为我国城市水体水质的重要影响因素，是城市水环境治理的一大难题。

　　城市降雨径流污染主要是由降雨径流的淋浴和冲刷作用产生的，特别是在暴雨初期，降雨径流将沉积在地表、管网中的污染物冲刷入受纳水体，导致雨季水体水环境变差，甚至返黑返臭，对城市水环境造成较大的冲击。

对于城市发展进程快的城市，城镇化率高，降雨源头消纳空间不断降低，尤其平原河网城市，降雨径流入河路径短、数量多、分布广，其携带的污染物浓度接近甚至超过城镇生活污水的平均水平，场次降雨的污染物事件平均浓度也远高于城市水体的本底状况。

2019 年 5 月 26 日对苏州市平江新城典型降雨事件中的路面 / 屋面径流污染物进行监测发现，商业路面 COD 中值浓度可达到 279mg/L，SS 中值浓度为 293mg/L，未经处理的地表径流携带大量的污染物进入河道，导致雨季河道水质变差。在苏州市平江新城降雨面源污染特征分析过程中也发现，针对城市不同的下垫面，与国外同类型的污染负荷对比，平江城区居住区的下垫面径流冲刷污染程度相对较轻，而商业区的污染程度尤其是有机污染则相对较重。

3.1.1 降雨径流样品采集与分析方法

（1）降雨量监测

在降雨径流采样点周边设置自动雨量计，同步监测降雨量。

（2）降雨径流的采样方法和频率

采取人工取样方式，采用前密后疏的方式采样，分别于径流形成的 5min、10min、20min、30min、45min、60min、90min、120min 采样，共计 2h 的样品。

（3）水质测试指标

所有水样采集后均立刻放入便携式采样箱冷藏保存（0 ～ 4℃），样品运回实验室后，根据国家标准方法进行保存和分析测试。测试指标包括悬浮物（SS）、化学需氧量（COD）、总磷（TP）、总氮（TN）、氨氮（NH_3-N）等。

（4）事件平均浓度计算方法

事件平均浓度（event mean concentration，EMC）是指一次降雨事件的径流污染物总量与径流总量的比值，被广泛应用于测算地表径流污染负荷，评估降雨事件地表径流对受纳水体的综合影响，常用式（3-1）计算：

$$EMC = \frac{M}{V} = \frac{\int_0^t C_t Q_t \mathrm{d}t}{\int_0^t Q_t \mathrm{d}t} = \frac{\sum_{i=0}^n Q_i C_i}{\sum_{i=0}^n Q_i} \tag{3-1}$$

式中　EMC——事件平均浓度，mg/L；

M——降雨事件径流污染物总量，mg；

V——降雨事件径流总量，L；

t——径流时间，min；

C_t——t 时刻的污染物浓度，mg/L；

Q_t——t 时刻的径流量，L/min；

n——径流采样次数；

Q_i——第 i 次取样时所对应的径流量，L/min；

C_i——i 次取样时的径流污染物浓度，mg/L。

式（3-1）中的积分部分常用于连续性变量的计算，然而，在实际研究中的径流采集通常都是非连续性的。故而，在实际计算过程中，以一次降雨事件中径流污染物浓度的流量加权平均值为 EMC，如式（3-2）所示：

$$EMC = \frac{\sum_{i=1}^{n} C_i Q_i \Delta t}{\sum_{i=1}^{n} Q_i \Delta t}$$

（3-2）

式中　n——整场降雨采样次数；

　　　C_i——第 i 次采样浓度，mg/L；

　　　Q_i——第 i 次采样径流流量，L；

　　　Δt——两次相邻采样时间间隔，min。

3.1.2　降雨事件监测

2018～2019 年间，在苏州市平江新城居住区、商业区、公建区等区域布设采样点，点位布置如表 3-1 和表 3-2 所列。

表3-1　不同下垫面监测点位

序号	下垫面类型	用地类型	监测点名称	监测位置	监测时间
1	屋面	公建区	草桥中学	落水管	
2	停车场	公建区	草桥中学	雨水口	
3	道路	次干道	平河路	雨水口	雨天
4	道路	主干道	平海路	雨水口	
5	道路	商业区	春分街	雨水口	

表3-2　不同用地类型雨水系统出流监测点位

序号	用地类型	监测点名称	监测位置	监测时间
1	公建区	草桥中学系统排口	雨水井	
2	居住区	和润家园排口	雨水井	雨天和旱天
3	商业区	万达广场系统排口	雨水井	
4	综合区	平泷路北石曲桥总排口	雨水井	

2018 年 5～12 月、2019 年 3～5 月开展了共 14 场降雨的监测，其中数据完整、有效的降雨场次为 9 场，有效降雨场次覆盖了小雨（24h 降雨量小于 10mm）、中雨（24h 降雨量为 10～25mm）、大雨（24h 降雨量为 25～50mm）等各等级，如表 3-3 所列。

表3-3　有效降雨事件相关参数

日期	2h降雨量/mm	降雨历时/h	前期晴天数/d	24h降雨量/mm	降雨等级
2018-6-22	9.1	5	1	14.1	中雨
2018-7-5	15.7	8	2	36.6	大雨
2018-7-22	0.8	2	1	0.8	小雨
2018-8-3	9.3	4	3	38.2	大雨
2018-10-22	14.0	3	4	21.3	中雨

续表

日期	2h降雨量/mm	降雨历时/h	前期晴天数/d	24h降雨量/mm	降雨等级
2018-12-2	3.5	2	4	3.5	小雨
2019-3-21	1.1	2	2	1.1	小雨
2019-4-9	7.7	4	3	14.4	中雨
2019-5-26	5.6	3	5	8.4	小雨

9 场有效降雨，共监测系统出流 33 次，获得样品 230 个，得到 930 个水质参数数据；监测非降雨期间系统出流 6 次，获得样品 150 个，得到 750 个水质参数数据；监测路面、屋面径流 17 次，获得样品 142 个，得到 758 个水质参数数据；管道沉积物采样1 次，获得样品 12 个，得到 72 个泥质参数数据。

3.1.3　瞬时样品水质特征分析

各采样点收集的瞬时样品水质参数测定值的分布特征如图 3-1 所示。图 3-1 中箱体为四分位数（箱体下端为第 25 百分位数、上端为第 75 百分位数，它们的差值称为四分位差），中间的横线为中位数，两头伸出的横线表示 95% 置信区间范围，区间外的圆点识别为异常值。图 3-1 的系统出流水质中，各区域水质参数的四分位差较小，若以中位数代表各点位的水质情况，居住区、商业区、公建区、综合区系统出流的 COD 浓度分别为 43mg/L、61mg/L、42mg/L、20mg/L，SS 浓度分别为 47mg/L、89mg/L、83mg/L、36mg/L，污染物浓度较低，结合采样现场点位于排河口上游附近的情况分析，造成这一结果的原因之一是河水倒流从而稀释了检查井中的水样。

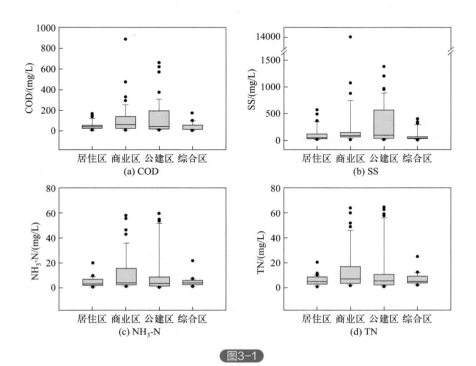

图3-1

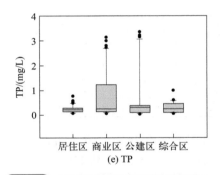

(e) TP

图3-1 系统出流瞬时水质浓度区间图

图 3-2 的路面/屋面径流水质中，商业区道路在除了 SS 的其他水质参数上均明显高于其他采样点，且四分位差也较大，说明商业区道路的径流污染水平受降雨条件以及降雨当时路面清洁情况的影响较大。以中位数代表各点位的水质情况，主干路、次干路、停车场、屋面、商业区道路的 COD 浓度分别为 107mg/L、43mg/L、16mg/L、6mg/L、

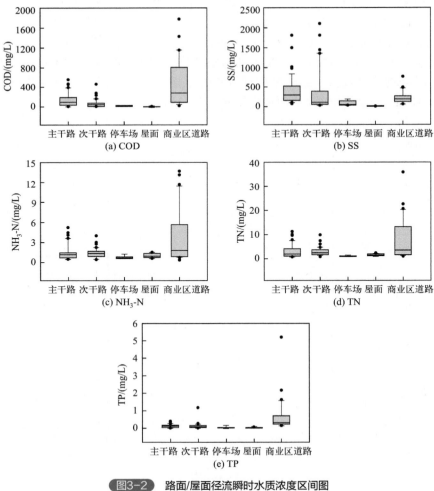

图3-2 路面/屋面径流瞬时水质浓度区间图

278mg/L，SS 浓度分别为 293mg/L、115mg/L、48mg/L、12mg/L、190mg/L。主干路和商业区道路的径流水质相对较差，是径流污染控制的重点。

由图 3-1 和图 3-2 的结果可以看出，除商业区道路外，各水质参数的变化幅度与离散程度均较小；由相关性分析，系统出流中的污染物主要以溶解态存在；居住区、商业区和综合区的水质可能受河水混合影响，数值相对偏低；路面 / 屋面径流的 COD 多在 100mg/L 以下，水质较清洁；由相关性分析，路面径流中的污染物主要以颗粒态存在。

3.1.4　事件平均浓度计算

在居住区、商业区和公建区布设 9 个监测点，受现场条件限制，没有完成降雨事件的流量监测任务。由于同一次降雨事件中，在小的区域内雨水口径流水量的变化过程与降雨量的变化过程是直接相关的，可通过降雨量数据对径流水质数据进行加权平均处理，得到符合实际情况的污染物事件平均浓度。各监测点不同降雨事件中的系统出流污染物事件平均浓度见表 3-4。

表3-4　各监测点不同降雨事件中的系统出流污染物事件平均浓度

类型	日期	COD /(mg/L)	SS /(mg/L)	NH$_3$-N /(mg/L)	TN /(mg/L)	TP /(mg/L)
主干路	2018-6-22	59	268	0.8	1.8	0.09
	2018-7-5	18	106	0.5	0.7	0.03
	2018-7-22	72	326	1.3	1.9	0.26
	2019-3-21	213	707	1.5	4.2	0.20
	2019-4-9	147	406	0.9	1.2	0.07
	2019-5-26	370	521	3.5	7.3	0.15
次干路	2018-6-22	25	112	2.0	2.8	0.21
	2018-7-5	14	751	1.1	3.1	0.06
	2018-8-3	87	142	—	—	—
	2018-10-22	99	167	—	—	—
	2019-3-21	71	350	1.5	2.1	0.19
	2019-4-9	39	87	0.9	1.3	0.15
	2019-5-26	162	1094	2.0	4.8	0.12
停车场	2018-7-5	21	90	0.7	0.9	0.05
	2018-8-3	12	84	—	—	—
	2018-10-22	13	89	—	—	—
	2018-12-2	26	96	—	—	—
屋面	2018-7-5	4	18	1.3	1.6	0.01
	2018-7-22	7	11	0.9	1.9	0.05
商业区道路	2018-7-22	52	99	1.0	1.5	0.27
	2019-3-21	451	246	2.5	9.7	1.12
	2019-4-9	576	282	3.3	9.8	1.24
	2019-5-26	793	239	8.6	12.5	0.35

为了进行对比，收集分析了法国和德国相关数据库中的数据，发现法国建立的QASTOR 数据库中收集了分流制出流水质情况，其中 COD 的事件平均浓度范围为80～320mg/L，SS 平均浓度为 160～460mg/L，德国建立的 ATV-DVWK Datenpool 2001 数据库中，分流制出流 COD 中值浓度为 81mg/L，SS 中值浓度为 141mg/L。与国外研究结果相比，苏州市平江新城区域内的雨水系统出流水质相对较低，一方面是因为该区域属于新开发建设区域，各项设施状态与功能保持良好；另一方面可能与采样点位选择有关。苏州古城区曾进行的径流水质调查结果显示，COD 的事件平均浓度中值范围为 42～845mg/L，SS 为 19～1136mg/L，如表 3-5 所列。平江新城区域的调查数据中值与古城区相比也处于污染物浓度较低的水平。

表 3-5　各监测点不同降雨事件中的路面/屋面径流污染物事件平均浓度

类型	日期	COD /(mg/L)	SS /(mg/L)	NH₃-N /(mg/L)	TN /(mg/L)	TP /(mg/L)
主干路	2018-6-22	59	268	0.8	1.8	0.09
	2018-7-5	18	106	0.5	0.7	0.03
	2018-7-22	72	326	1.3	1.9	0.26
	2019-3-21	213	707	1.5	4.2	0.20
	2019-4-9	147	406	0.9	1.2	0.07
	2019-5-26	370	521	3.5	7.3	0.15
次干路	2018-6-22	25	112	2.0	2.8	0.21
	2018-7-5	14	751	1.1	3.1	0.06
	2018-8-3	87	142	—	—	—
	2018-10-22	99	167	—	—	—
	2019-3-21	71	350	1.5	2.1	0.19
	2019-4-9	39	87	0.9	1.3	0.15
	2019-5-26	162	1094	2.0	4.8	0.12
停车场	2018-7-5	21	90	0.7	0.9	0.05
	2018-8-3	12	84	—	—	—
	2018-10-22	13	89	—	—	—
	2018-12-2	26	96	—	—	—
屋面	2018-7-5	4	18	1.3	1.6	0.01
	2018-7-22	7	11	0.9	1.9	0.05
商业区道路	2018-7-22	52	99	1.0	1.5	0.27
	2019-3-21	451	246	2.5	9.7	1.12
	2019-4-9	576	282	3.3	9.8	1.24
	2019-5-26	793	239	8.6	12.5	0.35

调查国内外屋面雨水径流水质监测结果，COD 浓度范围为 31～55mg/L，SS 浓度范围为 29～78mg/L，平江新城区域内的屋面径流水质较这些数值更低，但类似地，屋面径流与路面、管道出流的径流污染相比，对悬浮物、有机物的贡献较低。国内外路面雨水径流水质监测结果显示，COD 浓度范围为 48～964mg/L，SS 浓度范围为49～498mg/L，平江新城区域内主干路、次干路的径流污染相对较轻，商业区道路的径流污染则较重。

3.1.5　径流污染负荷评估和分析

排入受纳水体的径流污染负荷主要包括地表产生的污染负荷、混接等原因产生的旱季污水的污染负荷、降雨期冲刷出来的沉积于管道中的污染负荷。

由于管道沉积的污染负荷很难通过采样直接测量，因此采用排水系统污染物的质量平衡方程：管道沉积负荷＝排口出流负荷－地面径流污染负荷－旱季污染负荷，通过污染物质量平衡关系间接计算管道沉积物污染负荷。

3.1.5.1　地表污染负荷估算

城市地表径流中的污染物主要来自降雨对城市地表的冲刷，因此地表沉积物是城市地表径流中污染物的主要来源。进行地表径流水质监测研究的目的，主要是估算地表污染负荷，为城市面源污染控制工程的设计以及雨水综合管理提供依据。在现场监测的基础上，估算苏州市城区不同类型用地的地表径流污染负荷。

可采用以下方法计算面源污染物负荷。利用此方法可以在数据有限的条件下，较为简单地计算出各种类型用地的年降雨径流污染负荷。其计算公式见式（3-3）：

$$L=0.01\alpha\Psi PCA \tag{3-3}$$

式中　L——排水区域的径流年污染负荷，kg/a；

α——径流修正系数（典型值一般取 0.9）；

Ψ——排水区域综合径流系数；

P——年降雨量，mm/a；

C——事件平均浓度，mg/L；

A——排水区域面积，hm^2。

不同地块的地面与屋面比例不同。针对平江新城区域，据调查居住区地面与屋面比例为 60%/40%；商业区为 50%/50%；公建区为 65%/35%。按苏州市年平均降雨量 1100mm 计，地表径流系数居住区为 0.6，商业区为 0.8，公建区为 0.5，屋面径流系数为 0.9，根据表 3-6 中路面／屋面径流污染物平均浓度，可以算出各种用地类型单位面积年径流污染负荷，结果见表 3-6。

表3-6　平江新城不同用地类型年径流污染负荷

单位：kg/(hm^2·a)

指标	居住区			商业区			公建区		
	地表(60%)	屋面(40%)	区域	地表(50%)	屋面(50%)	区域	地表(65%)	屋面(35%)	区域
径流系数	0.6	0.9	—	0.8	0.9	—	0.5	0.9	—
COD	323	25	348	1424	31	1455	292	22	314
SS	658	52	710	771	65	835	589	45	634

3.1.5.2　旱季污染负荷估算

分别对居住区、商业区和公建区的旱季污水的水质、水量进行调查，以明确污水对降雨径流污染负荷的影响程度。各区域非工作日及工作日的水质、水量24h过程线如图3-3所示。

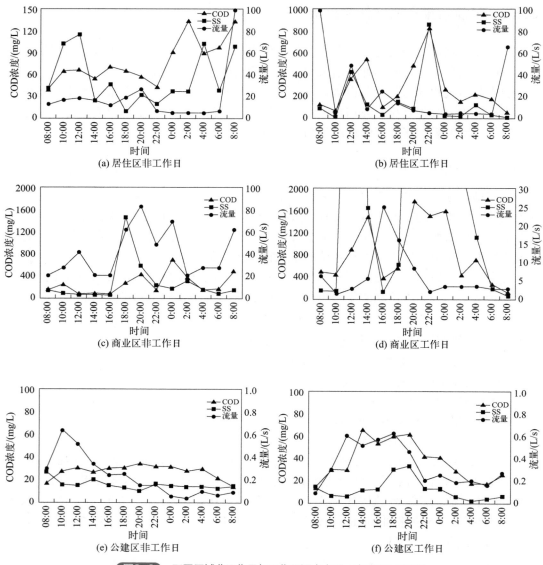

图3-3 不同区域非工作日与工作日污水水质、水量24h过程线

居住区排口在水量方面，非工作日与工作日的流量变化特征有所区别，非工作日全天排水趋于稳定，高峰出现在20:00，工作日排水流量变化较大，高峰出现在8:00、12:00及22:00。在水质方面，工作日排水的污染物浓度要显著高于非工作日。

商业区排口在水量方面，非工作日流量均值显著小于工作日，高峰出现在12:00、20:00及0:00，工作日流量高峰出现在8:00、12:00及16:00。在水质方面，工作日排水的污染物浓度要显著高于非工作日。排水情况与所选区域特点密切相关，由于所在排口上游不仅有万达广场这样的商业综合体，相邻的春分街沿街商铺均为餐饮小馆，工作日通过食堂、外卖服务周边人群的需求较为旺盛，从而导致水量、水质呈现上述的变化特征。

公建区排口在水量、水质方面的特点较为典型，非工作日的水量、水质均显著小于工作日，这与工作日人群的日常活动相一致。

旱季污水平均浓度与负荷计算公式为:

$$C=\frac{\Sigma C_i Q_i}{\Sigma Q_i} \tag{3-4}$$

$$L=\frac{CQ\times365}{A\times1000} \tag{3-5}$$

式中　C——污水平均浓度,mg/L;

　　　L——单位面积年排放污水负荷,kg/(hm$^2\cdot$a);

　　　C_i——不同时段内的污水浓度,mg/L;

　　　Q_i——不同时段内的污水流量,m^3/h;

　　　Q——污水日排放量,m^3/d;

　　　A——排水区域面积,hm^2。

苏州市平江新城不同用地类型的年排放污水负荷如表3-7和表3-8所列,可以看出,与公建区和商业区相比,居住区虽然面积和日均流量相对较少,但不论是工作日,还是非工作日,COD、SS污染物浓度和污染物负荷均较高。

表3-7　平江新城不同用地类型年排放污水负荷(非工作日)

类型	面积/hm^2	日均流量/(m^3/d)	污染物浓度/(mg/L)		污染物负荷/[kg/(hm$^2\cdot$a)]	
			COD	SS	COD	SS
公建区	4.08	8.0	92	70	66	50
居住区	2.24	4.0	328	371	214	242
商业区	4.30	4.0	28	17	10	6

表3-8　平江新城不同用地类型年排放污水负荷(工作日)

类型	面积/hm^2	日均流量/(m^3/d)	污染物浓度/(mg/L)		污染物负荷/[kg/(hm$^2\cdot$a)]	
			COD	SS	COD	SS
公建区	4.08	8.0	193	140	138	100
居住区	2.24	4.0	736	2122	480	1383
商业区	4.30	4.0	44	14	15	5

3.1.5.3　出流污染负荷估算

根据雨水系统出流污染物事件平均浓度,可以算出苏州市平江新城不同用地类型的出流污染负荷,结果如表3-9所列。

表3-9　平江新城不同用地类型出流污染负荷

单位:kg/(hm$^2\cdot$a)

类型	径流系数	COD	SS	NH$_3$-N	TN	TP
居住区	0.72	892	1100	30	42	2
商业区	0.85	1783	1121	82	112	7
公建区	0.64	780	1315	73	86	4

由表 3-9 可以看到，在有机物污染负荷（COD）方面，商业区最大；SS 负荷方面，商业区、公建区较大，居住区区别不大，公建区由于工程施工等因素相对较高。总体来说，商业区的污染物负荷均较高。与国外研究相比，QASTOR 数据库中分流制排水系统出流负荷，COD 的范围为 670～4500kg/(hm²·a)，SS 的范围为 1300～6700kg/(hm²·a)，平江新城系统出流污染负荷相对较低。

3.1.5.4　污染负荷来源分析

通过地表污染负荷、旱季污染负荷、出流污染负荷的估算分析，利用排水系统污染物的质量平衡方程，计算各用地类型下的管道沉积负荷，结果如表 3-10 所列。可以看出地表下垫面径流冲刷污染负荷对各类用地类型的总污染负荷均有较大贡献，地表径流污染负荷（以 SS 为例）在公建区、居住区、商业区总污染负荷中的占比分别达到 48%、65%、75%，是城市面源污染控制的工作重点；管道沉积污染负荷（以 SS 为例）在公建区、居住区、商业区总污染负荷中的占比分别达到 46%、13%、25%，也是城市面源污染控制不可忽视的方面。

表 3-10　平江新城不同用地类型污染负荷组成

用地类型	污染物	旱季污染		径流污染		管道沉积	
		污染负荷 /[kg/(hm²·a)]	比例/%	污染负荷 /[kg/(hm²·a)]	比例/%	污染负荷 /[kg/(hm²·a)]	比例/%
公建区	COD	102	13	314	40	364	47
	SS	75	6	634	48	606	46
居住区	COD	214	24	348	39	330	37
	SS	242	22	710	65	148	13
商业区	COD	14	1	1455	82	314	18
	SS	5	0	835	75	280	25

对于研究区的居住区，下垫面径流冲刷污染负荷的比例最高，COD、SS 的占比分别为 39%、65%，雨水管网旱季污染负荷的 COD、SS 占比分别为 24%、22%，管道沉积污染负荷的 COD、SS 占比分别为 37%、13%。因此，居住区的污染负荷削减应当以控制下垫面径流冲刷污染负荷为主，由于苏州市新建城区的开发建设年限不长，区域内雨污混接的情况并不严重，不过仍需加强监督抽查以防雨污混接现象的发生。对于商业区，总污染负荷基本由下垫面径流冲刷污染负荷和管道沉积污染负荷构成，并且下垫面径流冲刷污染负荷为主要污染负荷来源，其 COD、SS 占比分别为 82%、75%。因此，商业区的污染负荷削减应着力于控制商业区内道路的径流冲刷污染负荷。居住区和商业区总污染负荷的计算来自淹没出流系统排口的监测数据，由于不可避免地会受到河水掺混的影响，总污染负荷较真实值偏低，进而使管道沉积物污染负荷偏低，因此仍应重视管道的清淤养护以控制管道沉积污染负荷。对于公建区，下垫面径流冲刷污染负荷与管道沉积污染负荷在总污染负荷中的贡献基本相当，管道沉积污染负荷略高，其 COD、SS 占比分别为 47%、46%。这主要是由于所选的监测点位其内部管道采用合流制，并且较市政管道而言学校对排水管道的维护管理相对薄弱，同时监测期间学校内部正在进行海绵改造，施工对监测数据也存在一定影响。若公建区通过改造实现了海绵城市建设的理念，同时增加内部管道清通养护的频率，这一用地类型的总污染负荷可得到有效控制。

3.2　降雨径流多维立体控制技术

降雨径流控制是削减入河面源污染同时缓解城市内涝的关键。传统城市降雨径流管理模式为快排模式，强调雨水的快速汇集和排放。但随着城市化进程的加快，不透水面增加，改变了自然水循环过程。传统的以快排为理念的城市排水基础设施建设和管理一方面由于难以应对城市的快速发展，使城市内涝频发，导致水污染、生态退化的出现；另一方面当前可持续、生态、低碳理念的兴起，各国专家学者对传统排水模式进行了反思，并结合各自情况提出了创新性的雨水管理理念和技术。例如澳大利亚的水敏性城市设计（water sensitive urban design，WSUD）、英国的可持续城市排水系统（sustainable urban drainage system，SUDS）、美国的低影响开发（low impact development，LID）和绿色基础设施（green infrastructure, GI）、新加坡的活力 - 美观 - 洁净水计划（active, beautiful, clean water, ABC），我国也结合自身的条件和发展情况提出并推进了海绵城市的建设。上述这些理念和技术均强调充分发挥自然系统的功能，注重源头控制和系统治理。

不同城市由于社会发展和自然条件不同，其降雨径流特征及径流排放和控制技术也有所不同。

对于地处我国平原河网区域的苏州市，其区域径流多维立体控制技术体系，要以城市径流污染削减为主要目标，以适应"四高一低"区域特点的径流污染控制技术为导向，在高适性 LID-BMPs 控制技术优选与集成、淹没式自排系统径流污染过程控制技术研究基础上，支撑构建基于源头减排 - 过程优化 - 末端控制的耦合模型技术体系，耦合道路清扫非工程措施，形成覆盖全过程、涉及全方位的区域径流多维立体控制技术。

区域径流多维立体控制技术路线如图 3-4 所示。

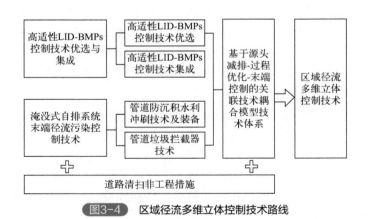

图3-4　区域径流多维立体控制技术路线

3.2.1　LID-BMPs技术比选

低影响开发（low impact development, LID）是 20 世纪 90 年代美国提出的一种以维持或重现场地开发前的水文循环为目的的理念，它是降雨管理最佳管理措施（best management practices，BMPs）在城市区域的进一步发展（简称 LID-BMPs），主要利用源头分散的、生态的 LID 措施达到对降雨径流量的控制和对径流污染的削减的目的，使得开发地区的水文循环尽可能接近开发前的自然状态。

LID-BMPs 措施种类繁多，如何因地制宜地筛选出高适性 LID-BMPs 技术是城市径流综合控制的关键。

3.2.1.1　常见LID-BMPs设施的分类评估

LID-BMPs 技术的主要功能包括渗透、储存、调节、转输、截污和净化等。通过各类技术的组合应用，可实现径流总量控制、径流峰值控制、径流污染控制、雨水资源化利用等目标。LID-BMPs 设施种类多样，多兼具上述多种功能，本节根据渗透滞留、调蓄、转输、截污净化四类主导功能分类从设施的主要功能、适用性、景观效果和成本等方面对 LID-BMPs 设施进行介绍及评估。

（1）渗透滞留技术

1）透水铺装

透水铺装是可以通过物理方式实现雨水下渗的设施，可补充地下水并具有一定的峰值流量削减和雨水净化作用。按照面层材料不同可分为透水砖铺装、透水水泥混凝土铺装和透水沥青混凝土铺装，嵌草砖、园林铺装中的鹅卵石、碎石铺装等也属于透水铺装。

透水砖铺装和透水水泥混凝土铺装主要适用于广场、停车场、人行道以及车流量和荷载较小的道路，如建筑与小区道路、市政道路的非机动车道等；透水沥青混凝土铺装可用于机动车道。透水铺装建设和维护成本较高。

2）绿色屋顶

绿色屋顶也称种植屋面、屋顶绿化等，主要通过屋面种植植物，有效减少屋面径流总量和径流污染负荷。根据种植基质深度和景观复杂程度，绿色屋顶又分为简单式和花园式。基质深度根据植物需求及屋顶荷载确定，简单式绿色屋顶的基质深度一般不大于150mm，花园式绿色屋顶在种植乔木时基质深度可超过600mm。

绿色屋顶适用于符合屋顶荷载、防水等条件的平屋顶建筑和坡度 ≤15° 的坡屋顶建筑，一般在公共建筑和小区采用。

由于植物是种植在建筑顶上，可根据需要选择土壤基质，对地面土壤渗透能力和地下水位高低没有要求，但对屋顶荷载、防水、坡度、空间条件等有严格要求。受南方多雨气候的影响，低层建筑多采用坡屋顶形式，限制了绿色屋顶的建设；而部分新建小区开发强度较大，中高层建筑的高度较高，也不利于绿色屋顶的维护。可选择在新建公建或低层住宅建设绿色屋顶或立体绿化，并做好屋顶荷载等要求的设计。绿色屋顶景观效果良好，但维护成本较高。

3）下凹式绿地

下凹式绿地一般是指低于周边铺砌地面或道路的绿地，能够就地消纳雨水，同时截流和净化雨水中的部分污染物。

下凹式绿地可广泛应用于城市建筑与小区、道路、绿地和广场内。下凹式绿地适用区域广，其建设费用和维护费用均较低。大面积的自然绿地，应根据城市绿地的布局能建尽建，充分发挥其城市绿地的海绵功能。

　　包括公园绿地、防护绿地、广场绿地、附属绿地等在内的城市绿地是城市用地中具有很强生态价值的城市透水性下垫面，具有自然存积、自然渗透、自然净化的海绵功能，通常面积也较大。应尽可能使绿地总体高程低于周围地面，建成下凹式绿地，服务于周边降雨径流的控制，故不列在此次低影响开发设施的比选范围内。

　　4）生物滞留设施

　　生物滞留设施指在地势较低的区域，通过植物、土壤和微生物系统蓄渗、净化径流雨水的设施。生物滞留设施分为简易型生物滞留设施和复杂型生物滞留设施，根据应用位置不同又称作雨水花园、生物滞留带、高位花坛、生态树池等。

　　生物滞留设施形式多样，适用区域广，易与景观结合，径流控制效果好，但在地下水位较高、土壤渗透性能差、地形较陡的地区，应采取必要的防渗、换土、设置阶梯等措施以避免次生灾害的发生。

　　生物滞留设施主要适用于建筑与小区内建筑、道路及停车场的周边绿地，以及城市道路绿化带等城市绿地内。生物滞留设施景观效果良好，建设和维护成本较高。

　　5）渗透塘

　　渗透塘是一种用于雨水下渗补充地下水的洼地，具有一定的净化雨水和削减峰值流量的作用。

　　渗透塘适用于汇水面积较大（>1hm²）且具有一定空间条件的区域，但应用于径流污染严重、设施底部渗透面距离季节性最高地下水位小于 1m 及距离建筑物基础小于 3m（水平距离）的区域时，应采取必要的措施以防止发生次生灾害。渗透塘可有效补充地下水、削减峰值流量，建设费用较低，但对场地条件要求较严格。

　　6）渗井

　　渗井指通过井壁和井底进行雨水下渗的设施，为增大渗透效果，可在渗井周围设置水平渗排管，并在渗排管周围铺设砾（碎）石。

　　渗井主要适用于建筑与小区内建筑、道路及停车场的周边绿地内。渗井应用于径流污染严重、设施底部距离季节性最高地下水位或岩石层小于 1m 及距离建筑物基础小于 3m（水平距离）的区域时，应采取必要的措施以防止发生次生灾害。渗井占地面积小，建设和维护费用较低，但其水质和水量控制作用有限。

　　（2）调蓄技术

　　1）干塘

　　干塘以削减峰值流量功能为主，一般由进水口、调节区、出口设施、护坡及堤岸构成，也可通过合理设计使其具有渗透功能，起到一定的补充地下水和净化雨水的作用。

　　干塘适用于建筑与小区、城市绿地等具有一定空间条件的区域。干塘没有永久性水面，池内通常有植被覆盖，在无雨时不蓄水，景观效果一般，建设和维护成本较低。

　　2）湿塘

　　湿塘指具有雨水调蓄和净化功能的景观水体，雨水同时作为其主要的补水水源，可有效削减较大区域的径流总量、径流污染和峰值流量，是城市内涝防治系统的重要组成部分。湿塘有时可结合绿地、开放空间等场地条件设计为多功能调蓄水体，即平时发挥正常的景观及休闲、娱乐功能，暴雨发生时发挥调蓄功能，实现土地资源的多功能利用。

　　湿塘适用于建筑与小区、城市绿地、广场等具有空间条件的场地。湿塘景观效果良好，建设和维护成本较低，不过其占地面积大，不宜用于拥挤城区。

3）屋面雨水收集设施

屋面雨水收集设施主要为雨水罐，也称雨水桶，为地上或地下封闭式的简易雨水集蓄利用设施，可用塑料、玻璃钢或金属等材料制成。雨水罐适用于单体建筑屋面雨水的收集利用。对于高密度现状建成区，地下、地面空间有限，可利用雨水罐进行雨水调蓄。

雨水罐多为成型产品，施工安装方便，便于维护，但其储存容积较小，雨水净化能力有限。因此，可在已建小区、科教文卫和行政办公区域，以及文物保护建筑单位等选择采用雨水罐进行集蓄并加以利用。但雨水罐景观效果一般，建设和维护成本普遍较高，不宜用于淡水资源丰沛的区域。

（3）转输技术

1）植草沟

植草沟是指种有植被的地表沟渠，可收集、输送和排放径流雨水，并具有一定的雨水净化作用，可用于衔接其他各单项设施、城市雨水灌渠系统和超标雨水径流排放系统。除转输型植草沟外，还包括渗透型的干式植草沟及常有水的湿式植草沟，可分别提高径流总量和径流污染控制效果。

植草沟适用于建筑与小区内道路、广场、停车场等不透水面的周边，城市道路及城市绿地等区域，也可作为生物滞留设施、湿塘等低影响开发设施的预处理设施或衔接其他单项设施。植草沟也可与雨水管渠联合应用，场地竖向允许且不影响安全的情况下也可代替雨水管渠。植草沟的建设及维护成本较低，景观效果良好。

2）渗管/渠

渗管/渠指具有渗透功能的雨水管/渠，可采用穿孔塑料管、无砂混凝土管/渠和砾（碎）石等材料组合而成。

渗管/渠适用于建筑与小区及公共绿地内转输流量较小的区域，对场地空间要求小，但不适用于地下水位较高、径流污染严重及易出现结构塌陷等不宜进行雨水渗透的区域（如雨水管渠位于机动车道下等）。渗管/渠建设费用较高，易堵塞，维护较困难，无景观效果。

（4）截污净化技术

1）植被缓冲带

植被缓冲带为坡度较缓的植被区，经植被拦截及土壤下渗作用减缓地表径流流速，并去除径流中的部分污染物。植被缓冲带坡度一般为2%～6%，宽度不宜小于2m。

植被缓冲带适用于道路等不透水面周边，可作为生物滞留设施等低影响开发设施的预处理设施，也可作为城市水系的滨水绿化带，但坡度较大（＞6%）时其雨水净化效果较差。

植被缓冲带可减少径流中悬浮固体颗粒和有机污染物，保护土壤和减少水土流失，景观效果良好，建设和维护费用低，但对场地空间大小、坡度等条件要求较高，且径流控制效果有限。

2）拦污性雨水井

地表径流冲刷下垫面会携带大量的污染物进入雨水井，拦污性污水井就是将传统雨水井的井盖及内部空间进行改造，在雨水井内加装组合式填料装置，依靠物理分离、功能性填料吸附等方式，削减径流中的污染物。

雨水及路面降雨径流进入雨水井前，大块的垃圾、树叶等粗粒污染物经改造后的井盖隔在路面，便于日常清扫。混合污水（径流）进入拦污性雨水井后，首先经过设施顶部设置倒漏斗式沉淀布水器，较大易沉降的颗粒得到一定程度的沉淀，雨水逐渐增多，通过漏斗布水器顶端均匀地进入内部填料层，经过功能型组合填料层处理，去除水中的细微悬浮物、胶体颗粒，甚至 COD、TP、重金属等污染物。填料层底部设置收集管道，与市政管网连接。

3）拦污球

在排水检查井的出水口放置拦污球。拦污球拦截面积大，在截污的同时可以保证雨水的正常排放。拦污球的直径需略大于出水支管的口径，安装时将球中心对准出水管道口的圆心，由于球重力和水流的作用，球将管口全覆盖，有效地拦截进入河道的污染物。

3.2.1.2 高适性LID-BMPs技术比选

参考中国工程建设标准化协会发布的团体标准《海绵城市低影响开发设施比选方法技术导则》（T/CECS 866—2021），在评估各 LID-BMPs 技术措施特点的基础上，根据城市区域和下垫面特征，初选出适宜的 LID-BMPs 技术，综合考虑设施的径流控制功效、成本投入和景观价值，建立 LID-BMPs 技术设施综合比选指标体系，通过确定各指标属性值和权重值，最终得出各 LID-BMPs 技术设施的综合评分。技术路线如图 3-5 所示。需要说明的是图 3-5 中仅列出了一些常用的低影响开发设施（LID-BMPs 设施），各地在进行 LID-BMPs 设施比选时可根据本地低影响开发设施应用的实际情况，对比选对象进行因地制宜的调整。另外，高适性 LID-BMPs 技术比选后，需要根据城市区域特征将各项设施的技术参数进行本地化研究。

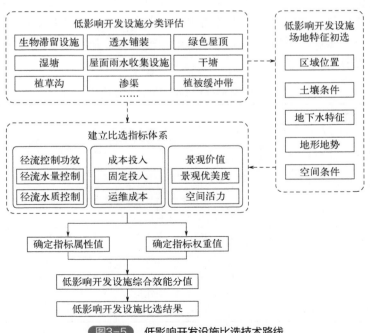

图3-5 低影响开发设施比选技术路线

（1）高适性 LID-BMPs 措施初选

高适性 LID-BMPs 措施初选，主要是根据区域特征指标的分析，进行不同 LID-BMPs 设施场地适用性评价，以此初选出适宜的 LID-BMPs 设施。

1）区域特征指标

区域特征指标包括区域位置、土壤条件、地下水特征、地形地势、空间条件等，分别反映 LID-BMPs 设施适宜布置的城市用地类型、特殊要求、土壤质地、地下水埋深、汇流坡度、汇水服务面积和汇流比等，如图 3-6 所示。

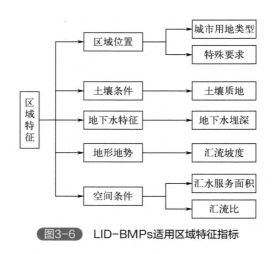

图3-6 LID-BMPs适用区域特征指标

① 区域位置。区域特征中的区域位置必须考虑城市用地类型，不同的用地类型适宜建设的 LID-BMPs 设施不同。

依据现行国家《城市用地分类与规划建设用地标准》（GB 50137—2011），用地类型包括居住用地、公共管理与公共服务用地、商业服务业设施用地、工业用地、物流仓储用地、道路与交通设施用地、公用设施用地、绿地与广场用地 8 类用地，每类用地所包含的范围和类别代码见表 3-11。

表3-11　LID-BMPs设施适用的城市建设用地类型

类别代号	类别名称	范围
R	居住用地	住宅和相应服务设施的用地
A	公共管理与公共服务用地	行政、文化、教育、体育、卫生等机构和设施的用地，不包括居住用地中的服务设施用地
B	商业服务业设施用地	各类商业、商务、娱乐康体等设施用地，不包括居住用地中的服务设施用地以及公共管理与公共服务用地内的事业单位用地
M	工业用地	工矿企业的生产车间、库房及其附属设施等用地，包括专用铁路、码头和附属道路、停车场等用地，不包括露天矿用地
W	物流仓储用地	物资储备、中转、配送等用地，包括附属道路、停车场以及货运公司车队的站场等用地
S	道路与交通设施用地	城市道路、交通设施等用地，不包括居住用地、工业用地等内部的道路、停车场等用地
U	公用设施用地	供应、环境、安全等设施用地
G	绿地与广场用地	公园绿地、防护绿地、广场等公共开放空间用地

② 土壤条件。区域特征中的土壤条件可通过土壤质地分析。LID-BMPs 设施一般与土壤介质直接接触，一些设施的控制效果与土壤质地密切相关。以渗透功能为主的低影响开发设施一般要求透水性好的砂土或壤土，而以滞、蓄功能为主的设施则一般要求透水性较差的黏土，在选择过程中需要根据具体情况加以考虑。这里采用美国制的土壤质地分类，将土壤质地类型分为砂土（A）、壤土（B）、黏壤土（C）和黏土（D）四类。不同质地类型土壤的渗透特性见表 3-12。

表3-12　土壤质地类型分类及其渗透特性

土壤质地类型	简称	特性
砂土	A	径流系数小、渗透速率高，甚至在全部浸润的情况下仍然可以渗透雨水，由形状良好、非常深的排水性砂或者砂砾组成
壤土	B	在全部浸润的情况下，该类土壤渗透速率中等。由中等深度到较大深度，形状一般至形状良好的排水性壤土组成，质地较细、中度粗糙
黏壤土	C	当完全浸润时，该类土壤渗透速率较低。土壤呈现层状，从而阻碍土壤内部水分流动，土壤质地较细
黏土	D	当完全浸润时，土壤渗透速率极低。土壤涨水性好、含水率高，土壤黏土层接近地表且类似不透水材料

③ 地下水特征。区域特征中的地下水特征可通过地下水埋深分析。具有渗透功能的 LID-BMPs 设施底部宜高于地下水最高水位，径流污染严重地区，设施底部渗透面距离季节性最高水位或岩石层应大于 1m，否则需要增加防渗设计，以避免地下水顶托和有严重污染的雨水污染地下水，进而增加建设和维护成本。

④ 地形地势。区域特征中的地形地势可通过汇流坡度分析。LID-BMPs 设施应根据其结构和功能特征布置在地形坡度适宜的区域，同时注意场地竖向，保证雨水能够重力汇流到设施内，避免由于坡度过大而影响设施的径流控制效果，进而增加建设和维护成本。

⑤ 空间条件。区域特征中的空间条件宜通过汇水区服务面积和设施的汇流比特征分析。其中，汇流比为汇水服务面积与设施占地面积的比值。

2）基于区域特征进行设施初选

根据五类区域特征的分析可建立不同 LID-BMPs 设施场地适用性评价指标基准，如表 3-13 所列，数据来源于国内外城市降雨径流管理的相关要求和国内海绵城市研究、实践及应用经验。

表3-13　LID-BMPs设施场地适用性评价指标基准

LID-BMPs 设施	区域位置		土壤条件	地下水特征	地形地势	空间条件	
	用地类型	特殊要求	土壤类型	地下水埋深/m	汇流坡度/%	汇水服务面积/hm²	汇流比
透水铺装	R,A,S,G	—	A～B	>0.6	<8	<1.2	1～1.2
绿色屋顶	R,A,B,M	平屋顶、小坡度屋顶	—	—	<15	—	1
生物滞留设施	R,A,G	道路缓冲距离<30m 河流缓冲距离>30m 建筑缓冲距离>3m	A～D	>0.6	<15	<1	5～15
渗透塘	R,A,G	建筑缓冲距离>3m 河流缓冲距离>30m	A～B	>2.2	<10	>1	
渗井	R,A,G	建筑缓冲距离>3m 河流缓冲距离>30m	A～B	>3.0	—		

续表

LID-BMPs 设施	区域位置		土壤条件	地下水特征	地形地势	空间条件	
	用地类型	特殊要求	土壤类型	地下水埋深 /m	汇流坡度 /%	汇水服务面积 /hm²	汇流比
干塘	R,G	河流缓冲距离>30m	A～D	>1.5	<10	>4	—
湿塘	B,G	河流缓冲距离>30m	A～D	>1.5	<10	>6	—
雨水罐	R,A,B	建筑缓冲距离<10m	—	—	—	—	—
植草沟	R,A,G	道路缓冲距离<30m	A～D	>0.6	0.3～5	<2	5～10
渗管/渠	R,A,B,S,U,G	建筑缓冲距离>3m 河流缓冲距离>30m	A～B	>3.0	<15	<2	—
植被缓冲带	R,A,B,M,W,S,U,G	道路缓冲距离<30m	A～D	>0.6	2～6	—	5

根据城市区域特征，初步得到符合苏州市特征的 LID-BMPs 设施种类。以苏州市为例，渗透塘对于原土的土壤渗透系数要求较高，且渗透塘适用于汇水面积较大的区域，占地较大，针对苏州市的"四高一低"特点适用性不高；渗井、渗管/渠具有占地面积小等特点，但不适用于地下水位高、原土渗透能力差、径流污染严重及易出现结构塌陷等不宜进行雨水渗透的区域，故渗透塘、渗井和渗管/渠列入苏州市不推荐 LID-BMPs 技术，其余 8 项技术设施经初步筛选，符合苏州市特征，列为适宜性 LID-BMPs 技术。

（2）高适性 LID-BMPs 措施综合比选

以苏州市为例，针对初选出的 8 项适宜技术，根据《海绵城市低影响开发设施比选方法技术导则》（T/CECS 866—2021）中提出的 LID-BMPs 设施综合比选指标体系，进行苏州高适性 LID-BMPs 设施综合比选。

1）综合比选指标体系

如图 3-7 所示，国内外低影响开发设施种类较多，其综合比选指标体系应综合考虑

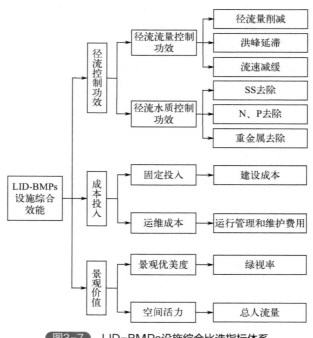

图3-7　LID-BMPs设施综合比选指标体系

设施的径流控制功效、成本投入和景观价值，形成分层次、可量化的低影响开发设施综合比选指标体系。实际应用过程中，各种低影响开发设施的功效、成本等特征应密切结合国内外技术的最新研究成果以及各地的实践情况进行优化和更新。

采用层次分析法构建指标体系，将与决策有关的元素分解成目标层、项目层、准则层和指标层等。各层指标含义如表 3-14 所列。

表3-14　LID-BMPs 设施综合比选指标体系各层指标含义

目标层	项目层	准则层	指标层	指标解读
低影响开发 LID-BMPs 设施综合效能	径流控制功效	径流流量控制功效	径流量削减	建设前后径流量减小程度
			峰值延滞	建设前后峰值出现时间的延后程度
			流速减缓	建设前后对流速的减缓效果
		径流水质控制功效	SS去除	建设前后以SS计的悬浮物处理效果
			N、P去除	建设前后营养物质去除效果
			重金属去除	建设前后重金属去除效果
	成本投入	固定投入	建设成本	建造低影响开发设施的一次性固定资产投资
		运维成本	运行管理和维护费用	表征低影响开发措施在维护管理上的要求，包括清淤、修剪、除草、收割及其频次等；维护成本则反映了管理维护的人力和资金投入
	景观价值	景观优美度	绿视率	低影响开发设施对场地的绿化景观作用
		空间活力	总人流量	以低影响开发设施为主的区域每日驻足停留（而非通过性）的人数

2）指标属性确定

① 径流控制功效。指标体系中的径流控制功效指标的属性值通过以下步骤加以量化：首先，明确不同 LID-BMPs 设施的降雨径流控制机制并量化；其次，评估不同降雨径流控制机制对径流控制功效指标的贡献并量化；最后，计算不同种类 LID-BMPs 设施通过不同降雨径流控制机制对各项径流控制功效指标的贡献。

不同低影响开发设施往往因其结构、技术特点不同，对降雨径流控制的过程和机制侧重也不同。根据欧洲、美国对低影响开发设施特点的理论研究、实践经验以及行内专家意见，对主要的几种机制，如滞蓄、沉淀、吸附、入渗、微生物降解、过滤、植物吸收、蒸发蒸腾等在每种低影响开发设施进行降雨径流流量和水质控制时所起到的作用进行了比较和总结，以高（3分）、中/高（2.5分）、中（2分）、低/中（1.5分）、低（1分）和不适用（0分）表征不同设施对降雨径流的控制效果，具体如表 3-15 和表 3-16 所列。各种控制机制高、中、低的等级划分不仅考虑了其在每个特定设施中所起作用的重要性的纵向比较，也考虑了该机制在不同设施中所占据的重要程度的横向比较。

表3-15　不同LID-BMPs 设施的降雨径流控制机制

设施种类	机制描述/量化结果							
	滞蓄	沉淀	吸附	入渗	微生物降解	过滤	植物吸收	蒸发蒸腾
生物滞留设施	中	中	中	中	中/高	中	中/高	低/中
	2	2	2	2	2.5	2	2.5	1.5
透水铺装	低/中	低/中	中/高	高	低/中	中/高	低/中	低
	1.5	1.5	2.5	3	1.5	2.5	1	1

设施种类	机制描述/量化结果							
	滞蓄	沉淀	吸附	入渗	微生物降解	过滤	植物吸收	蒸发蒸腾
绿色屋顶	中/高	低/中	中	低	中	中	中	低/中
	2.5	1.5	2	1	2	2	2	1.5
湿塘	高	高	中	低/中	中	低	中	中
	3	3	2	1.5	2	1	2	2
雨水罐	高	中	低	不适用	低	低/中	不适用	低
	3	2	1	0	1	1.5	0	1
干塘	高	中/高	中	低	低/中	低	低	中
	3	2.5	2	1	1.5	1	1	2
植草沟	中	低/中	中	中	低/中	中	中	低/中
	2	1.5	2	2	1.5	2	2	1.5
植被缓冲带	低/中	低	中	中	低/中	中	中	低/中
	1.5	1	2	2	1.5	2	2	1.5

表3-16 不同机制对各径流控制功效指标的贡献

控制指标	机制描述/量化结果							
	滞蓄	沉淀	吸附	入渗	微生物降解	过滤	植物吸收	蒸发蒸腾
径流量削减	高	不适用	不适用	中/高	不适用	不适用	低	低
	3	0	0	2.5	0	0	1	1
峰值延滞	高	不适用	不适用	中/高	不适用	低	低	低
	3	0	0	2.5	0	1	1	1
流速减缓	中/高	不适用	不适用	低	不适用	低	低	低
	2.5	0	0	1	0	1	1	1
SS去除	低/中	高	中	中/高	不适用	高	不适用	不适用
	1.5	3	2	2.5	0	3	0	0
N、P去除	低/中	高	高	高	低	高	高	不适用
	1.5	3	3	3	1	3	3	0
重金属去除	不适用	低/中	低/中	低/中	低	低/中	低	不适用
	0	1.5	1.5	1.5	1	1.5	1	0

将表3-15和表3-16中量化后的LID-BMPs设施的各种降雨径流控制机制与不同机制对各径流控制功效指标的贡献相乘，得到对每一类设施的径流功效得分。计算公式为：

$$S_{xy} = \sum x_i y_j \ (i=1,2,\cdots,8; \ j=1,2,\cdots,6) \tag{3-6}$$

式中　x_i——LID-BMPs设施主要的8种机制；

　　　y_j——LID-BMPs设施某项机制对不同径流指标的贡献权重，可基于实际情况中各机制的重要程度通过专家打分方式获取；

　　　S_{xy}——LID-BMPs设施对于某项径流指标的控制功效得分。

不同种类LID-BMPs设施通过不同降雨径流控制机制对各项径流控制功效指标的贡献计算结果如表3-17所列。

表3-17　不同LID-BMPs设施对降雨径流流量和径流水质控制功效计算得分

设施种类	径流流量控制			径流水质控制			径流功效总分
	径流量削减	峰值延滞	流速减缓	SS去除率/%	N、P去除率/%	重金属去除率/%	
生物滞留设施	15	17	13	24	37	17	123
透水铺装	14	16.5	11.25	26.75	35.25	16.75	120.5
绿色屋顶	13.5	15.5	12.75	20.75	31.25	13.75	107.5
湿塘	16.75	17.75	14	24.25	35	15.25	123
雨水罐	10	11.5	10	17	19	7.75	75.25
干塘	14.5	15.5	12.5	21.5	28.5	12.25	104.75
植草沟	13	15	11.25	20.25	30.75	14	104.25
植被缓冲带	14.25	16.3	12.5	21.75	23.38	15	103.18

注：计算结果的大小只反应LID-BMPs设施功效的相对大小，并不具有绝对数值上的意义。

② 成本投入。通过参考国内外 LID-BMPs 实践经验，分析不同 LID-BMPs 设施的建设成本和运维成本，确定不同 LID-BMPs 设施成本投入指标属性值。

不同种类 LID-BMPs 设施成本投入参考了 2014 年发布的《海绵城市建设技术指南 - 低影响开发雨水系统构建（试行）》、国内外 LID-BMPs 研究成果以及实际工程经验等。目前国内外的 LID-BMPs 设施成本投入情况可用 1、2、3、4、5 五个等级表示，数值越大，说明成本相对较高，具体如表 3-18 所列。

表3-18　LID-BMPs设施成本投入量化结果

设施种类	固定投资	运维成本	设施种类	固定投资	运维成本
生物滞留设施	4	2	雨水罐	5	4
透水铺装	3	4	干塘	3	1
绿色屋顶	4	5	植草沟	3	3
湿塘	3	2	植被缓冲带	1	1

注：表中所采取的量化方式不是绝对数值上的意义，只是表示不同LID-BMPs设施成本投入的相对高低。表中数据随着经济的发展或地区差异应不断更新。

③ 景观价值。景观价值指标属性用绿视率和总人流量两项指标表示并加以量化。参考 2014 年发布的《海绵城市建设技术指南 - 低影响开发雨水系统构建（试行）》、国内外工程实践经验和景观生态行业专家意见等，将 LID-BMPs 设施景观价值划分为 0、1、2、3 四个等级表示，如表 3-19 所列。

表3-19　低影响开发设施景观价值属性量化评价结果

设施种类	绿视率	总人流量	设施种类	绿视率	总人流量
生物滞留设施	3	4	雨水罐	0	0
透水铺装	1	3	干塘	2	1
绿色屋顶	2	1	植草沟	1	1
湿塘	4	2	植被缓冲带	2	1

注：每个等级的数值大小表示不同LID-BMPs设施景观绿视率和总人流量的相对高低，并不具有绝对数值上的意义。

④ 指标整合。指标体系中的不同指标属性量纲差异较大，无法采用相同的标准进行量化，因此需对不同指标进行去量纲化和归一化处理，消除指标之间的量纲影响。对不同设施的径流控制功效、成本投入及景观价值评价指标进行归一化处理，将结果统一在 [0,1] 的范围内。归一化公式为：

$$r_{ij} = \frac{x_{ij} - \text{Min}(x_{ij})}{\text{Max}(x_{ij}) - \text{Min}(x_{ij})} \quad (i=1,2,\cdots,8) \tag{3-7}$$

式中　x_{ij}——第 i 种 LID-BMPs 设施在第 j 项指标上的原始值；
　　　r_{ij}——归一化后的指标分值。

比选的 8 类 LID-BMPs 设施属性值归一化结果如表 3-20 所列。

表3-20　LID-BMPs设施的比选指标属性归一化结果

设施种类	径流量削减	峰值延滞	流速减缓	SS去除率/%	N、P去除率/%	重金属去除率/%	固定投资	运维成本	绿视率	总人流量
生物滞留设施	0.79	0.93	0.84	0.79	1.00	0.96	0.75	0.25	1.00	0.66
透水铺装	0.76	0.96	0.62	0.95	0.79	0.95	0.50	0.75	0.00	1.00
绿色屋顶	0.59	0.71	0.78	0.44	0.70	0.63	0.75	1.00	0.50	0.33
湿塘	1.00	1.00	1.00	0.77	0.88	0.79	0.50	0.25	0.50	0.33
雨水罐	0.00	0.00	0.00	0.00	0.00	0.00	1.00	0.75	0.00	0.00
干塘	0.69	0.66	0.67	0.47	0.51	0.47	0.50	1.00	0.50	0.00
植草沟	0.72	0.85	0.73	0.56	0.76	0.73	0.50	0.00	1.00	0.33
植被缓冲带	0.52	0.63	0.44	0.35	0.65	0.64	0.00	0.00	1.00	0.33

3）指标权重确定

LID-BMPs 设施综合比选指标体系中各个指标的属性值确定后，再确定各个指标的权重值，权重值通过专家调查打分确定，其中调查对象的组成、专业和背景应具有代表性，包括相关政府管理部门的决策者、不同相关领域的技术专家和当地公众代表等。

经过专家调查和科学计算，得到 LID-BMPs 设施各项综合效能指标对应的权重值，如图 3-8 所示。

4）综合比选结果

在确定了 LID-BMPs 设施综合比选指标体系中各个指标的属性值和权重值后，进行各个设施的综合得分计算。不同种类 LID-BMPs 设施的综合效能分值按式（3-8）将各项指标属性值和权重值相乘并相加得到。

$$V_i = \sum_{K=1}^{m} (\omega_K)(S_{iK}) \tag{3-8}$$

式中　i——某种低影响开发设施的序号，$i=1,2,\cdots,9$；
　　　K——底层指标的序号；
　　　m——底层指标数，$m=1,2,\cdots,10$；
　　　ω——底层指标的权重；
　　　S——底层指标的属性值；
　　　V_i——某种低影响开发设施综合效能分值。

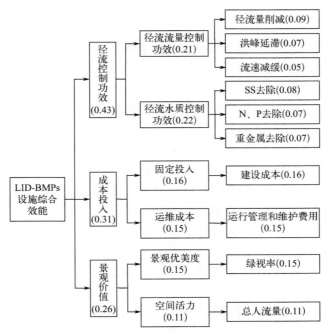

图3-8 LID-BMPs设施各项综合效能指标权重值

各项得分如表 3-21 所列。最终得出 8 项苏州市适宜性技术以及 4 项推荐性技术，其中 4 项推荐性技术分别为生物滞留设施、透水铺装、植草沟和绿色屋顶。

表3-21 低影响开发设施综合效能的评估结果

设施种类			生物滞留设施	透水铺装	绿色屋顶	湿塘	屋面雨水收集设施	干塘	植草沟	渗渠	植被缓冲带
径流功效控制（权重0.43）	径流水量控制功效（权重0.21）	径流量削减（权重0.09）	0.79	0.76	0.59	1	0	0.69	0.72	0.76	0.52
		峰值延滞（权重0.07）	0.93	0.96	0.71	1	0	0.66	0.85	0.96	0.63
		流速减缓（权重0.05）	0.84	0.62	0.78	1	0	0.67	0.73	0.62	0.44
	径流水质控制功效（权重0.22）	SS去除（权重0.08）	0.79	0.95	0.44	0.77	0	0.47	0.56	1	0.35
		N、P去除（权重0.07）	1	0.79	0.7	0.88	0	0.51	0.76	0.82	0.65
		重金属去除（权重0.07）	0.96	0.95	0.63	0.79	0	0.47	0.73	1	0.64
成本投入（权重0.31）	固定投资（权重0.16）	建设成本（权重0.16）	0.75	0.5	0.75	0.5	1	0.5	0.5	0.25	0
	运维成本（权重0.15）	运行管理和维护费用（权重0.15）	0.25	0.75	1	0.25	0.75	1	0.5	0.25	0
景观价值（权重0.26）	景观优美度（权重0.15）	绿视率（权重0.15）	1	0	0.5	0.5	0	0.5	1	0.5	1
	空间活力（权重0.11）	总人流量（权重0.11）	0.66	1	0.33	0.33	0	0	0.33	0	0.33
总分			0.76	0.67	0.65	0.62	0.27	0.55	0.65	0.53	0.42

3.2.1.3　高适性LID-BMPs的技术要点

经比选得到的适宜苏州市的 4 项推荐性技术中有 3 项均属于渗透滞留技术，包括生物滞留设施、透水铺装、绿色屋顶；1 项属于转输技术，为植草沟。

（1）渗透滞留技术

渗透滞留设施兼具入渗滞留功能，但考虑到苏州市原土渗透系数较低，主要以滞蓄为主，在实施过程中仍需注意：

① 对于可能造成坍塌、滑坡灾害的场所，对居住环境以及自然环境造成危害的场所，地表污染严重的场所均不得采用渗透滞留技术。

② 在地下水位较高、设施距离建（构）筑物基础水平间距＜3m、设施位于道路绿化带内等以上情况时，渗透滞留设施需要在底部或周边设置防渗膜，保证地下水水质安全，减小建（构）筑物的塌陷风险，防止雨水径流下渗对道路路面及路基的强度和稳定性造成破坏。

③ 渗透滞留设施与生活饮用水储水池之间应保持 10m 以上的安全距离。

1）生物滞留设施

生物滞留设施可渗透和净化降雨径流，宜用于居住用地、公共管理和公共服务用地、绿地与广场用地。

生物滞留设施的结构层一般包含超高层、蓄水层、覆盖层、过滤层、过渡层、排水层。场地条件允许情况下，生物滞留设施应采用自然缓坡，与周边场地的衔接坡度应小于 1:3。在场地条件有限、基坑无法达到 2:1 的情况下，生物滞留设施可砌筑挡墙，以保证结构的稳定性。挡墙顶部标高宜低于生物滞留设施滞留层顶面 5～10cm，回填覆盖应高于硬质边缘；直壁砌筑挡墙时，应预留好雨水管道接口。

① 超高层。生物滞留设施的蓄水层一般需低于汇水区 100mm，作为超高层。

② 蓄水层。蓄水层深度应根据植物耐淹性能和土壤渗透性能来确定，一般为 200～300mm。

③ 覆盖层。为防止雨水径流对过滤土层的冲刷，保持植物根部潮湿，可在过滤层上设置50mm 厚的覆盖层，可采用 5～10mm 的陶粒或钢渣，也可采用树皮等作覆盖层。

④ 过滤层。作为生物滞留设施核心的过滤层，其主要作用包括去除污染物和为植物提供营养等。植物能加强过滤，使过滤层不板结，还能去除部分污染物。过滤层应有足够的深度使植物正常生长，深度一般为 600～1000mm，在深度控制区，最小深度可取 300mm。如果植物中含有深根植物，则过滤层深度应＞800mm，以免生物滞留池被植物根破坏。

过滤层填料渗透系数需在 50～200mm/h 范围内，若不满足要求可通过现场试验或实验室试验矫正。渗透系数过低则添加适量无角砂，渗透系数过高可添加部分软黏土。

过滤层填料有机质含量不要超过 10%，含盐量应低于 0.63dS/m，即 441mg/L。过滤层填料 pH 值应在 6～7 之间，且填料不能受到病虫害（如火蚁）。

⑤ 过渡层。排水层与过滤层的填料粒径差距不能超过一个数量级，以免滤料进入排水层，被冲进穿孔排水管堵塞排水系统。若排水层采用卵石，则与过滤层粒径至少差了两个数量级，需设置过渡层。过渡层厚度宜为 100mm，可采用砂或粗砂，注意铺设

前需进行清洗，以免堵塞过渡层。

如果生物滞留设施竖向深度有限，可采用透水土工布代替。无论哪种形式均需保证过渡层的渗透系数介于 $4×10^{-3}\sim5×10^{-1}$ m/s，长期使用后渗透系数衰减不小于 $1×10^{-4}$ m/s。

⑥ 排水层。排水层将过滤层渗滤下来的水通过穿孔排水管传导出生物滞留池，是生物滞留池不可或缺的部分。排水层厚度一般为 250～300mm，多采用粗圆、角砾石铺设，排水层介质粒径应控制在 10～20mm 之间，其最小粒径不得小于排水盲管开孔孔径的 1.5 倍，以防止排水层介质通过排水盲管孔洞渗漏并堵塞排水盲管。排水层介质铺设前同样需要清洗。

2）透水铺装

透水铺装可提高雨水渗透量，降低降雨径流的流速、流量，延后峰现时间和净化降雨径流，宜用于居住用地、公共管理与公共服务用地、绿地与广场用地。

透水铺装地面的透水性能应满足 1h 降雨 45mm 条件下，表面不产生径流。透水铺装对道路路基强度和稳定性的潜在风险较大时，可采用半透水铺装结构。土地透水能力有限时，应在透水铺装的透水基层内设置排水管或排水板。

透水铺装地面宜在土基上建造，自上而下设置透水面层、找平层、基层和底基层。找平层的渗透系数和有效孔隙率不应小于透水面层，宜采用细石透水混凝土、干砂、碎石或石屑等。基层和底基层的渗透系数应大于面层，底基层宜采用级配碎石、中/粗砂或天然级配砂砾料等，基层宜采用级配碎石或透水混凝土，透水混凝土的有效孔隙率应大于 10%，砂砾料和砾石的有效孔隙率应大于 20%。

3）绿色屋顶

绿色屋顶可削减降雨径流、缓解降尘污染、提高城市绿化率等，宜用于居住用地、公共管理与公共服务用地、商业服务业设施用地、工业用地。技术要点主要包括以下几个：

① 绿色屋顶适用于高度在 30m 以下、结构安全、符合防水条件的平屋顶和坡度不大于 15°的坡屋顶，如果屋顶坡度大于 15°，其绝热层、防水层、排（蓄）水层、种植土层等均应采取防滑措施。

② 绿色屋顶应优先选择对雨水径流水质没有影响或影响较小的建筑屋面及外装饰材料。

③ 简单式绿色屋顶种植土厚度不宜小于 200mm，花园式绿色屋顶种植土厚度不宜小于 900mm。

④ 屋顶绿化构造层由下而上依次为防水（阻根）层、排（蓄）水层、过滤层、种植土层、植被层、园路及小品。

Ⅰ. 防水（阻根）层要求：花园式屋顶绿化必须采用两道防水设计，下层为普通防水层，上层为阻根防水层；组合式和简单式屋顶绿化种植根系不发达的植物时，可只设计普通防水层而不设计阻根防水层；既有建筑物屋顶绿化设计前，应对屋面做大于 24h 的蓄水试验，若原有屋面防水层仍有效，可只增加一层耐根穿刺防水层。

Ⅱ. 排（蓄）水层要求：以现有屋顶排水系统为依据，合理组织原屋顶排水系统，种植池、花台等必须根据实际情况设置排水孔；屋顶排水孔周边应采用两道过滤，过滤材料宜选择粗骨料或加格篮以防止堵塞，排水口应设置为观察井，严禁覆盖；可选择模块式、组合式等多种排（蓄）水板，或用颗粒直径为 0.4～1.6cm、厚度在 5cm 以上的陶粒层等；屋面面积较大时，排（蓄）水层宜分区设置，每区不宜大于 120m²，且应增加集（排）水管的排水形式，组织迅速排出多余水分；种植区和女儿墙之间设计一定宽度的明沟，用于隔离保护和排水。

Ⅲ.过滤层要求：过滤层设计应根据种植土颗粒大小，选择既能透水又能隔绝种植土且防腐的细小颗粒过滤材料；材料搭接缝的有效宽度为 10～20cm，并向建筑侧墙面延伸至基质层表层下方 5cm 处，同时做好收边。

Ⅳ.种植土层要求：种植土层应在荷载允许范围内根据湿容重进行核算，湿容重不宜超过 1.3g/m³；种植土宜设计质量轻、通透性好、持水量大、酸碱度适宜、清洁无毒的轻质混合土壤；种植土层进行地形设计时，应结合荷载要求、排水条件、景观布局和不同植物对基质厚度的要求统一考虑，在承重梁、柱部位可局部增加土层厚度。

Ⅴ.植被层要求：不宜选择高大乔木及深根、穿透能力强的植物，宜选择适应性好、抗逆性强、不易倒伏的植物。植物高度、冠径大小应根据土层厚度、女儿墙高低等周边环境因素确定，一般高度不宜超过 3m，冠径不宜超过 2.5m，大灌木、小乔木种植位置距离女儿墙应大于 2.5m；花园式屋顶绿化植物配置由小乔木、大灌木、低矮灌木、草坪和地被植物组成，以复层结构为主，草坪式屋顶绿化宜选用抗逆性强、低维护的低矮地被植物。种植高于 2m 的植物应设计防风支护，选择支柱类型不得破坏过滤层、阻根层和防水层；局部常发生强风的地方，应设计防风栅栏。屋顶绿化植物宜选择耐修剪植物，修剪整理并控制树冠大小。

Ⅵ.园路及小品要求：园路铺装材料宜选择轻型、环保、防滑的材质。园路与绿化表面高度相差较大时，宜设计轻质垫层垫高路面；各类小品必须准确计算其荷载，并根据建筑层面荷载情况设置相对独立的基础，不得破坏屋面层及绿化构造层的前水层、保温层等，并宜设置在建筑墙体、忌重梁柱位置。

⑤采用立体绿化设计时，应对所依附的载体进行荷载、支撑能力验算，不得影响依附载体的安全及使用功能。新建建筑屋顶绿化设计应与屋面结构设计同步进行；既有建筑屋顶绿化改造设计时，应依据房屋竣工图和房屋质量安全实测数据，设计荷载应控制在屋面结构实际允许的承载范围内。屋顶静荷载设计应准确核算各项施工材料的重量。屋顶植物的荷载应考虑植物种植后 5 年生长的重量增加值。屋顶活荷载应考虑种植土层蓄水、蓄排水层蓄水及短时间积水引起的荷载变化和一次最大容纳人数的数量。

（2）转输技术

植草沟可转输和净化降雨径流，宜用于居住用地、公共管理与公共服务用地、公用设施用地、绿地与广场用地。技术要点主要包括以下几个：

①浅沟断面形式宜采用倒抛物线形、三角形或梯形。植草沟的边坡坡度（垂直：水平）不宜大于 1:3，纵坡不应大于 4%。纵坡较大时宜设置为阶梯型植草沟或在中途设置消能台坎。转输型植草沟内植被高度宜控制在 100～200mm。

②植草沟最大流速应小于 0.8m/s，曼宁系数宜为 0.2～0.3。

③植草沟的积水深度不宜超过 300mm；积水区的进水宜沿沟长多点分散布置。

④当植草沟等雨水转输设施用于排除一定设计重现期下的雨水径流时，其设计流量应为该设计重现期下的径流峰值流量。植草沟的设计流量应按式（3-9）计算：

$$Q = \frac{1}{n_0} A_h R^{0.667} i_1^{0.5}$$ （3-9）

式中　Q——设计流量，m³/s；

$\quad\quad A_h$——横断面面积，m²；

$\quad\quad R$——横断面的水力半径，m；

$\quad\quad i_1$——纵向坡度；

$\quad\quad n_0$——曼宁系数。

3.2.1.4　高适性LID–BMPs技术连接与集成

不同 LID-BMPs 在城市降雨径流水量水质控制方面具有不同的能力，因此不同 LID-BMPs 措施的组合及其上下游位置关系可能会影响径流控制效果。在 LID-BMPs 技术集成中，有一些显著的规律可以在规划设计时参考：

① 全串联的 LID-BMPs 链（所有 LID-BMPs 措施出水最终均通过滞蓄型设施后排）的控制效果优于断开式的 LID-BMPs 链（部分 LID-BMPs 措施出水不汇入滞蓄型设施而直接排入雨水管网）；

② 将滞蓄能力强的 LID-BMPs 布置于下游，而将渗透能力强的 LID-BMPs 布置于上游，如渗水铺装，能够充分发挥各 LID-BMPs 的控制能力；

③ 在全串联 LID-BMPs 链的基础上，进一步将自然绿地等透水面也考虑在 LID-BMPs 链的连接方式中，能够实现更高的径流总量削减率和污染物去除率。

住宅区、商业区、工业区、道路、公园绿地、广场及城市水体等不同用地类型因地制宜选择合适的 LID-BMPs 技术组合。

（1）住宅区

住宅区（居住区）需结合建筑、小区道路、小区绿地统筹考虑 LID 系统性建设。建筑优先选择对径流雨水水质没有影响或影响较小的建筑屋面及外装饰材料；平屋顶和坡度不大于 15°的坡屋顶建筑可采用绿色屋顶；通过雨水立管打断和设置高位花坛、植草沟、生物滞留设施等将屋面雨水和场地雨水协同消纳净化。有回收利用雨水需求的可设置雨水罐、调蓄池等灰色设施收集屋面雨水进行利用，并注意弃流初期雨水。调蓄池、弃流池等应设在室外。

综上，居住区可选用 LID-BMPs 较多，主要有绿色屋顶、透水铺装、生物滞留设施、植草沟、初期雨水弃流设施、调蓄池、雨水罐等。

（2）商业区

相较于居住区，商业区径流污染较严重、绿色空间更集中，故针对这一特点，除常规性 LID-BMPs 设施，例如绿色屋顶、透水铺装、下凹式绿地、生物滞留设施、植草沟、初期雨水弃流设施、调蓄池外，还可结合景观水体需求设置湿塘、雨水湿地等高净化能力海绵设施。

（3）工业区

工业区存在地表污染的问题，故不适宜采用下渗、深度滞蓄的设施，如生物滞留池、湿塘、雨水湿地、调蓄池等，应采用表面下渗或其他灰色设施，如绿色屋顶、下凹式绿地、植草沟、初期雨水弃流设施等 LID-BMPs 设施。

（4）道路

相较于其他用地类型，道路的径流雨水水质污染状况最为严重，尤其是初期径流污染严重程度甚至超过了生活污水。道路雨水径流中的污染物主要来源于轮胎磨损、防冻剂使用、车辆的泄漏、杀虫剂和肥料的使用、丢弃的废物等，污染成分主要包括有机或无机化合物、氮、磷、金属、油类等。

道路的设计应首先满足道路的基本功能，道路的基本功能包括交通功能、市政管线敷设通道、景观需求等，故苏州市的道路海绵设计优先利用侧分带消纳道路雨水。同时，侧分带内的设施应采取必要的侧向防渗措施，防止雨水径流下渗对道路路面及路基的强度和稳定性造成破坏。另外，道路径流控制设施的布局应统筹考虑与地下管线（管廊）的空间协调。

综上，道路优先采用透水铺装、生物滞留带、植草沟等小型但具有较好净化功能的LID-BMPs措施。

（5）公园绿地

公园与绿地作为海绵城市的基地，不仅需消纳自身的雨水，还应结合城市竖向设计，消纳周边硬化地面雨水，实现对周边地块径流污染的中间或末端控制。

此外，公园与绿地的LID-BMPs设计应满足各自自身的使用功能、生态功能、景观功能和游憩功能，根据不同的绿地类型，制定不同的对应方案。优先使用简单、非结构性、低成本的径流控制设施，利用本体湖泊、滨水、湿地结合滞、蓄、净等措施实现对径流雨水的消纳、净化作用。

同时公园与绿地的雨水利用宜以入渗和景观水体补水与净化回用为主，避免建设维护费用高的净化设施；公园与绿地内的景观水体可作为雨水调蓄设施并与景观设计相结合。

综上，公园与绿地除透水铺装、绿色屋顶、滞留设施、植草沟等常规LID-BMPs设施外，还可采用大型雨水湿地、湿塘、植被缓冲带等具有较好净化功能的LID-BMPs设施作为区块径流污染的末端处理设施，协助消纳净化周边地块无法消纳的径流雨水。

（6）广场

广场在满足自身功能的条件下，可采用LID-BMPs措施消纳自身及周边区域的雨水径流，并考虑利用。条件允许时，广场宜优先设计为下沉式广场，作为区域超标雨水的调蓄空间。下沉式广场应设排水泵站和自控系统，广场达到最大积水深度时泵站可自行开启。城市重要的地下空间开发区域周边也应增加雨水调蓄设施，地下空间的出入口及通风井等出地面构筑物的敞口部位应高于设计地坪0.2m，并应有防淹措施。

综上，广场可采用透水铺装、绿色屋顶、生物滞留设施、调蓄池（下沉场、地下空间适用）等LID-BMPs措施，同时结合自身的竖向设计成为片区内涝排放点。

（7）城市水体

城市水体具有排水、防洪排涝、改善城市生态环境的作用，作为海绵体的骨架，是海绵城市建设中最为关键的内容之一，具有末端治理与调蓄的功能。关于水体的海绵设计从空间来看主要包含河道护岸和河道本身两大部分。

护岸又包含雨水排口的改造和生态缓冲带、生态驳岸以及滨水湿地的构建，通过淹没式自排系统雨水管道沉积污染控制和末端的雨水截流净化协同改善苏州市由淹没式排口、重力自排模式引起的管道沉积问题，进一步削减雨水排口入河的末端径流污染。

通过水系恢复与治理、水体原位净化技术、生态清淤技术等工程措施进一步提高城市河道水体的调蓄能力和纳污容量，实现对岸上地块的径流总量、径流污染控制的补充和托底。

3.2.2　淹没式自排系统径流污染过程控制技术

雨水管道是城市排除雨水的重要设施，一些城市内涝大多是由于雨水管网不能迅速排除雨水，导致雨水从检查井溢流，甚至出现河水倒灌。平原河网地区，一般地势低平，河道水位较高，大部分雨水管道出水口都位于常水位以下，其出流方式为淹没式出流。由于出流不畅，管道内污染物不断沉积，在暴雨期会冲刷进入河道。在无法对其进行施工改造的条件下，实现淹没式自排系统径流污染过程控制尤为重要。

本研究旨在通过研究排水系统内的管道沉积分布特征和沉积物性质等，分析引起管道沉积的水力条件和管道布置形式；进而研究不同过程瞬时水力冲刷技术针对不同管径管道的适应性，提出相应的设计参数，耦合不同的过程瞬时水力冲刷技术，提出耦合技术的设计参数和适用条件。

3.2.2.1　管道沉积物组成和运动形式

排水管道中污水或雨水中的颗粒物，在一定条件下，如流速过小会在管道中沉降淤积。对合流制排水管道及存在污水混接的雨水管道，沉积物主要来自下列两种方式：一是污水中携带的悬浮颗粒物因污水流速较小而在管道中沉降淤积；二是降雨时雨水将城市地表累积的固体颗粒物冲刷带入管道中。沉积物主要由有机颗粒、无机颗粒和一些树枝、烟蒂、塑料袋等杂物组成。有机颗粒主要来自生活污水中的人类排泄、厨房垃圾等，而无机颗粒主要是雨水携带的地表累积。

沉积物中包含有机质、氮磷、多环芳烃、重金属等有毒有害物质，已有研究对不同地区管道沉积物特性进行了调查，结果表明沉积物理化性质如含水率、有机成分含量、密度、生化可降解性、粒径分布、污染物种类和含量等与汇水区性质、管道材料、排水体制等因素相关。基于大量的沉积物理化性质调查研究，学者们从运动学角度研究管道沉积物的沉降、冲刷、输移特性。发现固体颗粒在水中下沉的沉降速度，主要与颗粒粒径、密度、形状以及水的黏性相关。颗粒沉降受到颗粒自身水下重力以及水体阻力的共同作用。颗粒受到自身重力的表达式为：

$$F_g = \alpha (\rho_s - \rho) g d^3 \qquad (3\text{-}10)$$

式中　α——系数，当颗粒为圆形时，$\alpha = \pi/6$；

　　ρ_s，ρ——颗粒和水的密度，kg/m^3；

　　d——颗粒粒径，m；

　　g——重力加速度，取 $9.8 m/s^2$。

阻力则与颗粒下沉速度、粒径和水的黏度有关，在层流和雷诺数 <1 时阻力表达式为：

$$F_D = 3\pi\mu v_s \qquad (3\text{-}11)$$

式中　μ——水的动力黏度，g/(cm·s)；

　　　v_s——颗粒沉降速度，cm/s。

沉积的固体颗粒在管道中主要受到水流的作用力以及自身重力和黏性力的共同作用。水流作用力可分为水平方向上的拖曳力和竖直方向上的上举力，其表达式为：

$$F_d = \alpha_d \rho u^2 d^2 \tag{3-12}$$

$$F_l = \alpha_l \rho u^2 d^2 \tag{3-13}$$

式中　α_d、α_l——拖曳力系数、上举力系数，均是雷诺数 Re 的函数；

　　　u——摩阻流速，m/s。

沉积物受到的黏性力 F_c 的表达式为：

$$F_c = cd \tag{3-14}$$

式中　c——黏性系数，Pa·s。

由于颗粒自身粒径、成分的不同，以及所受到水流作用力差异，沉积颗粒在管道中呈现不同的运动形式。水流拖曳力较小时，固体颗粒保持静止。当拖曳力超过颗粒的起动临界条件时，颗粒便开始在沉积床表面滚动、滑动或跳跃。这种运动形式因为颗粒主要在床面附近，与床面存在接触，因此被称为推移质运动。水流继续增大，增强的水体紊动作用将使固体颗粒被漩涡裹挟带入距离床面较远的水体中，这部分颗粒被称为悬移质。

3.2.2.2　管道沉积物分布特征与特性研究

以苏州市平江新城某典型雨水管道为例，管道清淤前分别对居住区、商业区、综合区上中下游管道（主要位于平泷路、江星路）进行淤积厚度测量及沉积物性质分析。采样过程中，对管道的管径、沉积物淤积厚度进行测量。沉积物样品的监测指标主要包括含水率、沉积物有机质（VS）含量、铅（Pb）、总氮（TN）、总磷（TP）等。管道沉积物分析结果见表3-22。

表3-22　管道沉积物性质

采样区	管径/mm	淤积厚度/cm	含水率/%	VS含量/%	Pb/(mg/kg)	TN/%	TP/%
商业区	400	5	53.67	9.85	24.89	0.25	0.11
	600	15	37.18	7.08	22.97	0.17	0.09
	800	5	32.85	4.29	14.25	0.09	0.08
	800	10	42.36	7.21	66.19	0.17	0.10
居住区	400	20	46.25	9.30	45.21	0.35	0.45
	600	30	54.88	10.24	120.74	0.31	0.33
	800	30	43.74	18.89	33.18	0.17	0.24
	800	8	57.18	16.21	77.43	0.30	0.21
综合区	400	5	66.80	7.97	43.13	0.17	0.09
	600	20	52.34	11.68	24.69	0.27	0.09
	1000	40	61.92	15.61	84.57	0.40	0.18
	1200	20	67.89	19.00	67.80	0.45	0.20

从沉积物性质上看，与上海城区的监测结果对比，苏州市地区管道沉积物有机质含量相对较高，重金属含量相对较低，如表 3-23 所列。从淤积程度上看，苏州市平江新城地区的平均淤积厚度约占管道直径的 26%，如图 3-9 所示，已达到显著影响管道正常过流能力的程度。

表3-23　管道沉积物性质对比表

地区	含水率/%	VS/%	Pb/(mg/kg)	TN/%	TP/%
平江新城	51.42	11.44	52.09	0.25	0.18
上海城区	60.08	9.75	99.61	0.32	0.12

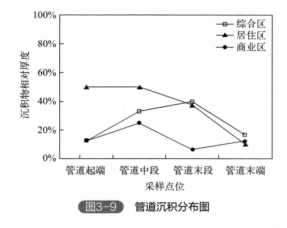

图3-9　管道沉积分布图

城市排水管道沉积物经雨水径流冲刷后，其中赋存的污染物释放将对城市水体造成污染。由于污染物的种类众多、降雨随机性大、取样及在线监测难度大等问题，常采用模型模拟的方法对管道内污染物的沉积与释放规律进行研究，进而提出有效的污染控制措施。

（1）管道沉积模型

管道沉积模型是研究者基于沉积物的长期监测数据和模拟分析结果，得到的经验概念模型。如 Krajewski 提出的合流制管道在旱流时的沉积模型为：

$$V(t) = V_{max}[1 - e^{-k(t-t_0)}] \tag{3-15}$$

式中　$V(t)$——沉积物在 t 时刻的沉积量，m^3；

V_{max}——沉积物的最大沉积量，m^3；

t_0——发生沉积起始时刻，d；

k——淤积参数，d^{-1}。

（2）管道冲刷模型

May 在满管流的状况下，进行模拟试验，通过分析管道内沉积物含量、粒径等影响，提出沉积物的起动速度公式。Nalluri 等对 May 提出的公式做了进一步修正，得出与管道沉积物实际情况更吻合的计算公式：

$$v_c = 0.5\sqrt{gd(s-1)}\left(d/R\right)^{-0.4} \tag{3-16}$$

式中 v_c——泥沙起动速度，m/s；

　　　d——泥沙颗粒粒径，μm；

　　　R——管道水力半径，mm；

　　　g——重力加速度，取 9.8m/s²；

　　　s——泥沙相对容重差，无量纲，$s=(\rho_s-\rho)/\rho$，ρ_s、ρ 分别为颗粒物和水的密度。

　　Sonnen 结合计算机模拟，提出了管道沉积物悬浮运动模型：

$$v = 4gd(\gamma_s - \gamma_w) / (3C_d\gamma_w) \tag{3-17}$$

式中 v——沉积物运动速度，m/s；

　　　g——重力加速度，取 9.8m/s²；

　　　d——泥沙颗粒粒径，μm；

　　　γ_s——颗粒物容重，N/m³；

　　　γ_w——液体容重，N/m³；

　　　C_d——摩擦系数，其值大小与雷诺数 Re 有关，当 $Re \geqslant 3000$ 时 $C_d=0.4$，当 $Re<3000$ 时 $C_d=24/Re+3/Re+0.34$。

　　Macke 通过实验研究，提出沉积物释放的表达式：

$$Q'_s = Q_s(\rho_s - \rho)gw^{1.5} = 1.64 \times 10^{-4}\tau_0^3 \tag{3-18}$$

式中 Q'_s——沉积物传输率；

　　　Q_s——沉积物传输量，m³/s；

　ρ_s，ρ——沙粒和水的密度，kg/m³；

　　　g——重力加速度，取 9.8m/s²；

　　　τ_0——平均剪切力，N/m²；

　　　w——沉积物沉降速度，m/s。

　　国内学者根据床面泥沙受力分析，结合各种试验资料，整理得出泥沙颗粒的起动流速公式：

$$u_0 = \left(\frac{h}{d}\right)^{0.14}\left(17.69\frac{\rho_s - \rho}{\rho}d + 0.000000605\frac{10+h}{d^{0.72}}\right)^{1/2} \tag{3-19}$$

式中 u_0——泥沙颗粒的起动流速，m/s，一般为 0.1 ~ 6m/s；

　　　h——水深，m，一般为 0.2 ~ 17m；

　　　d——泥沙粒径，mm，一般为 0.1 ~ 100mm；

　ρ_s，ρ——沙粒和水的密度，kg/m³，对于一般泥沙可取 $(\rho_s-\rho)/\rho$ =1.65。

　　（3）管道累积负荷模型

　　在旱季流时，预测管道沉积物的沉积位置及其累积量对于管道沉积物的控制至关重要。因此，美国的研究者基于波士顿和菲奇堡的现场调研数据，利用回归分析法根据不同研究目的（排水系统的评估、规划和设计）得出了关于合流制排水管道中沉积物累积负荷的经验模型。通过对其 9 个变量的回归分析测试，经验模型的多重线性相关系数在 0.85 ~ 0.95 之间。以菲奇堡的经验模型式（3-20）为例：

$$TS=0.0013L^{1.18}D^{0.604}A^{-0.178}S^{-0.418}Q^{-0.51} \tag{3-20}$$

式中 TS——沉积物累积负荷，kg/d；

$\qquad$ L——排水管道总长，m；

$\qquad$ D——管道平均管径，mm；

$\qquad$ A——排水管道服务面积，hm^2；

$\qquad$ S——管道平均坡度；

$\qquad$ Q——流量，L/d。

由式（3-20）可以看出，排水管道越长、排水管径越大、坡度越缓、流量越小的管道，越容易发生管道沉积。上述研究成果虽然是针对合流制排水管道，由于引起管道沉积的原因是相似的，因此这一结果对分流制雨水管道同样适用。进一步地，雨水管道沿途除了可能存在的混接污水以及入渗地下水外，旱季沿程流量的变化不大，合理推断可得对于同一条雨水管道上下游，管道沉积更易发生于管道中下游。

3.2.2.3 管道瞬时水力冲刷装置的原理

为了在管道中产生让沉积物重新悬浮的水流速度，设计了一种在管道末端利用气封对其上游进行脉冲式冲刷的装置，见图3-10。管道水力冲刷装置可用于管道防沉积和防河水倒灌。

装置用于管道防沉积时在非降雨期间的工作步骤：首先，装置上的进气管开启，风机开始工作，向装置内（主要是图3-10中的A室）充气加压，风机功率根据箱体大小选择，充气加压时间以 20～30min 或气泡刚逸出进水口为宜；加压结束后，由于A室的正压以及上游进水管来水，装置前的水位逐渐升高；由于B室隔板的存在，下游出水管可正常排水，装置后部的水位逐渐降低；当装置前后的水位差达到设定的限值（0.8～1.2m）时，A室上方的排气管开启，A室气体的释放将使装置前的管道存水以较快流速通过装置进入出水口，实现对上游管道沉积物的冲洗。当装置前后水位相同时，排气管关闭，进气管开启，风机开始工作，装置进入新一轮工作循环。降雨期间，装置的进气管、排气管、风机同时关闭，管道来水及时排向下游，确保城市排水防汛安全。

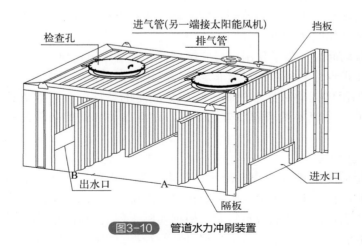

图3-10 管道水力冲刷装置

装置用于管道防倒灌时,在非降雨期间通过太阳能风机保持装置内(主要是图 3-10 中的 A 室)处于加压状态,河道中高于管道水位的河水由于装置的气封作用无法倒灌至管网内,发挥防河水倒灌作用。降雨期间,装置的排气管开启,进气管和太阳能风机同时关闭,管道来水及时排向河道,确保城市排水防汛安全。

3.2.2.4 管道瞬时水力冲刷装置的CFD模拟与验证

(1)三维 CFD 模型的建立

为了验证该装置设计方案的可行性,采用计算流体动力学(computational fluid dynamics,CFD)模拟计算对设计方案进行模拟验证,确认设计方案的可行性与参数合理性。根据方案的设计构型尺寸参数,建立装置的三维模型(图 3-11)。采用六面体网格类型对三维模型进行网格离散划分,构建装置的计算模型的计算网格,如图 3-11(a)所示。通过不同的网格密度试算对比进行网格不相关分析,在满足计算精度的前提下,选用计算需求小的网格。模型模拟计算采用 181 万个网格单元进行模拟分析。采用六面体网格类型对三维模型进行网格离散划分,构建装置的计算模型的计算网格,如图 3-11(b)所示。通过不同的网格密度试算对比进行网格不相关分析,在满足计算精度的前提下,选用计算需求小的网格。模型模拟计算采用 181 万个网格单元进行模拟分析。

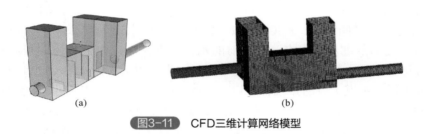

(a)   (b)

图3-11   CFD三维计算网络模型

(2)流体控制方程的离散边界条件处理

流体流动受质量守恒定律、动量守恒定律和能量守恒定律等物理守恒定律的支配,因此模拟中利用这些守恒定律的控制方程来进行边界条件处理。管道瞬时水力冲刷装置数值模拟边界条件如图 3-12 所示。

对于求解流动问题,除了使用质量守恒定律、动量守恒定律和能量守恒定律三大控制方程外,还要指定边界条件;对于非定常问题还要指定初始条件。

边界条件为流体运动边界上控制方程应该满足的条件,会对数值计算产生重要影响。即使对于同一个流场的求解,方法不同,边界条件和初始条件的处理方法也是不同的。

1)上游管道入流

从上游管道收集的雨水或混合污水经管道上游进入管道,在管道下端安装本装置后,由于隔板的阻挡作用,污水或雨水会在管道上游累积,形成满管流状态,因此本装置模拟已经形成满管流后续的模拟状态。根据实际工程案例监测的入流数据,本模拟工况雨水合流时的流入状态,根据流量数据以及管径换算出断面平均流速,作为上游管道流速入流(velocity inlet)边界条件设置参数。

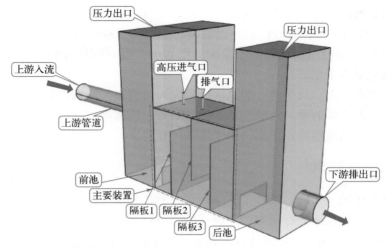

图3-12 管道瞬时水力冲刷装置数值模拟边界条件设置

2）装置下游出口边界

下游出口边界排出装置虹吸形成后的排水。在数值模型中设置为压力出口边界条件，压力出口边界条件需要在出口边界处指定表压。

3）装置前池与后池

装置的前池连接上游管道与装置的入流口，前池的顶盖部分连通大气，在数值模型中设置为压力进口（pressure inlet）或压力出口（pressure outlet）。

4）装置进出气口

装置进气管道连通空气压缩机，在设定的条件下启动空压进行充气，在达到设定条件时关闭高压进气口，打开排气口进行放气，以形成虹吸效应。进气口设置为压力进口（pressure inlet），设定进气口压力为10971Pa（约为1.02m H_2O）；排气口连通大气，设置为压力出口边界（pressure outlet）。模型操作压力值设为默认值101325Pa。

5）固壁边界条件

装置的边壁、底部、挡板及管道的内壁等处均为固壁，其边界条件按固壁定律处理。在固壁边界条件的处理中对所有固壁处的节点应用了无滑移条件，即固壁处节点切向和垂向流速都为零。

（3）模拟结果分析

通过对设计装置三维数值模型的建立、网格建模前处理，然后采用CFD求解器对模型进行非恒定流数值模拟计算，并按一定时间步长保存数值模拟结果，通过CFD后处理软件对模拟结果进行显示处理，分析装置的水流累积、充气、放气、脉冲抽吸排水过程，验证装置的工作过程，所设计装置可以按预想形成设计的虹吸过程，产生持续的抽吸效果，对装置上游流体产生间歇式的抽吸排水作用。该三维数值模拟模型的模拟结果与分析结论验证了该装置设计方案的可行性。

3.2.3 地表径流污染控制非工程措施研究

针对高密度建成区污染控制工程措施实施难度大的特点，考虑到大部分径流污染物直接来自地面积聚的污物（如大气污染沉降物、垃圾、轮胎摩损、路面材料的破碎与释放物等），路面清扫是一种有效控制路面径流污染的非工程措施。传统路面污染研究多集中在截污过滤、生物滞留设施、植草沟、雨水塘、雨水湿地等源头 LID 设施，对清扫等非过程措施重视不足。

筛选代表性主干路、次干路、居民区，研究人工清扫、机械清扫等不同清扫方式对道路路面污染物的清除效果，同时与低影响开发等工程措施进行经济性对比分析，确定最优清扫方式，为当地道路养护部门工作提供指导建议。

3.2.3.1 样品采集与测试

以苏州市平江新城为例，选择平海路、春分街、平江科技信息公园广场作为代表性主干路、次干路、居民区进行研究。依据《城市道路尘土量检测方法及限值》（SZDB/Z 162—2015）中采样方法要求，在选取的代表性主干路、次干路和广场上，在机动车道、非机动车道设置不同点位，机动车道选取最外侧车道。采样点分布及参数如图 3-13 所示。采样区域内选取 3 个采样点，即框定 3 个面积 $1m \times 1m$ 的道路路面，每个采样点位于距道路路牙不小于 $0.5m$（L_1）的位置。采样点距离在 $2 \sim 2.5m$（D）之间，采样区域内无油渍、痰迹、明显垃圾等。

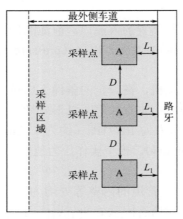

图3-13 采样点分布及参数

在采样点范围内，用水滤式干湿真空吸尘器（额定功率 1.8kW）采集路面污染物。在路面干燥的情况下，针对单个采样点吸尘至少 3 次，再将路面喷湿，不能形成径流，再吸尘至少 3 次，连续完成 3 个采样点的吸尘。完成以上步骤为一次采样。

完成一次采样后，将所有采样点的混合悬浊液从吸尘器中转移到容器内，并冲洗吸尘器各个部件至少 3 次。样品用蒸馏水定容至 1L，测试 COD、SS、NH_3-N、TN、TP、Pb 等指标。

3.2.3.2 不同道路路面清扫方式研究

路面清扫是路面径流污染控制的有效措施之一。常用的路面清扫方式包括机械作业和人工作业。

　　① 机械作业是指使用机动车辆、设备进行的道路清扫保洁作业，包括机械扫路、机械洗扫、机械清洗冲刷、机械洒水和喷雾、机械吸尘等作业方式，常用于机动车道的清扫。

　　② 人工作业是指使用人力进行的道路清扫保洁作业，包括人工清扫、人工捡拾、果皮箱清掏、果皮箱清洁等作业方式，常用于人行道、广场、小区等的清扫。

　　通过调研，苏州市常用机械作业包括机械化清扫作业、机械化清洗作业等。机械化清扫作业指利用机械控制的扫刷，对城市道路进行恢复原状的环卫清洁作业。机械化清洗作业指利用带有喷嘴和扫刷等装置的机械化洗扫一体设备，采用一定水压的水流冲击路面污染物，并使清洗路面后的污物和污水等一并扫刷吸附进随车容器内的环卫清洁作业，作业通常在机械化清扫作业后。

　　（1）清扫方式

　　研究中分析了不同等级道路广场机械清扫（车型：福龙马 FLM5180TSLDF6 扫路车、德国哈高 HakoCitymaster 600 扫路车）、机械清洗（车型：中联 ZLJ5160TXSE4 洗扫车）、人工清扫等方式对路面污染物的去除效果。

　　采用不同清扫方式对不同路面进行清扫，具体效果如图 3-14 所示。

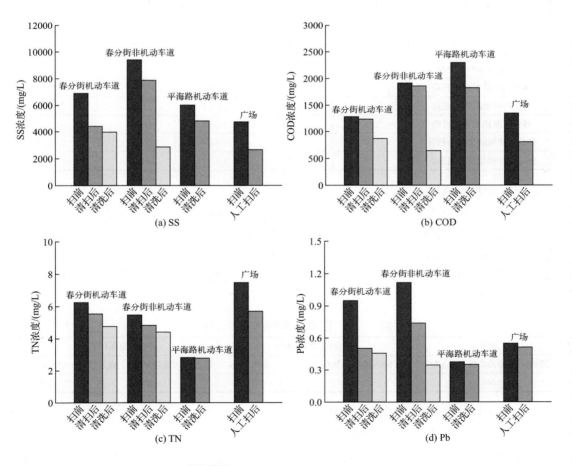

图3-14　不同路面清扫污染物浓度变化

可以看到，不同方式的清扫对路面的 SS、COD、TN、Pb 等污染物均有较好的去除效果。对于 SS 污染物指标，经过道路机械化清扫作业后，春分街机动车道、非机动车道的 SS 浓度可降低约 25%，再经过机械化清洗作业后，SS 浓度进一步降低约 30%，人工清扫对 SS 也有较好的去除效果；对于 COD 污染物指标，经过机械化清扫作业后，春分街机动车道、非机动车道的 COD 浓度降低极少，但经过机械化清洗作业后，COD 浓度降低明显，比例约为 49%。主要原因为路面有机污染物多为溶解性的，清洗作业时，利用水流冲刷路面，污染物溶解后经真空吸入清洗车内。此外，机械化清扫作业对路面 TN 的污染物去除率约为 11%，对 Pb 的污染物去除率约为 40%；机械化清洗作业后，路面 TN 的污染物降低 10%～15%，Pb 污染物降低仅 3%～5%。主要原因为路面 TN 和 Pb 类污染物主要以颗粒态存在，通过机械化清扫可伴随着 SS 一同去除。

污染物形态与颗粒物有着密切的关系，为了进一步明确不同清扫方式后不同粒径区间颗粒分布，分析了不同颗粒粒径段中的 SS 浓度，具体如表 3-24 所列。可以看到，路面清扫前 SS 污染物颗粒粒径多集中在 20～75μm 之间，占整个污染物比例约达到 90%，当降雨发生后，雨水径流挟带的污染物中以粒径 <75μm 的颗粒为主。值得注意的是，路面清扫对大颗粒污染物的去除效果较好，对微小粒径污染物的去除力相对较弱。该部分颗粒将是雨水径流的主要污染物，应通过其他措施去除。

表3-24   不同清扫方式清扫后不同粒径区间颗粒中SS浓度比例   单位：%

粒径区间/μm	150～300	75～150	20～75	5～20	<5
春分街机动车道扫前	1.45	1.73	89.46	7.31	0.05
春分街机动车道清扫后	0.91	1.99	92.95	3.05	0.10
春分街机动车道清洗后	0.47	1.27	95.24	2.97	0.05
春分街非机动车道扫前	2.49	3.34	91.38	2.54	0.26
春分街非机动车道清扫后	1.68	6.70	86.67	3.78	0.17
春分街非机动车道清洗后	1.06	22.93	68.33	6.51	0.17

（2）清扫时速

道路清扫机械作业设备的车速一般不应太高。为考察设备清扫时速的影响，研究车速在 10km/h、15km/h 下的清扫效果。设备车辆为德国哈高 HakoCitymaster 600 扫路车，路段选取春分街。清扫效果如表 3-25 所列。可以看出，清扫时速 10km/h 时路面污染物去除效果可提升 12%。因此，建议实际机械化清扫作业流程中清扫时速控制在 10km/h，不应超过 15km/h。

表3-25   不同清扫时速污染物去除效果

清扫前	清扫时速为10km/h		清扫时速为15km/h	
路面SS污染物浓度/（mg/L）	路面SS污染物浓度/（mg/L）	去除率/%	路面SS污染物浓度/（mg/L）	去除率/%
6019	3979	33.8	4720	21.6

（3）不同道路径流污染控制方式分析

由于汽车尾气排放、汽车橡胶轮胎老化磨损、车体自身的磨损、路面材料的老化磨损、杀虫剂和肥料的使用、丢弃的废物、空气的干湿沉降（工业粉尘、建筑扬尘）等原因，道路雨水径流通常存在污染负荷高、污染成分和影响因素复杂等特点。国内外常用的道路径流污染控制方式主要包括工程类措施和非工程类措施。

1）工程类措施

工程类措施包括截污装置、过滤设施、透水铺装、生物滞留设施、植草沟、雨水塘、雨水湿地等源头 LID 设施。不同 LID 控制设施对污染物的去除效果较好，如生物滞留设施对 SS 的去除效果在 75%～90%，透水铺装对 SS 的去除效果在 80%～90%。但是源头 LID 设施功能的充分发挥需要考虑服务面积、土壤基质、水文地质条件、周边环境和后期维护等多方面限制条件。

表 3-26 为各项 LID 设施的应用条件及建设运维情况。

表3-26　不同LID设施应用条件及建设运维情况

设施类型	服务面积比例	进水限值条件	运维内容及频次	使用寿命	建设成本/（元/m²）	运维成本/[元/（m²·a）]
生物滞留设施	(10～20)∶1	进水SS不宜过高，应设预处理设施	检修2次/a（雨季之前和期中），植物常年维护	10～20	600～800	30～50
植草沟	(10～20)∶1	进水SS不宜过高，应设预处理设施	检修2次/a（雨季之前和期中），植物常年维护	10～20	200～400	10～20
透水铺装	1∶1	—	检修、疏通透水能力2次/a	10～20	透水混凝土路面400～800；透水性面砖铺装路面450～950	5～10
湿塘	(30～50)∶1	进水SS不宜过高，应设预处理设施	检修、植物残体清理2次/a（雨季），植物常年维护，前置塘清淤（雨季之前）	10～20	400～600	3～5

2）非工程类措施

非工程类措施主要指通过加强管理来达到控制道路污染的目的，通过控制污染源来降低路面径流中污染物的含量。非工程措施主要包括加强道路运输管理和路面清扫。

① 道路运输管理措施主要是通过加强管理和公众教育来实现路面径流污染的削减，包括源头控制、维护及公众教育与参与，这些措施在发达国家受到特别的重视。

源头控制、维护包括以下几个方面：

Ⅰ.强化路面交通管理。交通管理部门应控制适当的车流量和速度，尽可能减少加速、减速、刹车和启动等带来的污染；实施严格的车辆漏油、尾气排放超标控制等。

Ⅱ.路面养护。进行雨水口清理、违法倾倒控制，及时进行路面和桥梁的养护。

Ⅲ.植被控制。加强对道路及周边绿化带的维护和管理。

Ⅳ.选用安全的材料，如安全的道路建筑材料、除草剂、除冰融雪剂等。

② 常规的路面清扫最多只能去除 30% 的污染物。因为路面清扫对粒径较大（＞200μm）的颗粒物有较好的去除效果，而对粒径较小但污染潜力较大的细小颗粒则难以去除，所以其控制污染的能力受到了限制。根据前述实验结果，苏州市平江新城区域由于采用了先进高效的清扫机械设备和清扫频率，对路面污染物的去除率可达到 40%～50%，但随之带来养护成本的提高，考虑人工费、物资消耗费、机械使用费、企业管理费等因素，对于平江新城机械化清扫作业，每年养护成本约 0.45 元/m，对于平江新城机械化清洗作业，每年养护成本约 0.6 元/m，对于人工清扫，每年养护成本为 9～15 元/m²。每年综合清扫养护成本为 10～16 元/(m²·a)。与源头 LID 设施运维成本相比，清扫养护的成本更低。但路面清扫后粒径＜75μm 的颗粒仍大量存在，若不加以控制会引起水体污染。

因此，应选用适宜的源头 LID 设施，对路面污染物进行进一步去除。同样地，由于高效率、高频次的路面清扫，进入 LID 设施的污染物浓度会进一步降低，进而 LID 设施的去除效果增强、运行使用周期延长，运维成本则会下降。

综上，道路的路面清扫，对于主干路与次干路，建议机械化清扫作业速度不高于 10km/h，机械化清扫以不低于 2 次 /d 的频率进行作业，机械化清洗以不低于 2 次 / 周的频率进行作业；对于人行道，有条件的区域建议在人工保洁基础上增加路面扫洗、除尘作业。

3.2.4　城市下垫面污染物累积-冲刷模型构建

用于模拟降雨径流过程的软件主要有美国环保署（US EPA）的雨水管理模型（stormwater management model, SWMM）、丹麦水力研究所（DHI）的 MIKE 系列模型软件等。其中 SWMM 模型是代码开源的非商业性软件，经过全世界专家学者几十年的不断完善，已得到广泛使用和认可。SWMM 模型包括了 4 个子模块，即水文模块、水力模块、水质模块、低影响开发模块，主要模拟产流与汇流两个过程。产流过程处理各子汇水分区的降水、径流、面源污染负荷，汇流过程处理径流在管网渠道中的转输及调蓄池等灰色基础设施对径流的调蓄。最新的 SWMM 5.1.013 版本支持 8 类 LID 设施对径流水量和水质控制的作用，包括生物滞留设施、雨水花园、绿色屋顶、渗渠 / 管、透水路面、雨水筒、植草沟、屋面雨水断接等。模拟中主要用到水文模块、水质模块、低影响开发模块。

3.2.4.1　数据模型机理

（1）水文模块

1）地表产流模拟

地表产流过程将每个子汇水区均视作非线性水库（图 3-15）。每个子汇水区水量的变化遵循质量守恒定律，等于降水加上上游来水，减去蒸发和下渗，再减去子汇水区出水，如式（3-21）所示：

$$\frac{\mathrm{d}d}{\mathrm{d}t} = p + q_{in} - e - f - q_{out} \tag{3-21}$$

$$q_{out} = \frac{W}{An_s}(d - d_s)^{2/3} s^{1/2} \tag{3-22}$$

$$W = \gamma\sqrt{A} \tag{3-23}$$

式中　p、e、f——降水、蒸发和下渗速率，m/s；

q_{in}——上游子汇水分区产流速率，m/s；

q_{out}——地表径流出流速率，m/s；

d——积水深度，m；

d_s——初损填注系数，mm；

s——平均水力坡度；

n_s——曼宁粗糙系数；

A——子汇水区面积，m^2；

W——汇流宽度，m；

γ——汇水宽度修正因子。

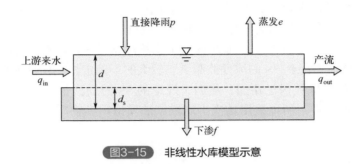

图3-15　非线性水库模型示意

2）下渗过程模拟

SWMM 模型对下渗过程的模拟包括 Horton 下渗曲线、Green-Ampt 下渗曲线和径流曲线数值法。其中，Green-Ampt 下渗曲线对土壤资料的要求很高；径流曲线数值法只反映流域下垫面状况而无法反映降雨过程，因而只适用于大流域和大的时间尺度；而在城市尺度场次降雨的径流模拟中，普遍采用 Horton 下渗曲线。Horton 下渗曲线是一个经验方程，其假设在场次降雨事件中，地表下渗能力 f_t 以衰减系数 k 从初期的最大下渗速率 f_0 减小到饱和下渗速率 f_∞，见式（3-24）。该方程形式与基于非饱和下渗理论推导得到的下渗曲线基本一致，对于降水充沛的地区，能较好地描述降雨过程中地表下渗能力的变化。

$$f_t = f_\infty + (f_0 - f_\infty)\mathrm{e}^{-kt} \tag{3-24}$$

式中　f_t——地表下渗能力；

f_∞——饱和下渗速率，mm/h；

f_0——最大下渗速率，mm/h；

k——衰减系数。

（2）水质模块

1）面源污染累积过程

面源污染累积过程，SWMM 模型提供了 3 种子模型，即幂函数方程、指数函数方程、饱和浸润方程，三者之间没有明显优劣性。幂函数方程假设累积量正比于时间的特定幂，直到达到最大限值；而指数函数方程与饱和浸润方程假设污染物累积有渐进形式，趋近于某个饱和值。饱和浸润方程下累积曲线在初期更为陡峭。研究选用指数函数方程，公式为：

$$b = B_{\max}(1 - \mathrm{e}^{-K_B t}) \tag{3-25}$$

式中　b——污染物累积量，g/m^2；

t——干期时度，d；

$B_{\max}$——最大累积量，g/m^2；

K_B——累积速率常数。

2）面源污染冲刷过程

对于污染物冲刷过程，SWMM 也提供了三种子模型，即比例径流曲线法、指数函数方程、场次平均浓度法。比例径流曲线法假设径流污染物负荷只与径流流量成比例，而与干期的污染物累积过程无关。该假设只有当污染物累积已达到最大可能累积量时才成立，需要干期足够长。指数函数方程同时考虑了污染物累积过程和径流流量对污染物负荷的影响。场次平均浓度法最为简单，污染物浓度仅由下垫面特征决定。污染物的平均浓度可以通过实际监测数据获得，因此场次平均浓度法是 SWMM 及其他水质模型中应用最为广泛的方法。考虑到 SS 的浓度监测具有较大的不确定性，并且本研究已通过前期监测若干场次降雨事件获得了路面、屋面、绿地的 SS 的场次平均浓度数据，具备使用场次平均浓度法的条件，所以采用场次平均浓度法模拟污染物冲刷过程。场次平均浓度（EMC）的计算方法为：

$$\text{EMC} = \frac{\sum_{i=1}^{n} C_i Q_i \Delta t}{\sum_{i=1}^{n} Q_i \Delta t} \qquad (3\text{-}26)$$

式中　n——整场降雨采样次数；

　　　C_i——第 i 次采样浓度，mg/L；

　　　Q_i——第 i 次采样径流流量，m^3/s。

（3）低影响开发模块

低影响开发模块（即 LID 模块）能够模拟生物滞留设施、绿色屋顶、透水铺装、雨水筒、植草沟等常见 GI 设施对城市降雨径流水量和水质的控制作用。每一类 GI 设施均可被概化为铺装层/滞蓄层、填料层、储水层、排水层等纵向分层的组合。GI 设施对径流水量的控制依然使用非线性水库模型模拟。在 SWMM 中，GI 设施对非点源污染的控制主要体现在以下 3 个方面：

① LID 模块假设 GI 设施本身不产生非点源污染，使得下垫面被 GI 设施占据的面积中，这部分原本可能产生的非点源污染被视为零；

② GI 设施对径流水量具有一定的控制作用，非点源污染随着径流水量被削减而降低；

③ 每种 GI 设施的排水层均可设置污染物去除效率参数，使得下渗部分的径流污染物按一定比例削减后再排放。

在 SWMM 中，GI 设施既可以按一定的百分比布置于所在子汇水区，也可以被设置为独立的子汇水区。前者考虑了 GI 设施的服务范围，后者更便于多种 GI 设施（GI 链）的创建和修改。本研究将对 GI 链进行优化，这一过程不仅会不断修改 GI 链中各 GI 设施占比，而且需要严格区分在 GI 设施服务面积之内和服务面积之外的下垫面。为了使城市降雨径流模型能够准确模拟 GI 链对非点源污染的控制，本研究综合两种布置思路，将地块内拟布置的 GI 设施连同其服务范围内的下垫面视为独立的子汇水区。

3.2.4.2　研究区域概化

以苏州市平江新城为例，介绍研究区域概化方法。平江新城采用分流制排水系统，充分利用了平原河网地区的特点，基于河网与路网拓扑关系划分汇水分区，布设独立的雨水管网，使各汇水分区的降雨径流得以就近入河，导致苏州市平江新城雨水管网呈现出数量众多且分布分散的特点。建模工作必须对此进行适当概化（见图 3-16）。一方面，在"就近排水"的原则下，支管是否存在对模拟精度高低的影响有限，所以本研究只保留了雨水干管，从而大大减少了模型的计算量；另一方面，对于较大的地块，由于其被多根市政雨水干管包围，难以确定其产生的降雨径流与附近检查井之间的分配比例。对此，本研究首先将大地块均分为若干小地块，并将小地块与最近的雨水检查井相连，使其符合"就近排水"的原则。除此之外，建模工作将同一河段上距离相近的两个或两个以上排水口进行合并，以进一步简化模型。

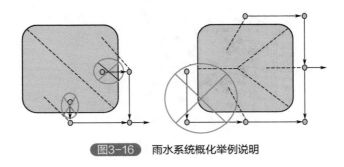

图3-16　雨水系统概化举例说明

　　各地块可进一步划分为道路广场、屋面和绿地三类下垫面。《苏州市海绵城市示范区控制性详细规划》给出了不同土地利用类型（如商业用地、居住用地等）地块中各下垫面所占比例。建模过程拟对各地块中的三类下垫面以及地块外道路进行单独建模、率定和验证，便于之后精准地在研究区域内布置 LID 设施。概化后的研究区域如图 3-17 所示，对应的 SWMM 模型运算界面如图 3-18 所示。虽然平江新城西北角区域没有实施海绵城市改造工程，但这片区域的降雨径流通过河网与改造区有密切的联系，因此建模过程将这片区域包括在内，但在评估工程效果时这片区域仅作为模型的边界条件，而不进行评估。

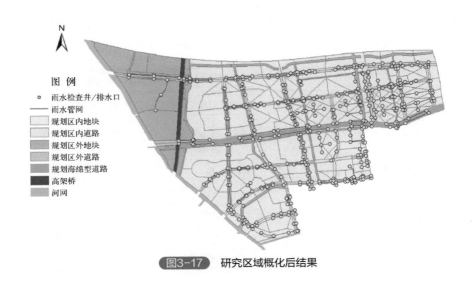

图3-17　研究区域概化后结果

图3-18 SWMM模型运算界面

3.2.4.3 模型率定验证

（1）率定验证流程

模型的率定验证是判断模型精度及其适用场景的直接途径。率定验证分为率定和验证两个过程，需要两组不同的监测数据。率定过程的基本思路是找到一组最优的参数取值，使得模型模拟值和监测值之间尽可能接近，接近程度用似然函数衡量。以似然函数为标杆，率定过程不断调整和修正参数取值，直到似然函数无法再被显著改进时率定过程结束。验证过程使用率定后的参数取值和另外一组监测数据，同样地计算模拟值和监测值之间的相似度。如果验证过程的似然度可接受，说明模型大致表征出了真实世界的行为。如果模型没有通过验证，则需要返回检查监测数据是否有错误，分析最初的模型结构的选取是否合理。特别地，对于城市降雨径流模型而言，除了模型精度满足可接受的标准之外，模型还应当能够刻画出洪峰等关键过程，可用图 3-19 描述。

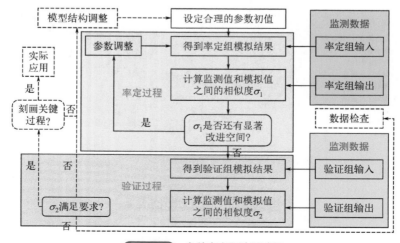

图3-19 参数率定和验证过程

（2）模型精度判别

模型精度判别需要计算似然函数。最常用的似然函数是纳什效率系数，用 NSE 表示。用 Y_t 表示模型模拟的结果，用 Y_t^o 表示实测的过程线数据，$\bar{Y}^o$ 表示实测值的总平均。NSE 的计算见式（3-27）：

$$NSE=1-\frac{\sum(Y_t-Y_t^o)^2}{\sum(Y_t^o-\bar{Y}^o)^2}\qquad(3\text{-}27)$$

式中，NSE 取值范围为负无穷至 1。NSE 接近 1，表示模式精度高，模型可信度高；NSE 接近 0，表示模拟结果接近观测值的平均值水平，即模型只模拟出了总体特征（均值），但过程模拟误差大；NSE<0，则表示模型几乎不可靠。实际应用一般要求水量模型验证过程的 NSE ≥ 0.6，水质模型验证过程的 NSE ≥ 0.5。

（3）参数率定方法

参数率定的过程是寻找最优的模型参数的过程。常用方法有梯度下降法、遗传算法等，其中，梯度下降法机理简单、实现容易、应用广泛。梯度下降法的基本原理是参数最优即似然函数最大的点对应参数梯度向量为零。梯度的方向决定了参数改变的方向，梯度的大小决定了参数改变的步长。梯度下降法首先选取参数初始值，然后估算参数在该点的梯度，再按梯度的方向和大小更新参数，重复估算参数梯度和更新参数的过程，直到似然函数没有显著改进（图 3-20）。梯度下降法可能陷入局部最优，参数初值的选取格外重要，需要前期充分调研。

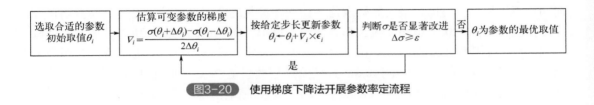

图3-20　使用梯度下降法开展参数率定流程

3.2.4.4　本地化参数取值

（1）关键参数说明

非线性水库模型涉及 5 个关键参数，Horton 下渗曲线涉及 5 个关键参数，面源污染累积 - 冲刷模型涉及 4 个关键参数。上述关键参数的含义及其合理取值范围如表 3-27 所列。除关键参数需要率定和验证之外，其余参数的取值可根据其他数据资料直接选取、计算或估算得到。

构建模型时，使用实测的场次降雨径流水量和水质过程线数据及相匹配的分钟级降雨强度数据，对地块内道路广场、地块外道路、建筑屋面、公共绿地四类下垫面的关键参数进行率定和验证。基于对实测数据完整性和可靠性的初步分析，除典型建筑屋面各使用 1 场降雨的数据开展关键参数的率定和验证之外，其余下垫面均使用 2 场降雨的数据（含暴雨、中雨）进行率定，使用 3 场降雨（含大雨、中雨、小雨）的数据进行验证。

表3-27 城市降雨径流模型关键参数信息

所属子模型	参数名称	单位	合理取值范围
非线性水库模型	不透水面初损填注系数	mm	0.010~0.030
	不透水面曼宁粗糙系数	—	0.1~2.5
	透水面初损填注系数	mm	0.040~0.30
	透水面曼宁粗糙系数	—	1.0~5.0
	汇水宽度修正因子	—	0.1~10
Horton下渗曲线	最大下渗速率	mm/h	5~100
	饱和下渗速率	mm/h	0.1~10
	下渗能力衰减常数	h^{-1}	2~7
	下渗能力恢复天数	d	2~14
	最大下渗能力	mm	40~110
面源污染累积-冲刷模型（以SS为例）	最大累积量	kg/h	20~500
	累积速率常数	d^{-1}	0.1~2.0
	冲刷系数	—	0~0.5
	冲刷指数	—	0.5~2.0

（2）水量参数

采用梯度下降法进行水量参数率定，最优的参数取值即适合苏州平江新城的参数本地化取值如表3-28所列。结果表明，模型能够比较准确地模拟苏州平江新城四类下垫面的产流过程。一方面，最优参数取值不仅均在参数的合理取值范围之内，而且均符合实际情况，例如地块外道路呈狭长形态，雨水箅子分布在道路两侧，所以其汇水宽度修正因子远大于其他下垫面的参数值。另一方面，率定验证后的模型对五场降雨和四类下垫面的模拟结果的NSE均大于0.6，且径流过程曲线能够较为准确地刻画出洪峰过程。图3-21展示了率定验证后的模型在公共绿地（公共绿地由70%的透水面和30%的不透水面组成，产流过程不仅涉及非线性水库模型的五个关键参数，还涉及Horton下渗曲线的五个关键参数，使得公共绿地的参数率定验证过程最为复杂）中的表现（图中对纵坐标进行了归一化，以更直观地呈现出不同强度降雨下的洪峰过程）。

表3-28 苏州平江新城径流水量参数本地化取值

下垫面类型	参数名称	单位	最优参数取值
地块内道路广场	不透水面初损填注系数	mm	1.2
	不透水面曼宁粗糙系数	—	0.016
	汇水宽度修正因子	—	1.27
地块外道路	不透水面初损填注系数	mm	0.5
	不透水面曼宁粗糙系数	—	0.013
	汇水宽度修正因子	—	9.59
建筑屋面	不透水面初损填注系数	mm	1.5
	不透水面曼宁粗糙系数	—	0.024
	汇水宽度修正因子	—	0.31

下垫面类型	参数名称	单位	最优参数取值
公共绿地	绿地中不透水面相关参数	mm	1.2
	透水面初损填洼系数	mm	3.25
	透水面曼宁粗糙系数	—	0.28
	汇水宽度修正因子	—	0.89
Horton下渗曲线	最大下渗速率	mm/h	44
	饱和下渗速率	mm/h	3.8
	下渗能力衰减常数	h^{-1}	4
	下渗能力恢复天数	d	9
	最大下渗能力	mm	70

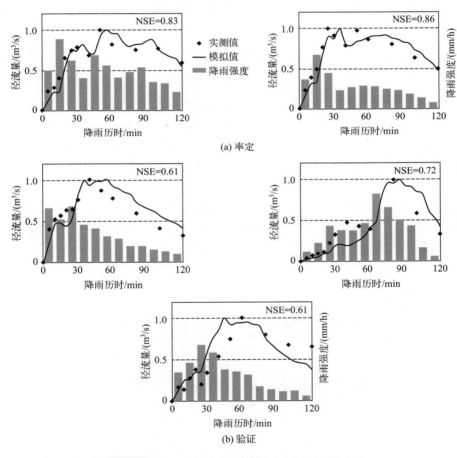

图3-21　率定验证后的模型表现（以公共绿地为例）

（3）水质参数

采用场次平均浓度法构建水质模型。根据研究区域不同下垫面实际污染物监测数据计算出的不同下垫面 EMC 取值如表 3-29 所列。

表3-29　研究区域不同下垫面EMC取值

下垫面类型	SS/(mg/L)	
	范围	平均值
地块内道路广场	31～284	160
地块外道路	96～620	272
建筑屋面	12～16	14
公共绿地	25～54	37

3.3 城市区域径流多维立体控制工程案例

2016年苏州市被列入江苏省第一批省级海绵城市建设试点城市，依托苏州海绵城市试点建设工程，在苏州市平江新城建设面积约5.58km²的城市区域径流多维立体控制工程。

3.3.1 工程方案

利用前述的区域径流多维立体控制技术，以平江新城为试点区。平江新城为苏州市近年来新建的城市副中心之一，建设用地比例高，占总面积的80%～90%，以居住、商业和公共服务功能为主，集中绿地和水面较少。该区主要通过东侧元和塘与西侧西塘河排水，区域内排水系统多为分流制淹没式自排出流，河道常水位3.0～3.2m，没有雨水截流设施。

结合区域内的土地利用等现状条件，对区域内的海绵设施进行总体布局设计。17个工程点，包括6个建筑小区、2个绿地公园、1个道路广场和8条水系河道改造，具体分布如图3-22所示。

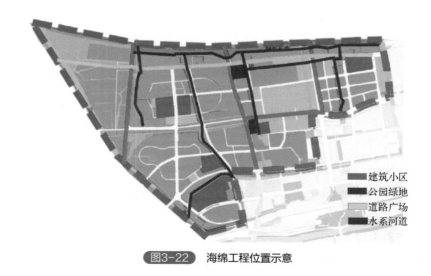

图3-22　海绵工程位置示意

（1）河湖水系生态修复方案布局

试点区内河湖水系密布，水网发达，包括西塘河、元和塘2条区域级河道和若干条内部骨干河道及内部其他支流，共同承担防洪排涝、雨水调蓄、生态及景观功能，但由于以往河流治理过程中过多侧重河流的引排水功能，现状河流水岸多采用硬质护岸，加之试点区地势平坦，河流流速较缓，局部河道淤积，开发建设逐渐对河流用地的占用增多，对河流沿岸带来污染，导致部分河道被束窄，河流排水能力下降，水生态和水环境也受到破坏。根据示范区总体用地布局及现状水系情况，综合考虑河道新建和改造的可能性，提出海绵型河湖水系建设的总体布局。

从河道两岸空间的充足性及规划用地布局改变的角度出发，综合考虑对河道进行改造的必要性和可行性，海绵化改造河道8条，包括仓河、锦莲河、新莲河、友谊河等，总长度约10km，工程规模如表3-30所列。改造河道进行的生态修复工作主要包括河道清淤、河流植被缓冲带建设、水岸生态化改造、河流湿地恢复、沿岸垃圾堆放整治及景观绿化等。

表3-30 河道工程规模

河道名称	起讫点	水面宽度/m	蓝线宽度/m	长度/km
仓河	西塘河—前塘河	15	10	0.975
锦莲河	陆家庄河—新莲河	20	10	1.198
新莲河	友谊河—梅莲河	20～50	15	3.755
友谊河	沪宁高速—西塘河	10～30	10	1.04
西石曲浜	新莲河—前塘河	20～30	0	1.62
陆家庄河	新莲河—总官堂路	15	10	0.975
斜河浜	锦莲河—城北东路	15	20	0.95
前塘河	西塘河—示范工程范围	20～30	0	0.85
汇总				11.363

经计算，工程实施后年径流总量控制率达到仓河82%、锦莲河91%、新莲河84%、友谊河97%、西石曲浜97%、陆家庄河88%、斜河浜88%、前塘河76%；径流污染物削减率（以SS计）达到仓河59.7%、锦莲河77.4%、新莲河71.4%、友谊河82.45%、西石曲浜82.45%、陆家庄河74.8%、斜河浜74.8%、前塘河64.6%。典型河道海绵改造效果如图3-23所示。

图3-23 典型河道海绵改造效果

（2）海绵型绿地方案布局

海绵型绿地的建设应依照因地制宜的原则，历史名园等场地受限、不适宜进行低影响开发的区域，不能为了海绵体的建设而对场地文化、历史名木进行破坏。推进街头绿地等小型公园绿地的海绵化改造时，应注重内外联动，外部要考虑雨水花园、湿塘沟渠等与城市水系、河道的相互连通，同时要考虑海绵型公园绿地与外部城市区域中间的灰色地带，使公园内部的集水、蓄水、排水设施与市政管网设施进行衔接。

根据总体用地布局、现状绿地情况，识别区域内已建的大型廊道和公园绿地。廊道主要包括西塘河、元和塘、前塘河、平门塘、沪宁高速公路、城北东路、沪宁铁路等生态廊道。公园绿地包括平江体育公园、绿馨园等多个小型生态公园。对水际绿廊进行全面的生态保护建设，通过修复，提升廊道的低影响开发设施（湿地、雨水花园、湿塘等）的效用，从而建立蓝绿网络重要框架。

1）平江体育公园示范点

平江体育公园面积约 1.9hm^2。除了公园内部景观的改造提升外，海绵化改造的工程内容包括：

① 公园内的传统绿地进行下凹式绿地改造，提高蓄水能力；

② 儿童游玩场地及运动场地的橡胶铺装和行道铺装均挖除新建，采用透水路面结构；

③ 将原长廊围合的绿地改造为大型雨水花园，承接两边运动场地及园内主路的径流雨水，进行集中式净化处理；

④ 沿人行道侧边绿地设置植草沟，将人行道雨水引入植草沟中滞留、下渗，植草沟下面铺设导流管，有条件的引入雨水花园。

经计算，工程实施后年径流总量控制率达到 96%，径流污染物削减率（以 SS 计）达到 67.5%。改造后效果如图 3-24 所示。

图3-24 平江体育公园海绵改造后效果

2）绿馨园示范点

绿馨园改造范围面积约 1.1hm^2，除了公园内部景观的改造提升外，海绵化改造工程内容还包括：a. 公园内的传统绿地进行下凹式绿地改造，提高蓄水能力；b. 行道铺装原为普通石材铺装，均挖除新建，采用透水路面结构；c. 公园内设置雨水花园，承接周边地块的径流雨水，进行集中式净化处理；d. 沿人行道侧边绿地设置植草沟，将人行道雨水引入植草沟中滞留、下渗，植草沟下面铺设导流管，有条件的引入雨水花园。

经计算，工程实施后年径流总量控制率达到 80%，径流污染物削减率（以 SS 计）达到 67.5%。改造后效果如图 3-25 所示。

图3-25　绿馨园海绵改造后效果

（3）海绵型建筑与小区方案布局

对试点区域已建建筑与小区整体分析，包括对各地块及周边地块的地形地貌、地势、标高、土质、绿化情况、水体情况等进行整体解析，综合考虑其改造可能性。保留的建筑与小区多为平江新城近年建成地块，绝大部分地块建设标准高、质量好，规划设计符合各规范标准，无内涝问题出现。

改造项目零散分布于平江新城中部，且多为保障性住房小区、学校等。改造项目首要选择易淹易涝片区改造项目、保障性住房和危旧房改造等政府投资建设的项目。对已建居住区中绿地率较高且有集中式绿地的小区优先考虑；考虑已建居住区中的屋顶形式为平屋顶的多低层住宅。

改造项目首要选择地势、标高相对周边较低且周边水系丰富的学校；对占地面积较大、集中绿地及操场面积较大的学校优先考虑；考虑已建校舍中屋顶形式为平屋顶的学校。

改造公建项目首要选择公共管理与公共服务设施用地等政府项目；对已建绿地率较高且有集中式绿地的公建优先考虑；考虑已建公建中的屋顶形式为平屋顶的多低层公建或者裙房面积较大的高层公建。新建其他公建项目均应进行海绵化建设。

1）草桥中学示范点

草桥中学面积约 $4.3 \times 10^4 m^2$。工程内容包括：a. 道路路面改为透水铺装；b. 地下排水管网雨污分流改造；c. 行车道外侧绿化带、跑道周围绿化改造为下凹式绿地；d. 学校内所有落水管做断接处理，下方绿地改造为生物滞留池；e. 对平屋顶的低层校舍改造为绿色屋顶；f. 校内几处地势较低处设置雨水花园，承接周边地势较高地块的径流雨水；g. 圣陶园中的一条木板道改为旱溪，收纳净化园中雨水；h. 学校足球场西南角绿化带下设置模块蓄水池，用于承接足球场、塑胶场地等径流雨水，雨水经模块处理后，提升至清水池，用于日常绿地浇灌。

经计算，工程实施后年径流总量控制率达到 93%，径流污染物削减率（以 SS 计）达到 67.5%。草桥中学海绵改造后效果如图 3-26 所示。

图3-26 草桥中学海绵改造后效果

2）和润家园示范点

和润家园占地面积为 $5.08×10^4m^2$。工程内容包括：a. 根据活动场地及道路周边环境，选择性地改造原铺装为彩色透水钢渣铺装、钢渣透水砖铺装；b. 在绿地系统新建干式植草沟消纳就近建筑屋面和绿地的雨水；c. 将小区绿化区域的大面积绿地改造为下沉式绿地；d. 根据小区绿化现状，选择性地在绿地系统中建设雨水花园；e. 将小区原有的停车位改造为生态停车位；f. 溢流雨水口位于下沉式绿地及植草沟中，与现状雨水管相连。

经计算，工程实施后年径流总量控制率达到87.3%，径流污染物削减率（以SS计）达到74.21%。

3）水岸家园示范点

水岸家园占地面积为 $1.12×10^4m^2$。工程内容包括：a. 将小区原铺装改为缝隙式透水铺装；b. 在绿地系统新建干式植草沟消纳就近建筑屋面和绿地的雨水；c. 将小区绿化区域的大面积绿地改造为下沉式绿地；d. 根据小区绿化现状，选择性地在绿地系统中建设雨水花园、生物滞留池；e. 将小区原有的停车位改造为生态透水停车位；f. 溢流雨水口位于下沉式绿地及植草沟中，与现状雨水管相连。

经计算，工程实施后年径流总量控制率达到88%，径流污染物削减率（以SS计）达到75%。

4）新天地家园北区示范点

新天地家园北区占地面积为 $9.36×10^4m^2$。工程内容包括：a. 将小区原铺装改为缝隙式透水铺装；b. 将小区绿化区域的大面积绿地改造为下沉式绿地；c. 根据小区绿化现状，选择性地在绿地系统建设雨水花园；d. 将小区原有的停车位改造为生态停车位；e. 溢流雨水口位于下沉式绿地及雨水花园中，与现状雨水管相连。

经计算，工程实施后年径流总量控制率达到94%，径流污染物削减率（以SS计）达到80%。小区海绵改造后效果如图 3-27 所示。

5）平江新城实验小学示范点

平江新城实验小学占地面积为 $2.25×10^4m^2$。工程内容包括：a. 根据活动场地及道路周边环境，选择性地改造原铺装为缝隙式透水砖铺装、彩色透水钢渣铺装、透水铺装＋悬浮地板；b. 在绿地系统中新建干式植草沟和转输型植草沟，用以消纳就近路面及活动场地雨水；c. 将校园绿化区域的大面积绿地改造为下沉式绿地；d. 根据校园绿化现状，选择性地在绿地系统中建设雨水花园；e. 将校园内部分树池改造为生态树池；f. 根

图3-27　小区海绵改造后效果

据校园绿化现状，选择性地将部分绿地系统改造为旱溪；g. 将校园内部分花坛改造为高位花坛，屋面雨水断接先流经高位花坛；h. 在学校内新建一个景观水池，收集高位花坛以及屋顶上的雨水。

经计算，工程实施后年径流总量控制率达到81%，径流污染物削减率（以SS计）达到68%。

6）善耕实验小学示范点

善耕实验小学占地面积为$3.17\times10^4m^2$。工程内容包括：a. 根据活动场地及道路周边环境，选择性地改造原铺装为缝隙式透水铺装、透水砖透水铺装；b. 在绿地系统中新建干式植草沟消纳就近路面及活动场地雨水；c. 将校园绿化区域的大面积绿地改造为下沉式绿地；d. 根据校园绿化现状，选择性地在绿地系统中建设雨水花园、生物滞留池；e. 将善耕实验小学进口广场两侧的树池改造为生态树池；f. 根据校园绿化现状，选择性地将部分绿地系统改造为旱溪；g. 将学校现有传统沥青停车位改造为生态停车场；h. 在校园内增加雨水收集回用系统，收集到的雨水用于绿化浇洒、洗车场用水、道路冲洗冷却水补充、冲厕等非生活用水用途；i. 溢流雨水口位于下沉式绿地及植草沟中，与现状雨水管相连。

经计算，工程实施后年径流总量控制率达到87%，径流污染物削减率（以SS计）达到74%。小学海绵改造后效果如图3-28所示。

图3-28　小学海绵改造后效果

（4）海绵型道路与广场方案布局

海绵型道路与广场的改造，按照低影响开发要求积极性建设，主要包括横断面布置、透水铺装、绿化分隔带和生态树带、树池等。

改建的道路主要结合道路整体改造建设增加海绵设施。对现状有路侧绿地的道路进行人行道横坡坡向改造及路侧绿地高程调整，改造绿地为海绵设施，使改造后的人行道雨水径流汇入路侧绿地内。

道路的海绵城市建设应结合红线内外绿地空间、道路纵坡和标准断面、市政雨水系统布局等，充分利用既有条件合理设计，合理确定海绵设施。适用的技术措施主要包括透水铺装、生物滞留设施、生态树池、人工湿地、植草沟。

对于现状道路的改建，分为道路整体改建和海绵设施改造两种类型。道路整体改建项目，按照新建项目标准，对道路横坡、绿化带标高等指标进行优化调整，确保雨水径流进入路内和路侧绿带内。海绵设施改造项目，对现状有路侧绿地的道路，先改造人行道横坡，使人行道雨水径流进入路侧绿地内；对现状无路侧绿地的道路，则结合道路养护计划，逐步改造车行道、人行道横坡和绿化带，通过逐步改造建设提升道路对径流的控制能力。

在地质条件允许时，广场应采用透水铺装；广场树池应采用生态树池；当广场有水景需求时，宜结合雨水储存设施共同设计；当广场位于地下空间上方时，设施必须做防渗处理；位于城市易涝点的广场，在满足自身功能的前提下宜设计为下沉式。

轻型荷载的停车场，应采用透水铺装。城市道路与广场海绵城市建设设施应采取相应的防渗措施，防止径流雨水下渗对车行道路面和路基造成损坏，并满足相关规定。城市道路与广场的海绵城市建设设施应建设有效的溢流排放设施，并与城市雨水管渠系统和超标雨水径流排放系统有效衔接。

平海路为平江新城北部东西向贯通性主干路，改造路段全长约2.89km。道路宽度为40m，双向六车道，四幅路断面形式，道路南侧现状为建成小区，北侧现状为公园绿地。工程内容包括：a. 人行道路面改为透水铺装；道路北侧绿廊设置生物滞留带及雨水花园，通过线性排水沟将北侧车道雨水汇入生物滞留带和雨水花园，超标雨水通过雨水花园内的溢流井溢流进入现状雨水管渠；b. 道路南侧基本无绿化空间，通过连通人行道1.5m的树池，打造人行道植草沟消纳南侧车道径流雨水，局部有绿化空间的，可不设置绿带，雨水坡向外侧绿化生物滞留带进行消纳。部分路段无树池及外侧绿化，通过设置排水沟联合溢流件雨水边井的布置形式，保证大雨时雨水通过翻堰直接汇入常规雨水管道系统，小雨时初期雨水沿排水沟汇入弃流井，弃流井内设置延时调节缓冲设施，算出上清液汇至雨水系统，剩余少量泥沙等沉积物由管养单位定时清理。南侧人行道植草沟与铺装设隔离栏。

经计算，工程实施后年径流总量控制率达到63.26%；径流污染物削减率（以SS计）达到50.6%。平海路海绵改造后效果如图3-29所示。

（5）灰色基础设施

平江新城通过元和塘与西塘河排水，雨水排水模式多为自排，个别地块采取泵站排水模式。

结合各排水分区的控制水位及雨水排水模式，注重与城市防洪设施和内涝防治设施的衔接，确保排水通畅。城市中心区规划河底标高一般为0.8m或1.0m，道路标高一般控制在4.8m左右，在满足管顶覆土要求的前提下尽量抬高雨水管道标高。

图3-29　平海路海绵改造后效果

平江新城管网覆盖率较高，仍有部分路段管网尚未完善。示范区海绵建设针对易积水点位对泵站和管网进行提标改造。同时，结合城市建设完善城市管网覆盖率。

（6）非工程管理措施

道路清扫、管网清淤等非工程管理措施是削减入河污染负荷的重要手段，示范区重视非工程管理措施的落实，从规划管控层面提出要求，并制定道路清扫、管网清淤等管理制度。

3.3.2　工程实施效果

区域径流多维立体工程实施后，以年径流总量控制率达到 75%、径流悬浮物（SS）削减率达到 50% 以上作为评估指标，通过现场实测与模型评估同步进行的方式，对区域内降雨径流的控制效果进行评估分析。

3.3.2.1　评估指标

（1）年径流总量控制率

平江新城区域径流多维立体控制工程的考核指标之一为径流总量控制率 75%，相当于设计降雨量 20.78mm 情况下径流不直接外排，如图 3-30 所示。

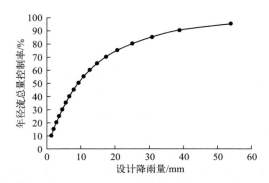

图3-30　苏州市年径流总量控制率与设计降雨量对应关系

根据住房和城乡建设部海绵城市建设试点考核的相关技术文件要求，径流总量应采用模型模拟法进行评价考核，模拟计算排水或汇水分区的雨水年径流总量控制率，模型参数应进行率定与验证，选择至少 1 个典型的排水或汇水分区，在市政管网总排水口及上游关键节点处设置流量计，获取"时间 - 流量"序列监测数据，并筛选降雨量接近雨水管渠设计重现期的降雨的监测数据进行模型参数率定和验证，保证模型准确性。

针对源头设施、地块排口类、排水分区排口，获取场次逐 5min 降雨数据（降雨数据来源为气象局或现场雨量计），采用流量计或液位计在线测定设施出水流量，获取时间 - 流量曲线。构建含海绵设施的排水水力模型，利用典型源头设施、地块排口类、排水分区排口类的实际监测数据率定模型，模型率定验证的纳什（Nash-Sutcliffe）效率系数不小于 0.5，利用率定后模型分别计算示范区内典型年全年降雨 Q 下源头设施排管出流量 v_1 和年外排流量 v_2，则径流总量控制率核算为 $[Q-(v_2-v_1)]/Q$；或利用率定后模型分别计算示范区内设计降雨量 q 下源头设施排管出流量 v_1 和外排流量 v_2，则径流总量控制率核算为 $[q-(v_2-v_1)]/q$。

（2）径流悬浮物（SS）削减率

根据住房和城乡建设部海绵城市建设试点考核的相关技术文件要求，径流污染控制率采用模型模拟法进行评价考核，模拟计算排水或汇水分区的雨水径流污染控制率，模型参数应进行率定与验证。至少选择 1 个典型的排水或汇水分区，在市政管网总排水口及上游关键节点处采取水样，获取"时间 - 浓度"序列监测数据，并筛选降雨量接近雨水管渠设计重现期的降雨的监测数据进行模型参数率定和验证，保证模型准确性。

针对下垫面类、地块排口类、排水分区排口类设施，采用前密后疏的方式采样，从产生地表径流开始，30min 内每间隔 5 ~ 10min 采集一次样品，30min 后每间隔 20 ~ 30min 采集一次样品，直至降雨和径流结束（或显著减小且地表径流的浊度显著降低），以人工采样为主，监测指标为 SS，获取径流污染物浓度和源头减排设施对污染物的去除率。

在上述含海绵设施的排水水力模型构建基础上，利用实际监测污染物数据率定模型，利用率定后模型计算试点区内典型年全年降雨下的地表污染物 SS 的冲刷量 M_1 及管道排放污染物 SS 总量 M_2，则径流污染控制率为 $(M_1-M_2)/M_1$；或利用率定后模型分别计算示范区内设计降雨量下地表污染物 SS 的冲刷量 m_1 及管道排放污染物 SS 总量 m_2，则径流污染控制率为 $(m_1-m_2)/m_1$。

3.3.2.2 现场实测

综合考虑试点区、汇水分区、海绵城市建设项目和部分海绵措施的考核要求进行监测点布置，如表 3-31 所列，并应兼顾本底的监测。在典型下垫面、典型源头设施、典型项目 / 地块排口、典型排水分区排口选择适宜的监测点，安装在线监测液位仪、在线监测流量仪，开展现场实测分析。

如表 3-32 所列的监测结果，表明：工程建设后，平江新城 5.58km² 区域内，通过源头 LID 设施建设和增大道路清扫频率等非工程措施，污染物控制效果明显，典型下垫面、单项设施、地块排口的径流污染物（以 SS 计）相比建设前，出现大幅降低。以草桥中学为典型排水分区，工程建设前草桥中学雨天排口 SS 浓度均值可达 206mg/L，工程建设后，排口 SS 浓度降低至 15.5mg/L，污染物削减率超 90%，环境效益显著。

表3-31　区域径流工程监测点位

监测类型	监测点名称	监测位置
下垫面类	草桥中学屋面	落水管
	平海路	雨水口
	富强新苑	雨水口
源头设施类	平海路生物滞留设施	设施排口
	草桥中学绿色屋顶	设施排口
	草桥中学蓄水池	设施排口
	草桥中学停车场（透水铺装）	设施排口
项目/地块排口类	草桥中学排口	雨水井
	万科金域平江片区	雨水井
	新莲河（顺风港5#排口）	雨水井
排水分区排口类	平泷路北石曲桥排口	雨水井

表3-32　工程建设前后水质监测情况

序号	监测点名称	建设前水质SS/（mg/L）	建设后水质SS/（mg/L）
1	草桥中学屋面	—	18.17
2	平海路	183	52.4
3	富强新苑	—	22.75
4	平海路生物滞留设施	—	18.92
5	草桥中学绿色屋顶	—	17.86
6	草桥中学蓄水池	—	14.92
7	草桥中学停车场（透水铺装）	90	16.5
8	草桥中学排口	206	15.5
9	万科金域平江片区	132	16.67
10	新莲河（顺风港5#排口）	—	25.54
11	平泷路北石曲桥排口	—	22.42

3.3.2.3　模型评估

根据国家标准《海绵城市建设评价标准》（GB/T 51345—2018）的相关要求，采用模型对示范区的整体效果进行评估。

基于率定验证后的城市降雨径流模型，使用 2015 ～ 2017 年 5min 精度的降水数据作为输入数据，对不同海绵情景进行模拟。为了推进从"工程治水"到"系统治水"的海绵城市建设改造，情景的设计主要从以下思路出发：

① 充分考虑城市自然绿地对雨水的吸纳、蓄渗和缓释作用。考虑到海绵城市建设因地制宜的原则，应该根据本地自然地理条件、水文地质特点，科学规划布局和选用低影响开发设施及其组合系统。平原河网地区有大量的河岸缓冲绿化带，将其概化为下凹

式绿地进行模拟。

② 发挥"绿灰蓝"耦合的协同作用,利用河网的调蓄作用。传统的降雨径流控制及海绵城市建设理念多聚焦在陆地部分,要求区域最终的雨水排口在一定的降雨条件下不出流或使得出流达到一定的标准。由于平原河网地区的特殊性,河道是城市雨水系统的最终出口也是重要组成部分,有必要将地表径流与河道水环境统筹分析,合理利用河网的自然调蓄功能。

为了量化河道的调蓄功能,采用河道调蓄深度这一指标。河道常规调蓄深度可根据研究区域相关规划和实际情况,或通过径流外排量和河道水面率估算等方式,计算给出一定降雨条件下河道调蓄深度 (m)。例如,区域河网水面面积为 A (m^2),在年径流总量控制率 70% 对应的设计降雨量时,雨水管网总出流流量为 Q (m^3)。假设区域内河道通过闸坝与外界分隔,且在本场降雨事件中闸门全部关闭,则可用式(3-28)简单估算降雨后河道水面的上升高度 H (m):

$$H = Q / A \qquad\qquad (3\text{-}28)$$

考虑城市内河的调蓄容量,平江新城常水位为 3.0m,排涝控制水位为 3.4m,为保证一定的安全余量,将河道调蓄空间定为 40cm,要求降雨后区域内河水位升高不超过限值。研究区域水域面积约为 0.56km^2,考虑的河道如表 3-33 所列。在预期达到的年径流总量控制率对应的设计降雨量下,估算的河道水面上升高度小于河道的调蓄深度,可以达到设计降雨条件下雨水不"外排"。

表3-33 示范区现状河道统计表

序号	名称	范围	长度/m	宽度/m	等级
1	元和塘	沪宁高速—城北东路	690	35~60	区域性市级河道
2	西塘河	沪宁高速—外城河	3300	35~65	区域性市级河道
3	新莲河	友谊河—平门塘	3200	25	片区骨干河道
4	前塘河	西塘河—仓河	810	20~30	片区骨干河道
5	西石曲浜	沪宁高速—前塘河	1620	20~30	片区骨干河道
6	平门塘	沪宁高速—城北东路	880	30~40	片区骨干河道
7	大寨河	西塘河—平门塘	2150	13~20	一般河道
8	锦莲河	平门塘—斜河浜	360	15	一般河道
9	友谊河	沪宁高速—西塘河	1500	10~40	一般河道
10	仓河	前塘河—西塘河	1100	15	一般河道
11	陆家庄河	沪宁高速—前塘河	1620	15	一般河道
12	斜河浜	锦莲河—朱家桥河	1480	15	一般河道

根据以上思路设计了以下三个情景。

情景一:基础情景(仅考虑海绵示范工程)。

情景二:示范工程+考虑自然绿地。

情景三:示范工程+考虑自然绿地+考虑河道调蓄。

(1)水量模拟结果

如表 3-34 所列,情景一(基础情景)中,2015 ~ 2017 年研究区域外排径流总量占降雨总量的比例分别为 59.4%、59.4%、57.5%,对应径流总量控制率分别为 40.6%、40.6%、42.5%;情景二(示范工程+考虑自然绿地)中,2015 ~ 2017 年研究区域外排径流总量占降雨总量的比例分别为 26.4%、26.6%、26.9%，径流总量控制率分别为 73.6%、73.4%、73.1%；情景三（示范工程 + 考虑自然绿地 + 考虑河道调蓄）中，2015 ～ 2017 年研究区域外排径流总量占降雨总量的比例分别为 23.8%、23.9%、23.0%，径流总量控制率分别为 76.2%、76.1%、77.0%。

表3-34　2015 ～ 2017 年研究区域水量模拟结果

指标	情景一			情景二			情景三		
	2015	2016	2017	2015	2016	2017	2015	2016	2017
降雨总量/(hm²·m)	957.4	931.8	613.2	957.4	931.8	613.2	957.4	931.8	613.2
外排径流总量/(hm²·m)	568.4	553.7	352.76	382.7	340.6	251.5	382.7	340.6	251.5
LID设施处理总量/(hm²·m)	—	—	—	129.8	92.6	86.7	129.8	92.6	86.7
河道调蓄量/(hm²·m)							25.2	25.0	23.9
径流总量控制率/%	40.6	40.6	42.5	73.6	73.4	73.1	76.2	76.1	77.0

比较情景一和情景二可以发现，在现有示范工程并考虑了自然绿地的基础上，可以将年径流总量控制率从原有的 41.2% 提升至 73.4%。

比较情景二和情景三可以发现，在示范工程和自然绿地的基础上进一步考虑河道的调蓄作用，径流总量控制率达到了 76.4%，河道调蓄量约 $2.5 \times 10^5 m^3$，实现了试点区径流总量控制率达到 75% 的水量控制目标。

（2）水质模拟结果

水质模拟结果见表 3-35。

表3-35　2015 ～ 2017 年研究区域水质模拟结果

指标	情景一			情景二		
	2015	2016	2017	2015	2016	2017
SS负荷/t	939.7	912.7	591.9	451.9	435.7	288.7
SS控制率/%	—	—	—	51.9	52.3	51.2

情景二中，2015 ～ 2017 年研究区域的 SS 负荷相比情景一分别控制住了 51.9%、52.3%、51.2%。

比较情景一和情景二可以发现，在现有示范工程并考虑了自然绿地的基础上，可以实现年 SS 负荷削减率 51.8%，达到了试点区径流 SS 削减率达到 50% 的水质控制目标。

综上，可以看出，在城市区域径流多维立体控制工程、自然绿地和河道调蓄的共同作用下，可以实现研究区域 75% 的年径流总量控制率和 50% 的 SS 污染物削减率。同时，在情景分析的过程中总结出一些海绵设施布设经验，以期为苏州市今后的海绵建设提供一些参考：

① 将河道的调蓄功能纳入海绵城市的效果范畴，能够实现最高的径流和污染物控制效果，体现了海绵城市建设中因地制宜、生态优先的重要性。

② 河网水体在适应环境变化和应对自然灾害方面具有良好的"弹性"，通过本身的调蓄空间可以有效地提高年径流总量控制率，利用城市中现有的生态本底构建城市生态海绵，实现研究区域"蓝绿网络"的整体布局。

③ 深入研究建成环境中河网水体的海绵效应以及水体与城市开放空间和其他城市规划中的竖向耦合关系是十分必要的。

参考文献

[1] 王书敏，于慧，张彬. 城市面源污染生态控制技术研究进展[J]. 上海环境科学，2011，30(4)：168-173.

[2] Akan A O.Urban stormwater hydrology[M].Lancaster：Technomic Publishing Company Inc，1993.

[3] Han Y H, Lau S L, Kayhanian M, et al. Characteristics of highway stormwater runoff[J]. Water Environment Research, 2006, 78(12): 2377-2388.

[4] Gnecco I, Berretta C, Lanza L G, et al. Storm water pollution in the urban environment of Genoa, Italy[J]. Atmospheric Research, 2004, 77(1): 60-73.

[5] 陈莹，赵剑强，胡博. 西安市城市主干道路面径流污染特征研究[J]. 中国环境科学，2011，31(5)：781-788.

[6] 滕俊伟，尹秋晓，李飞鹏，等. 上海市高架道路降雨径流的水质特征与负荷估算[J]. 净水技术，2014，33(3)：18-21.

[7] 张千千，王效科，郝丽岭，等. 重庆市路面降雨径流特征及污染源解析[J]. 环境科学，2012，33(1)：76-82.

[8] 李贺，张雪，高海鹰，等. 高速公路路面雨水径流污染特征分析[J]. 中国环境科学，2008，28(11)：1037-1041.

[9] 刘兴茂，刘亚洲，陈瑞华，等. 山区水源地保护区高速公路径流污染特征与处理技术机理分析[J]. 西南公路，2016，2：143-146.

[10] 张光岳，张红，杨长军，等. 成都市道路地表径流污染及对策[J]. 城市环境与城市生态，2008，21(4)：18-21.

[11] Gromaire M C, Garnaud S. Contribution of different sources to the pollution of wet weather flows in combined sewers [J]. Water Research, 2001, 35(2): 521-533.

[12] 杨柳，马克明，郭青海，等. 城市化对水体非点源污染的影响[J]. 环境科学，2004，25(6)：32-39.

[13] Nwrw. Final Report of the 1982-1989 NWRW [R]. Foundation for Applied Waste Water Research, the Dutch Ministry of Housing, Physical Planning and Environment, 1991.

[14] Saget A, Gromaire M C, Deutsch J C, et al. Extent of pollution in urban wet weather discharges [C]. UK: Atti della conferenza internazionale "Hydrology in a Changing Environment", Exceter, 1998.

[15] Prince George's County. Design manual for use of bioretention in stormwater management[R]. Prince George's County: Department of Environmental Resources, 1993.

[16] Hunt W F, Lord W G. Bioretention performance, design, construction, and maintenance[M]. Raleigh: North Carolina Cooperative Extension, 2006.

[17] Maryland Department of the Environment(MDE). Maryland stormwater design manual, vols. I and II [M]. Baltimore: Center for Watershed Protection and the Maryland Department of the Environment, Water Management Administration, 2000.

[18] Kato S, Ahern J. The concept of threshold and its potential application to landscape planning[J]. Landscape & Ecological Engineering, 2011, 7(2): 275-282.

[19] Alcala M, Jones K D, Ren J, et al. Compost product optimization for surface water nitrate treatment in biofiltration applications[J]. Bioresource Technology, 2009, 100(17): 3991-3996.

[20] Jiang C, Li J, Li H, et al. An improved approach to design bioretention system media[J]. Ecological Engineering, 2019, 136: 125-133.

[21] Zhang L, Lu Q, Ding Y. Design and performance simulation of road bioretention media for sponge cities[J]. Journal of Performance of Constructed Facilities, 2018, 32(5): 04018061.

[22] Zhang B, Li J, Li Y, et al. Adsorption characteristics of several bioretention-modified fillers for

phosphorus[J]. Water, 2018, 10(7): 831.

[23] You Z, Zhang L, Pan S Y, et al. Performance evaluation of modified bioretention systems with alkaline solid wastes for enhanced nutrient removal from stormwater runoff[J]. Water Research, 2019, 161: 61-73.

[24] Jay J G, Tyler-Plog M, Brown S L, et al. Nutrient, metal, and organics removal from stormwater using a range of bioretention soil mixtures[J]. Journal of Environmental Quality, 2019, 48(2): 493-501.

[25] 林子增，何秋玫. 生物滞留池系统组成及工程设计参数优化[J]. 净水技术，2019, 38(12): 116-121.

[26] Davis A P, Hunt W F, Traver R G, et al. Bioretention technology: Overview of current practice and future needs [J]. Journal of Environmental Engineering, 2009, 135(3): 109-117.

[27] 梁小光，魏忠庆，上官海东，等. 海绵城市建设中生物滞留设施排空时间研究[J]. 给水排水，2018, 44(11): 26-30.

[28] Lowa storm water management manual[Z]. http://ctre.iastate.edu/PUBS/stormwater/index.cfm.

[29] Pennsylvania Department of Environmental Protection Bureau of Watershed Protection. Pennsylvania stormwater best management practices manual[S]. 2006.

[30] Ellicott City, MD: Center for Watershed Protection. District of Columbia stormwater management guidebook[S]. 2013.

[31] London: Construction Industry Research and Information Association. The SUDS manual[R]. 2015.

[32] Edmonton: Drainage Services Branch. Low impact development best management practices design guide[R]. 2014.

[33] Lucas W C, Greenway M. Nutrient retention in vegetated and nonvegetated bioretention mesocosms[J]. Journal of Irrigation and Drainage Engineering, 2008, 134(5): 613-623.

[34] 高晓丽，张书函，肖娟，等. 雨水生物滞留设施中填料的研究进展[J]. 中国给水排水，2015, 31(20): 17-21.

[35] Hatt B E, Deletic A, Fletcher T D, et al. Towards widespread implementation of biofiltration for i mproved stormwater management: An overview of the new Facility for Advancing Water Biofiltration's Adoption Guidelines[C]. Perth. 6th International Water Sensitive Urban Design Conference and Hydropolis #3, Australia: 2009.

[36] 李皎. 有机质含量对土体物理力学性质的影响[J]. 中国水运，2017, 17(2): 102-103.

[37] 汪之凡，佴磊，吕岩，等. 草炭土的分解度和有机质含量对其渗透性的影响研究[J]. 路基工程，2017(1): 18-21.

[38] 毛昶熙. 堤防工程手册[M]. 北京：中国水利水电出版社，2009.

[39] Li J, Liang Z, Li Y J, et al. Experimental study and simulation of phosphorus purification effects of bioretention systems on urban surface runoff [J]. Plos One, 2018, 13(5): 0196339.

[40] Li Y, Wen M, Li J. Reduction and accumulative characteristics of dissolved heavy metals in modified bioretention media[J]. Water, 2018, 10(10): 1488.

[41] 刘海荣，冀媛媛，史滟滪，等. 两种鸢尾属植物对模拟生物滞留池生态功能的影响[J]. 北方园艺，2018(24): 91-97.

[42] 姜应和，律启慧，邓海龙，等. 生物滞留池对雨水径流中污染物净化效果[J]. 武汉理工大学学报，2018, 40(7): 84-90.

[43] 乐文彩，黄琦珊，游成赟，等. 南方红壤区生物滞留池的效果模拟和影响研究[J]. 环境工程，2018, 36(11): 23-28.

[44] Zhang L, Lu Q, Ding Y, et al. A procedure to design road bioretention soil media based on runoff reduction and pollutant removal performance[J]. Journal of Cleaner Production, 2021, 287: 125524.

[45] Yang F, Fu D, Liu S, et al. Hydrologic and pollutant removal performance of media layers in

bioretention[J]. Water, 2020, 12(3): 921.

[46]　王玉冰. 生物滞留池用于城市雨水径流控制试验研究 [D]. 邯郸：河北工程大学，2019.

[47]　Bertrand-Krajewski J, Baidin J, Gibello C. Long term monitoring of sewer sediment accumulation and flshing experiments in a man-entry sewer[J]. Water Sci Technol, 2006, 54(6-7): 109-117.

[48]　May R, Ackers J, Butler D, et al. Development of design methodology for self-cleansing sewers[J]. Water Science and Technology, 1996, 33(9): 195-205.

[49]　Nalluri C, Ab-Ghani A, El-Zaemey A K S. Sediment transport over deposited beds in sewers[J]. Water Science and Technology, 1994, 29(1-2): 124-133.

[50]　Sonnen M B, Field R. Deposition and scour in sewers[C]. In Proceedings of the international symposium on urban hydrology, hydraulics and sediment control, University of Kentucky, Lexington, July, 1977.

[51]　张玉先. 给水工程 [M]. 北京：中国建筑工业出版社，2015.

[52]　Pisano W C, Aronson G L, Queiroz C S. Dry-weather deposition and flushing for combined sewer overflow pollution control[R]. U.S. Environmental Protection Agency, Municipal Environmental Research Laboratory, Cincinnati, OH. EPA-600/2-79-133. NTISPB80-118.

[53]　Ashley R M, Crabtree R M. Sediment origins, deposition and build up in combined sewer systems[J]. Water Science and Technology, 1992, 25(8): 1-12.

[54]　Yang J. Convergence and uncertainty analyses in Monte-Carlo based sensitivity analysis[J]. Environmental Modelling & Software, 2011, 26(4):444-457.

[55]　孟莹莹，张书函，陈建刚，等. 基于污染负荷控制的屋面初期径流弃除量探讨[J]. 中国给水排水，2010，26(7):47-49.

[56]　张会敏，张建斌，等. 城区路面径流水质特征与初期径流量研究[J]. 水利与建筑工程学报，2013，11(5):123-125.

[57]　柯杭，陈嫣，王盼，等. 苏州市新建城区地表径流污染分析[J]. 净水技术，2020,39(7)：59-64.

[58]　Han S, Yang Y, Liu S, et al. Decontamination performance and cleaning characteristics of three common used paved permeable bricks[J]. Environmental Science and Pollution Research, 2021, 28(12): 15114-15122.

[59]　Han S, Cao Q, Qian D, et al. Preparation of cattail-derived activated carbon and its adsorption performance toward ibuprofen and diclofenac in water[J]. Chiang Mai Journal of Science, 2021, 48(6): 1538-1554.

[60]　韩素华，曹倩男，陆敏博. 新建及改造道路海绵城市设计探讨[J]. 城市道桥与防洪，2021(11): 29-32.

[61]　韩素华，钱冬旭，杨烨，等. 一种生物滞留池砂基填料的配比方法[J]. 给水排水，2021, 57(11): 30-36.

[62]　徐特. 平原河网地区城市闸控水体藻类适应性调控研究 [D]. 北京：清华大学，2020.

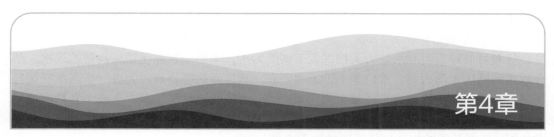

第4章

城市河网流态联控联调

河网流态与水环境改善和水生态保护密切相关，水动力调控是协同实现水体流态优化、水质改善和水生态保护的重要方法与措施之一。对于平原河网区域的城市河流水体尤为如此，通过水利调度工程的布控与调度，可提高平原城市河道水体流速，改善河道水流状态，增加河网水环境容量，增强水体自净能力，提升水环境承载能力，进而提升水生态健康。

4.1 平原河网城市河网流态联控联调的技术思路

国内外关于平原水网地区的水系结构优化及水动力调控领域的研究与实践主要集中在利用流域外部的水量调引，缓解区域水资源短缺、维持河道基本流量、改善河道水质的工程应用方面，多采用物模观测、理论分析和数值模拟相结合来研究水资源调度优化配置。由于水流滞缓是造成水环境污染的重要原因之一，所以充分利用流域内、外部水环境容量开展河道水质和生态环境改善的水动力优化调控日益受到人们的重视。通过水闸、泵站和沟渠等水利工程的合理调度，综合利用内、外部水源，提高城市滞留河道水流速度，改变河道水流状态，增加水环境容量。同时采用各种生态水利措施，构建健康的水生态系统，改善水生态环境质量。

在平原河网地区，水利工程众多，水系被闸泵分割现象严重，依靠现有闸泵动力驱动的水动力调控范围有限，导致水量分配不均衡，与需求不匹配，水环境品质不能长期、有效改善，并且，以现有的人工调度模式无法达到高效精准调控水动力的目标，不利于河道水生态系统修复，严重制约水环境系统治理方案的实施，水利调度已达到瓶颈。

为了提升水动力调控的效能和合理性，充分利用信息化技术是重要的手段。目前，我国城市水利信息化建设正在稳步推进，正由信息化、自动化向智慧化转变，但仍存在一些不足。例如，在数据监测方面已实现水位、水质、视频多元化监测，但监测站点密度相对较低，尚未形成完整的监控网络；在调度运行方面，以人工调度为主，闸泵站以现地控制为主，对监测数据响应度不高，并且大多闸站无远程控制；在决策支持方面，现状多仅依托监测信息，以经验判断主管决策为主，但智能化水平不高，无法实时智能计算，并且精准度不够。

针对目前城市河网水动力调控以人工调度为主，未形成智能化调度决策的现状，结合城市河网区水动力弱、水位差小、工程密布、调度复杂等特点，为进一步高品质提升河网水环境，创新性地提出了城市河网水动力 - 水质联控联调技术，集成一套精准调控及调度决策的智能化城市河网水动力 - 水质联控联调技术，构建多目标的实时监测 - 精准模拟 - 智能互馈的水环境提升联控联调系统。

城市河网水动力 - 水质联控联调技术思路如图 4-1 所示。通过城市河网水动力 - 水质指标调控阈值确定技术确定水动力优化调控标准；采用以模型为核心的河网水动力 - 水质调度技术，制定不同调度情景以水动力 - 水质调控阈值为目标的优化调度方案集；再利用研发的底泥免扰动和基于增阻减阻措施的河网水系流动性调控关键技术为水动力 - 水质联合优化调控提供手段；最后结合闸泵堰智能互馈技术等自动监控技术、模型云技术等，进行联控联调系统的业务化开发，并以苏州城区为示范区，构建苏州城区河网水动力优化与活水调控平台，实现复杂水网区闸、泵、堰工程群的精准化、智能化联合调控。

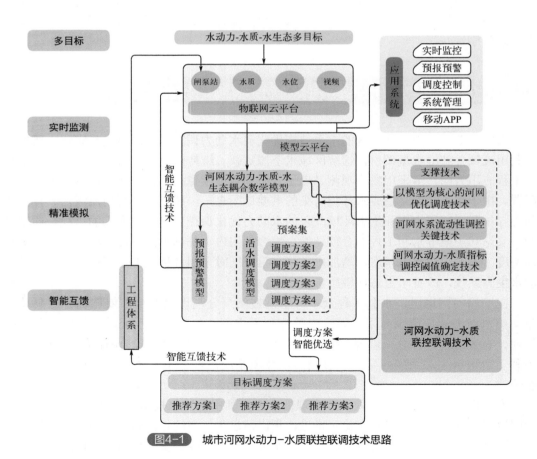

图4-1　城市河网水动力-水质联控联调技术思路

4.2 河网水动力−水质阈值确定技术

为确定城市河网水动力调控中合理的水动力条件，采用室内试验、数值模拟以及理论分析的方法开展研究，技术路线如图 4-2 所示。室内试验是采用底泥异位试验法，通过设置不同的扰动强度，模拟研究不同扰动条件下底泥对上覆水水质的影响。并结合试验装置中流场数值模拟，构建试验装置中的转速与实际河道表面流速之间的相关关系，由此建立河流水动力 - 水质响应关系，根据底泥释放速率变化趋势，确定水动力调控的上限阈值。同时采用水环境容量理论，对照水质目标，考虑河道本底、入河点面源污染、河道水体自净和植被吸收等影响因素，建立水动力调控下限阈值的计算公式。综合分析室内试验和理论分析得到的水动力调控上、下限阈值，提出河网河道水动力 - 水质调控阈值范围。

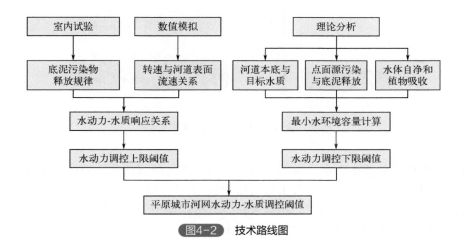

图4-2 技术路线图

4.2.1 水动力−水质调控上限阈值研究

平原城市河道底泥含有大量日积月累的各类污染物，是城市河道重要的内源性污染来源，而水动力调控过程中极易引起底泥扰动，促进内源污染物的释放，对河道水质产生负面影响，因此，平原城市河网水动力调控中需要明晰水动力扰动条件下的底泥污染物释放规律，确定水动力调控阈值。

为此，采用底泥异位试验的方法，采集城市河网不同河段底泥样本，开展平原城市河道底泥的污染物释放特性室内试验。通过设置不同的扰动强度模拟不同的水动力条件，阐明水动力驱动条件下平原城市河网水体总氮、总磷、氨氮、溶解氧和浊度等主要水质指标变化规律，基于泥水界面的临底流速与等效切应力，提出了以抑制河道底泥快速释放为准则的水动力调控上限阈值确定方法。

4.2.1.1 试验方法

针对底泥污染物释放与吸附规律研究可采用室内模拟试验或直接在实际河道开展试

验的方法开展。因野外试验干扰因素多，本研究采集实际河道中的底泥，利用自制圆筒反应器进行室内实验，试验装置如图4-3所示，为有机玻璃制作的圆柱形反应器，反应器直径27cm，高50cm，有效容积28.6L。距离反应器上边缘5cm以下部分的侧面贴铝箔纸，模拟河道侧面的避光环境，使光线仅从上方照射，采用电动恒速（转速范围$R=100 \sim 3000$r/min）搅拌器，通过设置不同转速模拟不同的水动力扰动条件，测定随时间变化底泥污染物释放规律。

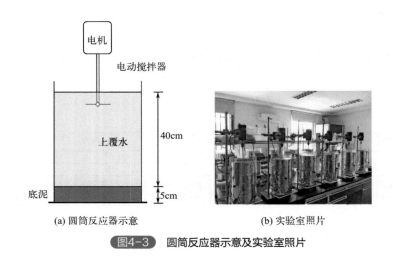

(a) 圆筒反应器示意　　　　　　　　(b) 实验室照片

图4-3　圆筒反应器示意及实验室照片

　　认为室内试验装置中泥水界面的切应力与野外实际河道的底部切应力相等，试验装置中切应力引起的底泥悬浮造成的水质变化效应与实际河道切应力的作用效果等效。建立室内试验与野外条件间的切应力相似条件，分析试验中上覆水的水质变化规律，并推广到野外实际河道中动力扰动对水质的作用上。

　　（1）采样地点

　　选择的采样点一共4处，包括苏州市古城区外围水质一直较好的环城河（H点），苏州市古城区内部不同区域的河段学士河（S点）、苗家河（M点）及常州市老城区污染程度相对较高的西市河（X点），分别用采泥器采集河道底泥样本，用取水泵在4处底泥采样点位置同步抽取上覆水，作为试验用的上覆水。

　　（2）试验装置与工况

　　室内试验分4次进行，每次只针对一种底泥样本，4次试验的室内温度维持在10 ~ 20℃之间。每次试验时，首先将泥样分成18份，每份约2.86L底泥，分别均匀铺置于反应容器底部，厚度为5cm；然后采用虹吸方法分别沿内壁小心缓慢地加入采集来的河道原水作为上覆水，加水过程中尽量避免底泥扰动，试验时控制底泥与上覆水深度之比为1:8，即保持装置中的水深为40cm，总水量为22.89L，该比例设置根据实际河道的平均水深与底泥厚度之比确定。底泥和上覆水铺设完毕后，静置7d，使泥水达到物质交换平衡。

　　共设置了6种工况，分别为转速100r/min、200r/min、300r/min、400r/min、500r/min以及静置组，为减少试验误差，每种工况设3个平行组，共18套装置同时试验，试验工况如表4-1所列。扰动试验前先采集背景水样，检测TN、TP、NH_3-N、DO、浊度、温度等指标，并立即补充等量河道原水，然后开启搅拌器，将搅拌器转速 r 分别调至 $100 \sim 500$r/min 稳定后，将搅拌器转子缓慢放置于反应器中心位置水面以下 5cm 连续扰动。为保持取样点位置不变，在反应器内壁固定 30cm 长的采样管，一端固定于距离水面以下 5cm 位置处，另一端悬挂于反应器外侧，并连接 50mL 取样注射器。

表4-1　试验工况表

序号	工况编号	底泥来源	上覆水类型	r/（r/min）
1	H1~H3	H点	环城河河水	100
2	H4~H6	H点	环城河河水	200
3	H7~H9	H点	环城河河水	300
4	H10~H12	H点	环城河河水	400
5	H13~H15	H点	环城河河水	500
6	H16~H18	H点	环城河河水	静置
7	S1~S3	S点	学士河河水	100
8	S4~S6	S点	学士河河水	200
9	S7~S9	S点	学士河河水	300
10	S10~S12	S点	学士河河水	400
11	S13~S15	S点	学士河河水	500
12	S16~S18	S点	学士河河水	静置
13	M1~M3	M点	苗家河河水	100
14	M4~M6	M点	苗家河河水	200
15	M7~M9	M点	苗家河河水	300
16	M10~M12	M点	苗家河河水	400
17	M13~M15	M点	苗家河河水	500
18	M16~M18	M点	苗家河河水	静置
19	X1~X3	X点	西市河河水	100
20	X4~X6	X点	西市河河水	200
21	X7~X9	X点	西市河河水	300
22	X10~X12	X点	西市河河水	400
23	X13~X15	X点	西市河河水	500
24	X16~X18	X点	西市河河水	静置

试验开始后，用注射器实时定位（固定橡胶管口位于水下 5cm 位置）抽取上覆水样 50mL，检测 TN、TP、NH_3-N、DO、浊度等指标，并立即补充等量河道原水。试验连续进行 22d，每天上午定时取样一次。

（3）分析方法

水质监测指标选取 TP、TN、NH_3-N、DO 和浊度五项水质常规指标，分析方法参见《水和废水监测分析方法》（第四版）。

底泥检测指标包括：颗粒粒径、含水率、土粒密度、孔隙率共 4 项物理指标；TP 和 TN 共 2 项化学指标。

1）颗粒粒径

河道底泥均由不同粒径的颗粒物组成，不同粒径的颗粒物具有不同比表面、不同重量等特征，对氮磷等营养盐和各种污染物在固液界面上的交换影响也不同，较细的颗粒物具有较强的吸附能力和再悬浮能力，在沉降、释放过程中起主要作用。本次研究将底泥颗粒分成 5 个粒径级配，即 <0.005mm、0.005 ～ 0.075mm、0.075 ～ 0.250mm、0.250 ～ 0.500mm、>0.500mm，采用沉降法测定。

2）含水率

采用烘干法测定所取底泥的含水率 w。取定量新鲜湿泥样在铝盒中称重，再将带盖铝盒于 105 ～ 110℃下烘干，冷却，称重至恒重。含水率计算公式为：

$$w = \frac{w_2 - w_3}{w_2 - w_1} \times 100\% \tag{4-1}$$

式中　w—— 含水率，%；

w_1 —— 铝盒重，g；

w_2 —— 铝盒加湿泥重，g；

w_3 —— 铝盒加干泥重，g。

3）土粒密度

土粒密度采用比重瓶法测定，利用称好质量的干土放入盛满水的比重瓶的前后质量差异，计算出土粒的体积，从而推算出土粒密度。计算公式为：

$$G_s = W_干 / (V_干 \gamma_w) \tag{4-2}$$

式中　G_s——土粒密度；

$W_干$——土粒（干土）重量，g；

$V_干$——土粒的体积，m³；

γ_w——水在 4℃时的容重，kg/cm³。

4）孔隙率

取定量新鲜湿泥样在铝盒中，根据铝盒的体积来估算泥样的体积，再由底泥的含水率和水密度来计算孔隙水的体积。假定孔隙水的体积就为底泥孔隙的体积，它们之比即为底泥的孔隙率。计算公式为：

$$\phi = \frac{V_2}{V_1} \times 100\% \tag{4-3}$$

式中　ϕ——孔隙率；

V_1——泥样体积，m³；

V_2——孔隙水体积，m³。

5）TN、TP 浓度

将采集的新鲜底泥样品冷冻干燥、粉碎、研磨后过 100 目筛，彻底混匀，称取 25mg 置于消化容器中，加入 25mL 消化剂（碱性过硫酸钾）混匀，并加无氨水稀释至 50mL，然后经高压蒸汽锅 120℃高温消解 30min 后，取其上清液，采用 Skalar 流动分析仪测定。

（4）数据处理方法

1）水质监测数据计算

如前文所述，采用同一工况三组平行试验，以减少试验中产生的误差，后文中试验结果数据的描述为三组平行试验水质监测结果的平均值。

2）释放速率分析

底泥的污染物释放速率表示单位面积单位时间内底泥释放的污染物的量，计算公式为：

$$r_s=[V(C_n-C_0)+\sum_{i=1}^{n}V_i(C_{i-1}-C_a)]/(At) \tag{4-4}$$

式中 r_s——污染物释放速率，mg/（m²·d）；

V——装置中水样体积，m³；

C_n——第 n 次采样时水中污染物浓度，mg/L；

C_0——初始污染物浓度，mg/L；

V_i——每次采样体积，m³；

C_{i-1}——第 $i-1$ 次采样时水中污染物浓度，mg/L；

C_a——添加水体中污染物浓度，mg/L；

A——与水接触的沉积物表面积，m³；

t——时间，d。

试验中，每次取样后均向装置中补充等量河道原水，补水水样氮磷营养盐浓度及浊度如表4-2所列。整个试验期间一共补水次数为21次，共1.05L，占试验装置总水量的4.6%，比例较低，因此后文分析水质浓度变化时，忽略补水对装置中上覆水水质的影响。

表4-2 补水水样水质分析结果

补水水样	TP/(mg/L)	TN/(mg/L)	NH₃-N/(mg/L)	浊度/NTU
H点	0.210	9.427	0.089	2.85
S点	0.406	10.704	1.993	4.07
M点	0.486	10.745	5.960	6.56
X点	0.350	5.828	0.954	7.42

3）试验组次间的差异性统计分析

采用 SPSS 单因素方差分析方法统计不同扰动强度工况的差异性，并定义当大部分工况间均具有显著性差异（$P<0.05$）时，该水质指标为随水动力条件改变的敏感因子；当个别工况间具有显著性差异（$P<0.05$）时，该水质指标为随水动力条件改变的一般敏感因子；当工况间均不具有显著性差异（$P>0.05$）时，该指标不是随水动力条件变化的敏感因子。

4.2.1.2 试验结果分析

（1）底泥样本的理化性质

根据"土壤颗粒成分分级标准"和"土壤颗粒组成分类标准"，对 H 点、S 点、M 点和 X 点 4 处底泥颗粒划分，结果如图4-4所示。该 4 个点位的底泥颗粒均以粒径 0.005～0.075mm 的粉粒为主，H 点底泥粒径在 0.005～0.075mm 之间的颗粒占比 52.4%，S 点占比 78.5%，M 点占比 65.9%，X 点占比 71.7%。

H 点、S 点、M 点和 X 点四种泥样的平均粒径在 0.013～0.028mm 之间，且 H 点底泥样本平均粒径（$d_{50}=0.028$mm）>S 点泥样（$d_{50}=0.017$mm）>X 点泥样（$d_{50}=0.015$mm）>M 点泥样（$d_{50}=0.013$mm）。

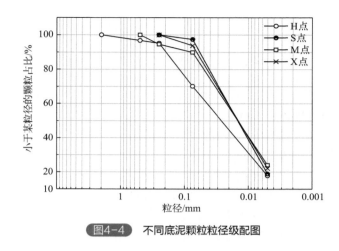

图4-4 不同底泥颗粒粒径级配图

H点、S点、M点和X点四种泥样的其他理化指标结果如表4-3所列。底泥含水率和孔隙率能够反映颗粒的再悬浮能力，含水率（孔隙率）越高，在扰动下也就越容易再悬浮。由表4-3可以看出，M点和X点含水率较高、孔隙率相对其他两点较大，更容易再悬浮。另外，由于H点位于水质较好的苏州环城河，M点在被长期污染的苗家河，底泥汇总累积的氮磷含量较高，而在学士河的S点和常州西市河的X点，水质较苏州环城河差，因此，从H点、S点、M点和X点4个点的氮磷监测成果可以看出，M点所含氮磷最高，S点、X点次之，H点最低。

表4-3　河道底泥理化性质统计表

采样位置	含水率 w/%	土粒密度 G_s	孔隙率 Φ/%	TP/(mg/kg)	TN/(mg/kg)
H点	38.26	2.70	60.77	646.09	1230.41
S点	49.90	2.58	68.20	982.95	2283.31
M点	52.84	2.60	72.64	1594.96	2768.94
X点	52.62	2.67	73.68	961.38	2014.69

（2）上覆水 DO 变化规律

试验期间，H点、S点、M点和X点四种泥样的上覆水溶解氧浓度变化如图4-5所示。图中起始点的数值均为试验开始时上覆水体中的初始DO浓度，可以看出，M点的初始DO浓度最低，为2.66～3.24mg/L，X点的初始DO浓度最高，为6.51～7.51mg/L，H点和S点底泥样本上覆水中的初始DO浓度介于前两者之间，分别为4.79～5.39mg/L和5.09～5.44mg/L。试验过程中，四个点位的上覆水水温基本维持在15℃左右。

H点底泥样本上覆水DO浓度变化情况如图4-5（a）所示。各工况条件下，H点底泥样本上覆水水体中的DO浓度均随时间呈上升趋势，主要是因为试验开始时空气中的氧气不断溶解于水中，而试验后期各工况DO浓度逐渐趋于稳定，说明在一定动力条件下，水中的氧气含量存在极值，当水中的氧气浓度达到极值时，即使继续以相同的动力条件扰动，空气中的氧气也不会再溶入水中。静置工况，DO浓度上升至6.8mg/L，整个试验期间增加了1.8mg/L；100r/min工况试验结束时，DO浓度为9.25mg/L，比开始时增加了4.25mg/L；200～500r/min工况，DO浓度的增加量分别为4.63mg/L、4.79mg/L、4.93mg/L和5mg/L。由此可见，整个试验期间，从静置到500r/min工况，DO浓度增幅依次增大。

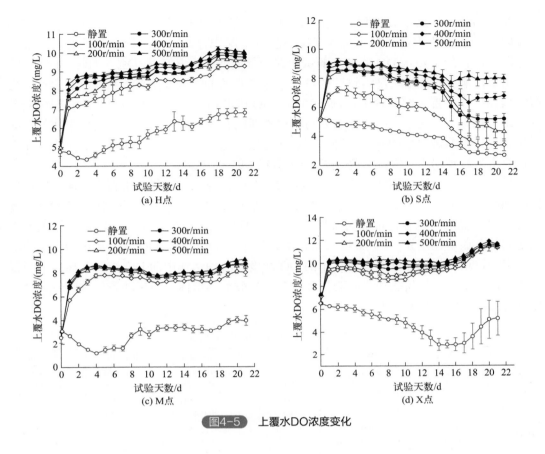

图4-5　上覆水DO浓度变化

S 点底泥样本上覆水 DO 浓度变化情况如图 4-5（b）所示。静置工况与其他扰动工况之间随时间的变化趋势不同。静置工况，上覆水的 DO 浓度随时间逐渐下降，从试验开始时的 5.27mg/L 下降至 2.67mg/L；五种扰动工况在扰动初期 DO 浓度瞬间增大，并在第 2～3 天达到最大值，特别是 500r/min 工况，DO 浓度增加到 9.17mg/L；随着试验的进行，五种扰动工况的 DO 浓度又呈缓慢下降后趋于稳定的变化趋势，这是因为本试验装置为敞口设计，扰动条件加快了水 - 空气界面的物质交换，促使扰动初期空气中的氧气快速溶入水中，DO 浓度增加，而静置工况则无扰动带来的掺气效果，随着试验的进行，DO 浓度的下降主要是因为底泥和上覆水中的微生物活动消耗的氧气量大于空气溶入水中的氧气量，当微生物活动趋于稳定时，上覆水中的 DO 浓度逐渐稳定。

M 点和 X 点底泥样本上覆水 DO 浓度随时间的变化趋势相似。静置工况，其上覆水中的 DO 浓度均随时间呈先下降后逐渐上升的趋势，M 点在试验第 4 天降到最低值 1.18mg/L，X 点在第 14 天时的 DO 浓度最低为 2.86mg/L，这主要也是与水和底泥中的微生物活动耗氧有关，随着试验的进行，两处泥样的上覆水 DO 浓度又随着空气中氧气的溶入而逐渐上升，并在试验结束时恢复至近似初始 DO 浓度甚至更高，试验结束时，M 点和 X 点上覆水 DO 浓度分别为 3.94mg/L 和 5.14mg/L；100～500r/min 几组扰动工况的 DO 浓度变化与静置工况不同，在试验初期 DO 浓度增幅较大，中后期略有下降后缓慢上升，试验后期，M 点扰动工况的 DO 浓度基本维持在试验开始的水平，X 点的浓度平均比试验初期增大 4mg/L 左右。

对比 H 点、S 点、M 点和 X 点四种泥样的上覆水 DO 浓度，可以看出不同泥样 DO 浓度随时间的变化规律类似，扰动工况与静置工况均存在一定差异。在扰动工况条件下，四种泥样的上覆水 DO 浓度均随试验的进行而增大，并在扰动刚开始时，DO 浓度迅速增加，响应时间短，随着试验的进行，除 S 点的 DO 浓度稍有下降外，其余点位均缓慢增加；在静置工况条件下，试验初期，DO 浓度均有不同程度的下降，后期缓慢上升并趋于稳定。上覆水 DO 浓度主要与微生物活动有关，水体中的氧气为微生物的活动提供条件，影响微生物的有机物降解、矿化速率，污染较轻的河道水体耗氧量小，H 点所在河道为景观河道，因此其静置工况的 DO 浓度降幅较小。

另外，在整个试验期间，H 点、S 点、M 点和 X 点四种泥样的上覆水 DO 浓度均随扰动强度的增大而增加。统计结果也显示，四个底泥样本在五种扰动工况下的 DO 浓度均与静置工况之间差异性极显著（$P<0.01$），但扰动工况之间，扰动强度相差较大的工况之间具有显著性差异（$P<0.05$），如表 4-4 所列。由此可见，DO 浓度随扰动强度的增大而增加，增大扰动能够增加水体中的 DO 浓度，流动水体中的 DO 浓度明显高于静置水体，但 DO 浓度是随扰动强度变化而改变的一般敏感指标，当扰动条件差别较大时水体中的 DO 浓度才能够显著改变。

表4-4　不同工况间的差异性分析结果

工况	静置	100r/min	200r/min	300r/min	400r/min	500r/min
静置	1	<0.01**(M) <0.01**(X)	<0.01**(M) <0.01**(X)	<0.01**(M) <0.01**(X)	<0.01**(M) <0.01**(X)	<0.01**(M) <0.01**(X)
100r/min	<0.01**(H) <0.01**(S)	1	>0.05(M) >0.05(X)	>0.05 (M) >0.05(X)	>0.05 (M) >0.05(X)	>0.05 (M) <0.05*(X)
200r/min	<0.01**(H) <0.01**(S)	>0.05 (H)	1	>0.05 (M) >0.05(X)	>0.05 (M) >0.05(X)	>0.05 (M) >0.05(X)
300r/min	<0.01**(H) <0.01**(S)	>0.05 (H) >0.05 (S)	>0.05(H) >0.05 (S)	1	>0.05 (M) >0.05(X)	>0.05 (M) >0.05(X)
400r/min	<0.01**(H) <0.01**(S)	>0.05 (H) >0.05 (S)	>0.05 (H) >0.05 (S)	>0.05 (M) >0.05 (S)	1	>0.05 (M) >0.05(X)
500r/min	<0.01**(H) <0.01**(S)	<0.05*(H) <0.01**(S)	>0.05(H) <0.01**(S)	>0.05 (H) <0.01**(S)	>0.05 (H) >0.05 (S)	1

注：1. 表中*表示差异显著（$P<0.05$）；2. **表示差异极显著（$P<0.01$）；3.（H）、（S）、（M）、（X）分别为H、S、M、X四种泥样的统计分析结果，下同。

（3）上覆水浊度变化规律

试验期间，不同工况条件下 H 点上覆水浊度变化情况如图 4-6（a）所示。图中起始点数值为试验开始前上覆水的浊度初始值，基本均为 1NTU 左右。根据浊度的变化趋势，可以将整个试验分成三个阶段，即上升期、下降期和稳定期。上升期，200～500r/min 工况由于底泥颗粒受到突然施加的扰动作用，底泥悬浮，浊度均有短期增大，200r/min 工况的浊度最大增加到 1.71NTU，300r/min 工况的浊度最大增加到 5.74NTU，400r/min 工况的浊度最大增加到 29.77NTU，500r/min 工况的底泥颗粒大量悬浮，浊度最大增加到 165.2NTU，增幅最为明显，而静置和 100r/min 两组工况由于没有扰动或扰动强度小，底部底泥颗粒基本未受影响。下降期，由于扰动持续进行，颗粒不断碰撞并絮凝变大后逐渐沉降，因此，所有工况的浊度均有所下降。从第 17 天左右开始，进入稳定期，五种扰动工况及静置工况的浊度值基本稳定，稳定时，静置工况浊度为 0.45NTU，100r/min 工况的浊度为 0.51NTU，200r/min 工况的浊度为 0.55NTU，300r/min 工况的浊度为 0.90NTU，400r/min 和 500r/min 工况的浊度分别为 3.87NTU 和 39.48NTU。

S 点、M 点和 X 点在整个试验期内上覆水浊度随时间的变化趋势相似。图 4-6 中起始点数值为试验开始时上覆水的浊度初始值，S 点为 3～4NTU，M 点为 1NTU 左右，X 点介于 2～6NTU 之间。随着试验的进行，静置、100～300r/min 四组工况的浊度数值变化不大，或略有下降；400r/min 工况因扰动强度增大，有部分底泥颗粒悬浮，浊度比 300r/min 以下扰动条件的浊度稍大，后期稳定时，S 点、M 点和 X 点上覆水的浊度分别约为 23.5NTU、6.54NTU 和 14.65NTU；500r/min 工况扰动强度最大，底泥颗粒大量悬浮，浊度值逐渐增大，并在开始几天增幅明显，后呈缓慢波动上升趋势，试验后期，S 点、M 点和 X 点上覆水的浊度值分别稳定在 184NTU、337NTU 和 250NTU 左右，稳定值大小与三种泥样的粒径相关，M 点粒径最小，因此，在试验后期稳定时其上覆水的浊度值最大。

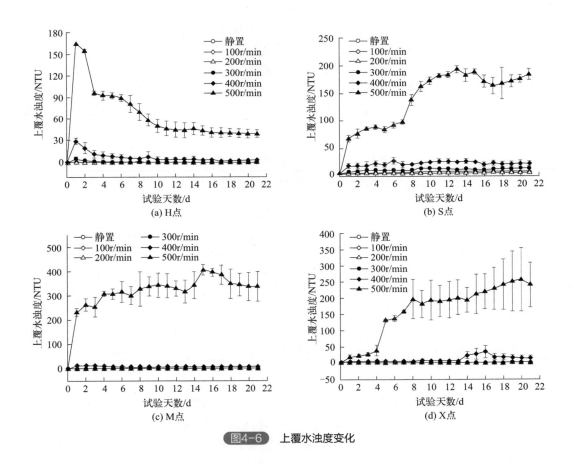

图4-6 上覆水浊度变化

对比 H 点、S 点、M 点和 X 点上覆水浊度变化，可以发现，四种浊度随时间的变化趋势不完全相同，H 点底泥样本在试验初期受扰动影响较大，颗粒迅速向上覆水悬浮，然后又逐渐下降，且该底泥颗粒粒径相对较大，容易碰撞凝聚成更大颗粒而沉降，而 S 点、M 点和 X 点三种底泥在试验初期受突加扰动作用的影响小，在试验中后期由于其粒径相对小，当 r>400r/min 时颗粒大量起悬，且小颗粒沉速较慢，因此，后期稳定时，其浊度比 H 点上覆水的浊度大，而且 H 点、S 点、M 点和 X 点四种底泥的粒径大小关系为 H 点 >S 点 >X 点 >M 点，粒径越小的颗粒越容易起悬，因此试验后期稳定时，浊度的大小关系应为 M 点 >X 点 >S 点 >H 点，而本次研究的试验结果也显示出此种关系，说明本次研究的试验结果合理。另外，根据前文含水率监测成果，M 点 >X 点 >S 点 >H 点，因此 M 点更容易悬浮，X 点、S 点次之，H 点最不容易悬浮。

对比不同工况之间的浊度数值，可以看出，四种底泥试验的上覆水浊度随扰动强度的变化趋势相同，均随扰动强度的增大，浊度逐渐增大，且当转速 $r = 0 \sim 400$r/min 时，随着扰动强度的增大，四个点位上覆水浊度数值略有上升，增幅不明显，但当转速 $r = 500$r/min 时，浊度大幅增加，水体感官明显变差，H 点、S 点、M 点和 X 点四个点位的 500r/min 工况时的上覆水浊度最大值比其他扰动工况分别增大约 140NTU、270NTU、390NTU 和 200NTU，由此可见，引起上述四种底泥颗粒大量悬浮的临界扰动强度均介于 400 ~ 500r/min 之间。选取 H 点和 M 点在试验后期各扰动强度工况的一个平行样，观察其上覆水感官状况，发现静置、100r/min、200r/min 和 300r/min 工况的上覆水几乎清澈见底，400r/min 工况有部分底泥颗粒悬浮，500r/min 工况则有大量底泥颗粒悬浮，特别是 M 点，其 500r/min 工况的上覆水非常浑浊。

另外，统计结果显示，H 点、S 点、M 点和 X 点四种底泥几乎每个扰动工况的浊度之间均具有显著性差异（$P<0.05$），而且，大部分工况之间的差异性极显著（$P<0.01$），如表 4-5 所列。由此可见，浊度是随扰动条件变化的敏感指标，随扰动强度的增大，浊度逐渐增大。

表4-5　不同工况间的差异性分析结果

工况	静置	100r/min	200r/min	300r/min	400r/min	500r/min
静置	1	>0.05(M) <0.05*(X)	>0.05 (M) <0.01**(X)	<0.01**(M) <0.01**(X)	<0.01**(M) <0.01**(X)	<0.01**(M) <0.01**(X)
100r/min	>0.05(H) <0.01**(S)	1	>0.05(M) >0.05(X)	<0.01**(M) <0.01**(X)	<0.01**(M) <0.01**(X)	<0.01**(M) <0.01**(X)
200r/min	<0.05*(H) <0.01**(S)	<0.05*(H) >0.05(S)	1	<0.01**(M) <0.01**(X)	<0.01**(M) <0.01**(X)	<0.01**(M) <0.01**(X)
300r/min	<0.01**(H) <0.01**(S)	<0.01**(H) <0.01**(S)	<0.01** (H) <0.01** (S)	1	<0.01**(M) <0.01**(X)	<0.01**(M) <0.01**(X)
400r/min	<0.01**(H) <0.01**(S)	<0.01**(H) <0.01**(S)	<0.01**(H) <0.01** (S)	<0.01**(H) <0.01** (S)	1	<0.01**(M) <0.01**(X)
500r/min	<0.01**(H) <0.01**(S)	<0.01**(H) <0.01**(S)	<0.01**(H) <0.01**(S)	<0.01**(H) <0.01**(S)	<0.01**(H) <0.01** (S)	1

（4）底泥对 TP 的释放规律

H 点上覆水 TP 浓度及 TP 释放速率随时间的变化如图 4-7 所示。试验开始时，上覆水的初始 TP 浓度为 0.1mg/L 左右。根据 TP 浓度和释放速率的变化曲线，可以将试验分成上升期、下降期两个阶段，与浊度变化类似。上升期，由于上覆水中的 TP 浓度小，底泥间隙水与上覆水间的浓度差，以及底泥颗粒的悬浮，TP 不断向上覆水释放，因此，该阶段上覆水的 TP 浓度不断增大，第 10 天时，释放量达到极值，其中，静置和 100 ~ 400r/min 工况的 TP 浓度为 0.445mg/L 左右，500r/min 工况由于扰动强度大，大量底泥颗粒再悬浮，加大了颗粒与上覆水体的接触面积，水 - 底泥界面的交换作用增强，促进了底泥磷的快速释放，该工况在第 1 ~ 10 天时，TP 浓度一直较高，在 0.4mg/L 左右波动变化。第 10 天后，试验进入下降期，由于水中颗粒物的沉降以及上覆水中生物对 P 的吸收，释放的 TP 又重新被吸附和沉淀。第 14 天开始上覆水中的 TP 浓度和 TP 释放速率均不再明显上升与下降，但波动变化，试验结束时，500r/min 工况的 TP 浓度为 0.13mg/L 左右，静置和 100 ~ 400r/min 工况的 TP 浓度为 0.07mg/L 左右。分析整个试验过程中 TP 的释放速率变化，可以看出，试验初期，由于上覆水中的 TP 浓度小，与底泥间隙水间的 TP 浓度相差大，TP 的释放速率较大，6 种工况均在扰动 1 天后释放速率达到最大，此时，静置和 100 ~ 400r/min 工况的 TP 释放速率为 40mg/(m² · d) 左右，500r/min 工况由于大量颗粒悬浮 TP 释放速率更快，为 96.48mg/(m² · d)，随着试验的进行，上覆水与底泥间隙水中的 TP 浓度差逐渐减小，释放速率也逐渐减小，试验第 14 天开始，TP 的释放速率接近 0。

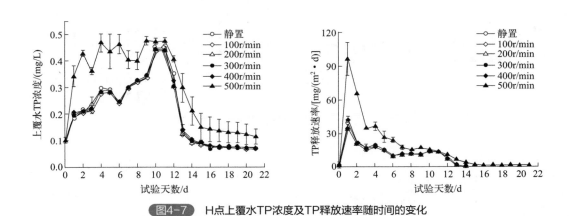

图4-7　H点上覆水TP浓度及TP释放速率随时间的变化

S 点、M 点和 X 点上覆水 TP 浓度及 TP 释放速率随时间的变化趋势类似，如图 4-8 ~ 图 4-10 所示。试验开始时，S 点、M 点和 X 点上覆水的初始 TP 浓度分别约为 0.21mg/L、0.29mg/L 和 0.34mg/L，均比 H 点上覆水的 TP 浓度高，因为上述 3 个点所在河道的污染相对严重。试验期间，S 点、M 点和 X 点的 6 种工况的 TP 浓度总体上均随时间呈上升后逐渐下降的趋势，而且，静置和 100 ~ 400r/min 五组工况的 TP 浓度及释放速率变化不明显，仅在试验后期因底泥少量悬浮而稍有上升，而 500r/min 工况明显不同，由于底泥颗粒的大量再悬浮，一方面增加了底泥颗粒与上覆水的接触面积，另一方面加快了底泥间隙水与上覆水间的污染物扩散，因此，上覆水的 TP 浓度大幅增大。整个试验过程中，S 点的上覆水 TP 浓度在第 13 天左右达到最大值，此时，从静置到 500r/min 工况 TP 浓度分别为 0.241mg/L、0.251mg/L、0.457mg/L、0.539mg/L、0.601mg/L 和 2.009mg/L；M 点的上覆水 TP 浓度在试验 17d 左右达到最大值，6 种工况的 TP 浓度最大值分别为 0.431mg/L、0.407mg/L、0.412mg/L、0.433mg/L、0.460mg/L 和 1.299mg/L；X 点的上覆水 TP 浓度和释放速率则在试验后期，第 20 天左右达到峰值，6 种工况的 TP 浓度分别为 0.344mg/L、0.335mg/L、0.349mg/L、0.374mg/L、0.396mg/L、和 0.676mg/L。试验后期，S 点的 TP 浓度稍有下降，这是底泥颗粒下沉所致，而 X 点基本维持稳定，因为 X 点颗粒粒径相对较小，沉降速度慢，TP 浓度未有下降且维持稳定。另外，从 TP 的释放速率变化曲线可以看出，S 点和 X 点的 TP 释放速率变化相似，0 ~ 400r/min 工况的 TP 释放速率接近 0，意味着该五组工况几乎未有 TP 释放，而

500r/min 工况的 TP 释放速率逐渐上升后缓慢下降，S 点和 X 点 500r/min 工况的最大释放速率分别为 63.73mg/(m² · d)（第 9 天）和 7.49mg/(m² · d)（第 18 天）；M 点的 TP 释放速率变化趋势与 H 点类似，均在试验开始时的释放速率最快，M 点 500r/min 工况的最大释放速率为 211.37mg/(m² · d)。

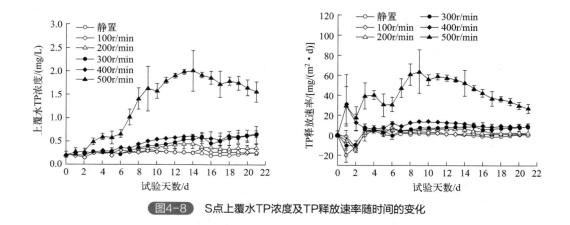

图4-8　S点上覆水TP浓度及TP释放速率随时间的变化

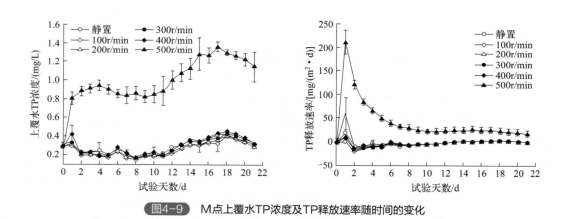

图4-9　M点上覆水TP浓度及TP释放速率随时间的变化

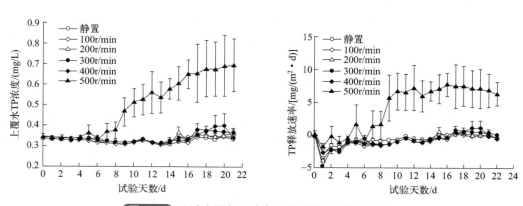

图4-10　X点上覆水TP浓度及TP释放速率随时间的变化

可以看出，H 点、S 点、M 点和 X 点的上覆水 TP 浓度及 TP 释放速率随时间的变化不同，但随扰动强度变化的规律相同，且各点上覆水的 TP 浓度变化曲线均与其浊度变化趋势非常相似，存在明显的相关性，由此可见，TP 浓度的变化与悬浮的底泥颗粒有关，悬浮颗粒态磷的增加是 TP 增大的主要因素，表明扰动悬浮引起的总磷增大，是因为悬浮颗粒态磷的增加。

对比 H 点、S 点、M 点和 X 点各点不同工况之间的 TP 浓度及 TP 释放速率可以发现，静置和 $100 \sim 400r/min$ 工况基本一致，由于底泥颗粒未大量起悬，此时底泥中可溶性磷是底泥释放磷的主要途径，TP 浓度数值和变化趋势均无较大差异，但 500r/min 试验工况的 TP 浓度则明显高于其他组次，这是因为高速的扰动使底泥颗粒再悬浮，导致了 TP 浓度的显著增加，由此可见，与浊度分析成果类似，$400 \sim 500r/min$ 是本次研究选取的四种底泥上覆水 TP 变化的临界扰动强度。

H 点、S 点、M 点和 X 点各点不同工况之间 TP 浓度的差异性分析统计结果如表 4-6 所列。可以看出，M 点的工况基本上均具有显著性差异，其他三种泥样的上覆水 TP 浓度仅 500r/min 工况与其他工况间具有显著性差异（$P<0.05$），因此，TP 是随扰动强度变化而改变的一般敏感指标，TP 浓度随扰动强度的增大呈上升趋势，但较小的扰动条件对 TP 影响不显著，当扰动强度较大时水体中的 TP 浓度则会显著增加。

表4-6　不同工况间的差异性分析结果

工况	静置	100r/min	200r/min	300r/min	400r/min	500r/min
静置	1	>0.05(M) >0.05 (X)	>0.05 (M) >0.05 (X)	>0.05 (M) >0.05 (X)	>0.05 (M) >0.05 (X)	<0.01**(M) <0.01**(X)
100r/min	>0.05(H) <0.05*(S)	1	>0.05(M) >0.05(X)	>0.05 (M) >0.05 (X)	>0.05 (M) >0.05 (X)	<0.01**(M) <0.01**(X)
200r/min	>0.05(H) <0.01**(S)	>0.05 (H) <0.01**(S)	1	>0.05 (M) >0.05 (X)	>0.05 (M) >0.05 (X)	<0.01**(M) <0.01**(X)
300r/min	>0.05 (H) <0.01**(S)	>0.05 (H) <0.01**(S)	>0.05 (H) <0.05*(S)	1	>0.05 (M) >0.05 (X)	<0.01**(M) <0.01**(X)
400r/min	>0.05 (H) <0.01**(S)	>0.05 (H) <0.01**(S)	>0.05 (H) <0.01** (S)	>0.05 (H) >0.05 (S)	1	<0.01**(M) <0.01**(X)
500r/min	<0.01** (H) <0.01**(S)	<0.01** (H) <0.01**(S)	<0.01** (H) <0.01**(S)	<0.01**(H) <0.01**(S)	<0.01**(H) <0.01**(S)	1

（5）底泥对 NH_3-N 的释放规律

H 点不同扰动工况上覆水 NH_3-N 浓度及释放速率随时间的变化情况如图 4-11 所示。试验开始前，NH_3-N 浓度初始值为 $0.8 \sim 1.8mg/L$，随着试验的进行，静置工况 NH_3-N 浓度呈缓慢上升趋势，并在中后期趋于稳定，浓度为 1.26mg/L 左右，该工况 NH_3-N 释放速率在扰动 1d 后达到最大值，为 $37.76mg/(m^2 \cdot d)$；$100 \sim 500r/min$ 工况的 NH_3-N 浓度仅在试验初期短暂上升，之后呈快速下降趋势，并从第 7 天开始五组扰动工况的 NH_3-N 浓度基本均降为 0，$100 \sim 500r/min$ 工况的 NH_3-N 释放速率在试验初期由于 NH_3-N 浓度的下降逐渐降低，第 4 天开始又逐渐上升并趋于稳定。分析上述现象的原因，主要是在扰动初期，上覆水与底泥界面的交换增加，底泥表面吸附的 NH_3-N 向水体释放，底泥间隙水中的 NH₃-N 溶出，导致 NH₃-N 浓度增大，释放速率增强，随着扰动的进行，扰动工况的 DO 浓度升高，NH₃-N 在好氧条件下迅速硝化，氧化成 NO₃⁻-N，上覆水中的 NO₃⁻-N 迅速减少，图 4-11 中 H 点 NO₃⁻-N 浓度在试验开始后迅速上升也可以看出硝化反应的发生，而静置工况的 DO 浓度增加不明显，虽也发生硝化反应，但被氧化的 NH₃-N 量少，从试验结果看，静置工况的 NH₃-N 消耗量与释放量在试验中后期动态平衡。试验后期，静置、100r/min、200r/min、300r/min、400r/min 和 500r/min 工况的 NH₃-N 释放速率分别为 10.20mg/(m²·d)、−27.11mg/(m²·d)、−32.81mg/(m²·d)、−33.45mg/(m²·d)、−34.23mg/(m²·d) 和 −34.67mg/(m²·d)，仅静置工况表现出 NH₃-N 的释放状态。

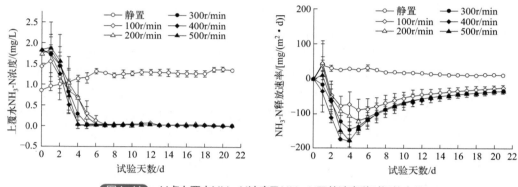

图4-11　H点上覆水NH₃-N浓度及NH₃-N释放速率随时间的变化

S 点不同扰动工况上覆水 NH₃-N 浓度及释放速率随时间的变化情况如图 4-12 所示。该点的上覆水 NH₃-N 浓度随时间呈上升后下降的趋势，试验开始时，六组工况的 NH₃-N 浓度在 3.32～3.37mg/L 之间。试验初期，由于底泥间隙水中的 NH₃-N 浓度高，不断向上覆水扩散，六组工况的上覆水 NH₃-N 浓度逐渐上升；在中后期，当底泥间隙水和上覆水中的浓度相等时，NH₃-N 不再向上扩散，加之硝化反应的进行，促使上覆水中 NH₃-N 浓度逐渐下降，并转化成 NO₃⁻-N，且扰动强度越大，降幅越大，500r/min 工况在第 11 天时 NH₃-N 浓度最高，为 5.287mg/L，400r/min 工况在第 13 天时 NH₃-N 浓度最高，为 5.858mg/L，300r/min、200r/min、100r/min 和静置工况分别在第 13 天、第 14 天、第 15 天、第 16 天时 NH₃-N 浓度最高，分别为 5.932mg/L、6.268mg/L、6.553mg/L、7.207mg/L，500r/min 工况的 NH₃-N 浓度最低，主要是因为较多的 NH₃-N 转化成 NO₃⁻-N，随转速的增加，硝化反应越剧烈，NO₃⁻-N 浓度也越大；峰值后，各扰动工况的 NH₃-N 浓度逐渐下降，试验结束时，六组工况的 NH₃-N 浓度分别为 6.360mg/L、5.683mg/L、1.474mg/L、0.456mg/L、0.066mg/L 和 0.065mg/L。NH₃-N 释放速率在试验开始时较大，第 2 天达到最值，静置工况的 NH₃-N 释放速率最大，高达 430mg/(m²·d)，其余五组扰动工况的 NH₃-N 释放速率为 320mg/(m²·d) 左右。

M 点不同扰动工况上覆水 NH₃-N 浓度及释放速率随时间的变化情况如图 4-13 所示。图中可以看出，该点的 NH₃-N 浓度变化与其他 3 个点不同，所有工况在试验期间均随时间逐渐下降。试验开始时，由于 M 点是 4 个点中污染程度最大的点位，其上覆水 NH₃-N 浓度初始值高达 6mg/L 左右，较高的 NH₃-N 浓度促使其向底泥内扩散，因此表现出了上覆水 NH₃-N 浓度的逐渐下降，又由于扰动工况形成的好氧状态，硝化反应

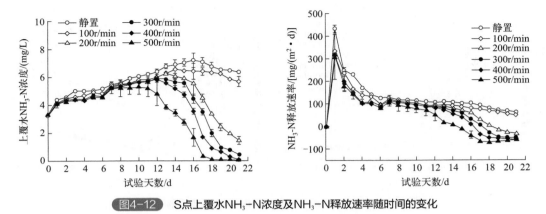

图4-12　S点上覆水NH₃-N浓度及NH₃-N释放速率随时间的变化

的发生（如图 4-13 所示，扰动强度大的工况 NO_3^--N 浓度最高），使扰动强度大的工况 NH₃-N 浓度下降幅度最大，后期稳定时，六组工况的 NH₃-N 浓度分别为 1.163mg/L、0.248mg/L、0.124mg/L、0.107mg/L、0.077mg/L、0.071mg/L，随扰动强度增大依次减小。M 点的 NH₃-N 释放速率呈下降后上升的趋势，且整个试验期间所有工况均为负值，表现为 NH₃-N 的吸附。

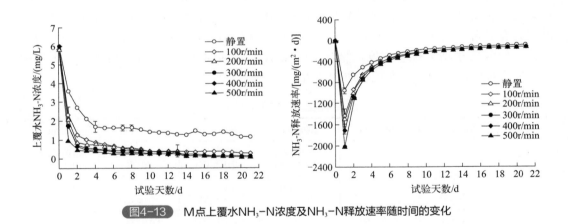

图4-13　M点上覆水NH₃-N浓度及NH₃-N释放速率随时间的变化

　　X 点上覆水 NH₃-N 浓度以及释放速率随时间的变化曲线如图 4-14 所示。由图可知，NH₃-N 浓度以及释放速率均随时间先上升后下降，最后趋于稳定。试验开始前，上覆水 NH₃-N 浓度为 2.1 ~ 2.4mg/L，试验初期，由于底泥与上覆水的 NH₃-N 浓度差，底泥间隙水中的 NH₃-N 逐渐向上覆水扩散释放，静置工况的 NH₃-N 浓度在第 5 天达到最大值，为 3.646mg/L，比试验开始时高了 1.2mg/L 左右，100 ~ 500r/min 工况的 NH₃-N 浓度在第 4 天时达到最大，为 2.17 ~ 2.92mg/L，比试验开始时增加了 0.07 ~ 0.5mg/L。随着扰动的持续进行，NH₃-N 浓度逐渐降低，也是因为 NH₃-N 在好氧条件下的硝化反应。在试验后期，静置、100r/min、200r/min、300r/min、400r/min 和 500r/min 工况的 NH₃-N 浓度分别为 0.162mg/L、0.129mg/L、0.104mg/L、0.086mg/L、0.063mg/L 和 0.043mg/L。X 点的 NH₃-N 释放速率变化情况与 S 点类似，在试验刚开始时即达到峰值，最大释放速率介于 50 ~ 150mg/(m²·d) 之间，后期随着 NH₃-N 浓度的下降，释放速率也逐渐降低。

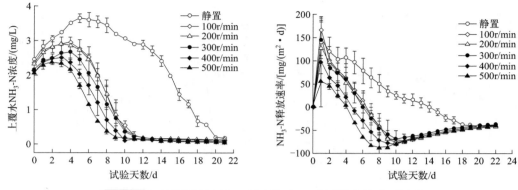

图4-14 X点上覆水NH₃-N浓度及NH₃-N释放速率随时间的变化

综合分析不同地点的 NH₃-N 变化规律，可以发现，NH₃-N 浓度随时间呈先上升后下降或逐渐下降的趋势，不同采样点位由于初始浓度的不同，其变化规律也不尽相同，但对比同一时刻不同工况的 NH₃-N 浓度变化规律，发现不同点位均相似，随扰动强度增大，NH₃-N 浓度呈下降趋势，这是因为扰动强度越大，DO 浓度越高，硝化作用越迅速，因此，NH₃-N 下降速度越快，这也说明了增大扰动强度可以控制底泥中 NH₃-N 污染物质的释放。另外，统计学结果显示（表4-7），各点的静置工况或低扰动工况与高扰动工况的 NH₃-N 浓度差异性极显著（$P<0.01$），而高扰动强度之间的 NH₃-N 释放强度不具有显著性差异（$P>0.05$），由此可见 NH₃-N 是随扰动强度改变而变化的一般敏感指标，但只要稍增大扰动强度，增加受污染水体中的 DO 浓度，就能达到降低水体中 NH₃-N 指标浓度的效果，实现水质的改善。

表4-7 不同工况间的差异性分析结果

工况	静置	100r/min	200r/min	300r/min	400r/min	500r/min
静置	1	<0.01**(M) <0.01**(X)	<0.01**(M) <0.01** (X)	<0.01**(M) <0.01**(X)	<0.01**(M) <0.01**(X)	<0.01**(M) <0.01**(X)
100r/min	<0.01** (H) >0.05 (S)	1	>0.05(M) >0.05(X)	>0.05 (M) >0.05 (X)	>0.05 (M) >0.05 (X)	>0.05 (M) >0.05 (X)
200r/min	<0.01** (H) <0.01**(S)	>0.05 (H) <0.01**(S)	1	>0.05 (M) >0.05 (X)	>0.05 (M) >0.05 (X)	>0.05 (M) >0.05 (X)
300r/min	<0.01** (H) <0.01**(S)	>0.05 (H) <0.01**(S)	>0.05 (H) >0.05 (S)	1	>0.05 (M) >0.05 (X)	>0.05 (M) >0.05 (X)
400r/min	<0.01** (H) <0.01**(S)	>0.05 (H) <0.01**(S)	>0.05 (H) <0.01**(S)	>0.05 (H) >0.05 (S)	1	>0.05 (M) >0.05 (X)
500r/min	<0.01** (H) <0.01**(S)	>0.05 (H) <0.01**(S)	>0.05 (H) <0.01**(S)	>0.05 (H) >0.05 (S)	>0.05 (H) >0.05 (S)	1

（6）底泥对 TN 的释放规律

H 点、S 点、M 点和 X 点四种泥样的上覆水 TN 浓度和释放速率随时间的变化如图 4-15 ～图 4-18 所示。可以看出，试验开始时 4 个点位的上覆水 TN 初始浓度不同，分别为 9.4mg/L 左右、10.7mg/L 左右、8.2mg/L 左右和 6.5mg/L 左右，S 点的 TN 浓度最高，不同的 TN 浓度也导致其随着时间的变化趋势不完全相同。

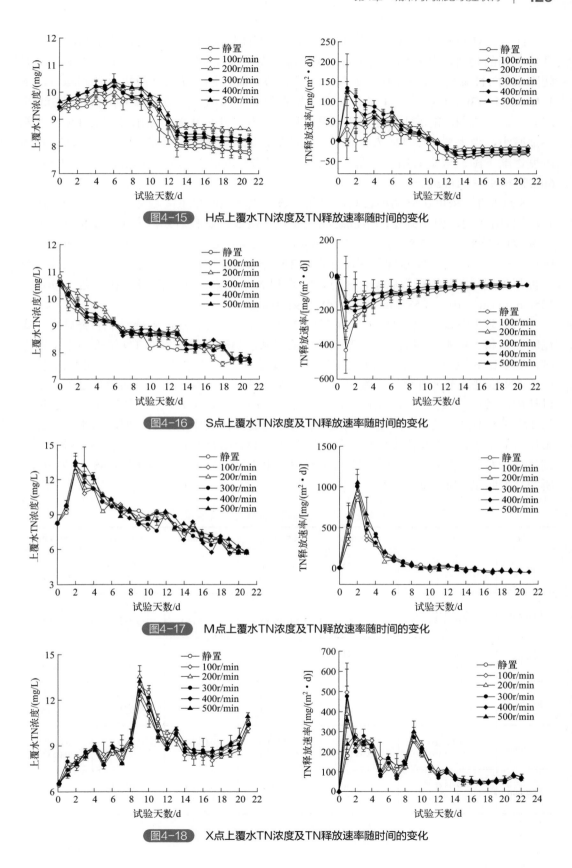

图4-15　H点上覆水TN浓度及TN释放速率随时间的变化

图4-16　S点上覆水TN浓度及TN释放速率随时间的变化

图4-17　M点上覆水TN浓度及TN释放速率随时间的变化

图4-18　X点上覆水TN浓度及TN释放速率随时间的变化

　　H 点、M 点和 X 点 3 个点位上覆水 TN 浓度随试验时间的变化趋势相同，均呈上升后下降的趋势，且不同扰动工况之间数值差别不大。试验初期，由于上覆水和底泥间隙水的 TN 浓度差，TN 释放速率呈上升趋势，M 点的 TN 浓度最快上升到峰值，第 3 天即达到 13mg/L 左右，H 点和 X 点分别在第 6 天和第 9 天增加至 10mg/L 和 13mg/L 左右；试验后期，随着上覆水 TN 浓度的逐渐上升，其与底泥间隙水之间的 TN 浓度差逐渐减小，当上覆水中 TN 浓度高于一定值后，底泥开始起吸附作用，上覆水中的 TN 浓度逐渐下降，试验后期，H 点、M 点和 X 点的上覆水 TN 浓度分别降至 8 ～ 9mg/L、6mg/L 和 9 ～ 11mg/L。

　　S 点的 TN 浓度试验初期较高，因此在整个试验期间呈下降趋势，即表现为底泥对 TN 的吸附作用，但不同扰动工况之间的变化不明显，试验后期，六种工况的 TN 浓度分别为 7.768mg/L、7.810mg/L、7.772mg/L、7.724mg/L、7.665mg/L 和 7.828mg/L。从 H 点、S 点、M 点和 X 点四种底泥样本的 TN 释放速率可以看出，除 S 点外，其他 3 个点位都表现出 TN 的释放状态，H 点、M 点和 X 点的六组工况的最大释放速率分别为 125.96mg/(m^2·d)、1058.23mg/(m^2·d)、491.91mg/(m^2·d)。

　　以上分析可以发现，TN 在底泥沉积物和上覆水中的迁移转化是一个动态过程，底泥间隙水和上覆水之间的 TN 浓度差有一定关系，当底泥间隙水的 TN 浓度高于上覆水时，表现出底泥向上覆水的释放过程，且浓度差越大，TN 的释放量越大，但当上覆水中的 TN 浓度逐渐上升至一定数值时，又会发生底泥对上覆水中 TN 的吸附过程，这与以往的相关研究成果一致。由于 H 点、S 点、M 点和 X 点 4 个点位的底泥与河道原水的 TN 浓度不同，其 TN 浓度和释放速率随时间的变化规律不一致，但因为本次研究所采集的上覆水初始 TN 浓度较高，各点的上覆水 TN 浓度随扰动强度的变化幅度均不大，统计分析发现，各扰动工况之间的 TN 释放速率不具有显著性差异（$P>0.05$），如表 4-8 所列，因此 TN 随扰动强度变化不敏感。

表4-8　不同工况间的差异性分析结果

工况	静置	100r/min	200r/min	300r/min	400r/min	500r/min
静置	1	>0.05 (M) >0.05 (X)	>0.05 (M) >0.05 (X)	>0.05 (M) >0.05 (X)	>0.05 (M) >0.05 (X)	>0.05 (M) >0.05 (X)
100r/min	>0.05 (H) >0.05 (S)	1	>0.05(M) >0.05(X)	>0.05 (M) >0.05 (X)	>0.05 (M) >0.05 (X)	>0.05 (M) >0.05 (X)
200r/min	>0.05 (H) >0.05 (S)	>0.05 (H) >0.05 (S)	1	>0.05 (M) >0.05 (X)	>0.05 (M) >0.05 (X)	>0.05 (M) >0.05 (X)
300r/min	>0.05 (H) >0.05 (S)	>0.05 (H) >0.05 (S)	>0.05 (H) >0.05 (S)	1	>0.05 (M) >0.05 (X)	>0.05 (M) >0.05 (X)
400r/min	>0.05 (H) >0.05 (S)	>0.05 (H) >0.05 (S)	>0.05 (H) >0.05 (S)	>0.05 (H) >0.05 (S)	1	>0.05 (M) >0.05 (X)
500r/min	>0.05 (H) >0.05 (S)	>0.05 (H) >0.05 (S)	>0.05 (H) >0.05 (S)	>0.05 (H) >0.05 (S)	>0.05 (H) >0.05 (S)	1

4.2.1.3　扰动强度与河道表面流速的关系

如前文所述，切应力是底泥悬浮引起水质变化的主要原因，可以将泥水界面的切应力作为底泥污染物释放试验成果与野外实际河道中动力扰动造成的底泥释放情况相互转换的中间变量，因此，在分析抑制实际河道底泥快速释放的水动力调控上限阈值时需要进行试验装置中的流场分析和扰动产生的临底切应力的计算。

（1）不同转速条件装置内水流流场的计算

为了确定不同转速下试验装置中的流场分布特征，采用 FLUENT 软件进行模拟计算。根据圆筒中的水深和直径构建圆柱形三维模型（直径 27cm，高 40cm），距离圆柱顶部以下 5cm 距离的中心位置布置十字形旋桨，旋桨的尺寸根据恒速电动搅拌器搅拌棒和底部十字形旋叶的实际尺寸设置，构建的模型如图 4-19（a）所示。采用非结构化网格划分方法对模型进行网格划分，划分的网格数量为 287269，网格分布如图 4-19（b）所示。

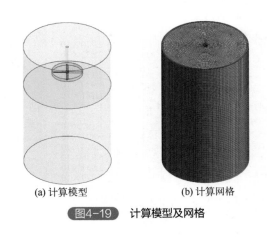

(a) 计算模型　　　　(b) 计算网格

图4-19　计算模型及网格

本研究对象是复杂的高速动边界，在桨叶周边区域存在高雷诺数的复杂湍流，因此选择了标准 *k-ε* 模型作为湍流模型多参考坐标系处理桨叶动边界，根据相应的搅拌器转速，在桨叶边界及周边区域设置旋转参考坐标系，采用 VOF 模型处理自由表面边界。

将搅拌器转速 *r* 分别设置为100r/min、200r/min、300r/min、400r/min、500r/min五种工况分别进行数值模拟，各工况从旋桨下缘至圆筒底部的纵剖面流速分布如图4-20 所示。计算结果显示，装置中心轴线位置流速较小，靠近壁面处流速较大，从装置轴线至壁面水流速度逐渐增大；由于装置中水流的螺旋运动，靠近底部中心轴线位置一定水深的水流流速接近 0；随着转速的增大，装置中水流的最大流速逐渐增大。

（2）转速与切应力相关关系

试验装置中搅拌器促使水体旋转会产生离心力，易造成水体振荡，导致同一水平面的切应力不等，因此，为尽量规避旋转水体带来的切应力不均的问题，本次研究选用同一水平面的切应力平均值作为每种扰动工况的切应力计算结果。

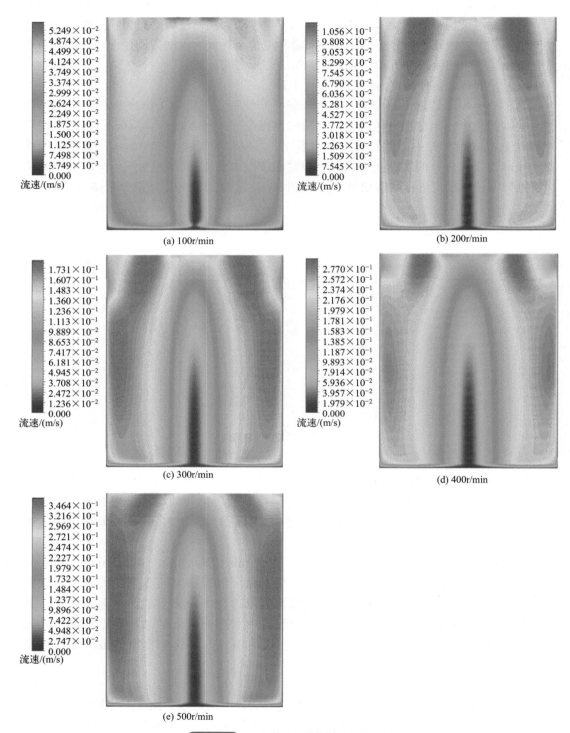

图4-20 不同转速条件纵剖面流速分布

分别统计分析不同转速条件，距试验装置轴线不同位置的速度垂向分布，例如距轴线 12cm 位置的速度分布如图 4-21 所示。

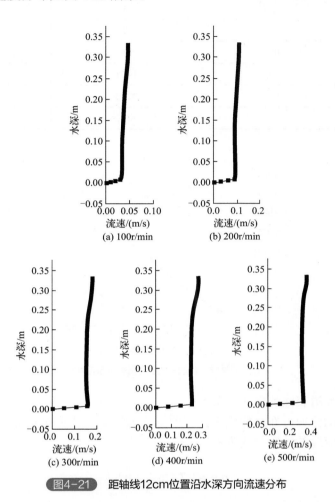

图4-21　距轴线12cm位置沿水深方向流速分布

流体的切应力代表速度梯度的大小，可以看出，不同转速条件，均为距泥 - 水交界面深度 1cm 以下的速度变化最大，1cm 以上的速度基本恒定，因此，取距泥 - 水交界面深度 1cm 水深范围内、距试验装置中轴线不同位置的切应力的平均值作为每个扰动工况的切应力，切应力计算公式为：

$$\tau = \mu \frac{\mathrm{d}u}{\mathrm{d}y} \tag{4-5}$$

式中　τ——切应力，N/m²；

　　　u——流速，m/s；

　　　y——水深，m；

　　　μ——水的动力黏度，试验过程中的水温基本维持在 15℃左右，因此这里取 15℃时水的动力黏度 1.197×10^{-3} Pa·s。

不同转速的切应力如表 4-9 所列，转速与切应力相关关系曲线如图 4-22 所示。可以看出，本次研究试验装置中泥水界面的切应力与转速呈幂函数关系。

表4-9　不同转速泥水界面切应力统计表

序号	转速/（r/min）	$\dfrac{\mathrm{d}u}{\mathrm{d}y}$	τ/（N/m²）
1	100	3.20	0.004
2	200	8.57	0.010
3	300	14.71	0.018
4	400	22.03	0.026
5	500	30.12	0.036

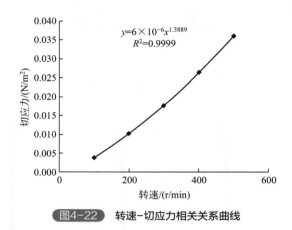

图4-22　转速-切应力相关关系曲线

（3）转速与河道表面流速相关关系

二元明渠流动流速分布可假设为按照明渠均匀流动，其垂向分布呈对数形式。野外实际河道的表面流速的计算公式为：

$$u = u'\left(2.5\ln\frac{y}{\varDelta} + 8.5\right) \tag{4-6}$$

$$u' = \sqrt{\frac{\tau}{\rho}} \tag{4-7}$$

式中　u——野外实际河道的表面流速，m/s；

　　　u'——摩阻流速，m/s；

　　　y——水深，m；

　　　$\varDelta$——绝对粗糙度，mm，一般城市河道的$\varDelta$为0.8～6.0mm，本次研究中取平均值3mm；

　　　ρ——水的密度，取1000kg/m³；

　　　τ——河道底部泥水界面的切应力，N/m²，数值上与表4-9中不同转速条件下泥水界面切应力相等，是试验中的扰动强度与野外实际河道表面流速转换的关键变量。

城市河道一般水深为1～3m，利用式（4-6）和式（4-7）即可计算出水深分别为

1.0m、1.5m、2.0m、2.5m、3.0m 的河道表面流速，不同水深河道表面流速计算结果如表 4-10 所列。计算结果显示，100r/min 对应河道表面流速为 0.05m/s；200r/min 对应河道表面流速为 0.07 ～ 0.08m/s；300r/min 对应河道表面流速为 0.10 ～ 0.11m/s；400r/min 对应河道表面流速为 0.12 ～ 0.13m/s；500r/min 对应河道表面流速为 0.14 ～ 0.15m/s。从图 4-23 中可以看出，转速与流速的关系近似线性，且同一转速下，随着水深的增大，河道表面流速增大，且变化幅度变小。

表 4-10　不同水深河道表面流速计算结果

转速/（r/min）	切应力/（N/m²）	不同水深河道表面流速/（m/s）				
		1.0m	1.5m	2.0m	2.5m	3.0m
100	0.004	0.05	0.05	0.05	0.05	0.05
200	0.010	0.07	0.08	0.08	0.08	0.08
300	0.018	0.10	0.10	0.10	0.11	0.11
400	0.026	0.12	0.12	0.13	0.13	0.13
500	0.036	0.14	0.14	0.15	0.15	0.15

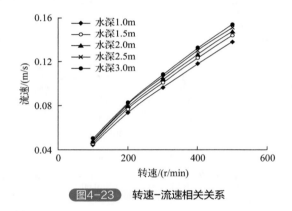

图4-23　转速-流速相关关系

4.2.1.4　水动力-水质指标调控上限阈值的确定

（1）水动力 - 水质响应关系

根据前文 H 点、S 点、M 点和 X 点底泥试验分析成果，随水动力改变的敏感指标主要为浊度、溶解氧、总磷和氨氮，因此，选择上述 4 个敏感水质指标，分析其与河道流速之间的响应关系。为全面分析整个试验过程中的水动力 - 水质响应关系，根据浊度、溶解氧、总磷和氨氮的变化趋势，将试验分成三个阶段，即试验前期（第 0 ～ 6 天）、试验中期（第 7 ～ 15 天）和试验后期（第 16 ～ 21 天），针对以上三个阶段，分别选择第 2 天、第 13 天和第 20 天的水质监测数据（每种工况取三组平行试验水质监测数据的平均值）探讨水质与水动力的响应关系。

另外，根据底泥采样点位所在河道的实际平均水深确定每种转速对应的表面流速，H 点、S 点、M 点和 X 点的河道平均水深分别约为 2.5m、2.5m、2.0m 和 2.0m，各点对应不同转速的河道表面流速可从表 4-10 中查到。

1）流速 - 浊度响应关系

H 点、S 点、M 点和 X 点的浊度随流速的变化关系如图 4-24 所示。从图中可以看出，当 $u < 0.13$m/s 时，随着流速的增大，4 个点位各阶段的上覆水浊度均没有较大变化，但当 $u > 0.13$m/s 时，水体浊度开始急剧升高，其中，H 点浊度从 3 ～ 20NTU 增大到 40 ～ 156NTU；S 点浊度从 18 ～ 27NTU 增大至 76 ～ 182NTU；M 点浊度的增幅最为显著，从 6 ～ 14NTU 增大至 263 ～ 341NTU；X 点的浊度从 6 ～ 16NTU 增大到 23 ～ 258NTU。综上分析，$u=0.13 ～ 0.15$m/s 是引起浊度显著增大的临界流速范围。

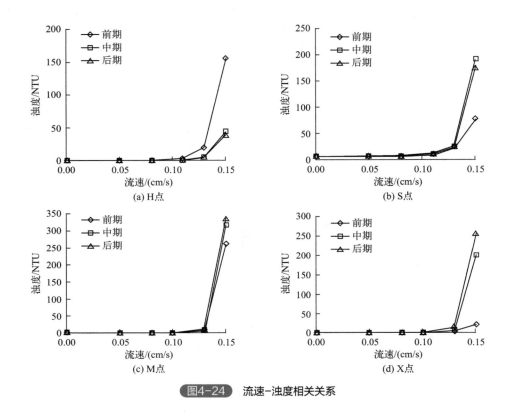

图4-24 流速-浊度相关关系

2）流速 - 溶解氧响应关系

H 点、S 点、M 点和 X 点各个试验阶段的上覆水 DO 浓度随河道流速的变化关系如图 4-25 所示。从图中可以看出，四种底泥试验的上覆水 DO 浓度均随河道表面流速的增大而增加，由此可见，增大水流流速，提高水动力条件，能够提高水中的溶解氧水平，为增强水体的自净能力提供条件。

3）流速 - 总磷响应关系

H 点、S 点、M 点和 X 点各个试验阶段的上覆水 TP 浓度随河道流速的变化关系如图 4-26 所示。图中显示，当 $u < 0.13$m/s 时，TP 浓度基本不随流速的增加而改变，但当 $u > 0.13$m/s 时，TP 浓度极速增加。H 点 TP 浓度分别从 0.212mg/L 增加到 0.429mg/L（前期）、0.144mg/L 增加到 0.301mg/L（中期）、0.074mg/L 增加到 0.126mg/L（后期），试验后期虽由于底泥颗粒沉降，TP 浓度随流速增幅不大，但前两个阶段的 TP 大量释放已经造成了水体的污染；S 点在试验前期，TP 浓度随流速变化不大，但中后期，TP 浓

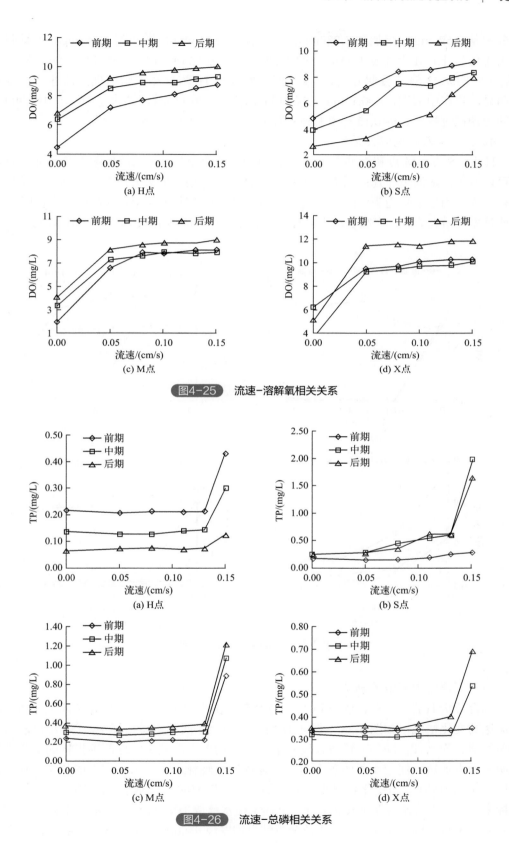

图4-25 流速-溶解氧相关关系

图4-26 流速-总磷相关关系

度分别从 0.595mg/L 增加到 1.989mg/L（中期）、0.616mg/L 增加到 1.647mg/L（后期），增大 1 倍以上；M 点在 u=0.15m/s 时的 TP 浓度分别比 u=0.13m/s 时增加 4 倍（前期）、3 倍（中期）、3 倍（后期）；与 S 点类似，X 点的 TP 浓度在试验前期随流速增大变化不明显，但在中后期，u=0.15m/s 工况的 TP 浓度比 u=0.13m/s 时增大了 70%。由此可见，在动力调控过程中，u=0.13 ~ 0.15m/s 为 TP 快速增加的临界流速范围。

　　4）流速 - 氨氮响应关系

　　H 点、S 点、M 点和 X 点的 NH_3-N 浓度与流速的相关关系曲线如图 4-27 所示。从图中可以看出，随河道流速的增大，除 H 点在试验前期稍有增大外，其他采样点各阶段的 NH_3-N 浓度均呈下降趋势，而且在试验后期，大流速条件下的 NH_3-N 浓度几乎均降为 0。由此可见，增大流速，提高水动力条件可以有效降低 NH_3-N 浓度，改善河道水质。

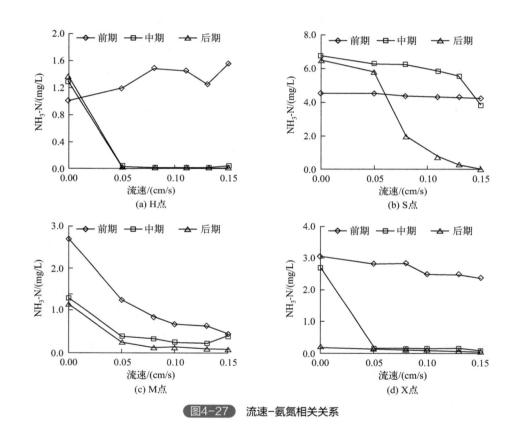

图4-27　流速-氨氮相关关系

　　（2）流速上限阈值的确定

　　综合分析 H 点、S 点、M 点和 X 点的上覆水浊度、DO、TP 和 NH_3-N 四项水质指标随流速的变化情况，如图 4-28 ~ 图 4-31 所示。在上述四项水质指标中，DO 浓度随水流流速的增大而增加，NH_3-N 释放强度随水流流速的增大而减小，这两项指标的变化情况说明，增大流速对河道水质改善有益，一定程度上解释了"流水不腐"的科学道理，但浊度和 TP 释放强度的变化趋势则不同，均随水流流速的增大而增大，因此从浊度和 TP 指标来说，增大流速会促进底泥悬浮，并向上覆水释放 TP，给河道水环境带来不利影响，且 H 点、X 点、M 点和 S 点多个点位分析结果均发现 u=0.13 ~ 0.15m/s 为临界流速范围，

当 $u < 0.13$m/s 时，浊度和 TP 释放的变化量不大，增幅不明显，可以忽略，但是当 $u = 0.13 \sim 0.15$m/s 时，底泥快速悬浮，浊度显著增大，TP 释放量显著增加。由此可见，平原城市水动力调控中抑制底泥快速释放的流速上限阈值 $u_{大}$ 的范围为 $0.13 \sim 0.15$m/s。

　　研究中 H 点、X 点、M 点和 S 点四处底泥颗粒的平均粒径为 $0.013 \sim 0.028$mm，TP 和 TN 的浓度分别介于 $0.210 \sim 0.489$mg/L 和 $5.828 \sim 10.745$mg/L 之间，因此，综合分析 H 点、S 点、M 点和 X 点的粒径分布与污染状况，以及 4 个点位浊度、DO、TP 和 NH$_3$-N 四项水质与水动力指标（流速 u）的相关关系，可以得到结论：若平原城市河道底泥颗粒的平均粒径在 $0.013 \sim 0.028$mm 之间，TP 和 TN 的浓度为 $646.09 \sim 1594.96$mg/kg 和 $1230.41 \sim 2768.94$mg/kg，其水动力指标（流速）的上限阈值 $u_{大}$ 的范围为 $0.13 \sim 0.15$m/s，在实际水动力调控过程中应控制该河道表面流速不超过 0.15m/s，若 $u > 0.15$m/s 则易促使底泥悬浮释放，使得河道水质下降。

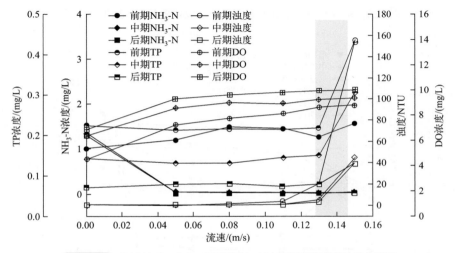

图4-28　H点浊度、DO、TP和NH$_3$-N水质指标随流速的变化情况

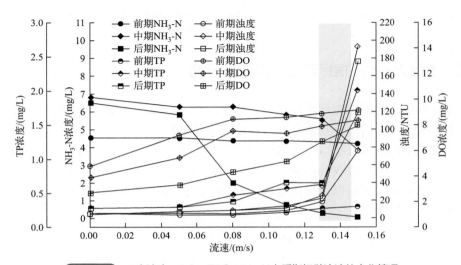

图4-29　S点浊度、DO、TP和NH$_3$-N水质指标随流速的变化情况

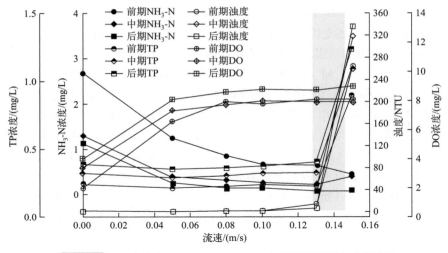

图4-30 M点浊度、DO、TP和NH₃-N水质指标随流速的变化情况

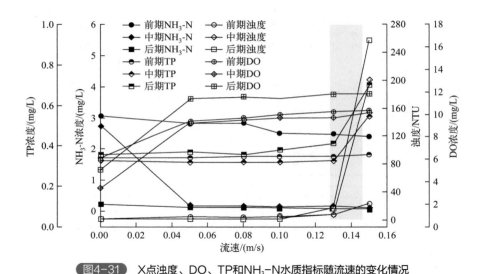

图4-31 X点浊度、DO、TP和NH₃-N水质指标随流速的变化情况

4.2.2 水动力-水质指标调控下限阈值研究

水环境容量是指水体在规定的环境目标下所能容纳的污染物最大负荷，通常以单位时间内水体所能承受的污染物总量表示，也称水体纳污能力。本研究采用水环境容量理论，以河道水质达标为目标，考虑河道沿程点源污染、面源污染、底泥污染物释放、河道水体自净、水生植物吸收等多种影响河道水质的因素，建立了平原河网区水动力调控下限阈值计算公式。然后以苏州市古城区内典型河道为例，分析计算其满足河道水环境改善的流速下限阈值。

4.2.2.1 流速下限阈值计算公式推导

按照水环境容量计算的理论和方法，探讨水动力调控改善水环境中的流速下限阈值。分析确定流速下限阈值时，选择总体达标法计算水环境容量，总体达标计算法无需考虑污染源位置，计算简便易操作。

总体达标计算法采用零维模型进行水质计算，如图 4-32 所示。计算中考虑点源污染、面源污染、直接入河的大气沉降、底泥污染物的释放、河道水体的自净、水中植物对污染物的吸收等多种影响河道水质的因素。

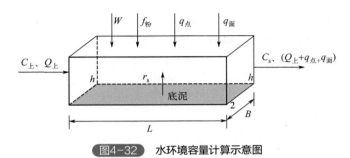

图4-32 水环境容量计算示意图

根据污染物的质量守恒，得到公式：

$$10^3 C_上 Q_上 + W + f_粉 + 10^3 \sum C_点 q_点 + 10^3 C_面 q_面 + \frac{1}{86400} r_s BL$$

$$= 10^3 C_s \left(Q_上 + \sum q_点 + q_面 \right) + \frac{10^3}{86400} KVC_s + f_植 (\text{光照，温度，植物类型和密度，水深}) \qquad (4\text{-}8)$$

式中　$Q_上$——河道上游来水的流量，m^3/s；

$\quad C_上$——水质浓度，mg/L；

$\quad W$——水环境容量，mg/s；

$\quad q_点$——入河点源污染的流量，m^3/s；

$\quad C_点$——入河点源污染物浓度，mg/L；

$\quad q_面$——入河面源污染的流量，m^3/s；

$\quad C_面$——入河面源污染物浓度，mg/L；

$\quad f_粉$——直接入河大气沉降所含污染物的质量函数；

$\quad r_s$——底泥污染物的释放速率，$\text{mg/(m}^2 \cdot \text{d)}$；

$\quad L$——河道长度，m；

$\quad B$——河宽，m；

$\quad C_s$——河道出口断面的目标水质浓度，mg/L；

$\quad K$——污染物降解系数，d^{-1}；

$\quad V$——河段内的水体体积，m^3；

$\quad f_植$——水生植物吸收的污染物的质量函数，与光照、温度、植物种类、种植密度以及水深等因素有关。

假设，河道进口断面水流流速为 u，进口和出口断面的水深均为 h，则由式（4-8）得：

$$10^3 C_上 uBh + W + f_粉 + 10^3 \sum C_点 q_点 + 10^3 C_面 q_面 + \frac{1}{86400} r_s BL$$

$$= 10^3 C_s uBh + 10^3 \sum C_s q_点 + 10^3 C_s q_面 + \frac{10^3}{86400} KVC_s + f_植 \qquad (4\text{-}9)$$

化简得：

$$u=\frac{W+10^3\left(\sum C_{点}q_{点}-\sum C_s q_{点}\right)+10^3\left(C_{面}-C_s\right)q_{面}-\dfrac{10^3}{86400}KC_s hLB-f_{植}+f_{粉}+\dfrac{1}{86400}r_s BL}{10^3\left(C_s-C_{上}\right)Bh}$$

（4-10）

在式（4-10）中，若水环境容量 $W=0$，即该河道水体不再能够承受污染物的排放，此时的流速 u 为所求的能够保证河道水质的最小流速 $u_{小}$，即：

$$u_{小}=\frac{10^3\left(\sum C_{点}q_{点}-\sum C_s q_{点}\right)+10^3\left(C_{面}-C_s\right)q_{面}-\dfrac{10^3}{86400}KC_s hLB-f_{植}+f_{粉}+\dfrac{1}{86400}r_s BL}{10^3\left(C_s-C_{上}\right)Bh}$$

（4-11）

4.2.2.2　典型河段流速下限阈值计算

平江河、临顿河是苏州古城区内主要的干流河道，为两条南北向平行河道。以这两条河道为例，分析计算其满足河道水环境改善的流速下限阈值。平江河跨桥20座，长约2.85km，宽 8～10m；临顿河河长约1.60km，宽约8m。

根据前文分析，流速下限阈值的计算与河段排污量和排污浓度、水质指标和目标等多种因素有关，研究中以 $NH_3\text{-}N$ 浓度达到Ⅳ类标准（$C_s=1.5mg/L$）为例，计算平江河和临顿河的流速下限阈值。

（1）平江河

平江河河道长度 $L=2850m$，平均河宽 $B=9m$，进出口断面水深取平江河的平均水深 2.5m；引水浓度取西塘河 2014～2017 年平均 $NH_3\text{-}N$ 浓度（西塘河为苏州古城区的主要引水水源），即 $C_{上}=0.85mg/L$；平江河的点源污染由苏州市水利局提供，经调查，平江河沿线排放的 $NH_3\text{-}N$ 总浓度 $C_{点}=7.68mg/L$，污水排放流量 $q_{点}=0.1m^3/s$；r_s 取前文四组底泥释放试验中 $NH_3\text{-}N$ 释放率最大值的平均值，为 150mg/(m²·d)；K 取太湖流域 $NH_3\text{-}N$ 降解系数率定结果的平均值 $0.085d^{-1}$；忽略粉尘和面源污染，且无植物净化作用。

将上述相关数据代入式（4-11）得，平江河的流速下限阈值 $u_{小}=0.04m/s$，即在该条件下，当平江河流速高于 0.04m/s 时，才能保证该河道的 $NH_3\text{-}N$ 浓度达到Ⅳ类标准。

（2）临顿河

临顿河河段长度 $L=1600m$，河宽 $B=8m$，水深 $h=2.5m$，调查污水浓度 $C_{点}=5.28mg/L$，引水浓度 $C_{上}=0.85mg/L$，r_s 取值与前文相同，即 150mg/(m²·d)，同样忽略粉尘和面源污染，且无植物净化作用。

根据式（4-11）得，临顿河的流速下限阈值 $u_{小}=0.03m/s$。该条件下，当临顿河流速高于 0.03m/s 时可保证该河道的 $NH_3\text{-}N$ 浓度达到Ⅳ类标准。

4.3　河网水系流动性调控关键技术

平原城市河道流速的变化会对其水质造成一定影响，若将城市中原本滞流的水体"活"起来，可以改善水质，但如果流速提升过高，则会引起河道底泥扰动从而起悬，造成内源污染释放，水质指标变差。因此，对于平原城市而言，调控河道流速并将其维持在合理的范围内是提升水环境质量的重要保障。

目前，在平原城市常用的水动力调控方法主要依靠现有闸泵引动力驱动，调控范围有限，且闸门启动容易促使局部水流流速突然增大，造成河道底泥扰动。为了提升城市河网的水动力调控能力，研发了免底泥扰动的水动力调控技术和基于增阻减阻的河道水动力调控技术。

城市河网水系流动性调控关键技术研究思路如图 4-33 所示。首先基于物理模型试验，得到翻板门的水位 - 流量关系曲线，采用现场原型观测和数值模拟的方法确定子母门调控准则，同时利用数学模型计算的方法研究不同增阻减阻措施的河网水动力优化调控方法。

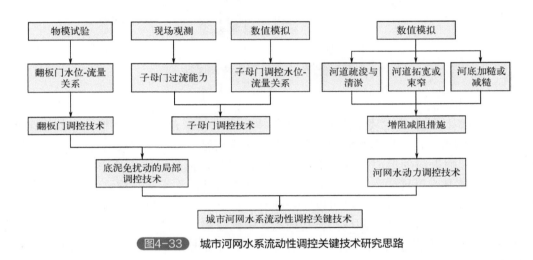

图4-33 城市河网水系流动性调控关键技术研究思路

4.3.1　免底泥扰动的水动力调控技术

免底泥扰动的水动力调控技术，主要包括翻板门调控技术和子母门调控技术。

① 翻板门调控技术可以通过调控翻板闸门的开启角度，控制过流流量，形成上下游水位差，调控河道水动力。翻板门调控技术在平原河网区动力重构水位差可超过 20cm。

② 子母门调控技术适用于城市内河用于进出水或调控分流配比的关键闸站节点，新建或对原有城区平板闸门进行改造，在传统平板闸门（母门）上开启小闸门（子门），实现其调控时表流过水、底泥免扰动。

4.3.1.1　翻板门调控技术

目前，在平原城市常用的水动力调控方法主要依靠泵引动力驱动，不仅调控范围有限，日常运行经费高，且泵站启动促使局部水流流速突然增大，容易造成河道底泥扰动。翻板门调控技术克服了这些难点，既能够在不启用泵站的条件下提高水流动力，增强水体自净能力，又可以避免底泥扰动，防止产生"二次"污染。

（1）技术原理

翻板门是一种上部绕底轴转动的薄壁堰和下部宽顶堰相结合的新型水工建筑物，

具体结构布置见图4-34。由剖面图可以看出，该翻板门是一种可以旋转的闸门结构，当闸门抬起时，是一座薄壁溢流堰，起到壅高水位的效果，通过调节翻板闸门的旋转角度能够控制壅水高度；旋转闸门的两侧各有一个宽窄平台，可以看作宽顶堰，两座宽顶堰中间形成凹槽，当闸门完全卧倒时，即可嵌入凹槽，与宽顶堰堰顶同高；两座宽顶堰上各布置一个橡胶护舷，用以吸收船舶与码头或船舶之间在靠岸或系泊时的碰撞能量，保护船舶、码头免受损坏。

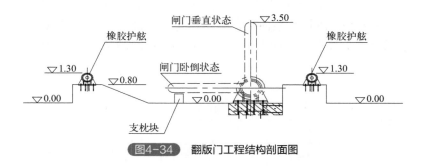

图4-34　翻版门工程结构剖面图

（2）技术功能

翻板门调控技术的主要特点是可以根据实际需求任意角度抬升翻板闸门挡水阻水，人工营造河网水位差，提高水动力条件，提升水流流速，实现整个河网片区的"自流活水"，并且，翻板门处形成的跌水能够增加水流掺气，提高河道水体中的溶解氧水平，进一步增大水体自净能力。另外，翻板闸门为底轴驱动，水流从闸顶过流，不会对河道底部进行冲刷造成底泥扰动，又可以完全卧倒，不妨碍游船通航和汛期防洪。

与泵引动力调控相比，翻板门结构简洁、坚固耐用、维护费用低，其运转部件采用特殊复合材料，无需添加润滑剂，闸门本体10年左右进行1次防腐，翻板门没有底门槽和侧门槽，是门叶围绕底轴心旋转的结构。另外，上游止水压在圆轴上，当坝竖起或倒下时，止水不离圆轴的表面，始终保持密封止水状态，淤沙（泥）不会影响其升坝和塌坝；翻板闸门采用启闭机启闭，一般不超过2min完成一次升坝和塌坝，水位调控便捷，对防洪基本没有影响，且当上游水位超过堰顶溢流时形成人造瀑布，水流潺潺，具有一定的景观效果。

（3）调控准则

翻板门调控技术是通过调节闸门开启角度控制过流流量，形成上下游水位差，在实际应用时，则以闸门开度、过流流量、上下游水位差之间的相关关系曲线为准则，根据实际的流量需求，调控翻板闸门的开启角度。

采用物理模型试验的方法，设置不同闸门开度（20°～90°）和不同流量（8～25m³/s）多组方案，并对各方案的水流流态、流速、上下游形成的水位差等水力参数进行量测和计算分析，分析不同方案下翻板门的壅水效果、上下游流态和过流能力，建立不同闸门开度条件下翻板闸门过流流量和上下游水位差相关关系曲线。翻板门直立时的水流流态如图4-35所示。

通过试验得到不同流量下翻板门开启角度与上下游水位差的关系，如图4-36所示。翻板门开启的角度为20°时，形成的水位差为0.7～7.7cm，当翻板门开启的角度为90°时，上下游水位差达到87.6～127.0cm，由此可见，翻板门开启的角度越大，入流流量越大，形成的水位差越大。实际调控时，可以根据该试验成果，调控闸门开度，改善河网中的水动力条件，实现自流活水。

图4-35　翻版门直立90°时流态

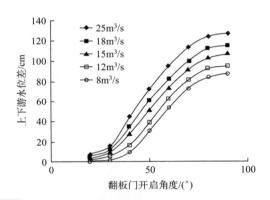

图4-36　下游水位3m处不同流量不同关闸度数与水位差相关关系

4.3.1.2　子母门调控技术

平原城市分布了众多水闸工程，是动力调控改善水环境的重要工程，而目前城市中最常用的闸门结构为平面闸门，其开闸过流时主流位于闸门底部，容易冲刷河底底泥造成水体浑浊和水质污染。子母门调控技术是在平面闸门的结构基础上提出一种子母闸门结构类型，用于实现从闸门中部调引清水的功能，从而保障引水水质。

（1）技术原理

子母闸门即在原有平面母闸门的门叶主体内设置子闸门，如图 4-37 所示。为保证水流平顺，子闸门布设于母闸门中间，当日常改善水环境时，根据流量需求，以不同开度开启中间的子闸门，水流从子闸门底部过流，不会引起底泥扰动；当有防洪等需求，需要大流量过流时，则开启母闸门。

以苏州古城区齐门泵闸为例，齐门泵闸母闸门尺寸为 6.00m×4.30m（宽 × 高），子闸门尺寸为 0.90m×0.95m（宽 × 高），子闸门底部高程根据齐门泵闸所在河道的引水侧环城河在动力调控时沿水深的水体透明度、浊度和 SS 分布确定为水深 1m 以上。如图 4-38 所示，环城河两处（1#、2#）监测点位均在水深为 1m 以下变化较大，且透明度变小、浊度和 SS 增大，由此可见，底泥免扰动的子母门调控中将子闸门下边缘布设于水深 1m 以上才能避免扰动后的浑水通过闸门。

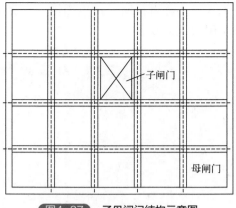

图4-37　子母闸门结构示意图

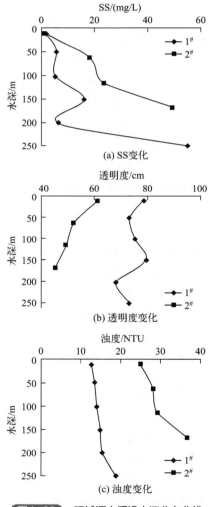

图4-38　环城河水质沿水深分布曲线

（2）调控准则

子母门调控技术通过调节子闸门开启高度控制过流流量，以闸门开度与过流流量间的相关关系曲线为调控准则，根据实际的流量需求，调控子闸门的开启高度。

采用数值计算的方法，基于 Flow 3D 软件模拟计算子闸门不同开度时的过流能力，构建的数学模型如图 4-39 所示。

图4-39　子母门工程数学模型

设置不同闸门开度多组计算方案，模拟各方案的过流过程，分析水流流态、流量、闸门上下游水位差等水力参数，建立闸门开度与过流流量相关关系曲线，如图 4-40 所示。

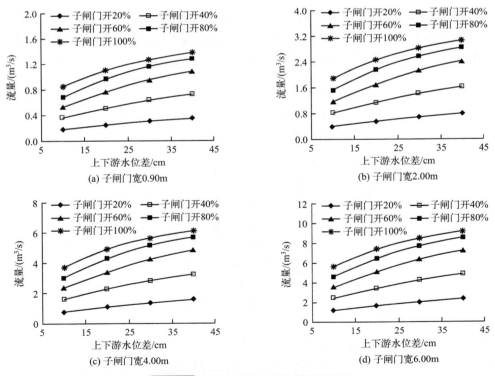

图4-40　闸门开度与过流流量相关关系

4.3.2 基于增阻减阻的河道水动力调控技术

利用增阻减阻的河道整治工程措施能够增加或减小河道阻力，调控河道水流流量和流向，从而调节平原城市河网的流动性，实现控制河段平均流速为阈值目标。常见的增阻减阻措施主要包括河道清淤、束窄或拓宽河道、增减河床阻力等，本节以500m长的河段为研究对象，开展基于河道整治措施的水动力调控技术研究。

对于不同宽度的河道，实施河道整治措施对其流速调控的效果不同，研究中根据平原城市河道宽度分布，选择5m、10m、15m三种不同宽度的河道进行研究，设置河段的入流流量为单位流量，设置的调控措施包括四类17组：

① 河道清淤0.05m、0.10m、0.15m、0.20m、0.25m、0.30m；
② 河道拓宽1m、3m、5m、10m；
③ 河道束窄1m、2m、3m、4m；
④ 糙率增加0.005、0.010、0.015。

具体计算方案如表4-11所列。

表4-11 基于河道整治措施的水动力调控技术计算方案表

方案编号	河道宽度/m	入流流量/(m³/s)	调控措施
1~17	5	1	17组河道整治措施
18~34	10	1	17组河道整治措施
35~51	15	1	17组河道整治措施

河段模型创建时，以苏州市城区河网中一处实测断面为基础，构建宽度分别为5m、10m、15m、长度均为500m的三个河段进行不同措施方案计算，三个河段的横断面如图4-41所示。模拟计算时，上游设置流量条件，下游设置固定水位为2.5m。

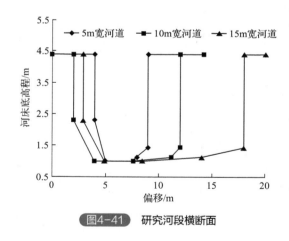

图4-41 研究河段横断面

为分析不同河道整治措施对河段流速的调控效应，将各措施实施后河段的平均流速变化率 ξ 作为研究变量，该变量与河道整治措施的相关关系可为本技术的实际应用提供依据。单位入流的河段平均流速变化量 Δv 计算公式为：

$$\Delta v = \overline{v}_{后} - \overline{v}_{前}$$

(4-12)

$$\xi=\frac{\Delta v}{\overline{v}_{前}}\times100\% \qquad\qquad (4\text{-}13)$$

式中　Δv——河道整治工程实施后河段平均流速变化量，m/s，为负数时表示流速减小，
　　　　　　为正数时表示流速增大；

　　　$\overline{v}_{前}$——河道整治工程实施前河段的平均流速，m/s；

　　　$\overline{v}_{后}$——河道整治工程实施后河段的平均流速，m/s；

　　　ξ——河道整治工程实施后河段平均流速变化率，%，为负数时表示流速减小，
　　　　　为正数时表示流速增大。

（1）河道清淤措施的调控效应

平原城市河网一般 3～5 年清淤一次，底泥厚度有限，因此，研究中设置清淤 0.05m、0.10m、0.15m、0.20m、0.25m、0.30m 六种方案。将三种不同宽度的河段分别清淤不同深度后，单位入流条件下的河段平均流速变化率 ξ 与清淤深度之间的关系如图 4-42 所示。清淤深度从 0 逐渐增加到 0.30m 时，由于过水断面面积增大，在河段入流流量不变的情况下，三种宽度河段的平均流速均随着清淤深度的增大而减小，且三种宽度河段的平均流速变化率相近。当清淤深度为 0.15m 时，5m、10m、15m 宽度河段的平均流速相对于工程实施之前分别减小 8.44%、9.73% 和 10.01%；当清淤深度为 0.30m 时三种河段平均流速减小率分别为 15.87%、17.80% 和 18.23%。

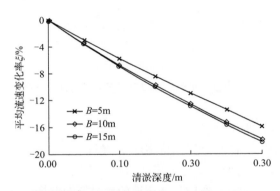

图4-42　河段平均流速变化率与清淤深度的关系

（2）河道拓宽措施的调控效应

将河段扩宽后，三种宽度河段的平均流速变化率如图 4-43 所示。与河道清淤类似，拓宽河道增大了河道的断面面积，在河段入流流量保持不变的情况下，拓宽后三种河段的平均流速减小，并且河段宽度最小的河道流速减小量最大。根据河段平均流速的变化率与拓宽宽度间的关系，在单位入流条件下，河道拓宽 5m 时，5m 宽的河段平均流速减小 8.13%，10m 和 15m 宽的河段平均流速分别减小 5.46% 和 4.22%；当河道拓宽 10m 时三种宽度河段的平均流速分别减小 11.50%、8.61%、6.92%。

（3）河道束窄措施的调控效应

图 4-44 为三种不同宽度河段的平均流速变化率随束窄宽度改变的变化情况。将河段束窄 1～4m，在入流流量不变的条件下三种河段的平均流速均增大。其中，河宽 5m 的河段，平均流速的增长率从 9.32% 增大至 32.76%；河宽 10m 的河段，平均流速增长率为 1.25%～10.46%；河宽 15m 的河段，平均流速增长率从 1.14% 增大至 5.81%。

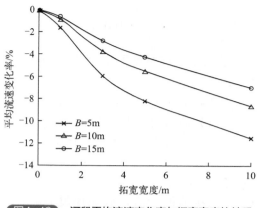

图4-43　河段平均流速变化率与拓宽宽度的关系

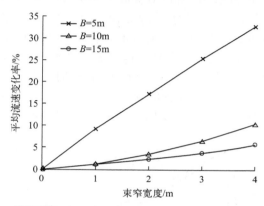

图4-44　河段平均流速变化率与束窄宽度的关系

（4）河床加糙措施的调控效应

糙率对于河道过流和输水能力有一定的影响，通过一定措施将原为0.035的河道糙率增大0.005、0.010、0.015后，三种宽度河段的平均流速变化率如图4-45所示。可以看出，入流为1m³/s单位流量条件不变时，河段平均流速随着糙率的增加而降低，河宽为5m、10m、15m三种河段的平均流速减小率分别为0.70%～1.72%、0.39%～5.61%、1.02%～3.46%。

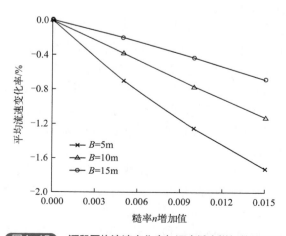

图4-45　河段平均流速变化率与河床糙率增加值的关系

增加河床糙率常用的方法包括种植水草等，真实的水草能够有效调节河道流速，但季节性明显，水草死亡后会对水体进行二次污染。在有些情况下可以选择人工水草代替真实水草，由于它具有很好的物理和化学稳定性，使用寿命长，可以弥补水生植物的一些缺点。

综上所述，通过河道清淤、河道拓宽或束窄、河床加糙等增阻减阻的调控技术能够调节局部河段的流动性。单位入流条件下，5m、10m 和 15m 三种宽度的河段，实施上述四种河道整治工程后的调控效应如表 4-12 所列。在实际的水动力调控应用中，可以根据河道流速数值和调控目标，参考表 4-12 中的调控效应结果，选择上述单一或组合措施进行河道流动性优化调控。

表4-12　四种河道整治工程的调控效应

河道整治工程措施	不同宽度河段的平均流速变化率ξ/%		
	B=5m	B=10m	B=15m
拓宽1m	−1.57	−1.57	−0.76
束窄1m	8.65	1.97	1.25
清淤0.1m	−5.59	−6.40	−6.59
糙率增加0.005	−0.57	−0.37	−0.23

注：表中ξ为正数时表示河段平均流速增加，为负数时表示河段平均流速减小。

另外，上述成果仅针对入流流量为单位流量保持不变，且河段平直、地形平顺的分析，而针对平原城市的整个河网片区，清淤、拓宽河道等减小河道阻力以及束窄河道、增大河床糙率等增加河道阻力的措施不仅会影响所在河道的流动性，更重要的是会影响河网的流量分配，并且河道宽度和地形条件这些复杂的因素也会对计算结果有一定影响。因此，调控技术在实际应用时，可以上述分析结果为依据，根据实际入流条件和河道地形情况，采用数值模型试算的方法，选择单一或组合河道整治措施并配合闸泵工程调度，优化调控平原城市河网水动力条件，从而使研究区域内每条河段的平均流速均达到阈值目标范围内，达到有效改善水环境的目标。

4.4　以模型为核心的河网优化调度技术

研究中构建了苏州城区河网水动力 - 水质 - 水生态耦合数学模型，使用美国环保署（US EPA）开发的 EFDC（environmental fluid dynamics code）软件构建，由水动力模块、水质模块和水生态模块组成。模型构建过程中，采用实测水位、水质数据进行模型率定和验证，实现不同调度情景下苏州古城区河网水动力、水质特性的模拟分析。

构建模型所需的基础信息和数据资料包括：苏州城市中心区河网、高程控制点、主要水利工程和污水处理厂信息（用于模型概化）；气温、降水、蒸发、太阳辐照等气象数据（用于模型输入，从气象站获取）；污水处理厂排放数据（用于模型输入，从地方污水处理厂获取）；水利枢纽和典型断面水位监测数据（用于水动力模块的边界条件及校准，由地方河道处提供）；典型断面叶绿素 a 及各影响因素的监测数据（用于水质和水生态模块的边界条件及校准）。其中，2017 年 11 月 4 日的数据资料作为模型的初始条件，2018 年 1 月 16 日～7 月 17 日的数据资料用于参数率定，2018 年 7 月

17 日～ 12 月 31 日的数据资料用于模型验证。

通过城市河网水动力 - 水质 - 水生态耦合数学模型的构建，模拟平原河网区水动力、水质特性。模拟指标包括水位、流量、流速等水力学参数，以及溶解氧、氨氮、总磷、叶绿素 a、透明度等水质水生态参数，可以实现城区河网补水频率、配水线路优化、动态调控、汊道分流比的精准计算和科学确定，支持面向城市河网的日常调度和应急调度等不同类型的调度方案分析。

4.4.1 模型原理

4.4.1.1 水动力模块

水动力模块模拟水量交换、热量交换、污染物和藻细胞的扩散及迁移。模拟单元为正交化后的网格，不同形状的网格都需要转换为笛卡尔坐标系下的矩形网格。考虑到苏州城市中心区河网水深相对于河道宽度较浅，水量交换采用二维的纳维 - 斯托克斯方程组，忽略水深方向上的水量交换。热量交换、污染物和藻细胞的扩散迁移分别遵循能量守恒和质量守恒定律，均可用式（4-14）表达。

$$\frac{\partial}{\partial t}\left(m_x m_y HC\right)+\frac{\partial}{\partial x}\left(m_y HuC\right)+\frac{\partial}{\partial y}\left(m_x HvC\right)=\frac{\partial}{\partial x}\left(m_x HA\frac{\partial C}{\partial x}\right)+\frac{\partial}{\partial y}\left(m_y HA\frac{\partial C}{\partial y}\right)+m_x m_y HS_c$$

$$(4-14)$$

式中　C——模拟的对象，对应温度或者浓度；

　　　S_c——净源汇项，其量纲等于 C 的量纲乘以时间的倒数；

　　　H——水深，m；

　　u、v——笛卡尔坐标系中 x、y 方向的速度分量，m/s；

　　　A——紊流扩散系数，m^2/s；

　m_x，m_y——网格正交化变换系数，基于 Jacobian 矩阵计算，无量纲。

4.4.1.2 水质模块

由于缺少对颗粒物组分的监测数据，水质模块不涉及颗粒态的碳、氮、磷的模拟。基于质量守恒定理，水质模块构建了式（4-15）和式（4-16）、式（4-18）～式（4-20）、式（4-24）和式（4-26）共 7 个偏微分方程，来联合模拟溶解性有机磷（DOP）、磷酸盐（PO_4^{3-}）、溶解性有机氮（DON）、氨氮（NH_3-N，公式中简写为"NH_3"）、硝酸盐氮（NO_3-N，公式中简写为"NO_3^-"）、溶解性有机碳（DOC）、溶解氧（DO）7 个水质指标的转化。

DOP 和 PO_4^{3-} 的质量守恒方程如式（4-15））和式（4-16）所示。DOP 的变化值等于藻细胞代谢和被捕食所释放的部分，减去自身被水解的部分，再加上外源净输入。PO_4^{3-} 的变化速率等于藻细胞代谢和被捕食所释放的部分，减去藻细胞增殖所消耗的部分，加上由 DOP 水解转化而来的部分，再加上底泥释放和外源净输入。

$$\frac{\partial DOP}{\partial t}=\left(FPD\times BM+FPDP\times PR\right)\times APC\times B-K_{DOP}\times DOP+\frac{W_{DOP}}{V}\qquad(4-15)$$

$$\frac{\partial PO_4^{3-}}{\partial t} = \left(FPI \times BM + FPIP \times PR - PD\right) \times APC \times B + K_{DOP} \times DOP + \frac{BF_{PO_4^{3-}}}{h} + \frac{W_{PO_4^{3-}}}{V} \quad (4\text{-}16)$$

$$APC = \frac{1}{42 + 85e^{-200PO_4^{3-}}} \quad (4\text{-}17)$$

式中　　　　B——以碳元素计量的藻细胞生物质浓度，mg C/L，与叶绿素 a 浓度（μg/L）的比值是 0.065；

BM，PR，PD——藻类基础代谢速率、被捕食速率、生长速率，d^{-1}；

FPD，FPI——藻细胞的磷代谢物中属于溶解性有机磷和磷酸盐的比例，两者之和为 1；

FPDP，FPIP——被捕食的藻细胞经消费者代谢的磷元素属于溶解性有机磷和磷酸盐的比例，两者之和为 1；

APC——藻细胞内平均磷碳质量比，与细胞外环境中的磷酸盐浓度正相关；

K_{DOP}——溶解性有机磷的水解速率，d^{-1}；

$BF_{PO_4^{3-}}$——底泥磷酸盐释放系数，$g/(m^2 \cdot d)$；

W_{DOP}，$W_{PO_4^{3-}}$——外源溶解性有机磷和磷酸盐净输入负荷，g/d；

h——网格水深，m；

V——网格水量，m^3。

DON、NH_3-N 和 NO_3^--N 的质量守恒方程如式（4-18）～式（4-21）所示。DON 的变化速率等于藻细胞代谢和被捕食所释放的部分，减去自身被水解的部分，再加上外源净输入。NH_3-N 的变化值等于藻细胞代谢和被捕食所释放的部分，减去藻细胞增殖所消耗的部分，加上由 DON 水解转化而来的部分，减去自身被硝化的部分，再加上底泥释放和外源净输入。NO_3^--N 的变化值等于硝化过程生成的部分，减去藻细胞增殖所消耗的部分，减去自身被反硝化的部分，再加上底泥释放和外源净输入。

$$\frac{\partial DON}{\partial t} = \left(FND \times BM + FNDP \times PR\right) \times ANC \times B - K_{DON} \times DON + \frac{W_{DON}}{V} \quad (4\text{-}18)$$

$$\frac{\partial NH_3}{\partial t} = \left(FNI \times BM + FNIP \times PR - FNHP \times PD\right) \times ANC \times B + K_{DON} \times DON$$
$$- NitNH \times NH_3 + \frac{BF_{NH_3}}{h} + \frac{W_{NH_3}}{V} \quad (4\text{-}19)$$

$$\frac{\partial NO_3^-}{\partial t} = \left(FNHP - 1\right) \times PD \times ANC \times B + NitNH \times NH_3$$
$$- Denit \times NO_3^- + \frac{BF_{NO_3^-}}{h} + \frac{W_{NO_3^-}}{V} \quad (4\text{-}20)$$

$$FNHP = \frac{NH_3}{KH_N + NO_3^-}\left(\frac{NO_3^-}{KH_N + NH_3} + \frac{KH_N}{NH_3 + NO_3^-}\right) \quad (4\text{-}21)$$

式中　　　　FND，FNI——藻细胞的氮代谢物中属于溶解性有机氮和氨氮的比例，两者之和为 1；

$FNDP$，$FNIP$——被捕食的藻细胞经消费者代谢的氮元素属于溶解性有机氮和氨氮的比例，两者之和为 1；

$FNHP$——藻细胞从细胞外环境获取的氮元素中氨氮的比例，取决于氨氮和硝酸盐氮浓度的相对大小，如式（4-21）所示，式中，KH_N 为藻类摄氮半饱和常数，mg/L；

ANC——藻细胞内平均氮碳质量比常数，取 0.167；

K_{DON}——溶解性有机氮的水解速率，d^{-1}；

BF_{NH_3}，$BF_{NO_3^-}$——底泥氨氮、硝酸盐氮释放系数，$g/(m^2 \cdot d)$；

W_{DON}，W_{NH_3}，$W_{NO_3^-}$——外源 DON、NH_3-N 和 NO_3^--N 净输入负荷，g/d；

$NitNH$，$Denit$——硝化反应和反硝化反应速率，d^{-1}；

其余变量和参数的含义同前。

硝化过程和反硝化过程均遵循 Monod 方程，分别如式（4-22）和式（4-23）所示。其中，式（4-22）在 Monod 方程的基础上进行了修正。一方面，反硝化反应的失电子体为 DOC，但相对于 NO_3^--N，反硝化过程的碳源通常远远过剩，因此反硝化反应速率与 DOC 无关。另一方面，反硝化反应的受电子体为 NO_3^--N，而水体中的 DO 会争夺电子，DO 浓度越大，对反硝化过程的抑制作用越大。

$$NitNH = \frac{DO}{KHNit_{DO} + DO} \times \frac{NH_3}{KHNit_{NH} + NH_3} \times K_{Nit} \tag{4-22}$$

$$Denit = \frac{NO_3^-}{KHDN_{NO} + NO_3^-} \times \frac{KHDN_{DO}}{KHDN_{DO} + DO} \times K_{Denit} \tag{4-23}$$

式中　$KHNit_{DO}$，$KHNit_{NH}$——硝化过程溶解氧和氨氮的半饱和常数，mg/L；

$KHDN_{NO}$，$KHDN_{DO}$——反硝化过程硝酸盐氮和溶解氧的半饱和常数，mg/L；

K_{Nit}，K_{Denit}——最大硝化速率和最大反硝化速率，d^{-1}。

DOC 的质量守恒方程如式（4-24）所示。DOC 的变化量等于藻细胞增殖部分，减去自身被水解的部分，减去反硝化过程消耗的碳源，再加上底泥释放和外源净输入。

$$\frac{\partial DOC}{\partial t} = PD \times B - HR_{DOC} \times DOC - DCN \times Denit \times NO_3^- + \frac{BF_{DOC}}{h} + \frac{W_{DOC}}{V} \tag{4-24}$$

$$HR_{DOC} = \frac{DO}{KHOR_{DO} + DO} K_{DOC} \tag{4-25}$$

式中　DCN——反硝化过程消耗的碳氮质量比，取 1.07；

HR_{DOC}——DOC 水解速率，同样遵循 Monod 方程，如式（4-25）所示，式中，$KHOR_{DO}$ 和 K_{DOC} 分别为水解过程的溶解氧半饱和常数和最大水解速率；

BF_{DOC}——底泥 DOC 释放系数，$g/(m^2 \cdot d)$；

W_{DOC}——外源 DOC 净输入负荷，g/d；

其余变量和参数的含义同前。

DO 的质量守恒方程如式（4-26）所示。DO 的变化速率等于藻类光合作用产氧量，减去藻细胞代谢所需耗氧量，减去硝化过程、DOC 水解过程和底泥消耗的部分，再加上大气复氧和外源净输入。其中，光合作用产氧量取决于氮源——若使用 NH$_3$-N 为氮源，氧气和二氧化碳物质的量之比为 1∶1；若使用硝酸盐氮为氮源，氧气和二氧化碳物质的量之比为 1.3∶1。

$$\frac{\partial \mathrm{DO}}{\partial t} = \left[\left(1.3 - 0.3\mathrm{FNHP}\right) \times \mathrm{PD} - \mathrm{BM}\right] \times \mathrm{AOCR} \times B - \mathrm{AONT} \times K_{\mathrm{NH_3}} \times \mathrm{NH_3}$$
$$- \mathrm{AOCR} \times \mathrm{HR}_{\mathrm{DOC}} \times \mathrm{DOC} + K_{\mathrm{RO}} \times \left(\mathrm{DO_s} - \mathrm{DO}\right) - \frac{\mathrm{SOD}}{h} + \frac{W_{\mathrm{DO}}}{V} \qquad (4\text{-}26)$$

式中　AOCR——（以氨氮为氮源的）光合作用和呼吸（水解）作用过程中的氧碳质量比，取 2.67；

　　　AONT——硝化过程的氧氮比，取 4.33；

　　　K_{RO}——大气复氧速率，d^{-1}；

　　　DO$_s$——饱和溶解氧浓度，通过查询与温度关系对照表获取具体数值，mg/L；

　　　SOD——底泥耗氧速率，g/(m^2·d)；

　　　W_{DO}——外源溶解氧净输入负荷，g/d；

其余变量和参数的含义同前。

由于缺少对底泥组分和性质的监测数据，而且在苏州城市中心区河网中，流速变化对底泥的再悬浮作用可以忽略不计，因此本研究将各指标的底泥释放速率简化为仅关于温度的函数，如式（4-27）所示。类似地，底泥耗氧速率、大气复氧速率也采用这种形式。而最大硝化速率、最大反硝化速率、有机氮水解速率、有机磷水解速率采用式（4-28）的形式。

$$X \leftarrow XKT_X^{T-20} \qquad (4\text{-}27)$$

$$X \leftarrow Xe^{-KT_X(T-20)} \qquad (4\text{-}28)$$

4.4.1.3　水生态模块——引入多要素响应规律

水生态模块模拟以碳元素计量的藻细胞生物质浓度的变化。为了使河网水生态动力学模型能够合理表达苏州城市中心区河网水华多要素响应规律，适应已收集整理的研究区域基础信息和数据资料，研究中对 EFDC 水生态模块的模拟机制进行了必要的简化和改进。

藻细胞生物质浓度 B 的质量守恒方程如式（4-29）所示，其变化量等于增殖的部分，减去代谢和被捕食的部分，减去沉降的部分，再加上外源净输入。

$$\frac{\partial B}{\partial t} = \left(\mathrm{PD} - \mathrm{BM} - \mathrm{PR}\right) \times B - \frac{\mathrm{WS} \times B}{h} + \frac{W_{\mathrm{B}}}{V} \qquad (4\text{-}29)$$

式中　WS——藻类沉降速率，m/d；

　　　W_{B}——外源藻细胞净输入负荷，mg C/L；

其余变量和参数的含义同前。

需要强调的是，引入参数 PR 是为了模拟不同的水生态状况对藻类生长的影响。例如，对于像平江新城内频繁出现水华的水体，由于藻类的消费者缺乏，可以认为 PR=0；对于像古城区内水生态状况得到显著改善的水体，PR 可通过对"大河网模型"的参数率定得到。

根据苏州城市中心区河网的水华多要素响应规律，该地区的藻类生长速率同时受到流速、水温和营养元素的影响。此外，光照是藻类光合作用的能量来源。所以，研究中以式（4-30）表征藻类的生长速率。式（4-30）引入流速、水温、营养元素和光照强度四类限制因子，其值域均为 (0,1]。

$$PD = PM \times f_1(V) f_2(N,P) f_3(T) f_4(I) \tag{4-30}$$

式中　PM——藻类最大生长速率，d^{-1}。

降水的污染物效应、水动力学效应、光强效应最终也是通过影响上述要素间接影响藻类生长。

流速对藻类生长的影响存在两个限值，即 0.005m/s 和 0.088m/s。水华暴发概率在两个限值之间存在显著降低的趋势。据此，研究中设计了如式（4-31）所示的经验公式来表征流速限制因子。

$$f_1(V) = \frac{1}{1 + (aV)^b} \tag{4-31}$$

式中　a——流速限制因子系数；

　　　b——流速限制因子指数。

数学上可以证明，当 $b>1$ 时，式（4-31）存在两个曲率极值点，正好对应限制藻类生长的两个限值。例如，当 $a=20$ 和 $b=3$ 时，流速限制因子曲线如图 4-46 所示，曲线的两个拐点正好在两个限值附近。

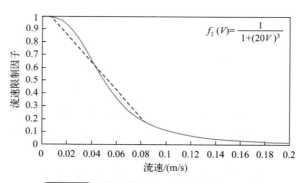

图4-46　流速限制因子举例（$a=20$, $b=3$）

营养元素限制因子沿用了 Monod 方程，如式（4-32）所示。

$$f_2(N,P) = \frac{NH_3 + NO_3^-}{KH_N + NH_3 + NO_3^-} \times \frac{PO_4^{3-}}{KH_P + PO_4^{3-}} \tag{4-32}$$

式中　KH_N，KH_P——藻类摄氮和摄磷半饱和常数，mg/L。

根据简单的求导计算，在 $KH_N=0.5(NH_3+NO_3^-)$ 和 $KH_P=0.5PO_4^{3-}$ 处，f_2 的二阶偏导最小，对应藻类生长速率改变的拐点。参数 KH_N 和 KH_P 的初始取值范围估算结果分别为 1.3 ～ 5.1mg/L 和 0.1 ～ 0.8mg/L。

根据已有文献中提及的藻类生长最适温度范围，温度限制因子可用式（4-33）表征。根据各藻类植物门显微计数，苏州城市中心区河网藻类种群生态结构以蓝藻门为优势种群，其最适温度范围为 25 ～ 35℃，因此本研究取 TM_1 的初始范围为 23 ～ 27℃。根据水温的监测数据，苏州城市中心区河网全年最高水温小于 35℃，且监测数据中没有出现过高的水温抑制藻类生长的样本，因此本研究中取 $TM_2=35$，使得式（4-33）中的第三个条件失效。

$$f_3\left(T\right)=\begin{cases} e^{-KTG1\left(T-TM_1\right)^2} & T\leqslant TM_1 \\ 1 & TM_1<T<TM_2 \\ e^{-KTG2\left(T-TM_2\right)^2} & T\geqslant TM_2 \end{cases} \tag{4-33}$$

辐照强度限制因子使用已发表的 Steele 公式来表征，如式（4-34）所示。

$$f_4\left(I\right)=\begin{cases} \dfrac{I_{avg}}{I_{sx}}\exp\left(1-\dfrac{I_{avg}}{I_{sx}}\right) & I_{avg}<I_{sx} \\ 1 & I_{avg}\geqslant I_{sx} \end{cases} \tag{4-34}$$

$$\frac{\partial I}{\partial z}=-\left[Ke_b+Ke_a\times B+Ke_o\times\left(DOC+DOP+DON\right)\right]\times I \tag{4-35}$$

式中　　　 I_{sx} ——藻类正常生长所需的最低太阳辐照，langley/d（1langley=41.84kJ/m²），可通过参数率定确定；

　　　　　 I_{avg} ——断面接收到的平均太阳辐照量，可通过对式（4-35）积分来估算，式（4-35）描述了太阳辐照度随水深的衰减过程；

Ke_b，Ke_a，Ke_o ——水体自身、藻细胞、有机物的光照衰减系数。

水面（$z=0$）接收到的太阳辐照量使用本地气象站的日太阳辐照数据。

研究将使用数值法联立求解上述偏微分方程组，模拟各指标时空变化。

4.4.2　模型概化

河网水动力 - 水质 - 水生态耦合数学模型使用有限差分法求解 4.4.1.1 部分介绍的偏微分方程组。为了便于使用并行技术和动态步长加速求解过程，EFDC 对环状河网的网格划分提出了 4 个要求，按优先级排序如下：

①除边界条件所在边以外，其余网格均需形成四边闭环；

②闭环的对边网格数必须相等；

③网格形状尽可能接近矩形；

④除河道交汇处以外，其余网格尽可能保持合适的长宽比。

据此，研究中首先删除、调整、合并了苏州市中心城区河网中对水动力状况影响较小的河道，忽略了小型水工构筑物，然后将河网划分为 1185 个网格，并依次添加进出水边界、污水处理厂、娄门堰、闸门堰以及位于平江历史街区的磁分离悬浮物快速去除设施（具体内容见第 5 章）。设施日处理规模为 $5\times10^4\text{m}^3$，24h 持续运行，水流方向自东向西，出水水质如表 4-13 所列。此外，研究中不考虑各模拟指标在宽度和深度方向的变化，所以不对网格在宽度和深度方向进一步细分。最后，研究中通过对高程控制点进行插值，设置各网格的河底高程。

表4-13　原位净化设施出水水质

指标	出水浓度	指标	出水浓度
叶绿素a	0.02μg/L	NH₃-N	0.5mg/L
DO	5mg/L	磷酸盐（PO_4^{3-}）	0.1mg/L
DOC	2mg/L		

本研究使用 2017 年 11 月 4 日各监测断面的监测结果平均值，来设置所有网格各模拟指标的初始值：水位取 3m，水温取 17.5℃，叶绿素 a 取 15μg/L，DOC 取 7mg/L，DOP 取 0.24mg/L，PO_4^{3-} 取 0.12mg/L，DON 取 0.6mg/L，NH₃ 取 3mg/L，NO₃⁻ 取 0.4mg/L，DO 取 6mg/L。尽管初始值的概化可能会导致模拟结果产生一定偏差，但是这种偏差主要集中于模拟的初始阶段——率定期从 2018 年 1 月 16 日开始，与模拟起始日期之间存在两个多月的预热期，使模型能够在率定期开始前基本消除初始值概化带来的偏差。

4.4.3　模型校准

选取古城区内渡子桥、北园河桥、官太尉桥、湄长桥四个自动监测站的水位监测数据，对 EFDC 水动力学模块进行校准。结果如图 4-47 ～图 4-51 所示，均值误差和中值误差均满足不大于 2% 的要求，且模拟值与实测值的整体变化趋势基本一致。模拟误差最大的阶段位于 5 月初～ 9 月初。尤其是 7 月，模拟值显著低于实测值。主要原因在于模型对水工构筑物的概化。夏季是苏州市全年降水最丰富的时期，出于防洪排涝的需要，位于小支流上的小型水工构筑物在夏季也处于间歇运行状态。尽管模型设置了进出水边界以控制苏州城市中心区整体水位变化，但这些小型水工构筑物的运行会影响支流水位的空间分布，而模型概化忽略了这些小型水工构筑物，从而造成模拟误差。例如，北园河桥断面正好位于某小型泵站北侧，泵站抽水导致断面水位高于泵站南侧水位，而模型只能模拟支流平均水位，使北园河桥断面水位被低估近 20cm。

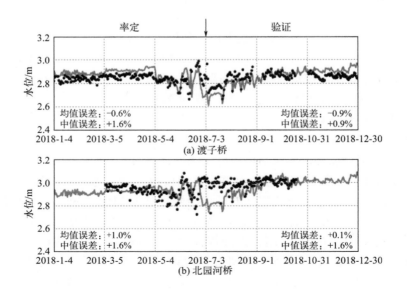

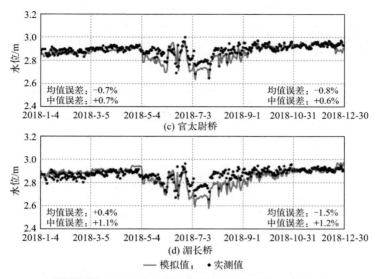

图4-47　苏州市中心区典型断面水位模拟值与实测值对比

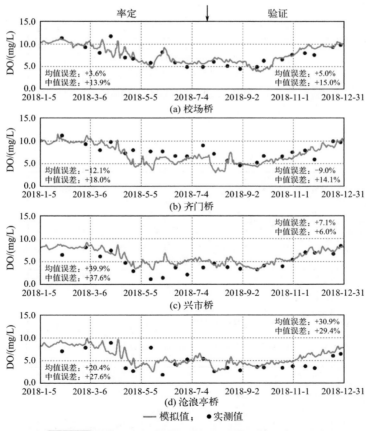

图4-48　苏州市中心区典型断面DO模拟值与实测值对比

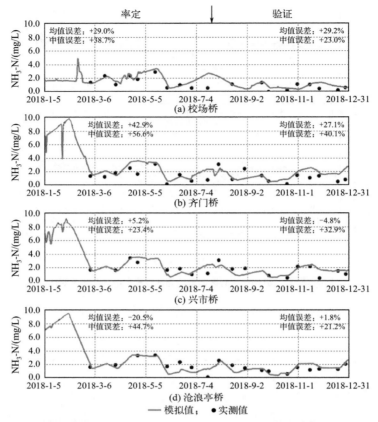

图4-49 苏州市中心区典型断面NH₃-N模拟值与实测值对比

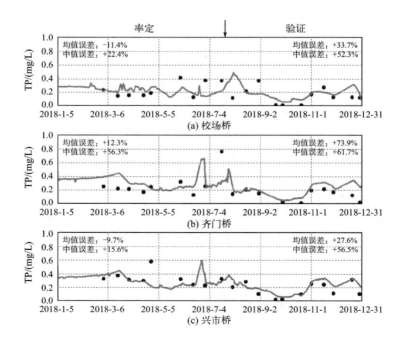

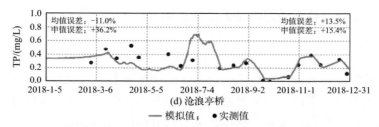

图4-50 苏州市中心区典型断面TP模拟值与实测值对比

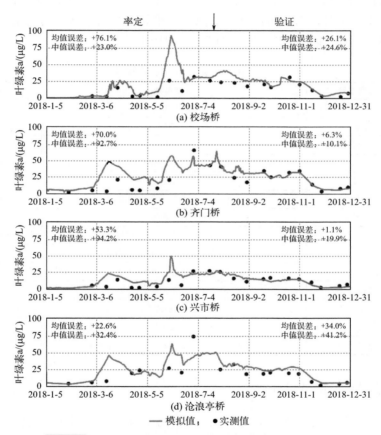

图4-51 苏州市中心区典型断面叶绿素a模拟值与实测值对比

4.4.4 基于水动力-水质-水生态模型的调度方案计算

苏州市古城区为中心城区水环境重点保护区域，边界条件比较清晰，因此以古城区为例进行模拟计算。模拟计算了苏州市古城区引水7～10m³/s不同流量、平江片区生态治理工程实施后及清水工程实施后（平江片区生态治理工程实施后＋虎丘湿地生态修复工程实施后）等情景下的常规和应急调度，以及古城区降雨后、中市桥和景德镇路突发点源污染水质改善应急调度共14组计算方案的河网水动力分布和水质改善情况，该计算结果和调度方案集为联控联调方案提供技术支撑。

4.4.4.1 情景方案设计

苏州市古城区清水水源主要包括引自长江的望虞河水和阳澄湖水，望虞河清水通过西塘河后引入古城区，阳澄湖清水则通过外塘河进入古城，西塘河和外塘河为现阶段苏州古城区的两股优质水源，形成"双源供水"的引水格局，水源入城后，从尚义桥、平门小河、齐门河三处进入古城，根据苏州市目前日常的引水现状，设置了两股水源不同闸门引水流量下8组日常调度方案。目前，苏州市依托"清水工程"和平江河片净水工程来实施城市河网的日常调度，因此，设置了2组清水工程实施后的日常调度方案和1组应急调度方案。另外，考虑城区降雨、点源污染等突发污染情景的发生，设置了3组应急调度方案，总计14种调度方案，如表4-14所列。

表4-14　模型计算调度方案表

序号	方案编号	方案名称	方案类型
1	方案一	引水7m³/s常规调度	日常调度
2	方案二	引水7m³/s平江河强化调度	日常调度
3	方案三	引水8m³/s常规调度	日常调度
4	方案四	引水8m³/s平江河强化调度	日常调度
5	方案五	引水9m³/s常规调度	日常调度
6	方案六	引水9m³/s平江河强化调度	日常调度
7	方案七	引水10m³/s常规调度	日常调度
8	方案八	引水10m³/s平江河强化调度	日常调度
9	方案九	平江河片净水工程实施后常规调度	日常调度
10	方案十	清水工程实施后常规调度	日常调度
11	方案十一	清水工程实施后应急调度	应急调度
12	方案十二	降雨后古城区水质改善应急调度	应急调度
13	方案十三	中市桥突发点源污染水质改善应急调度	应急调度
14	方案十四	景德镇路突发点源污染水质改善应急调度	应急调度

4.4.4.2 情景方案模拟结果分析

模拟期间尚义桥、平门小河、齐门河三处进水口闸门控制开度，觅渡桥站水位均为常水位2.90m。

（1）方案一至方案十一情景模拟结果

方案一至方案十一情景模式是日常调度中可能较为常用的调度方式，在这11种调度情景下，古城区河道流速的模拟结果如表4-15所列。可以看出，大部分河道流速均在0～10cm/s，尤其在平江片区生态治理工程和清水工程实施后，河道流速改善明显，流速处于0～10cm/s情况的河道占比更多，少部分河道流速可以达到10～20cm/s，甚至20cm/s以上。

平江片区生态治理工程实施后，尤其在清水工程，也就是平江片区生态治理工程和虎丘湿地生态修复工程均实施后，苏州市城区会进入相对稳定的调度模式，因此只对这两种工程实施后的调度情况稍微展开分析。

表4-15 方案一至方案十一情景模式下河道流速分级情况

不同情景方案	不同流速分级下的河长占比/%				
	0~5cm/s	5~10cm/s	10~15cm/s	15~20cm/s	20cm/s以上
方案一：引水7m³/s入古城，尚义桥、平门小河、齐门河闸门控制流量分别为1.40m³/s、2.80m³/s和2.80m³/s	52.53	31.85	4.93	7.22	3.47
方案二：引水7m³/s入古城，尚义桥、平门小河、齐门河闸门控制流量分别为1.40m³/s、2.10m³/s和3.50m³/s，增加平江河入流，强化净水	50.54	31.84	12.25	1.33	4.04
方案三：引水8m³/s入古城，尚义桥、平门小河、齐门河闸门控制流量分别为1.60m³/s、3.20m³/s和3.20m³/s	50.54	31.13	4.84	4.14	9.36
方案四：引水8m³/s入古城，尚义桥、平门小河、齐门河闸门控制流量分别为1.60m³/s、2.40m³/s和4.00m³/s，增加平江河入流，强化净水	49.36	28.85	11.27	5.15	5.37
方案五：引水9m³/s入古城，尚义桥、平门小河、齐门河闸门控制流量分别为1.80m³/s、3.60m³/s和3.60m³/s	48.17	19.91	16.30	4.93	10.69
方案六：引水9m³/s入古城，尚义桥、平门小河、齐门河闸门控制流量分别为1.80m³/s、2.70m³/s和4.50m³/s，增加平江河入流，强化净水	49.07	18.32	16.99	10.25	5.37
方案七：引水10m³/s入古城，尚义桥、平门小河、齐门河闸门控制流量分别为2.00m³/s、4.00m³/s和4.00m³/s	45.19	20.97	18.22	2.12	13.50
方案八：引水10m³/s入古城，尚义桥、平门小河、齐门河闸门控制流量分别为2.00m³/s、3.00m³/s和5.00m³/s，增加平江河入流，强化净水	44.92	18.83	18.63	9.45	8.18
方案九：5×10⁴m³/d平江片区生态治理工程实施后，尚义桥、平门小河、齐门河三处进水口流量分别为2.00m³/s、5.00m³/s和0.58m³/s	74.87	10.86	0.90	3.84	9.54
方案十：5×10⁴m³/d平江片区生态治理工程+30×10⁴m³/d虎丘湿地生态修复工程实施后，尚义桥、平门小河、齐门河三处进水口流量分别为1.16m³/s、2.31m³/s和0.58m³/s	80.46	9.73	3.42	2.92	3.47
方案十一：5×10⁴m³/d平江片区生态治理工程+50×10⁴m³/d虎丘湿地生态修复工程实施后，尚义桥、平门小河、齐门河三处进水口流量分别为1.93m³/s、3.86m³/s和0.58m³/s	74.16	12.47	3.84	3.15	6.39

方案九的情景条件下，尚义桥、平门小河、齐门河三处进水口控制闸门开度，控制流量分别为 $2.00m^3/s$、$5.00m^3/s$ 和 $0.58m^3/s$，水位流量模拟计算结果如图4-52所示，从图中可以看出苏州市古城区河道的流向、河道控制水位及主要河道的流量情况。古城平江河片净水工程实施后，城区河网进入常规调度模式，$5×10^4m^3/d$ 清水供应古城平江河片区，可以有效地改善平江河片区水环境。从表4-15中可以看出大部分河道流速为 $0 \sim 10cm/s$，其中，流速小于 $5cm/s$ 的河长占比为74.87%，介于 $5 \sim 10cm/s$ 的河长占比为10.86%。

方案十的情景条件下，尚义桥、平门小河、齐门河三处进水口的闸门控制流量分别为 $1.16m^3/s$、$2.31m^3/s$ 和 $0.58m^3/s$。清水工程实施后常规调度中，平江片区生态治理工程实施后，$5×10^4m^3/d$ 清水供应古城平江河片区，改善平江河片区水环境；虎丘湿地生态修复工程实施后，$30×10^4m^3/d$ 清水供应苏州古城平江片区以外其他区域。从表4-15中可以看出，该调度条件下，大部分河道流速为 $0 \sim 10cm/s$，其中，流速小于 $5cm/s$ 的河长占比为80.46%，流速介于 $5 \sim 10cm/s$ 的河长占比为9.73%。

方案十一的情景条件下，清水工程实施后进行应急调度时，通过平江片区生态治理工程实现 $5×10^4m^3/d$ 清水供应古城平江河片区，通过虎丘湿地生态修复工程实现 $50×10^4m^3/d$ 清水供应平江片区以外其他区域，尚义桥、平门小河、齐门河三处进水口流量分别为 $1.93m^3/s$、$3.86m^3/s$ 和 $0.58m^3/s$。从表4-15中可以看出，方案十一的调度条件下，大部分河道流速为 $0 \sim 10cm/s$，其中，流速小于 $5cm/s$ 的河长占比为74.16%，流速介于 $5 \sim 10cm/s$ 的河长占比为12.47%。

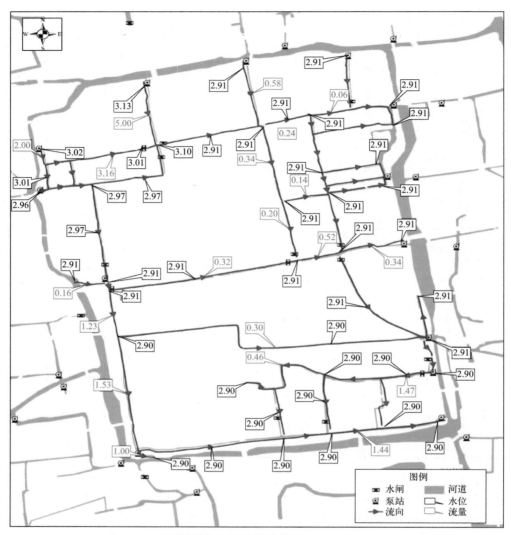

图4-52 方案九水位和流量计算结果

（2）方案十二至方案十四情景模拟结果

在降雨期，尤其是汛期，受到城市径流污染的影响，可能会出现城市河道水质变差的情况，导致河道断面达标压力大。或者某河道突发污染排放事件，处理不及时，都会造成水体水质恶化。因此，也对这两种情况的水文、水质情况分别进行了模拟计算，以下只对春、夏、秋、冬不同季节时水质模拟结果进行分析。

1）方案十二：降雨后古城区水质改善应急调度

苏州市古城区降雨后，引水 8m³/s 入古城应对面源污染，其中，尚义桥、平门小河、齐门河三处进水口流量分别为 1.60m³/s、3.20m³/s 和 3.20m³/s，2d 内河道水质明显提升。水质模拟计算结果如图 4-53（春季）、图 4-54（夏季）、图 4-55（秋季）及图 4-56（冬季）所示。可以看出，一旦发生降雨事件，在该调度情景下，古城区内河道断面总有机碳（TOC）、总磷（TP）、氨氮（NH₃-N）、溶解氧（DO）指标在各季节环境下均有所改善。

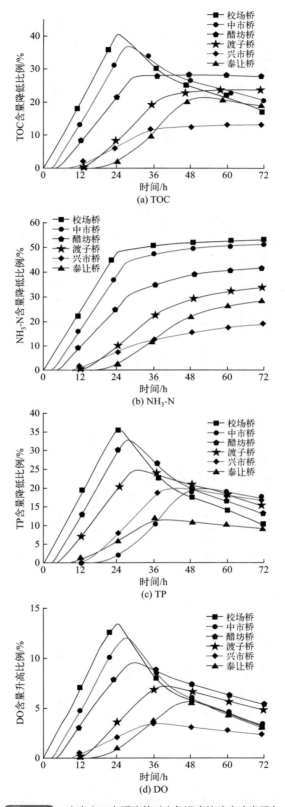

图4-53 方案十二水质改善对应急调度的响应（春季）

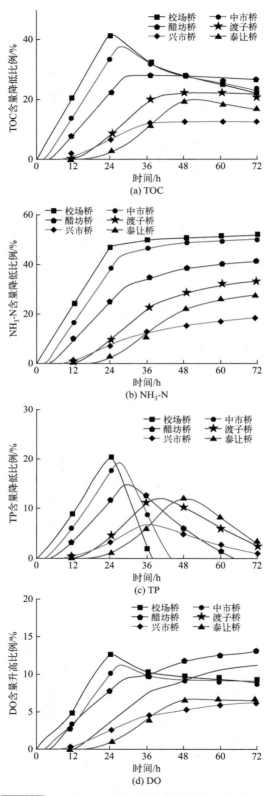

图4-54 方案十二水质改善对应急调度的响应（夏季）

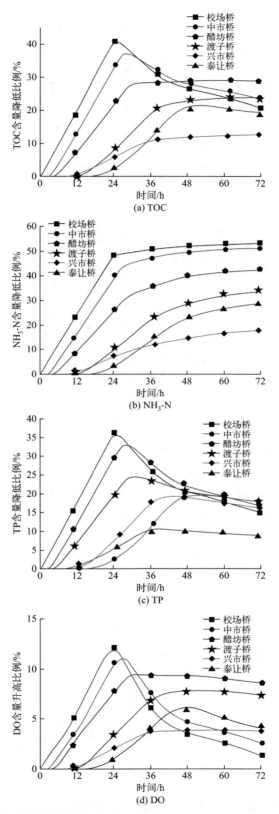

图4-55　方案十二水质改善对应急调度的响应（秋季）

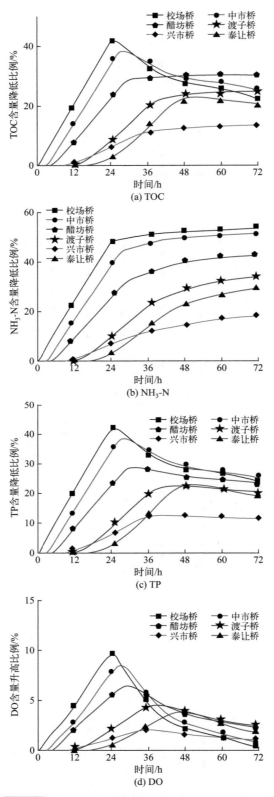

图4-56　方案十二水质改善对应急调度的响应（冬季）

2）方案十三：中市桥突发点源污染水质改善应急调度

苏州市古城区中市桥发生突发污染排放事件，引水 8m³/s 入古城应对点源污染。其中，尚义桥、平门小河、齐门河三处进水口流量分别为 1.60m³/s、3.20m³/s 和 3.20m³/s；觅渡桥站水位为常水位 2.90m。该方案调度条件下，大部分河道流速为 5～10cm/s，其中，流速小于 5cm/s 的河长占比 10.81%，流速介于 5～10cm/s 的河长占比为 20.54%，流速介于 10～15cm/s 的河长占比为 53.03%。在该调度情景下，古城区内河道断面 TOC、TP、NH₃-N、DO 指标均有不同程度的改善。

3）方案十四：景德镇路突发点源污染水质改善应急调度

苏州古城区景德镇路突发污染排放事件时，引水 8m³/s 入古城应对点源污染。其中，尚义桥、平门小河、齐门河三处进水口流量分别为 1.60m³/s、3.20m³/s 和 3.20m³/s。该方案调度条件下，大部分河道流速为 5～15cm/s，其中，流速小于 5cm/s 的河长占比为 15.62%，流速介于 5～10cm/s 的河长占比为 19.39%，流速介于 10～15cm/s 的河长占比为 49.36%。

4.5　基于物联感知的自动监控技术和模型云技术

河网水动力-水质联控联调技术的关键支撑技术包括河网水动力-水质指标调控阈值确定技术、以模型为核心的河网水动力-水质调度技术以及河网水系流动性调控支撑技术。其他支撑技术包括基于物联感知的自动监控技术、模型云技术等。

4.5.1　基于物联感知的自动监控技术

基于物联感知的自动监控技术，是应用传感监测技术、图像识别技术、物联网总线技术、闸泵智能互馈技术等，构建物联感知体系，实现水质、水位、视频的自动监测，实现闸泵站远程测控。

物联感知体系包含水质自动监测系统、水位自动监测系统、视频监控系统和闸泵站远程测控系统等内容。水质自动监测系统是实时准确地掌握水资源质量状况的有效手段；水位自动监测系统可以实时获取河道水位信息，为区域水利工程调度提供实时水情数据支撑，也为模型的进一步率定提供基础资料支撑；视频监控系统主要针对闸泵运行状态进行监控，并利用视频监控水位突变情况以及河道流动状态；闸泵站远程测控系统实时监控闸泵站工情，是联控联调平台运行的基础。本节重点介绍图像识别技术、物联网总线技术和闸泵智能互馈技术。

4.5.1.1　图像识别技术

图像识别技术主要应用场景包括人员非法闯入检测、垃圾漂浮物检测、排污检测以及水体颜色比对。

（1）人员非法闯入检测

基于计算机视觉与机器学习算法对视频帧进行分析，自动识别人员闯入位置及状态，若特定区域内存在人员闯入，则自动预警。算法主要分为两个部分：一是人员检测；二是特定区域设定及判断。任务目的是实时检测视频画面中出现的人员，并返回其所在位置及状态。对当前处于非法区域中的人员，标记为非法闯入人员，并用红色框框出，表示闯入人员；反之则用绿色框框出，表示正常人员。

（2）垃圾漂浮物检测

在城市河湖水体中经常会有大量的垃圾漂浮物，识别垃圾漂浮物的位置并通过计算垃圾漂浮物的大致面积来判断水体的清洁状况。

垃圾漂浮物检测的目标包括：a. 寻找水面上垃圾漂浮物的位置；b. 计算出垃圾漂浮物的面积。对于后者，由于涉及计算面积，需要对垃圾漂浮物进行像素级别的识别，仅仅依靠分类和目标检测是无法达到任务需求的，所以需要对垃圾漂浮物进行分割来实现像素级别的检测。

分割目前主要分为实例分割、语义分割与全景分割。实例分割不需要对每个像素进行标记，只需要找到感兴趣物体的边缘轮廓即可，会将单个物体进行分割。语义分割就是对图像中每个像素赋予一个类别标签（例如汽车、建筑、地面、天空等），然后用不同的颜色来表示，但是不会对单个的个体进行区分，只会进行类别判断。全景分割将语义分割与实例分割结合起来，每个像素都被分为一类，如果一种类别里有多个实例，会用不同的颜色进行区分，用户可以知道哪个像素属于哪个类中的哪个实例。

完成对垃圾漂浮物的分割之后，需要对垃圾漂浮物的面积进行大致的估算，通过标定图像中特定物体的长度以及高度，以及产生的视角偏差，来标定水域在图片中所占的面积，而后通过垃圾漂浮物在水域面积中的占比计算得出当前垃圾漂浮物的实际面积。

（3）排污检测

在河湖管理中，偷排污水等是要严格监管的行为。然而偷排污水等行为通常存在较大的隐蔽性，监管也不能做到 24h 的持续监测。针对这一问题，采用智能视频分析技术，实现 24h 的排污口无人监测，及时地对偷排污水等行为进行抓拍和预警，使得监管部门能够及时应对排污行为，提高排污监管效率。

针对排污口偷排污水的智能监测技术，采用了目前先进的基于深度学习的目标检测方法，能够实时地监测排污行为，主要包括实时视频接入、排污口位置定位、排污口水体监测和预警反馈。

（4）水体颜色比对

利用已有视频监控系统或新建视频站点获取图像信息，构建水体颜色比对识别模型，实现 24h 不间断地对生活、工业废水的多排、偷排等非法行为进行自动监控。与此同时，对于水体生态的变化，例如水体富营养化导致的水中藻类和水中植物过度生长，引起水体及其生态的变化等情况，都可以通过水体颜色分类识别进行预警。及时推送预警数据让河湖管理人员第一时间掌握现场信息。

水体颜色比对识别算法，首先要进行水域分割，找出图像中水域边界线。其次进行目标检测。在基于各类水体分类图片经过大量迭代训练生成模型的基础上进行目标识别。

4.5.1.2 物联网总线技术

物联感知体系建设中前端感知和控制设备类型较多，各设备的通信协议有所不同，需要对监测终端数据进行统一采集和标准化处理以供业务应用系统分析与使用。这就需要物联感知系统能够兼容多种不同的网络传输技术与终端设备，以适配设备的异构性，支持多种终端设备的连接、数据的集中管理和标准化处理。

物联感知体系采用分布式物联网总线技术以统一标准协议实现涉水行业各种监测监控设备的统一接入、统一管理、统一运维和数据质量的全生命周期管理，具有基于数据分析的设施设备智能诊断能力，支持各类状态或预警信息推送。

物联网总线支持各种水情、工情、水质数据采集设备直接接入，支持分散部署到不同地区的接入网关直接接入，支持数据库直接接入及 SCADA 系统的直接接入。对负责采集水情、工情、水质、视频的遥测站 RTU 设备进行物联网通信协议标准化，使其能够满足系统数据传输规约，同时实现设备的遥测和反向控制，并提供监测监控设备的统一接入、统一管理、统一运维和数据质量的全生命周期管理。

4.5.1.3 闸泵智能互馈技术

闸泵智能互馈模块以率定复核的闸门泵站过流曲线为算法基础，通过水位计、闸位计等物联传感设备实时获取上下游水位、闸门开度等数据，与上位机组态进行交互，通过传输控制命令调整闸泵状态（图 4-57）。

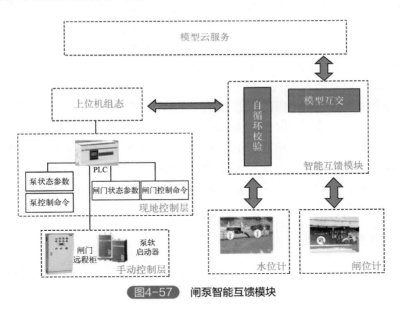

图4-57 闸泵智能互馈模块

闸泵智能互馈模块将已采集的监测数据序列、水动力-水质-水生态耦合模型模拟得到的数据序列以及其他来源检测数据序列进行对比，将对比结果反馈回自动监测系统，若出现重大偏差，则自动完成重新标定，从而满足智能互馈的要求。

（1）自循环校验

自循环校验可以高比例地纠正闸泵在运行过程中产生的误差，可以在极短的时间内完成"流量-水位"对应关系的计算，并迅速完成纠错过程，通过传输控制命令重发的方式使得闸泵设备的精准度大幅提高，对闸泵开启效率和精准调度提供了保障。闸泵智能互馈模块以精准控制河道流量为目标，根据实时反馈变化的数据，不断地控制闸泵设备进行自我调整，确保调控的精准度和科学性。

（2）模型交互

河网水动力 - 水质 - 水生态耦合数学模型根据实时采集的数据作为输入，不断地进行模拟计算，计算结果生成调度方案，并通过评价体系进行优选，将选中的调度规则下发到对应水利工程的闸泵智能互馈模块。互馈模块对下发的模型调度规则进行校验，并将校验结果通过模型云服务反馈给模拟模型，帮助模型进行自我率定。

智能互馈模块是基于模型自动调用和数据交互，将模型模拟的调度规则与实际监测数据进行校验，通过调用交互数据处理引擎，以云服务的方式封装请求对模型网络、模型边界、调度逻辑的获取和修改更新操作，对获取到的数据进行解析处理并交给上一层河网水动力 - 水质 - 水生态耦合数学模型，完成相应调度逻辑的模拟。通过不断地比对和校验，闸泵控制设备与调度模型持续地交互，帮助模型进行参数优化，支撑模型模拟的精准度。

4.5.2　模型云技术

模型云通过云平台确保模型的方便快捷调用，对计算模型的统一管理，它是以服务的形式提供模型调用，并提供大数据分析、模型实时计算、多模型耦合的 SaaS（Software-as-a-Service）服务模式。模型云技术将不同的模型软件按相应的标准规范封装为 Web Service 方式提供模型调用、成果展示的 API 接口，并以 RESTFull 网络应用程序设计风格和开发方式对外提供服务，方便第三方的调用；它还提供可视化模型调用和成果展示界面，使复杂的模型变得简单易用。

模型云按照统一的标准规范，完成模型概述、模型版本、参数说明、模型开发语言、模型运行环境（操作系统、编译环境、集群环境等）、模型计算引擎（执行程序 -exe、动态库 -dll、模型服务 -service API 等）、模型接口参数、模型输入输出、模型默认参数等内容的标准化、服务化、参数化。模型云服务具有水行业模型的输入、输出标准规范体系；兼容行业内的主流模型；能够支撑模型的实时计算、离线计算、分布式计算等多种计算方式。

4.5.2.1　模型库构建

模型库是系统中功能应用的基础，实现模型库、模型方案计算结果数据与系统交互为该系统的核心。

这里的模型库包括模型网络数据库、边界事件数据库、逻辑控制数据库三部分。模型网络数据库中为建模所需数据，包括断面、河岸、节点、水闸、泵站、涵洞等；边界事件数据库为模型方案对应的边界条件，包括降雨、水位、流量、水质等；逻辑控制数据库为模型方案中水利工程的调度规则。

（1）模型网络数据库

根据河网特征及水利工程信息等数据建立河网水动力 - 水质 - 水生态耦合数学模型。模型网络数据库主要包括模型网络方案名称、模型网络方案、模型网络路径、模型网络历史信息等数据。模型库的建设过程中应当充分考虑历史工况及规划建设等工情的模型网络，模型库主要包括河道地理空间位置、河道断面数据、河道及水利工程构成的河网的拓扑关系、河道不同工情的模型网络版本等。

将河道、断面、水利工程等数据建立模型后，在模型中节点及水利工程连接点与实际水利工程数据库中的水利工程记录相关联，可以同时查询模型中节点中的模型相关数据及其相关联的实际水利工程相关数据，同时可以根据关联将相关数据进行导入导出。

（2）边界事件数据库

边界数据主要有水位、流量、降雨、水质等，主要分为实况、历史等不同的边界类型。边界时间数据库包括边界条件类型、边界条件名称、边界条件关联设备、边界条件时间段、边界条件的时间序列数值等信息。实况边界的数据需要对接实时数据库中的相关设备监测数据，对模型的相关节点与设备之间进行关联，历史边界的数据需要对接历史数据库中的相关设备数据并和模型相关联。边界条件库的设计需要考虑到在与实况、历史数据对接时相关的数据结构不同，形成统一的对接规范。

（3）逻辑控制数据库

逻辑控制数据主要有水利工程的逻辑调度控制信息，如闸门开启或者关闭水位条件，水利工程运行的控制设备参数等信息。逻辑控制数据库包括水利工程的工程名称、逻辑控制方案、逻辑控制描述及编程化的逻辑控制参数信息。逻辑控制规则主要有上下游水位条件控制、控制设备水位条件控制及上下游水位和控制设备联合控制等方式。逻辑控制库中的逻辑内容应当包括：系统自动控制下的逻辑控制；人工干预状态下的逻辑控制；流速、水质、水位等多指标控制状态下的逻辑控制；应急状态下的逻辑控制等。

4.5.2.2　模型云服务开发

模型云服务开发是联控联调模型云的调度中枢，为模型的注册、发布、计算、分析和展示提供可视化管理工具，能够根据业务应用的模拟计算任务需求，以最少的人工干预，驱动模型计算流执行监测数据获取、地理空间参数的可视化处理、计算程序执行、计算结果存储及展示等操作，优化多任务并发时的计算资源分配，具有优良的人机交互界面和简洁的模型操作流程。

（1）河网水动力-水质-水生态耦合数学模型云服务

模型云服务开发，是基于已构建的河网水动力-水质-水生态耦合数学模型，按照业务应用模式，以服务的方式满足用户调用的需求。

1）模型分析模块

模型分析模块结合河网水动力-水质-水生态耦合数学模型参数处理和计算要求，综合应用云计算、地理信息系统（GIS）、模型和数据库技术，提供可视化的方案创建、模型参数前处理、模型计算、模型成果后处理以及多方案对比服务，优良的人机交互界面和处理流程设计能够显著简化模型操作的烦琐程度，降低模型使用难度，提升模型计算效率。模型分析模块包含计算方案创建、模型计算服务和成果分析展示等功能。

①计算方案创建功能。依据河网水动力-水质-水生态耦合数学模型计算所需参数条件，以可视化方式提供方案创建流程和参数设置调整服务。通过新建计算方案，选择模拟计算的地理空间参数，可在 WebGIS 界面上查看计算范围的空间数据图层、划分的网格单元属性信息和重要控制节点属性信息等。支持在线编辑网格单元属性和断面属性信息，例如调整河道形状、改变糙率等。对模型的输入边界断面，可通过数据导入和数据共享等方式设置入流条件，数据导入方式通过上传数据系列文件提交计算入流条件，数据共享方式通过连接数据库获取历史或者实时监测数据系列作为计算入流条件。可将

不同的参数配置分别保存为多个计算方案，以便对方案模拟成果进行对比分析。

② 模型计算服务功能。根据计算方案设置，自动获取模型计算所需的外部数据及文件，启动封装好的模型计算流，执行模型计算处理任务，生成模型计算成果。模型计算服务执行流程如图4-58所示。模型计算服务利用云计算、并行计算、数据挖掘等技术，在模型计算引擎的设计上采用分布式计算方案，提供横向可扩展的计算节点，能够显著提升模型计算效率和计算准确率，满足联控联调的实时计算要求。

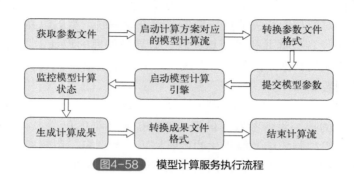

图4-58　模型计算服务执行流程

③ 成果分析展示功能。对方案计算成果提供基于GIS、图形和报表等多种可视化展示方式，并提供多方案对比分析功能。例如，对河网计算成果，可通过GIS动态渲染河网水量、水质变化过程，模拟水流运动过程和水质扩散过程；对控制断面计算成果，可展示各断面水位、流量、水质变化过程；对整体计算方案，可统计计算区域和计算时段内最高或最低水位、最小或最大流量以及最差水质状态的时空分布情况，便于在多个计算方案间进行对比和决策。

2）信息服务模块

信息服务模块包含模型信息管理和模型应用程序编程接口（API）管理功能，是统一提供模型和API服务查询与访问的综合信息门户。其功能结构包括模型信息管理和模型API管理。

① 模型信息管理。模型信息管理主要提供河网水动力-水质-水生态耦合数学模型的描述信息、运行效率和性能、模型版本、版本更新说明、关键绩效指标信息、调用信息及接口说明等模型综合信息的查询和访问服务。

② 模型API管理。模型API管理功能为快速创建、测试、发布、维护、监控和保护模型API服务提供统一管理工具。

3）任务管理模块

任务管理模块根据方案计算需求定制化管理模型计算任务，以日志形式记录模型计算过程中反馈的信息，根据模型计算任务执行情况对任务实施监控。通过对任务进行持续监控和日志分析，能够及时发现任务执行过程中存在的风险和问题，持续优化任务执行时间和运行周期等配置信息，优化模型计算引擎所需的云计算资源分配，有效提升多任务并行计算效率，提高任务执行成功的保障水平。任务管理模块包含计算任务设置、日志跟踪管理和任务执行控制等功能。

① 计算任务设置。为满足联控联调方案计算需求，提供多种可选择的任务类型。根据计算任务执行的时效性要求可分为实时计算任务和离线计算任务。实时计算任务是

在接收到计算请求时同步执行模型分析计算，立即获取计算成果，实时计算的时效性要求较高；离线计算任务是在接收到计算请求时异步执行模型分析计算，当接收到查询结果请求时提交计算成果。根据计算任务的执行周期要求可分为一次性计算任务和周期性计算任务。一次性计算任务是当存在计算需要时独立执行的计算任务；周期性计算任务可通过设置定时启动时间，周期性地执行计算任务。在计算任务设置功能中，可按需设置任务执行类型，支持多任务并发计算和分布式计算，充分利用云平台的计算资源，最大限度地提升任务执行效率。

② 日志跟踪管理。日志跟踪管理功能可对任务生命周期中各计算节点、各流程环节的运行参数、执行过程、执行结果、资源消耗、异常情况等数据进行记录、分析和存档，并且按任务管理规则对任务生命周期中发生的异常情况触发相应的处理流程。通过日志分析，能够及时发现任务执行过程中存在的瓶颈、风险和问题，为优化任务执行时间和运行周期等配置信息、优化模型计算引擎所需的云计算资源分配、有效提升多任务并行计算效率、提高任务执行成功的保障水平提供决策分析数据。

③ 任务执行控制。任务执行控制功能提供任务执行时监视及任务启动、停止、取消等功能。任务执行时监视通过可视化界面展示计算任务运行状态以及是否存在异常；在任务启动、停止、取消等操作中可手动启动或停止计算任务、分配或回收任务计算资源、取消或移除计算任务等。

4）模型计算流封装

水动力 - 水质 - 水生态模型是支持联控联调方案模拟计算的核心引擎，采用封装技术对模型引擎进行定制封装，实现计算引擎、建模参数、数据、任务和方案等模型计算所需内容的分离与解耦，使其能够从支持单机版串行计算升级为支持云上多任务并行计算，并以云服务形式发布包含模型计算引擎、参数传递和结果获取等 API 的全栈式开放接口。

模型计算流封装（图 4-59）包含模型标准规范约定、模型计算引擎封装、文件转换程序设置、模型前处理模块封装、模型运行程序设置、模型后处理模块封装、模型日志管理和模型整体封装等任务。

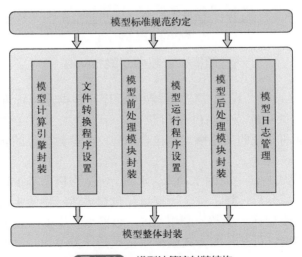

图4-59 模型计算流封装结构

① 模型标准规范约定。根据河网水动力 - 水质 - 水生态模型计算引擎特点，制定和发布模型标准规范，包含输入文件标准规范、输出文件标准规范以及计算引擎使用规范等。输入文件标准规范约定了能够被模型正确识别和使用的文件命名规范、参数编码规范、内容格式规范、位置存储规范等；输出文件标准规范约定了对模型输出文件进行解读所必需的文件命名规范、数据编码规范、内容格式规范和位置存储规范等；计算引擎使用规范约定了计算引擎调用流程、调用参数和约束条件等。科学、合理和全面的标准规范体系有利于模型相关各方共同管理、维护及使用模型计算引擎。

② 模型计算引擎封装。河网水动力 - 水质 - 水生态模型具有复杂的计算界面（图4-60），需要投入专门的人工、使用专业的模型封装工具完成模型计算引擎封装，将封装好的模型计算引擎发布到模型计算节点服务器。根据外部传递的计算任务请求，配置任务执行计划，通过并行任务计算可同时调度多个模型计算流，驱动模型计算引擎分别启动计算，并能够以表述性状态传递（REST）服务方式进行模型计算服务的调用。

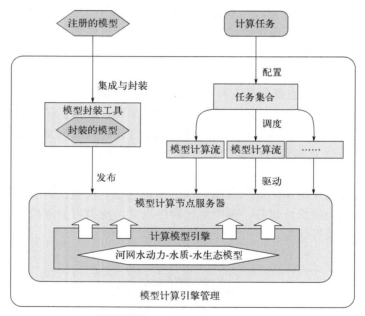

图4-60　模型计算引擎封装结构

③ 文件转换程序设置。设置模型文件转换程序，根据模型标准规范约定内容，将通过业务系统界面、数据库或者 API 接口获得的计算输入参数文件自动转换成模型计算引擎能够直接识别和处理的文件格式，包含地理空间参数文件的转换、水雨工情等边界参数文件的转换等。

④ 模型前处理模块封装。河网水动力 - 水质 - 水生态模型基于地理空间基础信息划分的网格单元开展模型分析计算，每个计算单元包含描述网格的水文、水动力、水质运动转化特征及规律的模型计算参数。利用 GIS、数据库、模型封装等技术，完成模型前处理模块的封装，实现以可视化的方式编辑网格单元计算参数，设置方案模拟计算的边界条件。

⑤ 模型运行程序设置。根据模型基础配置信息和参数描述文件内容，设置模型运行程序，程序能够自动读取模型输入参数文件，启动计算任务，完成计算后返回计算成果文件。在程序运行过程中，动态采集模型运行状态，记录运行中的异常信息，并反馈给模型日志管理模块，实现对模型运行状态的监控。

⑥ 模型后处理模块封装。对模型计算成果进行后处理是模拟分析的重要步骤，通过模型后处理模块封装，实现对模型计算成果文件的导出和萃取。河网水动力 - 水质 - 水生态模型的计算成果文件中存在多种数据类型，根据数据存储和展示分析的需求，分别进行存储。例如，将网格单元成果中的时序数据萃取到时序库中进行存储，将二维网格动态变化效果萃取为图片进行存储，将提取的断面水位、流量、水质等统计成果数据萃取到关系数据库中进行存储，将大文件成果作为文件精细存储等。

⑦ 模型日志管理。为方便对模型的运行状态及运行效率进行有效管理和分析，开发模型日志管理功能，统一收集并记录模型运行过程中的状态参数和异常信息，为模型故障诊断、运行效率优化、资源分配调度提供分析数据支持。

⑧ 模型整体封装。根据河网水动力 - 水质 - 水生态模型计算流执行特点，结合模型使用需求对模型进行整体封装，涵盖模型数据准备、文件转换、程序计算、成果后处理、日志管理及状态监控等多个环节，形成高度自动化与灵活交互协调统一的模型计算流。

（2）预报预警云服务

预报预警云服务利用河网数学模型，结合实时监测的水质数据、雨情、水情、工情数据库实现不同预报方案边界条件、预警阈值、预警信息以及关注点等要素的配置，实时在线滚动预报未来一段时间内污染物迁移情况，研究区域内任意关注点的水质、水位、流量变化过程并发布预警信息。

按照不同污染事件发生情况设置关注点的预警阈值，关联实际的计算水质结果，呈现不同预警级别。预报预警云服务滚动计算原则上采用一维模型，当监测的水质指标或预报的水质指标超过预警阈值时，预报预警云服务封装预报预警模型模拟过程，进行水质预报模拟运行，实现对系统的远程操控，快速获取污染物迁移预报结果，为分析突发污染事件产生的风险影响、及时采取防范措施联控联调提供科学决策依据。

预报预警云服务根据预报结果能够自动生成预警信息和预警等级，通过定制标准化的信息发布模板，实现网页报告的快速生成，自动生成发布消息，对预报模型生成的网页报告在系统平台上进行发布，在系统允许的情况下可以推送至其他共享的系统平台，实现预警信息自动发布，有效提高预报预警效率和水平。

（3）Exchange 修改调度云服务

基于模型自动调用和数据交互的模块，仅作为后台服务运行。其支持各类数据来源（例如 Oracle、SQL、Geodatabase 等）的自动导入和导出，并可通过与计算引擎的驱动来定制模拟方案，可以通过脚本文件编译来实现具体功能。

能够通过脚本文件驱动模型网络中各类数据的编辑、保存、撤销以及相关模型参数设置等，自动读取外部的降雨、水位、水质、入流等边界以及调度规则数据导入模型中；能够允许用户自模型软件外部选择某一网络，建立运行，匹配模型网络、边界数据等条件，通过脚本驱动模型中的方案计算，输出二进制或 CSV 文件格式的计算结果，实现模型与系统的衔接。

　　系统中要实现很多基于模型的应用，包括模型网络的更新与展示、模型边界的修改与展示、模型成果的查询与展示，均要求系统服务模块能够与模型服务以及底层模型数据进行交互访问，系统各模块对于模型数据的交互活动过程如图 4-61 所示。模型服务提供了原始接口可供调用，但所需数据格式和配置文件与系统本身数据格式差距巨大，因此系统需开发一层中间服务引擎，用于数据组装解析交换。针对模型服务提供的模型二进制数据、自有格式文本数据进行解析转义组装，形成通用的 XML、JSON、文本格式；而对于请求模型服务的数据也通过该服务进行重组，生成模型服务可解释的数据进行模型服务接口的调用。

　　图 4-61 为用户通过系统与模型数据进行交互时，系统各层次之间的活动情况。其中，数据交换引擎是与模型交互数据的处理引擎，基于模型服务组件进行开发，以云服务的方式封装请求对模型网络（河道断面、河道堤岸、桥梁等）、模型边界（雨量、水位、流量、水质等）的获取和修改更新操作。模型服务内部处理及与底层模型数据库的访问对于系统用户可以认为是黑盒，系统仅通过服务引擎与模型数据进行交互，标准化、规范化接口界面层的输入、输出，有效控制由未知异常访问模型数据导致不可控情况的出现。数据交换引擎获取到的数据进行解析处理即交给上一层业务应用服务处理，完成相应功能逻辑的实现。

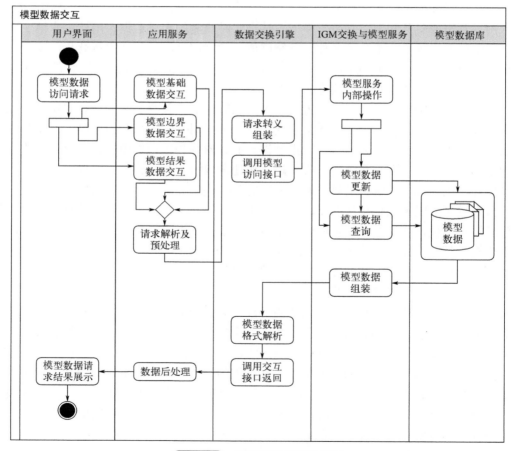

图4-61　模型数据交互活动过程

4.5.2.3　模型云服务集成

联控联调模型云服务集成包括内部集成和外部集成。云服务内部集成主要实现模型云管理软件、模型计算引擎、消息引擎等模块及中间件的集成；云服务外部集成主要实现模型云与应用系统、地图服务、数据库及文件系统的集成等。

（1）云服务内部集成

联控联调模型云服务内部模型云管理节点和模型计算引擎节点之间通过消息引擎进行交互。模型云管理节点接收应用系统或用户提交的模型服务请求，根据模型服务需求生成计算任务并发送给消息引擎；消息引擎接收计算任务请求后，根据任务配置按照规范的消息格式生成任务消息，发布到指定的消息队列中等待模型计算引擎调用；模型计算引擎使用被驱动方式运行，模型计算引擎持续监听消息队列中的任务消息，接收消息并启动计算流。云服务内部集成如图4-62所示。

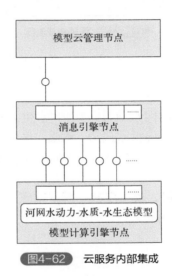

图4-62　云服务内部集成

（2）云服务外部集成

联控联调模型云提供全栈式开放接口，以 REST 风格提供包含模型参数传递、模型计算调用、模型成果获取、模型状态监控等多种类型服务 API，方便业务系统及其他应用服务进行集成和调用（表 4-16）。

表4-16　模型云提供的外部接口

序号	名称	标识符
1	模型参数传递	/modelInput
2	模型计算调用	/modelInvoke
3	模型成果获取	/modelResult
4	模型状态监控	/modelStatus

此外，模型云还需要实现与 GIS 服务集成和与数据库系统的集成（图4-63）。通过集成 GIS 服务接口，能够实现可视化的模型前处理、后处理和模型分析展示效果；通过集成数据库系统，能够根据接收到的计算任务请求和参数文件，从数据库和文件系统

中查询及收集必要的参数文件进行分析计算，计算结果文件经过程序处理后存入数据库或文件系统。

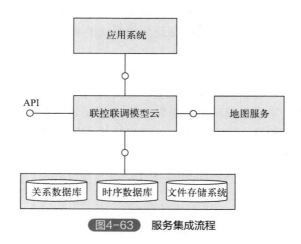

图4-63　服务集成流程

4.5.2.4　模型云服务发布

模型发布模块为封装后的河网水动力 - 水质 - 水生态模型计算引擎在云平台上进行注册、审核提供流程支持工具，提供水动力 - 水质 - 水生态模型云服务、预报预警云服务、Exchange 修改调度云服务、参数文件、版本信息等功能，并可根据模型使用情况评估模型绩效。

模型发布模块包含模型注册、模型审核、模型管理、模型版本管理和模型绩效评估等功能。其功能结构如图 4-64 所示。

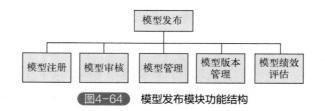

图4-64　模型发布模块功能结构

（1）模型注册功能

模型注册功能提供河网水动力 - 水质 - 水生态模型基本信息填报和提交、封装后的模型计算引擎文件上传、标准化的模型输入输出参数文件上传等功能。标准化的模型输入输出参数文件是按照约定的参数规范格式编辑的计算参数文件，包含描述模型计算涉及的区域、河道及闸泵站工程等对象空间地理位置和特性的参数文件，用于限定模型计算条件边界的水位、流量、水质、工情等实时或历史监测数据系列等。

通过模型注册功能上传封装好的河网水动力 - 水质 - 水生态模型，标准化的模型参数文件包含城区河网模型参数文件和关键控制设备的水位、流量、水质、工情限定参数描述文件等。

（2）模型审核功能

模型审核功能对提交的河网水动力 - 水质 - 水生态模型注册信息、模型计算引擎文件以及标准化的模型输入输出参数文件进行检查和验证，对能够实现预期的模拟计算要求的模型准予发布。

（3）模型管理功能

模型管理功能对上传至云平台的模型进行更新维护及删除，包含模型基本信息的编辑、模型计算引擎文件的更新、模型输入输出参数文件的更新以及模型删除等操作。当模型更新维护内容较多时需要重新审核发布。

（4）模型版本管理功能

模型版本管理功能可对模型计算引擎、模型参数文件版本进行更新及控制管理。

（5）模型绩效评估功能

模型绩效评估功能根据模型的实际使用情况、用户评价及反馈等信息综合评估模型绩效。

4.5.2.5　模型云部署

模型云各运行节点采用虚拟化方式建设运行，基于平台提供所需的云计算、存储、网络和安全资源等，具有良好的高可靠设计架构，能够保障模型云安全、高效、稳定运行。模型云部署节点包含模型云管理服务器、模型服务器和消息服务器，同时依赖平台建设的应用服务器、地图服务器、数据库服务器、时序库服务器和文件服务器，满足数据通信、处理和存储等使用需求。系统拓扑如图 4-65 所示。

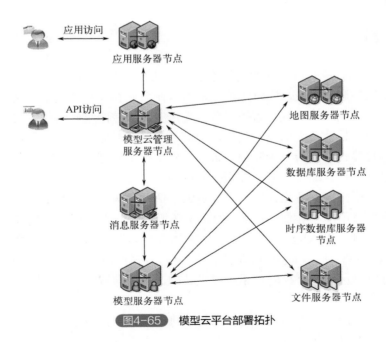

图4-65　模型云平台部署拓扑

模型云管理服务器用于部署模型云管理软件，保障模型云管理软件各项功能的正常运行，并向应用系统或用户反馈计算成果；消息服务器用于部署消息中间件，接收模型云管理软件发送的模型计算任务，根据任务配置内容生成任务消息并发布到指定的模型计算引擎队列中；模型服务器用于部署模型计算引擎，提供模型计算引擎所需的系统运行环境和计算资源，需要较高性能的服务器资源配置。

模型云运行依赖的应用服务器用于部署各类业务应用系统及服务。数据库服务器、时序数据库服务器和文件服务器用于部署结构化数据、时序数据和文件的数据库管理系统，提供数据读取、存储服务；地图服务器用于部署和发布 WebGIS 服务。

4.6　河网流态优化联控联调工程案例

苏州市水利信息化建设正由信息化、自动化向智慧化转变。苏州市城区已经建设了城区水务工程调度控制系统，城区内闸泵基本实现远程观看，部分工程实现水位实时测量。但是对城区内闸泵水利工程远程调控、城区河道及工程的物联网布设未能达到全覆盖，控制系统也没有智能化的模型做指导，仍然无法达到智能化决策调度。苏州市中心城区河网密度高，闸泵众多，日常调度主要依赖人工，引水水量多采用经验值，想要达到精准化调度，难度极大，尤其在苏州市城区"双水源"引水的情况下，闸泵堰群联合调控十分复杂，更加依赖精准调度。因此，建立全覆盖、全要素立体监测预警、调度和智能决策系统，利用全智能化实时在线调度代替人工调度，对提升河道水体感官、提升苏州市城区水利综合调度决策能力、实现信息资源共享、发挥投资效益、提高工程管理能力、节约办公运维成本等具有十分重要的社会效益与经济效益。

4.6.1　工程方案

河网流态优化联控联调工程的建设不仅需要构建实时监测 - 精准模拟 - 智能互馈的苏州城区活水联控联调系统，同时，苏州市城区闸泵站存在对监测数据响应度不高，城区内闸站无远程控制，缺少视频监控装置，无法实时监控闸泵站运行，实时反馈监测数据等问题，导致工程效益无法充分发挥，因此，也需要对城区主要的新建和改建的水利工程进行自动化建设，安装视频监控设备。另外，为了达到城区一键控制，还需对城区内原有的闸泵站进行自动化改造及视频监控设备的安装。

联控联调应用系统业务化开发，主要是为了适应各级行政主管部门和用户云服务需求，整合了预测 - 预报 - 预警、联控联调、水环境提升、工程调度等功能，以物联网平台、云平台为基础，以水动力 - 水质 - 水生态耦合数学模型为核心，以物联网监测系统的实时监测数据为驱动，以远程自动控制为手段，进行联控联调应用系统云平台开发，为后续构建苏州城区活水联控联调系统提供基础，也是河网流态优化联控联调工程方案的核心部分。

物联网云平台统一了全要素监测信息传输协议，模型云平台兼容不同类型、不同功能的数学模型。通过在区域内关键节点布置水位、水质、视频监测设备，对区域内的水情、水质和工程运行情况进行实时监测，实时监测数据反映区域内的水情、水质和工情变化情况，依据这些数据进行实时滚动预报，并对可能出现的水位超警戒、水质恶化、工程运行异常等情况进行报警提示；同时，根据出现的异常状况，通过模型计算不同的调度方案，依据一定的评价标准，对不同的调度方案进行效果比选并推荐最优方案。以最优方案的工程运行为导向，远程发布指令驱动水利工程运行。水利工程运行后，物联网监测系统收集的数据会及时反馈给系统，通过与模型计算的方案结果进行比对，根据比对结果及时调整优化方案，并依据新方案驱动水利工程运行，最终解决突发情况。

4.6.1.1 应用系统架构

联控联调应用系统的构架如图 4-66 所示，主要包括监测设备层、支撑平台层和业务应用层。监测设备层采用物联网感知技术，建设统一的水位、流量、水质、工情监测设备网；采用远程控制技术，并根据畅流活水的功能需要，对新建工程和原有闸站工程进行远程控制，增加调控手段；采用视频监控系统平台统一技术设计视频监控平台，集成已建的各类工程视频监控系统，把所有视频信息汇聚到调度中心，进行统一的管理，并采用视频识别技术，增加监测手段，辅助物联网监测。

图4-66 联控联调应用系统架构

支撑平台层按照技术统一、架构平台统一的总体要求，采用物联网、大数据、云平台等先进技术，建立基于工作流、智能表单、消息中间件等技术，集统一数据库、统一用户管理、统一认证服务、统一安全保护、统一平台展示的应用支撑平台。根据规划范围具体需求，按照相关规范标准，建设水利地理数据库和水利工程数据库。以构建城区河网水文 - 水动力数值模型为核心，关联物联网监测数据，结合水利工程远程控制，实现区域工程调度优化。

业务应用层面向用户，提供可视化的界面实现用户的业务流程，包括信息查询、实时监控、预报预警、工程调度等应用业务。

数据流程设计包括数据传输流程和数据应用流程的设计。

（1）数据传输流程

数据传输体系包括数据体、传输链路和传输节点三部分。数据体包括业务数据、基础数据、空间数据及多媒体数据等内容；传输链路有无线传输、水利专网传输、移动专网传输。

数据采集方式分为两种：一是采用人工录入的方式，定期录入更新；二是相关信息数据的实时采集。

（2）数据应用流程

① 数据采集：业务数据、地理信息数据、基础数据、多媒体数据以及数据导入获取。

② 数据存储：平台信息，数据库中保存业务数据、地理信息数据、基础数据、多媒体数据，以及实时采集数据。

③ 应用支撑平台：提供数据管理与查询。应用支撑平台将数据库与应用系统隔离，应用支撑平台负责数据的存储、管理与查询。

④ 应用系统：数据的调用、综合分析和展示过程。

⑤ 自动调度控制系统：包括实时监控管理子系统、在线预报预警子系统、调度模型管理子系统、调度控制子系统、系统管理子系统和移动应用子系统。

4.6.1.2 应用系统功能说明

联控联调应用系统的系统功能主要包括数据采集功能、实时监控功能、在线预报预警功能、调度模型管理功能、调度控制系统功能、系统管理功能及移动系统应用功能七个方面。

（1）数据采集功能

在城区范围内布设水位、水质、视频等自动监测仪器，实现城区内雨水工情全覆盖、全自动实时监测，为模型计算、水利工程调度提供基础数据支撑。

1）采集水质监测数据

高效、快捷、准确的水质自动监测系统是水环境保护信息化和经济社会发展的需要，也是从传统环境监测向现代环境监测转变的要求。水质监测作为流域水资源信息采集系统的重要组成部分，迫切需要采用现代化的技术手段，及时提供水资源质量变化信息。水资源信息需求的多样化和即时性，使得水质监测参数不断扩展，监测工作量显著加大，监测结果传递的及时性要求不断提高，传统的水样采集、实验室检测方式周期太长，已很难及时、准确地反映水质变化过程，水污染也得不到有效监控。因此，建立水质自动监测设备是实时准确地掌握水资源质量状况的有效手段。

2）采集水位监测数据

工程建设过程中，根据区域内水位的特点，在规划的水利枢纽、闸站、泵站等水利工程所在河道处，以及城区活水重点关注河段布设水位自动监测设备，通过水位自动监测设备的建设，实时获取河道水位信息，为区域水利工程调度提供实时水情数据支撑，也为模型的进一步率定验证提供基础资料支撑。

3）采集视频监测数据

为保证对水利工程的实时监视，提供实时、直观的河道水质监视、水利工程运行监视信息，在城区河道的重点节点和水利工程处建设视频监控设备。配套视频监控软件平台，实现对所有视频监控点位的统一浏览、控制和管理。

（2）实时监控功能

利用系统共享信息源，管理监测系统采集的实时水雨情、工情、水质及视频信息等，结合协同决策管理需要，实时监控和评价区域内水雨情、水环境、工程运行状况及时空分布。系统具有查询和统计分析等功能，可以对实时监测数据进行多种形式的展示，并对水情超警、水质恶化、监测设备异常、工程运行异常等状况进行报警。

（3）在线预报预警功能

区域内闸泵运行工况发生变化后，河网水体水质、流速变化有几小时甚至几天的滞后。因此，预报预警模型模拟预见期需达到 3 天以上。在线预报预警系统可以将接收的实时监测的水雨情、工情数据传输至水动力 - 水质 - 水生态一体化模型，并以这些数据为基础，结合降雨预报等数据，实时在线滚动计算，预报未来一段时间内河网水流运动和水质变化情况，并将预报结果以 GIS 地图标绘、数据图表、统计报表等多种形式展示。

（4）调度模型管理功能

通过对水利工程工情监测的分析，了解城区所有水利工程的具体状态，相应地对模型网络中水利工程中水闸、泵站、溢流堰等相关参数及调度规则进行在线修改，水利工程参数及相关的调度规则修改完成后，更新到模型水利工程及调度规则模型数据库中，实现水利工程及调度规则的修改，形成新的模型网络方案。

（5）调度控制系统功能

水利工程优化调度系统通过标准化的规范接口与实时监测设备、闸泵工程的监测监控数据对接，结合城区范围内的水利工程运行情况，具备信息数据收集评估、畅流活水调度方案优化、一键调度控制、调度方案运行效果评价、调度方案智能管理、调度方案人工干预和方案运行容错等功能。

（6）系统管理功能

为了保证各业务系统的协调性、安全性及权限的统一管理等，增加系统管理，需建立系统管理平台，具备组权限和用户管理、后台日志管理、信息格式自定义和数据库备份等功能。

（7）移动系统应用功能

结合 GIS、全球定位系统（GPS）、智能感知等技术手段，基于通用开发平台，建设支持各类主流智能手持操作系统，定制开发跨平台的移动综合业务应用系统，为工作人员提供随时随地、方便快捷的移动业务信息处理平台，形成服务自动化、办公网络化、管理科学化、监管信息化的移动水利管理功能。

4.6.1.3　应用系统开发方案

针对联控联调应用系统的除去数据收集功能以外的其他功能，开发了实时监控管理子系统、在线预报预警子系统、调度模型管理子系统、联控联调控制子系统、联控联调系统管理子系统以及联控联调移动应用子系统，以满足不同用户的不同业务需求。

（1）实时监控管理子系统

以城市基础地理底图为基础，通过叠加水闸、泵站、水质监测设备、水位监测设备、视频监控点等专项图层，并接入终端设备实时监测数据、视频流，实现对雨水工情、水质的实时监控，并在系统中进行实时显示。数据界面表现处理可以为分析结果提供多种表现风格，包括 GIS 地图标绘、数据图表、统计报表等。实时监控管理子系统需要包括实时水雨工情、水质、视频、气象等。

（2）在线预报预警子系统

在线预报预警子系统可以将接收的实时监测水雨工情、水质数据传输给水动力 - 水质 - 水生态一体化模型，并以这些数据为基础，结合降雨预报等数据，实时在线滚动计算，预报未来一段时间内河网水流运动和水质变化情况，并将预报结果以 GIS 地图标绘、数据图表、统计报表等多种形式展示。通过设置特征阈值，展示研究区域内任意关注点的水位、流量、水质等指标变化过程，并采用闪烁、声音、手机短信或邮件等方式进行预警，及时发布预警信息。

在线预报预警的功能主要包括预报预警滚动计算、预报预警结果展示、实时监测和预报结果对比、预报预警人工干预、预警简报发布等。

（3）调度模型管理子系统

调度模型管理子系统主要是模型信息可视化展示，是保障平台的友好性、易用性、稳定性的关键。模型信息可视化将地理信息、可视化构模，与模型库管理进行一体化的设计与集成，保证后台实现信息的自动交互。模型信息可视化展示解决可视化构模，自动实现空间模型到逻辑模型的转换，以及模型计算成果的可视化表达。

模型信息可视化展示是将不同数据和模型之间组织与管理的技术集成，结合信息技术，基于 B/S（浏览器 / 服务器）的地理信息系统集成总体结构、元数据的地理信息系统数据集成平台和关系数据库的地理信息系统模型集成平台进行可视化构模。图 4-67 为地理信息系统与可视化构模技术交互框架。

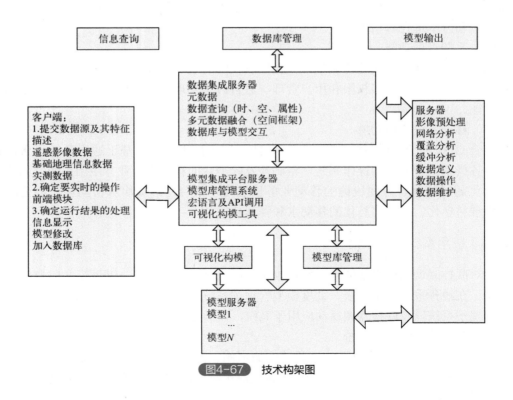

图4-67 技术构架图

采用应用程序接口（API）的形式进行集成。例如，ARC/INFO 提供 RPC 接口实现客户端与服务器端的通信，提供 ARC/INFO 与 ARCVIEW 的集成。采用关系数据库技术（ORDBMS）将空间数据作为一种数据类型直接集成进入数据库系统，可以在这种平台上直接管理矢量空间数据、遥感图像数据和普通关系数据。

客户端负责引导用户输入数据源、功能要求和模型选择，以及有关输入输出选择项，将这些信息提交模型集成平台服务器和数据集成平台服务器。模型集成平台服务器负责在模型库中检索符合用户功能要求的模型，并支持模型的组合和建立新的模型，然后将这些模型对数据的要求提交数据集成平台服务器，其功能是请求转化为服务器可以实现的基本操作并提交给这些服务器。数据集成平台服务器的操作结果将返回给模型集成平台服务器，进而返回给客户端。

（4）联控联调控制子系统

联控联调控制子系统根据系统预先设定的方案触发阈值，根据实时采集的监测数据，对处置调度方案进行初选。初选后的调度方案会提供给水动力 - 水质 - 水生态一体化模型进行计算，利用调度方案评价优选模块对方案的运行结果进行评价优选。系统最终会优选 3 组调度方案，管理者可以对调度方案进行经验性的人工干预并选出最终方案，当管理者不做干预时系统会自动在优选的 3 组方案中推荐最优方案。最优方案会通过一键调度模块驱动水利工程运行。调度方案运行后，实时监测的水位、流速、水质数据变化会与系统预报计算的结果进行比对，利用运行方案效果评价模块对调度方案的运行效果进行评价。若运行效果在容错范围之内，则继续运行；反之，则利用容错模块选取备选方案运行。此外，本系统还可以事先录入经验方案和已运行最优方案，当类似情况出现时可以做出快速响应。

在各种情景模式中，通过决策选定联控联调方案，再通过远程控制执行方案，运行一段时间后，该模块的功能包括：读取实际监测到的水位、流速、水质等指标数据，构建畅流活水效果评价指标体系，基于阈值、等级划分方法的评价技术下，进行调度运行方案与畅流活水效果的综合评价；进行执行方案与调度预案的对比分析，即模拟结果与实测结果的对比分析，反馈对比结果的误差限和范围，指导调度方案评级；在划分相应的阈值标准条件下，将调度方案进行优、良、中、差离散式的评价定级（图 4-68）。

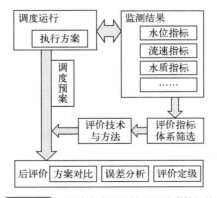

图4-68　调度方案运行效果评价模块架构

（5）联控联调系统管理子系统

为了保证各业务系统的协调性、安全性及权限的统一管理等，增加系统管理，建立系统管理平台，主要功能包括系统登录、菜单管理、组权限和用户管理、后台日志管理、信息格式自定义、数据库备份。

（6）联控联调移动应用子系统

结合 GIS、GPS、智能感知等技术手段，基于通用开发平台，支持各类主流智能手持操作系统，定制开发跨平台的移动综合业务应用系统（PC 端 Web 版、智能手机 App、微信），为工作人员提供随时随地、方便快捷的移动业务信息处理平台，形成服务自动化、办公网络化、管理科学化、监管信息化的移动水利管理功能。

联控联调移动应用系统定制开发，支持各类智能手机，实时接收各类预警信息，实现水利综合业务的移动办公。系统基于联控联调一张图，通过叠加水闸、泵站、水质监测设备、流量站、视频监控设备等专题图层，实现主要功能包括实时水雨工情信息查询、实时水质信息查询、气象信息查询、预警推送、水利工程巡查上报、工程调度查询、视频监控及防汛动态信息查询等。

4.6.2　工程建设

工程建设主要包括闸堰改造、苏州市城区活水联控联调系统建设两部分内容。闸堰改造，是采用研发的翻板门调控技术和子母门调控技术对苏州城区河道重点闸门、溢流堰进行改造，以优化水动力调控基础条件。

4.6.2.1　闸堰改造

清水工程项目中，在原有的水利工程基础上，有部分节点需要改造或新建，共计15 处工程，主要包括泵站改造、闸门建设、溢流堰改造等。这些工程是联控联调系统平台闸泵自动化改造，实现活水一键调度的基础。

（1）泵站改造

古城区邱家村泵站能力不足，对邱家村泵站进行改造。

（2）闸门建设

规划新建闸门 3 座，分别为：城西片新建闸门 2 座，分别位于白莲浜与里双河交汇处、凤凰泾与里双河交汇处；盘门内城河竹辉河西侧加 1 座闸。其中白莲浜与里双河交汇处为闸门恢复。

（3）溢流堰改造

苏州市古城区水环境改善从大尺度的流域 - 区域 - 中心区范围进行统筹谋划，利用优质丰富的过境水和完备的防洪、引排工程体系，根据"因势利导、江湖共济、双源引水、三点配水、活水自流、惠及周边"的总体思路，以水动力为驱动，通过平原河网人工水头造差，营造古城南北相对水势，因势利导，全面"活"动河网水体，实现"活水"自流的自然性回归，为古城区河道提供可靠保障性水源供给与预期性水位、流速、流量等水文条件，满足改善古城区河网水环境的需求。目前苏州市古城区采取西塘河、外塘河双源供水的引水格局。

在通过外塘河、西塘河调引清水进入北环城河以后，在不影响苏州市城区环城河游船航行安全和城市景观的前提下，应用翻板门调控技术建设两座配水工程，即阊门堰和娄门堰，在南、北环城河之间形成一定的水位差，最大限度地使清水进入古城区内部河网。

应用子母门调控技术，改造古城 3 条入口河道的进口控制闸门，即平门小河（平四闸）、齐门河（齐门泵闸）和北园河（北园闸），建成子母闸门结构，保证进入古城的清水水质。娄门堰和阊门堰改造现场如图 4-69 所示。

| (a) 娄门堰 | (b) 阊门堰 |

图4-69　溢流堰翻板门改造现场

（4）闸门改造

为了解决苏州市城区现有闸门开闸时竹柳在闸底过流冲起浮淤，导致水体浑浊的问题，将白莲浜闸、顾家桥泵闸、白莲泵闸、为钢桥泵闸、朱家庄泵闸、新塘泵闸、平四泵闸、齐门泵闸、北园泵闸的闸门进行改造或更换，应用子母门调控技术进行改造，在闸门门体内设置过水小闸门，形成子母闸门结构，实现从闸门上部引出清水，保证进入古城的清水水质。齐门子母闸门改造现场如图 4-70 所示。

图4-70　齐门子母闸门改造现场

4.6.2.2　苏州市城区活水联控联调系统建设

苏州市城区活水联控联调系统，是结合苏州市已有工作基础条件和当前信息技术发展水平，基于前期开发的联控联调业务化应用系统，建设苏州市城区河网水动力优化与活水调控平台，并充分利用"智水苏州"搭建的云平台，在"智水苏州"总体规划的基础上，共享数据资源交换平台，构建联控联调系统平台信息交换和共享渠道。苏州市城区河网水动力优化与活水调控平台也为河网流态优化联控联调工程的主体内容，系统总体架构如图 4-71 所示。

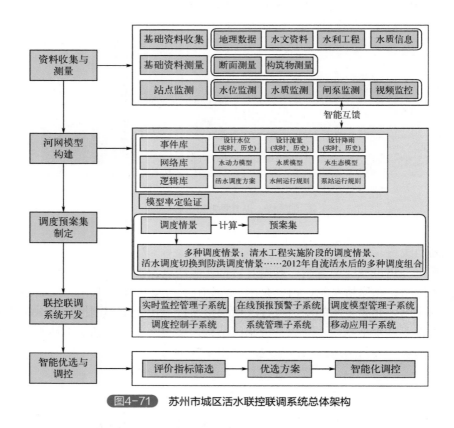

图4-71 苏州市城区活水联控联调系统总体架构

通过在区域内关键节点布置水位、水质、视频监测设备，对区域内的水情、水质和工程运行情况进行实时监测，依据这些数据进行实时滚动预报，并对可能出现的水位超警戒、水质恶化、工程运行异常等情况进行报警提示。同时，根据出现的异常状况，通过模型计算不同的调度方案，依据一定的评价标准，对不同的调度方案进行效果比选并推荐最优方案。以最优方案的工程运行为导向，远程发布指令驱动水利工程运行。水利工程运行后，物联网监测系统收集的数据及时反馈给系统，通过与模型计算的方案结果进行比对，并根据比对结果及时调整优化方案，提升古城区水环境治理与畅流活水的现代化管理水平。

所有监测设备通过接入网络汇聚到部署在苏州水务局的"智水苏州"物联网平台，并进入数据汇集共享平台，数据在数据汇集共享平台进行汇聚、存储、清洗、管理和分析，供应用层业务系统使用，并以可视化或者服务的形式提供给用户使用，如图 4-72 所示。

苏州市城区河网水动力优化与活水调控平台（以下简称平台）建设内容包括运行环境建设、物联感知系统建设、联控联调模型建设以及自动调度控制系统建设。

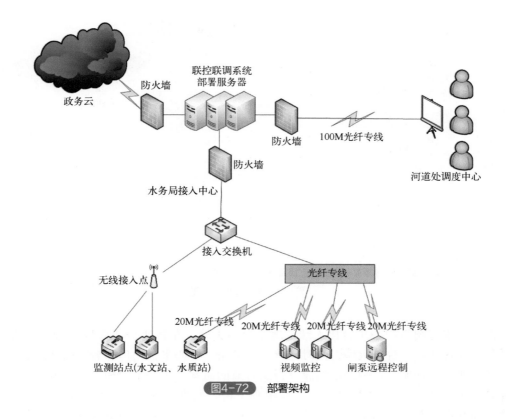

图4-72 部署架构

（1）运行环境建设

平台运行环境和网络系统为业务应用提供统一平台。围绕应用平台运行要求建设相匹配的基础设施，主要内容包括通信网络、运行架构、数据存储与备份、统一系统平台、软硬件配置等。依托"智水苏州"已构建的云基础平台，补充扩展平台运行所需的资源。

1）通信网络资源补充

闸泵站工程和监测点等设施分布在城区范围内，网络架构是保证信息化系统成功运行的关键。网络通信子系统建设包含闸泵站通信网络、水质监测设备通信网络、水位监测设备通信网络和视频通信网络。系统的网络拓扑图如图4-73所示。

2）存储计算资源补充

在"智水苏州"平台硬件资源的基础上，利用已有的云架构搭建计算资源、存储资源、视频接入等业务应用系统，新增配置5个服务器节点，168核以上CPU，640G内存，25T以上硬盘，GPU V100。

3）系统安全补充建设

系统安全建设需要满足系统安全信息等级保护三级标准的，能够简单、快捷地实现整个网络的安全防御架构，结合现有的安全体系，补充安全建设，完成系统信息安全等级保护三级评测。

为了保证闸泵站分支到"智水苏州"中心平台信息传输的稳定性和安全性，在闸泵站处和接入中心平台处都安装防火墙设备。

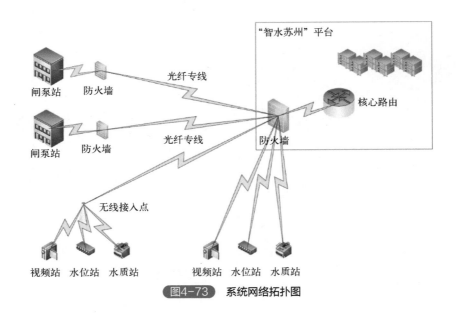

图4-73 系统网络拓扑图

在"智水苏州"中心平台接入端部署一台防火墙，在其他58处需要一键调度的闸泵站分支处各部署一台防火墙，同时配置安全策略。中心平台出口部署防火墙设备，同时开启威胁防护功能，保障进出的流量得到有效的监管。中心平台和闸泵站分支之间使用ipsec vpn进行互联，并且每个分支和中心平台之间直接通过光纤专线互联，所有流量经过hub点转发。使用支持7层防护功能的防火墙，可以对应地减少安全设备的部署数量。

防火墙设置为默认拒绝工作方式，保证所有的数据包，如果没有明确的规则允许通过，全部拒绝以保证安全；在两端防火墙上设定严格的访问控制规则，配置只有规则允许的IP地址或者用户能够访问中心平台或闸泵站分支中的指定资源，严格限制网络用户访问数据中心服务器的资源，以避免网络用户可能会对数据中心进行的攻击、非授权访问以及病毒的传播，保护数据中心的核心数据信息资产。

配置防火墙防DOS/DDOS功能，对Land、Smurf、Fraggle、Ping of Death、Tear Drop、SYN Flood、ICMP Flood、UDP Flood等拒绝服务攻击进行防范，可以实现对各种拒绝服务攻击的有效防范，保证网络带宽；配置防火墙全面攻击防范能力，包括ARP欺骗攻击的防范，提供ARP主动反向查询、TCP报文标志位不合法攻击防范、超大ICMP报文攻击防范、地址/端口扫描的防范、ICMP重定向或不可达报文控制功能、Tracert报文控制功能、带路由记录选项IP报文控制功能等，全面防范各种网络层的攻击行为；可根据需要，配置IP/MAC绑定功能，对能够识别MAC地址的主机进行链路层控制，实现只有IP/MAC匹配的用户才能访问闸泵站分支。

（2）物联感知系统建设

在苏州市城区内综合站网基础上加密布设水质、水位、视频监控采集设备，实施重要闸泵站远程测控系统改造，实现城区水雨工情、水质、视频等信息监控网络的全面覆盖、自动传输和实时控制，为模型分析和工程调度提供有效的数据支撑及可靠的调控手段。

物联感知系统建设包含水质自动监测系统建设、水位自动监测系统建设、视频监控系统建设和闸泵站远程测控系统建设等内容。

1）水质自动监测系统建设

根据苏州城区清水工程开展的目标需求、引排水路线以及河网水系、水利工程、关键调控节点的分布情况，在城区综合站网基础上对水质自动监测设备进行补充加密，设计布设常规 8 项水质指标、常规 4 项水质指标、3 项感观指标三种类型的水质监测设备，分别为：

① 在引水水源和主要引水路径上布设常规八项指标水质监测设备，包含 pH 值、温度、溶解氧、浊度、总磷、叶绿素 a、氨氮和高锰酸盐指数 8 项监测参数；

② 在城区商铺集中区、居民聚集区、重点关注区所在的河段布设 4 项指标监测设备，包含总磷、浊度、溶解氧、氨氮 4 项水体观测指标；

③ 针对活水工程水质目标需求，在主干河道、重点关注河段布设感官指标监测设备，监测浊度、溶解氧、透明度 3 项水质参数。

经实地踏勘调研，在胥江枢纽闸上、元和塘水利枢纽闸上和外塘河水利枢纽闸上 3 处地点布设常规 8 项水质监测设备；在澹台湖枢纽闸上、大龙港枢纽闸上、一号河等 11 处地点布设 4 项指标水质监测设备；在青龙河、硕房东河等 21 处地点布设感官指标水质监测设备。

2）水位自动监测系统建设

根据苏州市城区水位的特点，在水利枢纽、闸站、泵站等水利工程所在河道处，以及城区防汛重点关注河段布设水位自动监测设备，共 25 处。通过水位自动监测设备的建设，实时获取河道水位信息，为区域水利工程调度提供实时水情数据支撑，也为模型的进一步率定提供基础资料支撑。

水位自动监测系统由前端传感器（水位计）、数据采集终端、数据传输、数据接收与存储、智能互馈模块五部分组成。数据采集终端采用 RTU，集成 GPRS/4G 通信模块，水位计使用 4 ～ 20mA 或者 RS-485 通信方式接入数据采集终端。

3）视频监控系统建设

为保证对水利工程的实时监视，提供实时、直观的河道水质监视、水利工程运行监视信息，实现对所有视频监控点位的统一浏览、控制和管理，在苏州城区河道原有 63 处视频点位的基础上，新增设 36 处 74 个视频监控，布设在闸泵站和重点河道，主要针对闸泵运行状态进行监控，利用视频监控水位突变情况以及河道流动状态。

4）闸泵站远程测控系统建设

苏州市城区闸泵站存在对监测数据响应度不高，城区内闸站无远程控制，缺少视频监控装置，无法实时监控闸泵站运行、实时反馈监测数据等问题，导致工程效益无法充分发挥。因此，需对新建和改建的水利工程进行远程测控系统建设。另外，为了实现城区全智能一键化精确调度，还需对城区内原有的闸泵站进行远程测控系统建设。

① 闸门泵站过流曲线率定。为实现闸门、泵站和溢流堰等水利工程的远程调度控制，并确保远程调控的精度，需要采用现场原型观测试验或物理模型试验的方法，对区域内闸门和溢流堰的流量比测及流量系数、关系曲线进行率定，并对泵站的扬程 - 流量曲线进行复核，具体方法如下。

Ⅰ.闸门和溢流堰过流曲线率定。采用水力学方法，通过实测流量率定流量系数，根据堰闸形式、闸门开启情况、流态等因素，按水力学基本公式分析获得的不同出流情况下的水力因素与流量系数的相关关系曲线或关系方程式，以推算堰闸的过水流量。

根据流态的不同，各种条件下的流量计算公式形式如下。

自由堰流条件：$Q=CBhu^{3/2}$

淹没堰流条件：$Q=C_1Bh_1\Delta Z^{1/2}$ 或 $Q=C_1Bhu^{3/2}$

自由孔流条件：$Q=MBe\,hu^{1/2}$

淹没孔流条件：$Q=M_1Be\Delta Z^{1/2}$

根据流态的不同，各种条件下的流量系数与相关因素的关系如下。

自流堰流条件：$C \sim f(hu)$；

淹没堰流条件：$C \sim f(\Delta Z/h_1)$；

自由孔流条件：$M \sim f(e/hu)$；

淹没孔流条件：$M_1 \sim f(e/\Delta Z)$。

式中　hu——上游水头，m；

　　　h_1——下游水头，m；

　　　e——闸门开启高度，m；

　　　B——闸门或堰的总宽，m；

　　　ΔZ——水头差，m；

M，M_1，C，C_1——不同流态的综合流量系数，可由实测流量利用以上公式进行反算。

Ⅱ. 泵站扬程 - 流量曲线率定。根据泵站现场条件，采用声学多普勒流速剖面仪ADCP (acoustic doppler current profiler) 等方法测定水泵流量，设置泵站内外河道不同水位情景，将测量断面布置于泵站上游 200m 河道，每次流量取往返两次流量的平均值。根据流量实际测量结果与上下游水位差，绘制出泵站的扬程 - 流量曲线。

② 闸泵自动化改造。闸门、泵除了需对数据进行采集以外，还需要实现远程控制功能。控制柜为闸泵站监控的主要设备，它作为监控系统的现地控制层，主要由 PLC、继电器、断路器等设备组成，控制柜通过以太网的通信方式向控制中心发送采集的各种数据和事件信息，并接受控制中心下发的命令，实现对闸站设备的监控，同时控制柜又能脱离控制中心独立工作。控制柜远程控制与现场手动控制并行，不存在优先等级，可实现交叉控制。例如，远程开手动停、手动开远程停等，使操作人员无需一定要到控制盘前去就地操作，真正实现远程控制。自动化系统改造后具备：数据采集与处理、运行监视和事故报警、控制与调节、数据通信等功能。

参照城区河网实际调度和模型构建情况，一键调控闸泵远程测控系统建设需要改造水利工程共 58 处，其中清水工程新建和改造枢纽、闸站共 15 处，城区其他需改造水利工程 43 处。

（3）联控联调模型建设

通过前文构建的河网水动力 - 水质 - 水生态耦合数学模型，通过云平台封装模型为业务应用层提供模型服务。平台在收集城区河道断面、水利工程、水质资料以及水文资料的基础上，结合数学模型核心技术，利用云平台技术、地理信息系统技术、数据库技术，建立城区河网联控联调模型，以满足活水调度等指挥调度决策支持需要。

1）综合数据库建设

系统主要由四个层次构成，即展现层、应用层、服务层、数据层。综合数据库建设主要为数据层内容，主要包括实时监测数据、水利工程及调度数据、模型数据、GIS 空间数据、系统业务数据等，根据各类别不同特点进行基础数据库、模型数据库、调度方案库、业务系统数据库等相关数据库建设。综合数据库建设需要汇集的各类数据经过数据交换、规范处理后存入综合数据库，通过各类型数据库系统对数据进行维护和管理，构建各类业务应用的数据基础，提供统一的数据访问，从而支持系统平台功能的实现与展现（图4-74）。

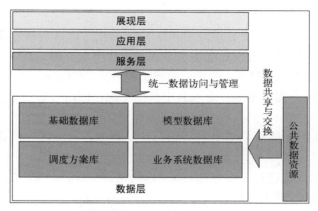

图4-74 综合数据库逻辑架构

实时监测数据对接云平台的物联网总线，所有监测设备返回的实时数据进入云平台进行分布式存储；水利工程数据库收集已有数据并整编入库；地理空间数据库基于GIS技术，根据水利工程基础数据、基础网格空间数据、静动态空间数据建立GIS地图服务，用于存储系统平台相关地理空间数据并提供访问服务；系统业务数据库则用于管理存储系统运行的核心业务数据及管理数据，涉及实时监控与预报预警、畅流活水调度、水利工程优化调度功能实现、过程流转控制、数据展示、移动应用以及系统正常运行的相关内容，将严格按照标准规范，采用关系型数据库管理软件进行相应的数据库表设计和开发。

2）联控联调模型

以河网水动力-水质-水生态耦合数学模型为核心，关联物联网监测数据，基于调度情景，计算活水调度预案集，并智能优选调度方案。平台辅助主管单位进行调水决策，需要依托前期编制在数据库中的预案集。以常规畅流活水调度（外塘河、西塘河双源供水）、虎丘湿地引水、局部片区强化调度、预报降雨等作为判定条件，生成一系列活水的调度预案，满足日常活水调度的使用。在水源情况方面，苏州城区主要有外塘河、西塘河、元和塘、胥江、虎丘湿地等多路引水水源，预案制定考虑不同水源的来水水量情况调整城区内工程调度。应急调度预案是在处理一系列突发事件时应急响应的方案。一般以水污染事件发生的位置、水污染事件的等级以及水污染事件的数量作为判定依据，形成一系列的应急响应预案。依据水质、水位、流速不同的调度目标，系统平台需提出最优方案辅助主管单位决策。

① 活水调度预案集。基于苏州水动力-水质-水生态耦合数学模型，针对常规预案、应急响应预案以及汛期调度等情景进行优化遴选，计算不同调度情景模式下的方案集，每个调度情景拟设置多种调度方案，具体的调度情景有以下几种。

Ⅰ. 常规畅流活水调度组合。常规畅流活水方案以现行自流活水调度方案为基础，综合考虑引水量、环城河南北水位差、环城河南部小密度桥水位三个控制条件，分别组合出不同的调度方案。

Ⅱ. 常规畅流活水调度 + 平江片清水工程。以常规畅流活水调度方案为基础，强化平江片水系的调度。

Ⅲ. 常规畅流活水调度 + 虎丘湿地引水。选取常规畅流活水调度典型调度工况，考虑虎丘湿地引水工况。

Ⅳ. 常规畅流活水调度 + 虎丘湿地引水 + 片区强化。以常规畅流活水调度方案为基础，选取典型工况，同时考虑虎丘湿地引水和平江片清水工程。

Ⅴ. 降雨水质恢复的调度情景。考虑降雨量 3 种工况（<10mm、10 ~ 25mm、>25mm），以常规畅流活水调度方案为基础，选取其中典型工况，同时考虑古城区内重点区域的强化调度。

Ⅵ. 管网破损入河与降雨后重点河道应急恢复调度。对城区内潜在管网破损点源污染做应急调度。

② 评价指标体系构建与方案优选。采用基于综合水质标识指数法以单因子水质标识指数为基础，对畅流活水与水质改善进行综合分析评价。综合水质标识指数由整数位和三位或四位小数位组成，其结构为：

$$I_{wq} = X_1 X_2 X_3 X_4 \qquad (4-36)$$

式中　X_1——河流总体的综合水质类别；

$\quad\quad$ X_2——综合水质在 X_1 类水质变化区间内所处位置，从而实现在同类水中进行水质优劣比较；

$\quad\quad$ X_3——参与综合水质评价的水质指标中，劣于水环境功能区目标的单项指标个数；

$\quad\quad$ X_4——综合水质类别与水体功能区类别的比较结果，视综合水质的污染程度，X_4为一位或两位有效数字。

其中，X_1、X_2 由计算获得，X_3 和 X_4 根据比较结果得到。

利用综合水质标识指数对苏州市古城区范围内的河流水质进行综合评价，将水质标识指数 I_{wq} 换算为百分制，即：

$$水质评分 = （10 - I_{wq}）\times 10 \qquad (4-37)$$

利用 Delphi 法结合层次分析法对苏州古城区各条河流对于联控取调模型的重要度进行赋权，将权重与相应的评价结果相乘并累加，即可得到苏州市河网畅流活水水质提升评分。

与此同时，利用苏州市古城区河网水位等监测资料，对畅流活水与基本生态环境需求、防洪除涝的关系进行探讨，研究阈值选取、广义 Pareto 分布参数确定以及指标估计等关键问题的解决方法。水位监控指标拟定流程如图 4-75 所示。

若水位 u 超过拟定的预警值 u_{max}，则有畅流活水与防洪排涝发生关联；若水位 u 低于拟定的最低水位标准 u_{min}，则有畅流活水与基本生态环境需求发生关联。三者之间的关系可以定性表述如下：a. $u < u_{min}$，联控联调调度不合理，存在城市河道基本生态环境需求不足隐患；b. $u_{min} < u < u_{max}$，联控联调调度合理，符合畅流活水要求；c. $u > u_{max}$，联控联调调度不合理，存在防洪排涝安全隐患。

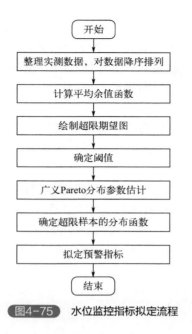

图4-75　水位监控指标拟定流程

　　利用 POT 超阈值模型对苏州市古城区范围内的各条河流水位监控指标进行拟定：若出现 $u > u_{max}$ 的情况，影响防洪排涝，则否定该联控联调方案，给予评分 0；若 $u_{min} < u < u_{max}$，认为该调度方案合理，给予评分 100 分；若 $u < u_{min}$，不太符合生态环境及景观要求，无安全隐患，给予评分 50 分。利用主客观权重法对苏州市各条河流对于联控调控模型的重要度进行赋权，将权重与相应的评价结果相乘并累加，可得到苏州市内河网的水位调度综合评价。根据实际联控联调需求动态地结合苏州古城区河网水位调度综合评分及水质改善综合评分，比较各联控联调模型的综合评分，选取符合得分较高的联控联调方案，构建调度方案集。

　　3）预报预警模型构建

　　预报预警模型能够按照不同特征水位、水质指标设置关注河道断面或关注点的预警阈值，关联实际的计算水位和污染物浓度结果，呈现不同预警级别。系统平台预报预警滚动计算原则上采用一维模型，当实时雨情、水情或预报的水位、流量、污染物超过预警阈值时，以闪烁、声音等多种方式进行报警，如果降雨超过红色预警值，或者水质劣化超过一定程度时，系统将可以切换至调度优化模块，提供人工干预预报，进行调度方案比选和推荐。模型要求控制预报精度（水位、流量精度、水质不低于苏州城区畅流活水相应要求），预报计算时间将依据研究范围的面积控制。

　　① 实时雨水工情、水质数据对接模型。实时雨水工情、水质数据是平台建设的重要数据资源，基于联控联调系统平台基本业务功能，在预报预警模型与水动力 - 水质 - 水生态模型实现模拟的过程中需要与实时雨水工情、水质数据对接，以满足预报预警的滚动计算与实时计算对边界条件更新的需求。实时雨水工情、水质对接将严格遵照模拟数据库的标准规范，确保数据与模型对接的准确性与完整性。

　　模型模拟所需雨水工情、水质数据主要来源于已有实时雨水情数据库以及监测设施实时采集上来的数据，通过实时雨水工情、水质数据库提供的数据访问方式直接获取相关数据。

　　② 预报模型实时校正。完成模型与实时雨水工情、水质数据的对接之后，可利用

实时的数据对预报模型的计算结果进行实时校正，这是控制系统发布预报结果准确性的关键。在水质、水位预报过程中，根据水文模型已经出现的预报"偏差"，可及时地对预报模型的参数、状态变量、输入向量进行校正或与预报值等进行实时对比校正，并据此外推预报，从而进一步有效地提高未来的预报精度。

（4）自动调度控制系统建设

自动调度控制系统主要包括实施监控管理子系统、在线预报预警子系统、调度模型管理子系统、调度控制子系统、系统管理子系统和移动应用子系统等。

1）实时监控管理子系统

实时监控管理子系统以列表的形式展示实时监测的水情、雨情、工情、水质、视频信息（图4-76）。水情信息包括站点名称、水位、警戒水位、时间；雨情信息包括站点实时采集的降雨量值；工情包括监测点水利工程的名称、开闭状态、开启度、时间；水质包括监测点实时监测水质数据；视频展示站点视频监控状态。

图4-76　实时监控管理展示

2）在线预报预警子系统

在线预报预警子系统的功能主要包括预报预警滚动计算、预报预警结果展示、实时监测和预报结果对比、预报预警人工干预、预警简报发布。在系统中输入起始时间、选查询相应时间的站点水位信息，地图可以同步展示站点位置及当前水位值。点击预警图标，地图同步展示站点位置及当前水质值，查询结果以列表形式显示。

3）调度模型管理子系统

模型信息可视化展示是保障平台的友好性、易用性、稳定性的关键。模型信息可视化将地理信息、可视化构模与模型库管理进行一体化的设计与集成，保证后台实现信息的自动交互。模型信息可视化展示解决可视化构模，自动实现空间模型到逻辑模型的转换，以及模型计算成果的可视化表达。

4）调度控制子系统

调度控制子系统的功能包括运行监控、智能调度、预报调度、预案管理和统计分析等。本系统可以事先录入经验方案和已运行最优方案，当类似情况出现时可以做出快速响应。

在调度控制子系统中，可以查询站点实时工程运行情况、运行监控情况（图4-77），以视频、图表等形式展现；可以选择不同的调度模式，对不同的调度方案进行调度计算，并支持用户新建、编辑、删除预报调度方案集。也可以手动设置好调度模式、调度场景和执行片区等调度方案，并对站点的历史调度情况进行系统演算和查询。

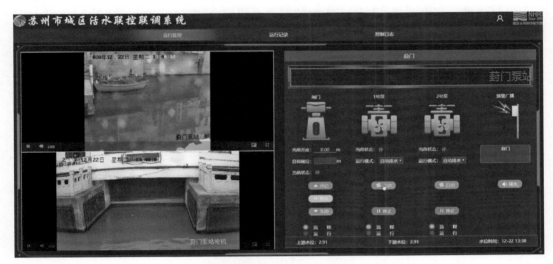

图4-77　工程运行监控展示

5）系统管理子系统

为了保证各业务系统的协调性、安全性及权限的统一管理等，增加了系统管理子系统，并建立系统管理平台。主要功能包括系统登录、菜单管理、组权限和用户管理、后台日志管理、信息格式自定义、数据库备份。

6）移动应用子系统

联控联调移动应用子系统基于城区活水联控联调一张图，通过叠加水闸、泵站、水质监测设备、流量站、视频监控设备等专题图层，实现的主要功能包括实时水雨工情信息查询、实时水质信息查询、气象信息查询、预警推送、水利工程巡查上报、工程调度查询、视频监控及防汛动态信息查询等。

4.6.3　工程实施效果

为了验证城市河网水动力优化与活水实时调控对苏州市城区河道流动性的提升效果，选取苏州市古城区内6处闸泵站作为代表性点位，对平台的调控精度、响应时间等进行监测分析。

① 调控精度监测点：1$^{\#}$平四闸（N31°18′38″，E120°36′40″）；2$^{\#}$官太尉闸（N31°18′38″，E120°37′49″）；3$^{\#}$南园闸（N31°17′53″，E120°38′22″）。

② 响应时间监测点：1* 相门泵站（N31°18′6″，E120°38′21″）；2* 幸福村泵站（N31°17′22″，

E120°36′38″）；3* 蔀门泵站（N31°18′6″，E120°38′20″）；4* 南园闸（N31°17′53″，E120°38′22″，与 3# 位置重合）。

通过人工观测调控精度监测点处水位，与模型模拟水位对比，分析水位调控精度误差；通过人工观测响应时间监测点处水位变化过程，分析调度控制系统水动力调度响应时间；采用声学多普勒流速剖面仪测定古城区内河道流速，计算在调控阈值内的河道比例。

监测发现，大部分河道（超 60%）流速达到 0.1m/s 以上，对于平江河等生态河道，调控至适宜种植养护的流速，优化了古城区河网流动性，提高了水资源利用率，节约了工程运行成本。利用苏州市城区活水联控联调系统平台智能化调控，古城区水位调控精度提升至 5cm 误差以内，闸泵工程运行及水位响应时间提高至 5min 以内。平台运行促进了苏州古城区水环境品质提升，完善了苏州市水利信息化建设，为未来水利工程设施运行和管理节约了人力资源与成本，为提高苏州市水利设施现代化水平和网厂河一体化调度奠定了扎实的基础，也为苏州市生态文明建设提供了良好的支撑和保障。

（1）调控精度分析

3 个调控精度水位监测点的实测水位与模拟水位比对如图 4-78 所示。实测水位与模拟水位大部分在 2cm 以内，误差最高 4cm。

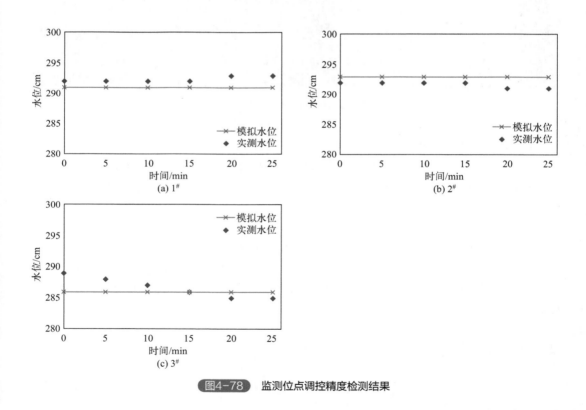

图4-78 监测位点调控精度检测结果

（2）响应时间分析

4 个响应时间监测点水位监测结果见图 4-79。当 1* 点位的闸泵站关泵时，泵后水位在 1min 内下降 0.03m；2* 点位的闸泵站关泵时，泵前水位在 1min 内下降 0.07m；3*、4* 点位的闸泵站开泵时，监测站点泵前水位在 1min 内分别下降 0.02m、0.03m。

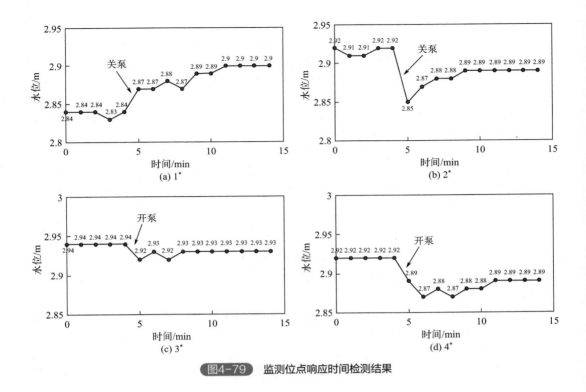

图4-79 监测位点响应时间检测结果

　　活水调度平台覆盖城区全部河道，在水动力和水质双重指标约束下，实现对水位、流速、流量、溶解氧、透明度、蓝藻6个指标的调控，并预报未来3天的变化过程和趋势。根据西塘河、外塘河、元和塘三股源水水源和平江历史街区、虎丘湿地、胥江三股清水水源变化情况，实现畅流活水、片区强化、应急恢复、环城河重大活动保障等10多个场景的智能化一键调度，提升了城市河网水环境调度管理水平。

参考文献

[1] 许世远，陈振楼，俞立中. 苏州河底泥污染与整治[M]. 北京：科学出版社，2003.

[2] 李轶. 水环境治理[M]. 北京：中国水利水电出版社，2018.

[3] Diao X D, Zeng S X, Wu H Y. Evaluating economic benefits of water diversion project for environment improvement: A case study[J]. Journal of Water Resource and Protection, 2009, 1(1): 52-57.

[4] 王水，胡开明，周家艳. 望虞河引清调水改善太湖水环境定量分析[J]. 长江流域资源与环境，2014, 23(7): 993-998.

[5] Wu X, Xie Y B. The field application of microbial technology used in bioremediation of urban polluted river[J]. Advanced Materials Research, 2012(518-523): 2906-2911.

[6] Donk E V, Bund W J V D. Impact of submerged macrophytes including charophytes on phyto- and zooplankton communities: Allelopathy versus other mechanisms[J]. Aquatic Botany, 2002, 72(3): 261-274.

[7] Schulz M, Kozerski H P, Pluntke T, et al. The influence of macrophytes on sedimentation and

nutrient retention in the Lower River Spree (Germany)[J]. Water Research, 2003, 37(3): 569–578.

[8] Hao W B, Tang C Y, Hua L, et al. Effects of water diversion from Yangtze River to Taihu Lake on Hydrodynamic Regulation of Taihu Lake[J]. Journal of Hohai University, 2012, 40(2): 129–133.

[9] 吕学研, 吴时强, 张咏, 等. 调水引流工程生态与环境效应研究进展[J]. 水资源与水工程学报, 2015, 26(4): 38–45.

[10] Lane R R, Day J W, Marx B D, et al. The effects of riverine discharge on temperature, salinity, suspended sediment and chlorophyll a in a mississippi delta estuary measured using a flow-through system[J]. Estuarine Coastal and Shelf Science, 2007, 74(1–2): 145–154.

[11] Rozas L P, Minello T J. Variation in penaeid shrimp growth rates along an estuarine salinity gradient:Implications for managing river diversions[J]. Journal of Experimental Marine Biology and Ecology, 2011, 397(2): 196–207.

[12] 陈建标, 钱小娟, 朱友银, 等. 南通市引江调水对河网水环境改善效果的模拟[J]. 水资源保护, 2014, 30(1): 38–42.

[13] 陈振涛, 滑磊, 金倩楠. 引水改善城市河网水质效果评估研究[J]. 长江科学院院报, 2015, 32(7): 45–51.

[14] 崔广柏, 陈星, 向龙, 等. 平原河网区水系连通改善水环境效果评估[J]. 水利学报, 2017, 48(12): 1429–1437.

[15] Palomo L, Clavero V, Izquierdo J J, et al. Influence of macrophytes on sediment phosphorus accumulation in a eutrophic estuary (Palmones River, Southern Spain)[J]. Aquatic Botany, 2004, 80(2): 1–113.

[16] 胡俊, 刘剑彤, 刘永定. 沉积物与悬浮物中磷分级分离形态差异的初步研究[J]. 环境科学学报, 2005, 25(11): 1517–1522.

[17] Onianwa P C, Oputu O U, Oladiran O E, et al. Distribution and speciation of phosphorus in sediments of rivers in Ibadan, South-Western Nigeria[J]. Chemical Speciation and Bioavailability, 2013, 25(1): 24–33.

[18] James W F, Barko J W, Eakin H L, et al. Distribution of sediment phosphorus pools and fluxes in relation to alum treatment[J]. Jawra Journal of the American Water Resources Association, 2010, 36(3): 647–656.

[19] Mcdowell R W, Hill S J. Speciation and distribution of organic phosphorus in river sediments:A national survey[J]. Journal of Soils and Sediments, 2015, 15(12): 2369–2379.

[20] Rydin E, Malmaeus J M, Karlsson O M, et al. Phosphorus release from coastal baltic sea sediments as estimated from sediment profiles[J]. Estuarine Coastal & Shelf Science, 2011, 92(1): 111–117.

[21] 陈永川. 沉积物–水体界面氮磷的迁移转化规律研究进展[J]. 云南农业大学学报(自然科学版), 2005, 20(4): 527–533.

[22] Jin Q, Zheng S S, Wang P F, et al. Experimental study on sediment resuspension in Taihu Lake under different hydrodynamic disturbances[J]. Journal of Hydrodynamics, 2011, 23(6): 826–833.

[23] 张路, 范成新, 秦伯强, 等. 模拟扰动条件下太湖表层沉积物磷行为的研究[J]. 湖泊科学, 2001, 13(1): 35–42.

[24] 李一平, 逄勇, 向军. 太湖水质时空分布特征及内源释放规律研究[J]. 环境科学学报, 2005, 25(3): 300–306.

[25] 孙小静, 秦伯强, 朱广伟, 等. 持续水动力作用下湖泊底泥胶体态氮、磷的释放[J]. 环境科学, 2007, 28(6): 1223–1229.

[26] 徐祖信. 河流污染治理技术与实践[M]. 北京: 水利水电出版社, 2003.

[27] 孙娟, 阮晓红. 引调清水改善南京城市内河水环境效应研究[J]. 中国农村水利水电, 2008 (3): 29–31.

[28] 邵军荣. 太湖湖区水量交换与水质变化规律研究及应用[D]. 南京: 南京水利科学研究院, 2013.

[29] 李一平. 引江济太调水工程对太湖水动力调控效果研究[C]. 全国水资源合理配置与优化调度及水环境污染防

治技术专刊,中国水利,2011.

[30] 郝文彬,唐春燕,滑磊,等.引江济太调水工程对太湖水动力的调控效果[J].河海大学学报(自然科学版),2012,40(2):129-133.

[31] 顾孝荣.提高水动力以改善城市水环境的方案探索[J].城市建设理论研究:电子版,2012,000(16):1-5.

[32] 周慧平.基于河网水环境改善的闸泵水动力调控优化模型研究[D].杭州:浙江大学,2012.

[33] Seung-Won S, Jung-Hoon K, In-Tae H, et al. Water quality simulation on an Artificial Estuarine Lake Shiwhaho, Korea[J]. Journal of Marine Systems, 2004, 45(3): 143-158.

[34] 王超,卫臻,张磊,等.平原河网区调水改善水环境实验研究[J].河海大学学报(自然科学版),2005,2(33):136-138.

[35] 方春明,何少苓,刘树坤.太湖周围水利设施的优化调度对太湖水质的影响[J].水利学报,1992(12):1-8.

[36] 孙宗凤,薛联青.连云港市区水环境调度模型研究[J].水利水电技术,2003,34(5):30-33.

[37] 贾海峰,杨聪,张玉虎,等.城镇河网水环境模拟及水质改善情景方案[J].清华大学学报(自然科学版),2013(5):665-672.

[38] 张刚,逄勇,崔广柏.改善太仓城区水环境原型调水实验研究及模型建立[J].安全与环境学报,2006,6(4):36-39.

[39] 陶亚芬.水资源调度工程对城市内河水环境改善的作用分析[J].城市道桥与防洪,2011(5):88-91.

[40] Di Y, Zhang Y J, Liu J M, et al. Water quantity and quality joint-operation modeling of dams and floodgates in Huai River Basin, China[J]. Journal of Water Resources Planning and Management, 2015, 141(9): 4015005.1-4015005.12.

[41] 李畋,杨志峰,刘静玲.城市水系闸门调控技术研究及应用[J].资源开发与市场,2007,23(7):9-11.

[42] 董兴.新形势下城市水环境整治的思考[J].中国农村水利水电,2013,000(9):23-25.

[43] 陈希.潜坝在内河航道整治中的应用研究[J].中国水运航道科技,2016,000(4):44-47.

[44] 陈陆平,肖洋,张汶海,等.八卦洲右汉潜坝对改善左汉分流比效果研究[C].第二十七届全国水动力学研讨会文集,北京:海洋出版社,2015.

[45] Mikhail I B. The use of low-head waterpower developments in Making Cargo Passages through Lowland Rivers[J]. Procedia Engineering, 2015, 111: 65-71.

[46] Thiecmann K, Yossef M F, Barkdoll B. A laboratory study of the effects of groyne height on sediment behavior in rivers[C]. Proceedings of the World Water and Environmental Resources Congress 2005: Impacts of Global Climate Change, Anchorage Alaska United States. 2005:1-12.

[47] 赵文博,解永新,于英潭,等.不同生态复氧方式对城市河流溶解氧影响研究[J].环境生态学,2019,1(3):61-66.

[48] 国家环境保护总局《水和废水监测分析方法编委会》.水和废水监测分析方法[M].4版.北京:中国环境科学出版社,2002.

[49] 张彬,李涛,刘会娟,等.模拟扰动条件下太湖水体悬浮物的结构特性[J].环境科学,2007,28(1):70-74.

[50] 丁艳青,朱广伟,秦伯强,等.波浪扰动对太湖底泥磷释放影响模拟[J].水科学进展,2011,22(2):273-278.

[51] Lim B, Ki B, Choi J H. Evaluation of nutrient release from sediments of Artificial Lake[J]. Journal of Environmental Engineering, 2011, 137(5): 347-354.

[52] 鲍琨,逄勇,孙瀚.基于控制断面水质达标的水环境容量计算方法研究——以殷村港为例[J].资源科学,2011,33(2):249-252.

[53] Charbeneau R J, Holley E R. Backwater effects of piers in subcritical flow[J]. Proceedings of the Royal Society of London Series B-containing Papers of a Biological Character, 2001, 96(679): 491-493.

[54] Kocaman S. Prediction of backwater profiles due to bridges in a compound channel in using cfd[J]. Advances in Mechanical Engineering, 2014, 6(8): 905217.

[55] Zarina M A, Saib N A. Influence of bed roughness in open channel[J]. International Seminar on Application of Science Matehmatics, 2011.

[56] Nepf H M. Hydrodynamics of vegetated channels[J]. Journal of Hydraulic Research, 2012, 50(3): 262−279.

[57] Curran J C, Hession W C. Vegetative impacts on hydraulics and sediment processes across the fluvial system[J]. Journal of Hydrology, 2013, 505(8): 364−376.

[58] Fathi−Maghadm M, Kouwen N. Nonrigid nonsubmerged vegitative roughness on floodplains[J]. Journal of Hydraulic Engineering, 1997, 123(1): 51−57.

[59] Naot D, Nezu I, Nakagawa H. Hydrodynamic behavior of partially vegetated open channels[J]. Journal of Hydraulic Engineering, 1996, 122(11): 625−633.

[60] 应翰海. 生态型护岸水力糙率特性实验研究[D]. 南京：河海大学，2007.

[61] 庞翠超. 沉水植被斑块对浅水湖泊水流影响研究[D]. 南京：南京水利科学研究院，2014.

[62] Chen S C, Chan H C, Li Y H. Observations on flow and local scour around submerged flexible vegetation[J]. Advances in Water Resources, 2012, 43: 28−37.

[63] Carter S, Denton D, Sievers M, et al. Hydrologic model development of the sacramento river watershed to support tmdl development[J]. Proceedings of the Water Environment Federation, 2005(3): 1542−1570.

[64] 卢士强，徐祖信. 平原河网水动力模型及求解方法探讨[J]. 水资源保护，2003(3): 5−9,61.

[65] 王船海，向小华. 通用河网二维水流模拟模式研究[J]. 水科学进展，2007(4): 516−522.

[66] 王玲玲，钟娜，成高峰. 基于奇异矩阵分解法的河道糙率反演计算方法[J]. 河海大学学报(自然科学版)，2010, 38(4): 359−363.

[67] 朱琰，陈方，程文辉. 平原河网区域来水组成原理[J]. 水文，2003, 23(2): 21−24.

[68] 朱德军，陈永灿，王智勇，等. 复杂河网水动力数值模型[J]. 水科学进展，2011, 22(2): 203−207.

[69] 李硕，赖正清，王桥，等. 基于SWAT模型的平原河网区水文过程分布式模拟[J]. 农业工程学报，2013, 29(6): 2, 106−112.

[70] 陈炼钢，施勇，钱新，等. 闸控河网水文−水动力−水质耦合数学模型——Ⅰ.理论[J]. 水科学进展，2014, 25(4): 534−541.

[71] 陈炼钢，施勇，钱新，等. 闸控河网水文−水动力−水质耦合数学模型——Ⅱ.应用[J]. 水科学进展，2014, 25(6): 856−863.

[72] 韩超，梅青，刘曙光，等. 平原感潮河网水文水动力耦合模型的研究与应用[J]. 水动力学研究与进展A辑，2014, 29(6): 706−712.

[73] 陈玉成，李章平，李章成，等. 城市地表径流污染及其全过程削减[J]. 水土保持学报，2004, 18(3): 133−136.

[74] 邓志光，吴宗义，蒋卫列. 城市初期雨水的处理技术路线初探[J]. 中国给水排水，2009, 10: 11−14.

[75] Gromaire−Mertz M C, Garnaud S, Gonzalez A, et al. Characterization of urban runoff pollution in Paris[J]. Water Science and Technology, 1999, 39(2): 1−8.

[76] Lee J H, Bang K W. Characterization of urban stormwater runoff [J]. Water Research, 2000, 34(6): 1773−1780.

[77] Bowling L C, Merrick C, Swann J, et al. Effects of hydrology and river management on the distribution, abundance and persistence of cyanobacterial blooms in the Murray River[J]. Australia. Harmful Algae, 2013, 30:27−36.

[78] Liu Y, Wang Y, Sheng H, et al. Quantitative evaluation of lake eutrophication responses under alternative water diversion scenarios: A water quality modeling based statistical analysis approach[J]. Science of the Total Environment, 2014, 468−469:219−227.

[79] 黄亚男，纪道斌，龙良红，等. 三峡库区典型支流春季特征及其水华优势种差异分析[J]. 长江流域资源与环

境, 2017, 26(3):461–470.

[80]　黄文丹. 长江河口水体有机胶体含量、来源及其对重金属行为影响的研究[D]. 上海：华东师范大学, 2013.

[81]　梁卉. 城市地表径流胶体与重金属协同污染及下渗迁移行为研究[D]. 北京：北京建筑大学, 2020.

[82]　沈尚荣. 苏州中心城区河网水动力水质水生态模型及联控联调方案研究[D]. 武汉：华中科技大学, 2019.

[83]　饶杰. 苏州城区河网水动力水质模型建立及联控联调情景[D]. 北京：清华大学, 2018.

[84]　徐特. 平原河网地区城市闸控水体藻类适应性调控研究[D]　北京：清华大学, 2020.

[85]　李振基, 陈小麟, 郑海雷. 生态学[M]. 4版. 北京：科学出版社, 2014.

[86]　Stumm W, Morgan J J. Aquatic chemistry, an introduction emphasizing chemical equilibria in natural waters (second edition)[M]. New York: John Wiley & Sons, 1981.

[87]　Morel F. Principles of aquatic chemistry[M]. New York: John Wiley & Sons, Inc, 1984.

[88]　Hamrick J M. A three-dimensional environmental fluid dynamics computer code theoretical and computational aspects[R]. Virginia: Virginia Institute of Marine Science, College of William and Mary, 1992.

[89]　Cerco C F, Cole T M. Three-dimensional eutrophication model of chesapeake bay. Technical Report EL-94-4[R]. Vicksburg: US Army Engineer Waterways Experiment Station, 1994.

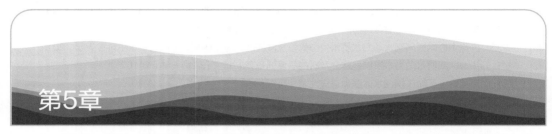

第5章

河流典型污染物快速去除与透明度提升

目前，城市河道普遍存在水体感官质量不佳的现象，具体表现为存在悬浮物含量高、色度高、藻类数量高"三高"现象。本章以苏州市城区（重点为古城区）河道为研究对象，在进行城区河道典型污染物特征识别的基础上，针对上游水体来水水质不能满足景观水体感官要求、旁侧支流雨季汇入径流量大及悬浮物含量高、下游缓流水体悬浮物和藻类含量高等问题，进行典型污染物快速去除研究，为其他类似的城市河道水体水质提升提供技术参考。

5.1 河道水体典型感官污染物的特征解析

5.1.1 采样点及其区域特征

根据苏州市古城区地形和功能区划，选取 7 个采样点（S1 ～ S7），对典型污染物的分布特征进行分析，采样点信息如表 5-1 所列。

表5-1 采样点地理信息

采样点编号	采样点名称	经纬度
S1	平门	N31° 19′ 50″，E120° 36′ 18″
S2	齐门路大桥	N31° 19′ 54″，E120° 37′ 18″
S3	东汇路桥	N31° 19′ 59″，E120° 38′ 9″
S4	胥桥	N31° 17′ 52″，E120° 36′ 18″
S5	兴市桥	N31° 18′ 38″，E120° 37′ 47″
S6	大云桥	N31° 17′ 47″，E120° 37′ 23″
S7	南门桥	N31° 17′ 27″，E120° 38′ 30″

所设采样点中，S1 ～ S3 位于古城区水系的上游，S4 ～ S6 位于中游，S7 位于下游。S1 采样点为西塘河来水入古城区点位，S2、S3 采样点为阳澄湖和长江进入古城区的点位。S1 ～ S4 和 S7 点位均位于外城河，水面较宽，河水流量较大且时有游船等经过。

S5 和 S6 采样点为古城区内的河道，水面较小，受到游客的影响较小，但是河道截面较窄，水流量较小。

5.1.2　典型污染物含量分析

对七个采样点的水质开展了逐月监测，监测时间为 2019 年 3 ～ 12 月。监测期间水温和气温如表 5-2 所列，分析水体中典型感官污染物的含量变化情况。

表5-2　监测期间河道水温和气温变化

日期	3月31日	4月27日	5月9日	5月21日	6月10日	6月21日	7月24日	8月16日	9月15日	10月8日	11月13日	12月11日
水温/℃	12.3	18.8	19.2	19.9	21.1	20.8	27.6	32.3	25.6	18.8	17.1	10.3
气温/℃	15	19	25	27	27	26	36	34	29	22	20	12

监测期间水温与气温变化规律接近，分别为 10.3 ～ 32.3℃和 12 ～ 36℃，气温略高于水温。从季节上看，气温和水温的变化规律有明显的季节性：冬季温度最低，夏季温度最高。气温在 7 月份达到峰值，而水温在 8 月份达到峰值。

（1）悬浮物

监测点水体中悬浮固体（SS）的含量如图 5-1 所示。水体中悬浮固体在四个季节的平均含量分别为 20.38mg/L、32.65mg/L、41.79mg/L、20.23mg/L。从 3 月到 10 月，SS 含量呈现逐渐上升的趋势，随后在冬季迅速下降。冬季随着水温下降，浮游植物的数量大量减少。冬季也为枯水季，降雨量减少，随雨水进入河道的外源性污染物也同时减少。上述因素为悬浮固体（SS）夏高冬低的主要原因。从空间分布角度看，中下游采样点（S4 ～ S7）的悬浮固体含量少于上游，主要是因为 S1 ～ S3 的河水受到上游水质的影响较大。S3 采样点在 5 ～ 8 月悬浮固体浓度较为突出，可能的原因是其上游来水 SS 含量较高。除此之外，S3 采样点位于居民生活区，附近的居民活动以及生活污水的漏排也可能是导致悬浮固体含量异常的原因。

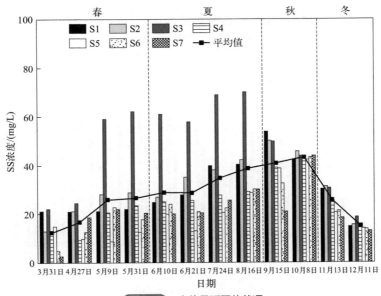

图5-1　水体悬浮固体状况

（2）色度和浊度

监测点河道水浊度和色度情况见图5-2和图5-3。监测点水体浊度和色度变化趋势非常接近，春夏季指标逐渐上升，并在10月份达到峰值，随后迅速下降。感官品质最差的时期为10月份。经初步分析，主要原因为：溶解氧相对较低，悬浮固体含量较多以及溶解性有色有机物（CDOM）和藻类在9、10月份的含量升高，这是导致城区河道水感官品质降低的重要原因，体现为浊度和色度指标偏高。

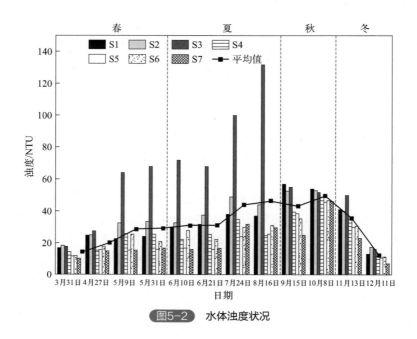

图5-2 水体浊度状况

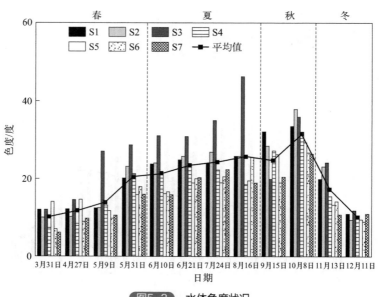

图5-3 水体色度状况

（3）叶绿素 a

监测点河道水叶绿素 a 含量如图 5-4 所示。叶绿素 a 的含量可以反映藻类的生物量。苏州市城区河道叶绿素 a 的平均含量常年保持在 10μg/L 以上，在夏季显著增长，并在秋季达到峰值，10 月 8 日平均叶绿素 a 含量为 39.8μg/L，随后在冬季迅速下降。5 月份平均浓度出现异常上升的主要原因是来自 S2、S3 采样点的外源输入。

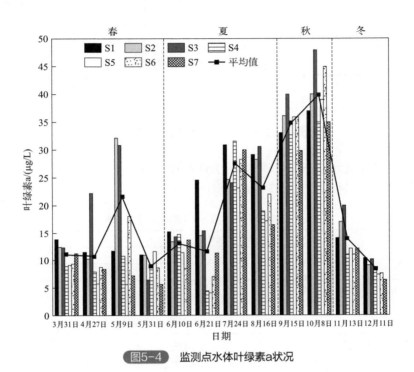

图5-4　监测点水体叶绿素a状况

在春季和冬季上游采样点（S1 ～ S3）的叶绿素 a 含量显著高于中下游采样点（S4 ～ S7），而在秋季，中下游采样点叶绿素 a 含量与上游接近。春季和冬季苏州市河道水藻细胞含量较少，受到太湖和阳澄湖来水影响较大。而在秋季，中下游河道水温较高，更适合浮游植物生长。

5.1.3　河道水体中悬浮物的粒径分布与其他指标间关联分析

在分析河道水体悬浮物含量的基础上，以外城河点位 S1 为例，进一步研究河道水体中悬浮物在水体各种水质指标中所占的比重，探讨对其去除的意义。

图 5-5（a）显示了外城河原水和经过 0.45μm 滤膜滤后水的颗粒物粒径分布情况。结果显示，过滤前水的颗粒物粒径大部分大于 1000nm，平均粒径为 12μm；滤后水的粒径主要分布在 10 ～ 100nm 区间，平均粒径约为 32nm。将水体颗粒物按粒径 <10nm、10 ～ 100nm、100 ～ 1000nm、1000 ～ 5000nm 和 >5000nm 分为 5 级，水体颗粒物的粒径分级情况如图 5-5（b）所示。可以看出，原水中 1000 ～ 5000nm 和 >5000nm 的颗粒物分别占了约 45% 和 52%；而对于滤后水，水体中以粒径在 10 ～ 100nm 区间的胶体为主，占约 93%。

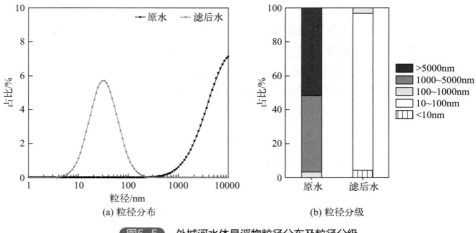

(a) 粒径分布　　　　　(b) 粒径分级

图5-5　外城河水体悬浮物粒径分布及粒径分级

表 5-3、表 5-4 显示了苏州市外城河水体在过滤前后的主要感官指标和水质指标，悬浮颗粒物对主要指标的贡献如图 5-6 所示。

表5-3　外城河水体滤前和滤后主要感官指标

项目	浊度/NTU	SS/（mg/L）	色度/度	叶绿素a/（μg/L）
原水	41.3	28.2	58.2	23.58
滤后水	1.42	—	0	2.59

注："—"表示未检出。

表5-4　外城河水体主要水质指标

项目	COD/(mg/L)	TP/(mg/L)	TN/(mg/L)	氨氮/(mg/L)	硝氮/(mg/L)
原水	18	0.18	1.72	0.46	0.72
滤后水	12	0.13	1.70	0.46	0.72

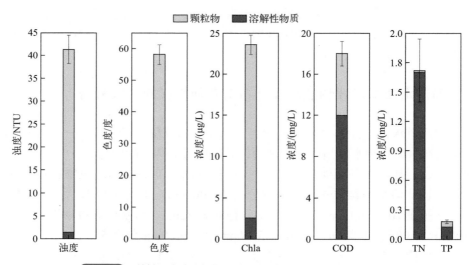

图5-6　外城河水体颗粒物对主要感官指标和营养盐指标的贡献

外城河水为地表水Ⅲ类水的水平，其主要污染物是 TP。对于主要的感官指标，水样过滤后的浊度、色度、SS 和叶绿素 a（Chla）都有明显的下降，说明悬浮物包括藻类对水体感官指标有很大的影响，同时水体的色度以悬浮物等引起的表色度为主，去除悬浮颗粒物后水体的感官品质有很大的提升。但对于有机物和营养盐来说，悬浮物大约贡献了 34% 的 COD 和 28% 的 TP，对 TN 几乎没有贡献。分析外城河颗粒物的主要营养盐组分，根据国标方法检测到的颗粒物主要成分含量见表 5-5。

表5-5　外城河颗粒物主要组分

组分	N	P	有机物（以COD计）
含量/（mg/g）	0.71	1.77	212.77

颗粒物中含有一定量的磷和有机物，两者约占颗粒物质量的 8%；而颗粒物的氮含量极低，基本可以忽略。因此去除颗粒物可以在一定程度上降低水体的 COD 和 TP 含量，但对 TN 几乎没有贡献。

利用 SPSS 软件对水体浊度、色度这两个主要感官指标与其他水质指标进行 Pearson 相关性分析，结果见表 5-6。

表5-6　浊度、色度与其他水质指标的Pearson相关性分析

指标	浊度	色度	SS	COD	TN	TP	叶绿素a
浊度		0.871*	0.964**	0.203	0.008	0.576	0.688
色度	0.871*		0.904**	0.351	0.451	0.870*	0.955**

注：*表示 $P < 0.05$，显著相关；**表示 $P < 0.01$，极显著相关。

其中，浊度和色度之间有一定的正相关关系，原因是引起浊度的悬浮物可能会同时提高水体的表色度。此外，浊度、色度与悬浮物浓度有极显著的正相关关系（$P < 0.01$）。对于色度来说，也与藻类含量即叶绿素 a 有极显著的正相关关系，同时与 TP 有相关性。由此可见，要提高水体浊度、色度等感官品质，首要目标是降低水体中悬浮物的含量。

5.2　城区上游来水典型污染物的去除技术

近年来，苏州市河道整治围绕城区"水更清"的目标，遵循系统治理、多措并举的原则，提出苏州市城市中心区清水工程建设，包括控源截污、活水扩面、清淤贯通、生态净水、长效管理五方面的任务。

生态净水是苏州市城市中心区清水工程的核心内容之一，主要利用生态治理措施，净化水源，使城区河道水生态环境向良性循环发展。虎丘湿地位于苏州市中心城区的上游，位于西塘河引长江水入城的通道旁边。苏州市规划对虎丘湿地进行升级改造，让西塘河水在入城前通过虎丘生态湿地净化后再入城，服务于苏州市古城区水环境改善。

为支撑虎丘湿地的改造，针对苏州市上游西塘河来水水量大、悬浮物和藻类含量高、透明度低等问题，研究表面流湿地系统对大通量河道来水的水质净化作用，评估湿地系统净化城区上游来水（西塘河水）的效能，以期为苏州市城区上游来水的品质提升提

供技术支撑。

5.2.1 表面流人工湿地试验设计

2018 年 4 月开始，在河道现场构建表面流人工湿地模拟装置，开展净化河道水体的小试研究。实验装置见图 5-7。

图5-7 表面流人工湿地模拟装置

表面流湿地系统中，水深、水力停留时间均会对运行效果产生影响。现场试验研究了表面流湿地系统中不同水深和水力停留时间对感官特征污染物的净化效果，试验装置共有 4 组，湿地植物选用常用的菖蒲，分别为空白反应器、种植 4 株、种植 6 株、种植 8 株菖蒲。各装置运行条件均一致，每组试验装置长度为 100cm，宽为 30cm。在反应器前端均有一定区域的进水区，反应器后端有不同高度的出水口，以适应不同工况的水深，依次为 5cm（4～6 月）、25cm（7～9 月）、45cm（10～12 月）、65cm（1～3 月）。水力停留时间均设置为 3d。

取水样后，对浊度、透明度、色度、叶绿素 a 和 UV_{254} 进行检测分析。分析了水深、种植密度和水力停留时间对湿地运行效果的影响，评估了湿地出水藻类繁殖潜力以及湿地的经济性。根据实验研究结果，分析表面流人工湿地处理河道水体进出水感官指标，如表 5-7 所列。

表5-7 表面流湿地处理河道水体进出水感官指标

项目	浊度/NTU	透明度/m	色度/度	悬浮物/(mg/L)
进水	<60	>0.30	<50	<80
出水	<5	>1.20	<10	<10

5.2.2 不同工况下湿地运行效果分析

5.2.2.1 水深和种植密度对湿地运行结果分析

针对湿地不同的水深、不同的植物种植密度下，监测分析了湿地对浊度、透明度、色度、叶绿素 a、UV_{254} 净化的效果。

（1）浊度

运行期进水和不同装置出水浊度状况如图 5-8 所示。水深 5cm 时，总体反应器出水浊度比较高，空白反应器出水浊度高于种植植物的反应器。这是因为水深较浅时，水体受外界环境影响较大，出水浊度容易受底质或外界扰动，从而数值较高。而种植植物后，一方面植物能改变水的流动状态，另一方面种植植物的反应器能形成一个稳定的系统，出水浊度比空白反应器要低。当水深增加至 25cm 和 45cm 时，4 组反应器出水浊度都比较低，其中空白组出水浊度平均在 6 ～ 7NTU，植物组出水浊度在 2 ～ 4NTU 范围内波动。当增加水深后，出水浊度可以维持在更低的水平，也就是说当水深升高后，对于浊度这个指标来说反应器出水变得更加稳定，反应器的抗冲击能力变强。

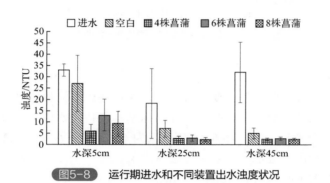

图5-8　运行期进水和不同装置出水浊度状况

从浊度的效果分析中可以看出，水深为 45cm 时湿地系统对浊度的去除效果最好，因此在分析透明度、色度、叶绿素 a、UV_{254}、颗粒物粒径等指标时，只分析水深在 45cm 条件下的效果。

（2）透明度

透明度是衡量水体感官品质的重要指标。图 5-9 是水深为 45cm 时进水和不同装置出水透明度状况。在水深为 45cm 的条件下，湿地出水较进水透明度有了很大的提升，进水透明度为 30cm 左右，空白湿地出水透明度为 1m，3 组植物系统出水透明度可达到 1.5m 左右。由此看出，植物对于透明度的改善具有良好的效果。

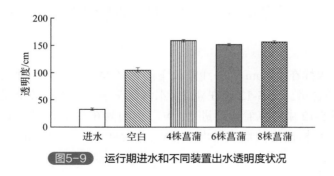

图5-9　运行期进水和不同装置出水透明度状况

（3）色度

水体色度会影响水体的感官效果。图 5-10 为 45cm 水深时进水和不同装置出水色度状况。从图中可以看出，进水色度最高为 55 度，空白反应器出水色度最高为 13 度左右，种植植物的反应器出水色度最高为 4 ～ 6 度。说明种植植物可以明显降低水体的色度，改善水体感官指标。

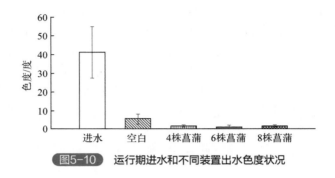

图5-10　运行期进水和不同装置出水色度状况

（4）叶绿素 a

叶绿素是植物光合作用中的重要光合色素，通过测定浮游植物叶绿素，可掌握水体的初级生产情况。水环境监测中，叶绿素 a 指标基本能代表水中藻密度，当水中藻密度较高时水的色度也会受到影响。图 5-11 是水深为 45cm 时进水和不同装置出水叶绿素 a 含量。从图中可以看出，进水叶绿素 a 含量约为 12μg/L，空白反应器出水含量为 7μg/L，种植菖蒲的反应器出水叶绿素 a 含量均在 4μg/L 以下。

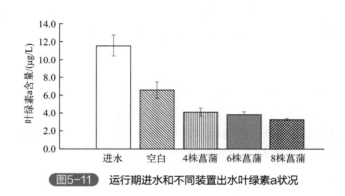

图5-11　运行期进水和不同装置出水叶绿素a状况

（5）UV_{254}

UV_{254} 值代表水样在 254nm 紫外线波长下的吸光度，在一定程度上能够反映水体中腐殖酸等有机物的含量。图 5-12 是在 45cm 水深情况下，进水和各个反应器出水的平均 UV_{254} 情况。从图 5-12 中可以看出，进水 UV_{254} 值约为 0.08cm^{-1}，空白反应器出水 UV_{254} 值约为 0.05cm^{-1}，种植植物的反应器出水 UV_{254} 值为 0.03 ～ 0.04cm^{-1}。说明种植植物降低了水体 UV_{254} 值。

（6）颗粒物粒径分布

除了测定以上常规指标及水体感官效应以外，还测定了反应器进出水的颗粒物粒径分布，来探究反应器对河道水中的悬浮颗粒粒径大小的改变。在 45cm 水深条件下，反应器进水与 4 个反应器出水中颗粒物的粒径分布依次如图 5-13 所示。

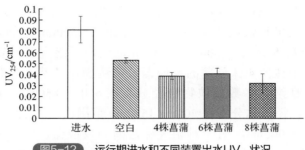

图5-12 运行期进水和不同装置出水UV₂₅₄状况

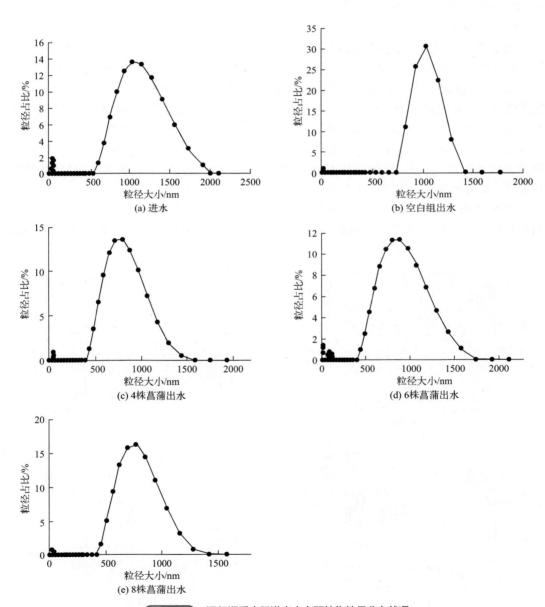

图5-13 运行期反应器进出水中颗粒物粒径分布状况

结果显示，进水中粒径为 40～60nm 的颗粒物占 7%，粒径为 600～2000nm 的颗粒物占 93%，绝大多数颗粒物粒径分布在 1000～1500nm 之间。对于空白反应器出水，颗粒物粒径基本分布在 800～1500nm 范围内，绝大多数颗粒物粒径分布在 800～1300nm。对于种植 4 株菖蒲的反应器，颗粒物粒径基本分布在 400～1500nm 范围内，占 98%，且绝大多数颗粒物粒径分布在 650～850nm。对于种植 6 株菖蒲的反应器，颗粒物粒径基本分布在 400～1500nm 范围内，占 92%，且绝大多数颗粒物粒径分布在 650～900nm。对于种植 8 株菖蒲的反应器，颗粒物粒径基本分布在 450～1300nm 范围内，约占 97%，且绝大多数颗粒物粒径分布在 650～900nm。分析可得出，反应器进水颗粒物粒径较大，经过反应器处理后水中大颗粒可能被拦截沉淀，出水中的颗粒物粒径变小。

（7）三维荧光分析

通常荧光性物质或荧光基团都存在其特定的激发、发射最大波长。通过激发和发射最大波长的位置可判断是否存在该类荧光性物质或是荧光基团，以实现对荧光物质的定性分析。

对 45cm 水深下的河道进水与 4 组反应器出水进行三维荧光分析，分析其中腐殖酸、富里酸 B、富里酸 D 和类蛋白的荧光强度。经对比分析，进出水中腐殖酸和富里酸 D 的荧光光谱差异不明显，即水样中的这两类物质含量相当，而富里酸 B 和类蛋白的荧光光谱差异较明显，所以选用与富里酸 B（激发波长 E_x/发射波长 E_m 为 310～360nm/370～450nm）和类蛋白（激发波长 E_x/发射波长 E_m 为 240～270nm/300～350nm）相关性较好的区域，显示其三维荧光光谱，如图 5-14 所示。

图 5-14 中，A 代表富里酸 B；B 代表类蛋白；1～5 分别代表进水、空白反应器出水、4 株菖蒲出水、6 株菖蒲出水和 8 株菖蒲出水；颜色代表荧光强度，表征有机物含量的高低。

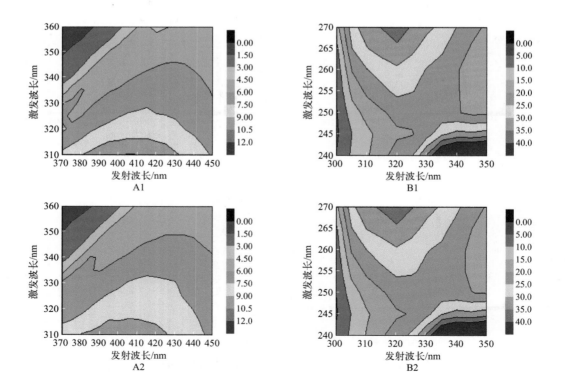

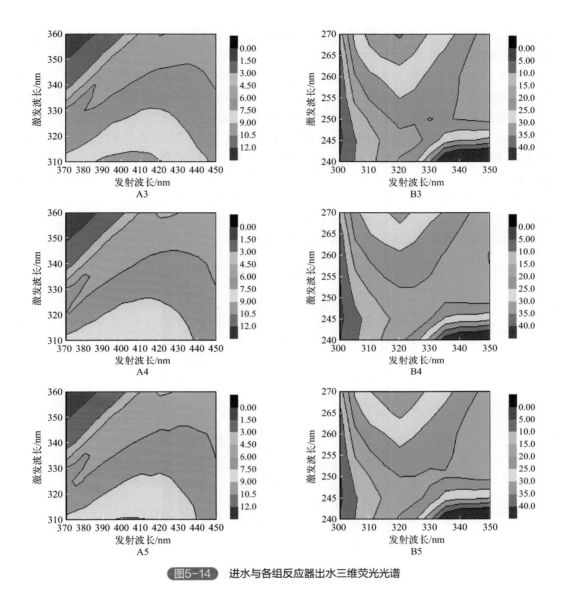

图5-14 进水与各组反应器出水三维荧光光谱

由图 5-14 可知，进水中富里酸 B 含量较高，其次是空白反应器出水，而种植菖蒲的反应器出水中富里酸 B 含量较低。对于类蛋白来说，也有相应的规律，这就解释了进水色度较高而出水色度较低的现象。通过颗粒物粒径分析可知，水中颗粒物经过反应器会沉淀且被植物拦截吸附，从而出水中颗粒物减少，进而使水的表色度降低。而水的真色度与水中腐殖酸、富里酸和类蛋白的含量有关，原水流经反应器时，植物的存在及水中微生物作用能使一部分大分子富里酸和类蛋白转变为小分子物质，进而降低水的色度。对比三组种植菖蒲的反应器可知，种植 6 株菖蒲的反应器（折算种植密度为 20 株 /m²）的出水中富里酸 B 和类蛋白含量都是最低。

5.2.2.2 水力停留时间对河道水净化效果的影响

水力停留时间（HRT）影响系统的处理效果、处理能力和成本投资。研究水深为

45cm 时，不同的水力停留时间（1d、2d 和 3d）对菖蒲型表面流人工湿地改善感官品质效果的影响。

图 5-15 显示了不同水力停留时间下各个反应器的浊度去除率和色度去除率。可以看出，系统对浊度和色度均有较强的去除能力，且在水深和种植密度一样的情况下，系统对浊度和色度的去除率会随着水力停留时间的延长而有所提高。当种植 4 株黄菖蒲时，水力停留时间分别为 1d、2d、3d 的情况下，该反应器对浊度的去除率依次为76.4%、83.9% 和 83.7%，对色度的去除率依次为 80%、86% 和 84.5%。这是因为延长水力停留时间使得悬浮物和颗粒物能更多地被吸附与沉降，所以出水浊度降低。若出水水质达到要求，则没有必要再进一步延长水力停留时间。在本实验中，将水力停留时间设为 2d 时，出水透明度能达到 170cm 以上，出水浊度达到 4NTU 以下。因此，综合考虑处理水量和处理效果，可以将水力停留时间设为 2d。

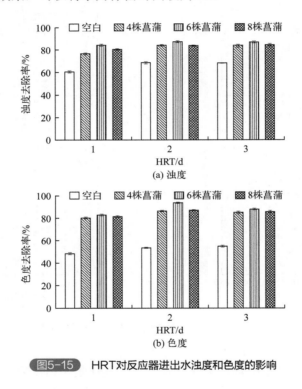

图5-15　HRT对反应器进出水浊度和色度的影响

5.2.2.3　湿地出水藻类增殖潜力

河道原水中含有藻类，藻类的存在会在一定程度上影响水体的感官效果。相关研究结果表明，人工湿地对藻类的去除效果较好，对蓝藻的去除率平均为 86.5%，对绿藻的去除率为 83.3%。虽然经过湿地技术处理后，出水中的藻类含量有所下降，但出水被放排至自然水体中后水中藻类增殖的潜力有待研究。

在工况条件为水深 45cm、水力停留时间 2d 时，分别取 250mL 进出水，接种苏州市河道的优势藻种（铜绿微囊藻与小球藻），使用光照恒温培养箱在温度 26℃、光照 3960lx 条件下培养 10d，采用植物分类荧光仪 PHYTO-PAM 测定其叶绿素 a 含量。

图 5-16 为进出水的藻类增殖情况。第 1 天接种藻后开始测量其中叶绿素 a 含量，

进水中叶绿素 a 含量为 25.2μg/L，其余几组分别为 20.4μg/L、15.2μg/L、15.4μg/L、17.1μg/L。接种初始 2d 藻类基本无生长，从第 4 天开始，各组藻类均加速生长。到第 7 天时，湿地组出水接种的藻类生长达到峰值，叶绿素 a 含量约为 60μg/L，之后叶绿素 a 浓度下降。而进水与空白组出水接种的藻类在第 8 天达到峰值，叶绿素 a 含量分别为 92.3μg/L 和 75.4μg/L。其达到峰值的时间晚于湿地组，且峰值时的叶绿素 a 含量高于植物组。这是因为原水中有机物及营养盐含量较高，能够为藻类增殖提供营养物质。该实验结果说明，经表面流人工湿地处理后的河道水有较低的藻类增殖潜力。

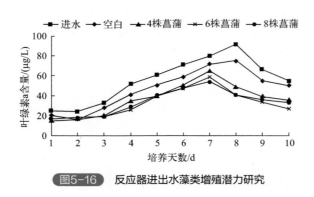

图5-16 反应器进出水藻类增殖潜力研究

5.3 城区河道水体景观特征污染物快速去除技术

针对苏州市城区土地紧缺的状况，首先对悬浮物快速去除技术进行了筛选，确定了超滤膜分离、磁分离、滤布滤池、软质外壁可膨胀式弹性滤池过滤技术等典型的悬浮物快速去除技术，并分别开展了相关研究，确定最优的设计参数和运行工况，为后续工程提供参数支撑。

5.3.1 膜分离悬浮物快速去除技术研究

膜分离（也称"膜过滤"）技术是常用的水体悬浮物快速去除技术，它采用特别的半透性超滤膜作过滤介质，在一定的推动力（如压力、电场力等）下进行过滤，由于超滤膜孔隙极小且具有选择性，可以除去水中细菌、病毒、有机物和溶解性溶质。膜分离悬浮物去除技术工艺流程如图 5-17 所示。

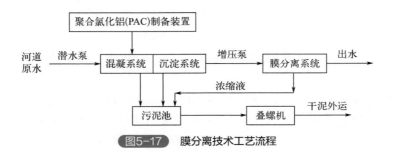

图5-17 膜分离技术工艺流程

为了验证膜分离悬浮物去除技术对苏州市城区河道的处理效果，通过实验室小试、现场中试等分别进行了研究。分析了该技术在不同条件下对浊度、SS、叶绿素 a 等水体感官指标的去除效果，探索膜分离悬浮物处理系统的工艺参数。

5.3.1.1　膜分离悬浮物去除小试

（1）絮凝剂选择

考虑到膜分离悬浮物快速去除过程中需要用到絮凝剂，先通过实验室小试，进行预处理试验，选择絮凝剂的最佳种类、用量及组合使用方式。试验装置见图 5-18。实验所用混凝剂与絮凝剂组合情况：a. 单独投加 PAC；b. 单独投加 PFC（聚合氯化铁）；c.PAC+CPAM（阳离子聚丙烯酰胺）；d.PFC+CPAM。

图5-18　混凝试验装置

从图 5-19 中可以看出，分别单独投加 PAC 和 PFC，运行 20min 基本就能取得较好的絮凝效果，且 PAC 效果与 PFC 相比较好。

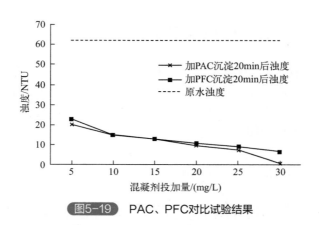

图5-19　PAC、PFC对比试验结果

另外，从经济性角度考虑，建议采用 10 ～ 15mg/L 投加量较为合适。因此，在单独投加絮凝剂（15mg/L）基础上分别与阴离子聚丙烯酰胺（APAM）进行了复配，结果见图 5-20。可以看出，PAC 与 APAM 复配后，显著降低了沉淀水的浊度值；对于

PFC 而言，则需要较高的 APAM 投加量，经济性较差。由此，在混凝剂选择方面，建议优先选择 PAC 单独投加或者复配投加。

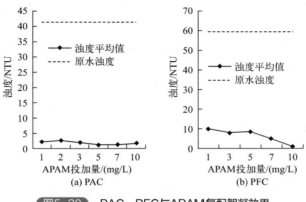

图5-20 PAC、PFC与APAM复配絮凝效果

（2）混凝沉淀＋膜分离组合工艺效果初步分析

结合混凝沉淀＋超滤膜过滤对河道水进行处理，根据处理效果初步评估净化效能，装置如图 5-21 所示。超滤膜系统主体处理单元为浸没式中空纤维超滤膜组件，有效膜面积为 20m²，孔径为 0.01μm，截留分子量为 50000。

图5-21 实验室超滤膜过滤小试装置

试验过程中，设置 30min 为一个过滤周期，然后进行气水反洗，再开始下一个过滤周期。在 PAC 投加量为 15mg/L 的条件下，15 个试验周期（单个周期 40min）试验后的净化结果如表 5-8 所列。

表5-8　超滤膜装置对河水的净化效果

项目	SS/（mg/L）	浊度/NTU	透明度/cm
原水	67 ± 9.6	42 ± 3.8	48 ± 5.5
超滤膜出水	—	0.8 ± 0.2	> 250

注："—"表示测不出。

膜过滤过程中，污染物的截留导致膜孔径逐渐被堵塞，因此实验室小试中还研究了膜通量和跨膜压差的变化关系。

① 维持膜通量不变，跨膜压差的变化。在此试验过程中，维持膜通量为20L/$(m^2 \cdot h)$，试验进水为河道水体中加入15mg/L的PAC混凝沉淀后的出水，考察膜出水过程中跨膜压差（TMP）的变化，如图5-22所示。

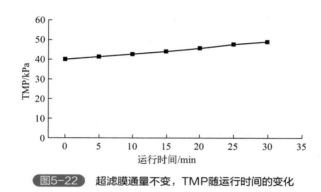

图5-22　超滤膜通量不变，TMP随运行时间的变化

从图5-22中可以看出，在维持超滤膜通量不变的情况下，跨膜压差随着运行时间的延长呈现增加趋势，在30min运行时间内，TMP从最初的40kPa升高到49kPa，升高的趋势为前15min相对较缓，后15min升高速率变快，表明随着运行时间的延长，膜孔径被堵塞的现象越来越严重，跨膜压差升高的趋势也越来越明显。为保障超滤膜的运行能耗不至于过高，此时需要对膜组件进行气水清洗，恢复其过滤能力。

② 维持跨膜压差不变，膜通量的变化。在此试验过程中，维持跨膜压差为40kPa不变，考察膜出水过程中的通量变化，进水依然为河道水体中加入15mg/L的PAC混凝沉淀后的出水。膜通量变化情况如图5-23所示。

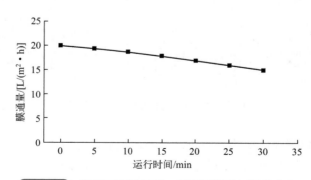

图5-23　跨膜压差维持不变，膜通量随运行时间的变化

从图 5-23 中可以看出，在维持超滤膜跨膜压差不变的情况下，膜通量随着运行时间的延长呈现降低趋势，在 30min 运行时间内，膜通量从最初的 20L/(m² · h) 下降到 15L/(m² · h)，约为初始通量的 75%。为保障超滤膜组件的产水能力，需要对膜组件进行气水清洗和化学清洗，恢复其过滤通量。

5.3.1.2 膜分离悬浮物去除现场中试

为验证超滤膜过滤系统对苏州古城区水源的净化效果，于 2018 年 7 月份在苏州古城区开展现场中试研究，摸索超滤膜系统连续运行的工艺参数，为示范工程建成后投产提供借鉴和参考。现场试验装置的取水点位于实际工程建设时拟选择的取水点附近。试验装置设计处理水量为 2.2m³/h。

（1）试验装置

核心技术为超滤膜过滤技术，为了减轻运行中的膜污染状况，在膜装置前面增加了混凝沉淀预处理——絮凝沉淀箱，如图 5-24 所示。

图5-24 絮凝沉淀箱装置现场照片

絮凝沉淀箱由搅拌箱、沉淀箱与出水箱组成，原水由水泵从外城河道提升至装置搅拌箱。通过 PAC 加药桶，均匀向搅拌箱内投加 PAC；通过次氯酸钠（NaClO）加药桶，向出水箱内投加 NaClO 杀菌，缓解后续膜污染。

中试装置的膜处理装置为浸没式（柱式）超滤装置，如图 5-25 所示。装置采用 PLC 控制系统进行控制，系统的运行可实现手动 / 自动切换。

① 反应器主体：膜池（400×300×2800），浸没式膜组件。

② 反应器附属装置：清水箱（也用作反洗水箱、化学清洗箱）。

③ 设备系统：产水泵（反洗泵）、计量泵、化学清洗泵、鼓风机。

④ 管路系统：进水管、产水管、反洗管、气洗进气管、排空管、化学清洗循环管、化学循环管等。

图5-25　现场试验超滤膜装置

⑤ 仪表系统：压力在线监测仪、转子流量计等。

⑥ 配电及控制系统：配电箱、PLC 控制系统。

（2）试验原理

1）混凝（前处理）

水中粒径小的悬浮物以及胶体物质，由于胶体颗粒间的静电斥力和胶体的表面作用等，使水体呈现浑浊稳定状态。向水中投加混凝剂后，降低了颗粒间的排斥能垒，实现胶粒"脱稳"；同时也能发生高聚物式高分子混凝剂的吸附架桥作用，实现网捕作用，从而达到颗粒的凝聚。整个过程经历三个阶段，即混合、混凝和沉淀。PAC 对水中胶体和颗粒物具有高度电中和及桥联作用，性状稳定。

2）超滤膜处理

超滤是利用滤膜不同孔径对固液进行物理分离的过程。超滤以膜两侧的压力差（跨膜压差）为驱动力，使得原料液中的溶剂及部分粒径小于膜孔的物质，如水、小分子及可溶性物质从膜的高压侧进入低压侧，较大分子量物质如悬浮物、胶体、微生物、蛋白质等被阻留于高压侧，从而达到水质净化的目的。

超滤膜的膜污染是其面临的主要问题，膜污染会导致通量下降，膜使用寿命降低，制水成本增加。通常认为膜污染主要是由膜表面的浓差极化、膜表面滤饼层的形成、膜孔的吸附及膜孔的堵塞四种原因导致的。在超滤膜前进行混凝沉淀预处理是减缓膜污染的手段之一。

（3）装置运行

原水由水泵从环城河道提升至装置搅拌箱，加入 PAC 搅拌絮凝后进入沉淀箱，沉淀后水溢流进入出水箱，后进入膜装置中。膜装置作为主要工艺单元，一个完整的运行程序包括产水、降液位、气洗、气水洗、静置、排空、补水，如图 5-26 所示。

图5-26　膜装置自动运行程序

① 产水：按照设备中设定的产水量、过滤时间，在抽吸泵的驱动下，将混凝沉淀后的水送入膜池内，被处理水由外侧向内侧渗滤产生出水。

② 降液位：气洗前降液位，目的是排出装置中较高浓度的污泥原液，并防止气洗开始时液位过高，导致水从膜装置顶部喷溅出来。

③ 气洗：鼓风机开始运作，空气经曝气管道由膜分离池底部的曝气头均匀曝气，使膜丝振动，其上附着的污染物脱落。

④ 气水洗：气洗与水反冲洗同时运行，曝气的同时，反洗水经由产水管道进入膜组件，由膜内侧向外侧渗滤出水，加大膜丝上的附着污染物脱落力度。

⑤ 静置：静置后可实现固液分离。

⑥ 排空：将膜分离池中反洗后产生的混合液排掉。

⑦ 补水：进水阀开启，让混凝后的原水进入膜分离池至设定液位，准备下一周期的运行。

5.3.1.3 膜分离中试悬浮物去除效果分析

试验中分析了不同条件下膜过滤装置对浊度、色度、SS、叶绿素 a、透明度等的去除效果，也进一步分析了 PAC 投加量与粒径分布、PAC 投加量与 DOM 分子量分布的关系，从安全性的角度分析了出水残余铝的含量。

（1）浊度

将 PAC 投加量、原水浊度、混凝沉淀后的水样浊度、膜过滤后水样浊度记录下来，以水样浊度为纵坐标、PAC 投加量为横坐标，绘制出浊度与 PAC 投加量关系曲线，如图 5-27 所示。

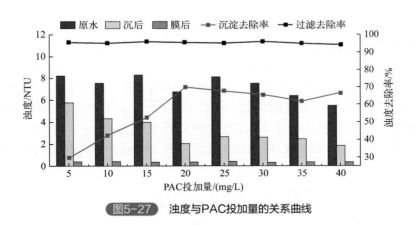

图5-27 浊度与PAC投加量的关系曲线

可以看出，随着 PAC 投加量的增加，水样浊度大致呈下降趋势。当 PAC 投加量为 40mg/L 时，浊度最低，但当 PAC 投加量为 20mg/L 时，沉后水浊度去除率已经能达到 69.9%，而当 PAC 投加量为 25mg/L、30mg/L、35mg/L、40mg/L 时，浊度去除率分别为 67.8%、65.6%、61.9%、66.6%，均低于 PAC 投加量为 20mg/L 时的浊度去除率，且成本更高。膜后水浊度均低于 0.4NTU，与自来水浊度相似。膜后水浊度去除率均高于 94%。需要说明的是混凝剂投加过量反而会使效果下降，PAC 处理机理为在水中与胶体颗粒所带的负电荷瞬间产生中和作用，使胶体脱稳，胶体颗粒迅速絮凝，并进一步架桥生成大絮团而快速沉淀。当投加过量时反而会使粒子表面重新带上正电荷，粒子间又产生排斥作用，导致混凝效果不好，浊度可能增加。

因此，综合考虑制水成本与处理效果，20mg/L 为 PAC 最适投加量，此时混凝沉淀后水浊度去除率为 69.9%，膜后水浊度去除率可高达 95.5%。

（2）色度

将 PAC 投加量、原水色度、沉淀后水样色度、膜过滤后水样色度记录下来，以水样色度为纵坐标、PAC 投加量为横坐标，绘制出色度与 PAC 投加量关系曲线，如图 5-28 所示。可以看出，混凝沉淀后，随着 PAC 投加量增加，其色度去除率均保持在高于 70% 的较高水平，而膜后水的色度基本低于 5 度，与原水相比，色度去除率均高于 90%。若仅考虑色度，则 PAC 投加量 25mg/L 时为最佳，其沉后水色度去除率为 81.6%，膜后水色度去除率为 92.9%。

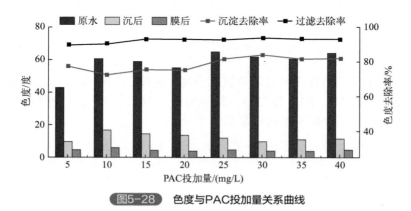

图5-28　色度与PAC投加量关系曲线

（3）SS

以水样 SS 浓度为纵坐标、PAC 投加量为横坐标，绘制出 SS 与 PAC 投加量关系曲线，如图 5-29 所示。可以看出，混凝沉淀后，随着 PAC 投加量增加，SS 浓度呈现下降趋势，整体趋势与浊度指标较为一致，沉后水的 SS 去除率可达到 70% 左右的较高水平，而膜后水的 SS 指标由于仪器量程限制，均显示为 0mg/L，因此无法根据膜后水判定最佳 PAC 投加量。若仅根据沉后水 SS 浓度，PAC 投加量为 40mg/L 时 SS 浓度最低，但会导致水处理成本升高，故 PAC 最佳投加量可定为 SS 指标同样较低的 20mg/L。

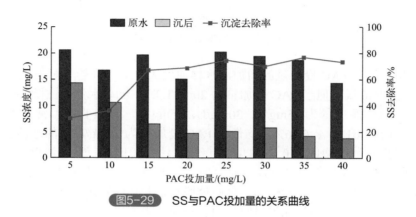

图5-29　SS与PAC投加量的关系曲线

（4）叶绿素 a

以叶绿素 a 浓度为纵坐标、PAC 投加量为横坐标，绘制出叶绿素 a 浓度与 PAC 投加量关系曲线，如图 5-30 所示。当增加 PAC 投加量时，沉后水样叶绿素 a 浓度基本呈下降趋势。综合考虑制水成本与叶绿素 a 去除量，PAC 最佳投加量为 15mg/L，其沉后水叶绿素 a 去除率为 64.3%，膜后水叶绿素 a 去除率为 87.5%。

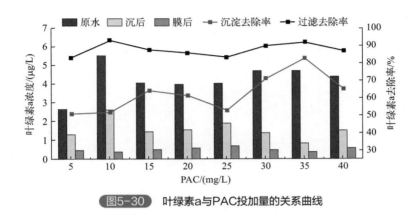

图5-30 叶绿素a与PAC投加量的关系曲线

（5）透明度

现场制作了一个高度为 2.20m 的透明度测试水柱，将 PAC 投加量与当天对应原水透明度记入表 5-9，发现滤后水的透明度远超过 2.20m。

表5-9 透明度与PAC投加量

PAC投加量/（mg/L）	5	10	15	20	25	30	35	40
原水透明度/cm	51	57	52	55	48	52	52	58
出水透明度/cm	>220							

综合水质净化指标以及制水成本考虑，认为在混凝沉淀工艺中，PAC 投加量为 20mg/L 时达到最佳。

（6）PAC 投加量与粒径分布关系

对 PAC 投加量为 5mg/L、20mg/L 和 35mg/L 时，原水、沉淀出水、膜过滤后出水的水中颗粒物粒径分布进行了分析。

1）PAC 投加量为 5mg/L

图 5-31 显示了 PAC 投加量为 5mg/L 时原水、沉淀出水、膜过滤后出水的水中颗粒物粒径分布。原水颗粒粒径基本分布在 150～175nm 和 1000～1500nm 范围内，沉后水颗粒粒径主要分布在 400～1300nm 范围内，膜后水颗粒粒径主要分布在 0～3nm 范围内。

原水颗粒在经过混凝沉淀之后，150～175nm 之间的颗粒基本聚集形成大颗粒，沉后水的颗粒粒径分布于 400～1300nm 之间，而经过膜过滤后，由于超滤膜孔径为 0.02～0.04μm（即 20～40nm），大颗粒基本全部被截留，剩下粒径分布于 0～3nm 的颗粒通过膜孔。膜后水中未见 3～40nm 的颗粒，推测是由于 PAC 投加量为 5mg/L 时，由于 PAC 投加量较少，超滤膜滤孔处被污染物堵塞，导致 3～40nm 的颗粒也被截留，剩下极小的颗粒可以通过膜孔到达膜后水中。

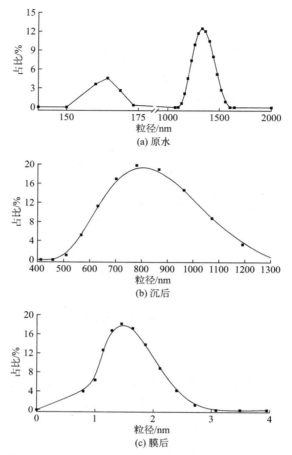

图5-31　PAC投加量为5mg/L时原水、沉后和膜后水中颗粒物粒径分布

2）PAC 投加量为 20mg/L

图 5-32 显示了 PAC 投加量为 20mg/L 时原水、沉淀出水、膜过滤后出水的水中颗粒物粒径分布。原水颗粒粒径基本分布在 170～250nm 与 900～2000nm 范围内；沉后水颗粒粒径在 500～7000nm 之间均有分布；膜后水颗粒粒径在 1.5～2.5nm、3～4.5nm、5～6nm 之间均有分布，且有一部分分布在 33nm 附近。

原水颗粒在经过混凝沉淀之后，170～250nm 之间的颗粒基本聚集形成大颗粒，沉后水的颗粒粒径分布于 500～7000nm 之间，而经过膜过滤后，由于超滤膜孔径为 0.02～0.04μm，大颗粒基本全部被截留，剩下粒径分布于 1.5～2.5nm、3～4.5nm、5～6nm 的颗粒通过膜孔。存在 33nm 的颗粒，推测是由于 PAC 投加量为 20mg/L 时，当日工况下膜污染较轻，PAC 投加足量，超滤膜滤孔污染较轻，膜孔内未吸附污染物，导致 33nm 附近的颗粒可以通过膜孔到达膜后水中。

3）PAC 投加量为 35mg/L

图 5-33 显示了 PAC 投加量为 35mg/L 时原水、沉淀出水、膜过滤后出水的水中颗粒物粒径分布。原水颗粒粒径基本分布在 100～150nm 与 700～1200nm 范围内；沉后水颗粒粒径在 500～7000nm 之间均有分布；膜后水颗粒粒径在 3～4nm、5～8nm 之间均有分布。

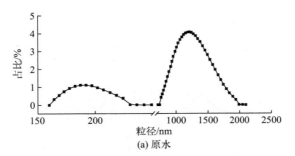

(a) 原水

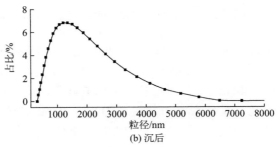

(b) 沉后

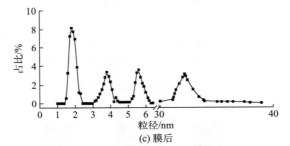

(c) 膜后

图5-32 PAC投加量为20mg/L时原水、沉后、膜后水中颗粒物粒径分布

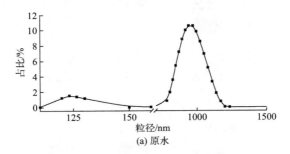

(a) 原水

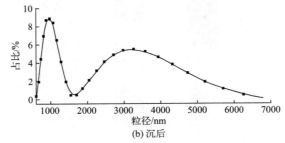

(b) 沉后

图5-33

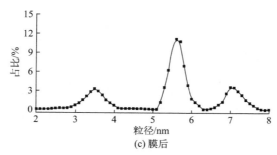

(c) 膜后

图5-33 PAC投加量为35mg/L时原水、沉后、膜后水中颗粒物粒径分布

原水颗粒在经过混凝沉淀之后，100～150nm之间的颗粒基本聚集形成大颗粒，沉后水的颗粒粒径分布于500～7000nm之间，而经过膜过滤后，由于超滤膜孔径为0.02～0.04μm（即20～40nm），大颗粒基本全部被截留，剩下粒径分布于3～4nm、5～8nm的颗粒通过膜孔。膜后水中未见粒径为8～40nm的颗粒，推测是由于PAC投加量为35mg/L时，虽PAC投加量较大，但经过前期实验，超滤膜形成不可逆污染，滤孔处被污染物堵塞，导致粒径为8～40nm的颗粒也被截留，剩下极小的颗粒可以通过膜孔到达膜后水中。

（7）PAC投加量与DOM分子量分布关系

以水中DOM分子量为横坐标、分子占比为纵坐标，绘制PAC投加量为5mg/L、20mg/L和35mg/L时，原水、沉淀出水、膜过滤后出水的DOM分子量分布，如图5-34所示。

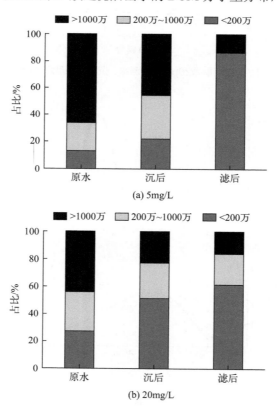

(a) 5mg/L

(b) 20mg/L

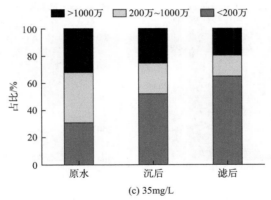

　PAC投加量为5mg/L、20mg/L、35mg/L时的DOM分子量分布

水中的 DOM 在混凝后，大分子（分子量 >1000 万的分子）比例减少，而小分子（分子量 <200 万的分子）比例增加。这主要是由于混凝沉淀时，水中颗粒物凝聚，同时吸附水中大分子沉淀。

膜过滤后大分子分布占比进一步减少，但仍有残留，而分子量在 0 ～ 200 万的分子占比上升到 60% 左右。主要是由于大分子大部分被超滤膜截留，但可能由于出水管管道中存有少量大分子，大分子仍然有一部分占比。

（8）处理系统水质三维荧光分析

溶解性有机质（dissolved organic matter，DOM）是一种高度异质混合物，在生态系统中起着重要作用，多指动植物遗体分解、生物代谢产生的降解物及大分子化合物，主要成分是腐殖质和类蛋白等。可以采用 DOM 来反映水体受污染程度，将它作为水质检测中的一项重要指标。

DOM 的分子结构中存在芳香基团及不饱和键等荧光基团，不同 DOM 组分具有不同特征性的荧光光谱，表现在三维荧光光谱等高图上即各组分具有特征位置的激发 / 发射荧光中心。三维荧光光谱（EEMs）是将荧光强度以等高线方式投影在以激发光波长和发射光波长为纵横坐标的平面上获得的谱图，能同时获得激发波长和发射波长信息。而且因有机物种类和含量不同其荧光特征各异，像人的指纹一样，所以被称为水的"荧光指纹"。

造成水体色度的原因除了悬浮物、藻细胞及其分泌物外，还包含其他天然有机物，代表物质为腐殖质。它广泛存在于土壤、水体之中，在水体中呈现出黑褐色，严重影响水的色度。腐殖质可分为胡敏酸（humin，HM，任何条件下均不溶）、腐殖酸（humic acid，HA，碱性条件下可溶，pH<1.0 酸性条件下不溶）和富里酸（fulvic acid，FA，任何 pH 值条件下均可溶）三种组分。对原水、沉后水、滤后水进行三维荧光分析，结果如图 5-35 所示。

总体看来混凝沉淀段对原水中 DOM 的去除效果并不明显，但超滤膜对 DOM 有较为良好的去除效果，因此水体的色度得到了有效的改善。

（9）出水残余铝

当 PAC 投加量为 5mg/L、20mg/L、35mg/L 时，分别测量原水、沉后水、膜后水三者的铝含量，得到结果如表 5-10 所列。可以看出，原水中几乎不含铝；当经过混凝沉淀段投加 PAC 并沉淀后，由于沉淀不彻底，部分絮体残留于水中，铝含量较高；而经过膜处理后，出水铝含量有所下降。

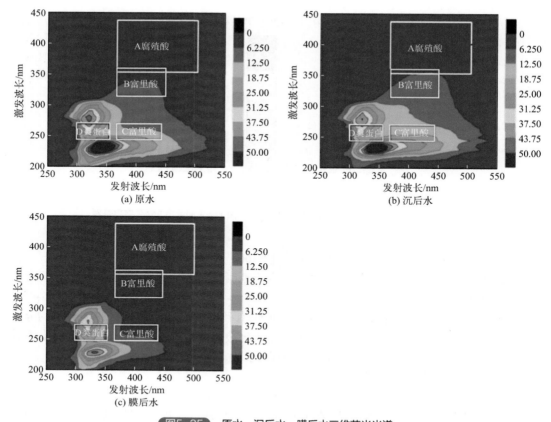

图5-35 原水、沉后水、膜后水三维荧光光谱

表5-10 不同PAC投加量工况下残余铝含量

PAC投加量	原水/（mg/L）	沉后水/（mg/L）	膜后水/（mg/L）	铝去除率/%
5mg/L	0.00	0.18	0.04	69.2
20mg/L	0.01	0.25	0.02	92
35mg/L	0.00	0.33	0.06	82.8

5.3.1.4 膜分离中试工艺参数分析

分析了不同条件下的跨膜压差（TMP）、最佳产水量、最佳产水周期、最佳气洗强度，以确定最佳的运行工况和参数。

（1）跨膜压差（TMP）

膜装置一个产水周期为产水、降液位、气洗、气水洗、静置、排空所有时间相加之和，中试实验设置产水时间为33.5min，降液位时间0.5min，气洗时间1min，气水洗时间1min，静置时间2.5min，排空时间1.5min，总计40min。

产水按照40min为一个周期，从反洗后新的一个周期开始起，前30min每10min读一次跨膜压差数，于周期降液位反洗前读一次跨膜压差数，共读6个周期数值。取PAC投加量为5mg/L、10mg/L、15mg/L、20mg/L、25mg/L、30mg/L、35mg/L、40mg/L时，读出数据，绘制成TMP变化图，见图5-36。可以看出，当PAC投加量为5mg/L时，从周期开始计时到第6个周期反冲洗结束，其跨膜压差上升了2.1kPa；当PAC投加量为

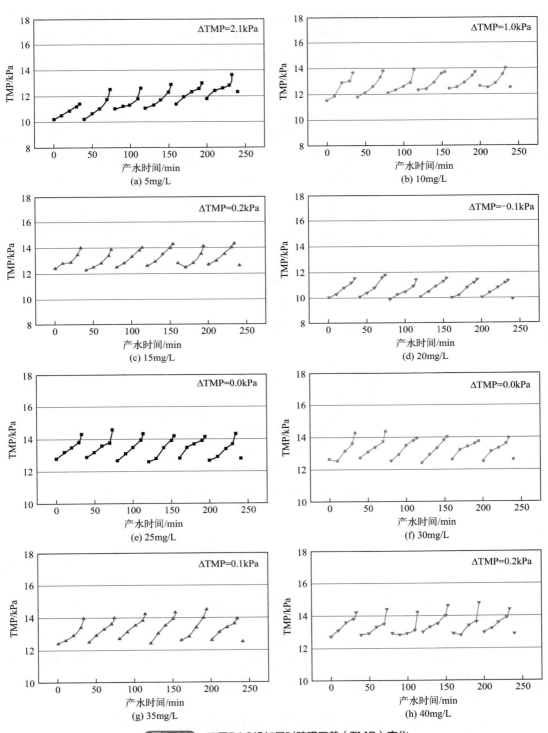

图5-36 不同PAC投加量时跨膜压差（TMP）变化

10mg/L 时，6 个周期跨膜压差上升了 1.0kPa；当 PAC 投加量为 15mg/L 时，6 个周期跨膜压差上升了 0.2kPa；当 PAC 投加量为 20mg/L 时，跨膜压差 6 个周期后下降了 0.1kPa；当 PAC 投加量为 25mg/L 和 30mg/L 时，6 个周期其跨膜压差未见上升；当 PAC 投加量为 35mg/L 时，6 个周期跨膜压差上升了 0.1kPa；当 PAC 投加量为 40mg/L 时，跨膜压差 6 个周期后上升了 0.2kPa。根据跨膜压差读数，综合考虑制水成本，PAC 最佳投加量取 20mg/L。

（2）最佳产水量

设定不同的产水量，同上按照 40min 为一个周期，从反洗后新的一个周期开始起，前 30min 每 10min 读一次数，于降液位反洗前读一次数，共读 6 个周期，得到的结果如图 5-37 所示。当产水量为 2.8m³/h 时，从周期开始计时到第 6 个周期反冲洗结束，其跨膜压差上升了 0.4kPa；当产水量为 2.5m³/h 时，6 个周期跨膜压差下降了 0.1kPa。

考虑膜污染情况，可选择产水量为 2.5m³/h 为产水量最佳工况。超滤膜总面积为 75m²，膜通量的计算公式见式（5-1），即最适膜通量为 0.033m³/(m²·h)，即 33L/(m²·h)。

$$膜通量 = \frac{产水量}{膜总面积} = \frac{2.5}{75} = 0.033 \left[m^3/(m^2 \cdot h) \right] \tag{5-1}$$

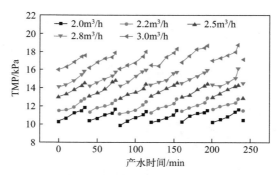

图5-37 跨膜压差随产水量的变化

（3）最佳产水周期

本工况改变产水周期（即产水时间），得到的结果见图 5-38。周期为 40min（产水时间为 33.5min）时，从周期开始计到第 6 个周期反冲洗结束，其跨膜压差（TMP）未见上升；当周期为 47.5min（产水时间为 41min）时，6 个周期跨膜压差上升了 0.7kPa。考虑膜污染情况及节能情况，可选择产水周期 40min 为最佳工况。

（4）最佳气洗强度

设定不同的气洗强度，按照 40min 为一个周期，从反洗后新的一个周期开始，前 30min 内每 10min 读一次数，于周期降液位反洗前读一次数，共读 6 个周期，得到的结果如图 5-39 所示。

当气洗强度为 7m³/h 时，周期开始计时到第 6 个周期反冲洗结束，其跨膜压差上升了 0.5kPa；当气洗强度为 8m³/h 时，6 个周期反冲洗结束后，其跨膜压差上升了 0.3kPa；当气洗强度为 9m³/h 时，6 个周期跨膜压差下降了 0.1kPa。

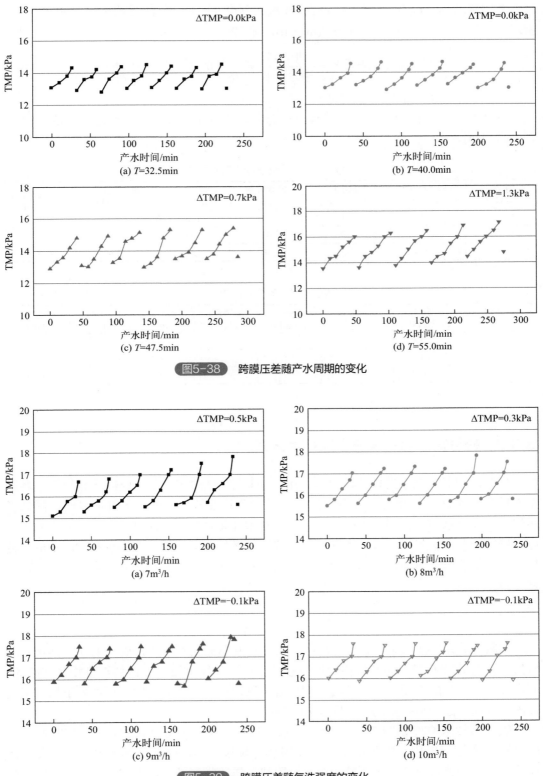

图5-38 跨膜压差随产水周期的变化

图5-39 跨膜压差随气洗强度的变化

考虑膜污染情况及节能情况，可选择气洗强度 9m³/h 为气洗最佳工况。如式（5-2）所示，单位面积气洗强度为 0.12m³/(m²·h)，即 120L/(m²·h)。

$$单位面积气洗强度=\frac{进气量}{膜总面积}=\frac{9}{75}=0.12\left[m^3/(m^2·h)\right] \tag{5-2}$$

（5）膜分离中试最佳运行工况

对试验期间运行状况与工艺参数进行总结，进行了最佳工况的筛选，如表 5-11 和表 5-12 所列。

表5-11　系统最佳工艺参数

水温/℃	PAC投加量/(mg/L)	膜通量/[L/(m²·h)]	产水周期/min	气洗强度/[L/(m²·h)]	预处理设施HRT/min	膜池HRT/min
22~27	20	33	40	120	20	8
9~12	25	33	40	133	20	8
6~8	25	33	40	133	20	8

表5-12　系统净化效果

水温/℃	浊度/NTU	色度/度	SS/(mg/L)	叶绿素a/(μg/L)	透明度/m	TP/(mg/L)	残余铝/(mg/L)
22~27	<0.39	<5	—	<1	>2.2	<0.1	<0.06
9~12	<0.37	<5	—	<1	>2.2	<0.1	<0.05
6~8	<0.37	<5	—	<1	>2.2	<0.1	0.04

注：表中"—"表示测不出。

5.3.2　磁分离悬浮物快速去除技术研究

目前，絮凝-磁分离悬浮物快速技术（简称"磁分离"）在水处理领域得到了各国学者的广泛关注。絮凝与磁分离相结合，强化了絮凝效果，缩短了沉降时间，降低了污泥体积和含水率，提高了水处理效率，且对水体感官指标（浊度、色度等）去除率良好。研究磁分离技术在处理河道水时的最佳运行条件，即磁粉、混凝剂和助凝剂的最佳投加量与最佳沉淀时间，可为磁絮凝技术用于实际河道水体感观品质提升提供合适的工艺参数。

5.3.2.1　技术原理

絮凝-磁分离技术即在絮凝过程中加入磁种并形成絮凝核心，磁种的加入强化絮凝效果，同时结合絮凝剂的絮凝特性形成磁性絮体，使原本没有磁性的污染物具有磁性，并提高生成絮体的密度，生成的磁性絮体既可以通过自身重力作用也可由外磁场作用实现固液分离。磁分离技术流程如图 5-40 所示。

磁分离技术原理如图 5-41 所示。原水中颗粒原本较为分散，投加 PAC 与磁种后，PAC 通过压缩双电层、吸附电中和等作用使得颗粒聚集，而助凝剂（PAM，即聚丙烯酰胺）的投加使得磁粉与各颗粒团通过吸附架桥作用紧密结合，形成结合度更高的磁性絮体，通过外加磁场使得污染物与水分离。

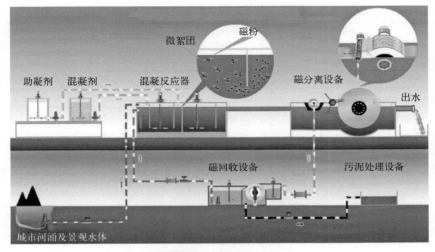

图5-40　磁分离技术流程

由图 5-41 也可以看出，影响磁絮凝效果的主要有 4 个因素，即 PAC 投加量、PAM 投加量、磁粉投加量以及沉淀时间。因此，采用四元二次通用旋转组合设计实验方法对这 4 个重要因素进行研究，获得工艺参数，为磁分离技术在实践中的安全应用提供科学支撑。

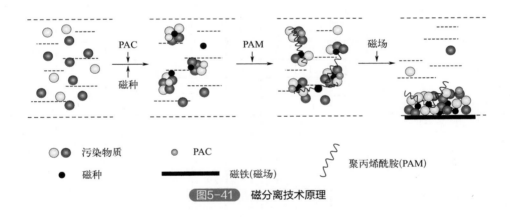

◯◑● 污染物质	◉ PAC
● 磁种	▬▬▬ 磁铁(磁场)

聚丙烯酰胺(PAM)

图5-41　磁分离技术原理

5.3.2.2　实验设计

试验采用四元二次通用旋转组合设计。二次旋转组合设计具有同一球面上各试验点的预测值的方差相等的优点，试验因素 X_1，X_2，$\cdots$，X_m 经过因素水平编码后以变量 Z_1，Z_2，$\cdots$，Z_m 表示，选用适当的表格，即可设计出四元二次通用旋转组合设计。

采用四元二次通用旋转组合设计安排 20 组试验，试验因素水平编码见表 5-13。首先根据统计学原理将各因素进行编码，根据数理统计表格取值，可将 r（1.682）值看作球面顶点，所有水平范围均位于 $-r$ 与 r 之间。

表5-13　四元二次通用旋转组合设计的因素水平编码

水平	PAC投加量Z_1 /(mg/L)	PAM投加量Z_2 /(mg/L)	磁粉投加量Z_3 /(mg/L)	沉淀时间Z_4 /min
r（1.682）	20	0.70	3.5	2.5
1	18	0.58	2.9	2.1
0	15	0.40	2.0	1.5
−1	12	0.22	1.1	0.9
$-r$（−1.682）	10	0.10	0.5	0.5

根据因素水平值与实际值之间的换算，求得各因素的试验水平与实际数值之间的关系为式（5-3）～式（5-6）：

$$Z_1 = 2.972X_1 + 15 \tag{5-3}$$

$$Z_2 = 0.1783X_2 + 0.4 \tag{5-4}$$

$$Z_3 = 0.8917X_3 + 2 \tag{5-5}$$

$$Z_4 = 0.594X_4 + 1.5 \tag{5-6}$$

根据实验需要，可直接引用四元二次通用旋转组合设计，见表5-14。

表5-14　四元二次通用旋转组合设计

试验号	X_1	X_2	X_3	X_4	X_1X_2	X_1X_3	X_1X_4	X_2X_3	X_2X_4	X_3X_4	X_1^2	X_2^2	X_3^2	X_4^2
1	1	1	1	1	1	1	1	1	1	1	1	1	1	1
2	1	1	−1	−1	1	−1	−1	−1	−1	1	1	1	1	1
3	1	−1	1	−1	−1	1	−1	−1	1	−1	1	1	1	1
4	1	−1	−1	1	−1	−1	1	1	−1	−1	1	1	1	1
5	−1	1	1	−1	−1	−1	1	1	−1	−1	1	1	1	1
6	−1	1	−1	1	−1	1	−1	−1	1	−1	1	1	1	1
7	−1	−1	1	1	1	−1	−1	−1	−1	1	1	1	1	1
8	−1	−1	−1	−1	1	1	1	1	1	1	1	1	1	1
9	−1.68	0	0	0	0	0	0	0	0	0	2.83	0	0	0
10	1.68	0	0	0	0	0	0	0	0	0	2.83	0	0	0
11	0	−1.68	0	0	0	0	0	0	0	0	0	2.83	0	0
12	0	1.68	0	0	0	0	0	0	0	0	0	2.83	0	0
13	0	0	−1.68	0	0	0	0	0	0	0	0	0	2.83	0
14	0	0	1.68	0	0	0	0	0	0	0	0	0	2.83	0
15	0	0	0	−1.68	0	0	0	0	0	0	0	0	0	2.83
16	0	0	0	1.68	0	0	0	0	0	0	0	0	0	2.83
17	0	0	0	0	0	0	0	0	0	0	0	0	0	0
18	0	0	0	0	0	0	0	0	0	0	0	0	0	0
19	0	0	0	0	0	0	0	0	0	0	0	0	0	0
20	0	0	0	0	0	0	0	0	0	0	0	0	0	0

根据表5-13编码，直接对应地将各因素水平代入表5-14，就可得到具体试验配合比，见表5-15。

表5-15 试验配合比

试验组	PAC投加量Z_1/(mg/L)	PAM投加量Z_2/(mg/L)	磁粉投加量Z_3/(mg/L)	沉淀时间Z_4/min	浊度Y/NTU
1	18	0.58	2.9	2.1	1.51
2	18	0.58	1.1	0.9	3.57
3	18	0.22	2.9	0.9	5.01
4	18	0.22	1.1	2.1	2.01
5	12	0.58	2.9	0.9	5.27
6	12	0.58	1.1	2.1	3.21
7	12	0.22	2.9	2.1	5.07
8	12	0.22	1.1	0.9	6.51
9	10	0.40	2.0	1.5	4.52
10	20	0.40	2.0	1.5	1.52
11	15	0.10	2.0	1.5	3.82
12	15	0.70	2.0	1.5	1.27
13	15	0.40	0.5	1.5	2.26
14	15	0.40	3.5	1.5	5.22
15	15	0.40	2.0	0.5	5.02
16	15	0.40	2.0	2.5	1.28
17	15	0.40	2.0	1.5	1.70
18	15	0.40	2.0	1.5	1.27
19	15	0.40	2.0	1.5	1.72
20	15	0.40	2.0	1.5	1.28

5.3.2.3 浊度模型的建立与检验

基于四元二次通用旋转组合设计的实验数据，建立浊度变化回归模型，结合Matlab软件，进行方差分析、单因素分析、交互效应分析，获得不同PAC投加量、磁粉投加量、PAM投加量、沉淀时间等运行条件下浊度的变化情况。

（1）模型建立与检验

根据不同因素配合比，如表5-15所列，进行试验研究。原水浊度32.1NTU，在四因素（PAC投加量、PAM投加量、磁粉投加量以及沉淀时间）的影响下进行20组试验，测量得到20组的实验结果浊度Y，所取得的结果列于表5-15中。

对原水的磁絮凝沉淀后浊度结果进行数据分析，分析各配合比参数对试验结果的影响，得到回归模型为：

$$Y=1.916-0.9922X_1-0.7416X_2-0.4551X_3-1.181X_4+0.5554X_1^2+0.3688X_2^2$$
$$+0.2877X_3^2+0.5499X_4^2+0.745X_1X_2+0.040X_1X_3+0.195X_1X_4 \tag{5-7}$$

此方程的$R^2=0.952$，表明拟合良好，具有代表性。此处需要说明的是，式（5-7）中的Y是根据方程计算得出的结果，即为最终结果，无需再进行任何换算。

根据此四元二次方程，可以利用Matlab解得当$X_1=0.0066$，$X_2=0.9987$，$X_3=0.7905$，$X_4=1.0727$时，$Y_{min}=0.729$，X_1、X_2、X_3、X_4均指经过因素水平编码表换算后的值，因此代入式（5-7）可求出各因素最佳取值为：PAC投加量Z_1=15mg/L；PAM投加量

Z_2=0.58mg/L；磁粉投加量 Z_3=2.7mg/L；沉淀时间 Z_4=2.1min。

此时浊度理论上可达到最低值 0.729NTU。将此结果做成表格，如表 5-16 所列。

表5-16　各因素最佳取值及预估浊度

因素变量	PAC/(mg/L)	PAM/(mg/L)	磁粉/(mg/L)	沉淀时间/min	预估浊度/NTU
最佳取值	15.0	0.58	2.7	2.1	0.729

（2）方差分析

为了研究控制变量的不同水平是否对观测变量产生了显著影响，因此进行方差分析，对影响磁絮凝效果的 4 个影响因素进行方差分析，结果如表 5-17 所列。

表5-17　浊度试验结果方差分析

变异来源	平方和	自由度	均方	偏相关	*F*值	*P*值
X_1	7.741	1	7.741	−0.9289	31.4631	0.0005
X_2	3.9821	1	3.9821	−0.8741	16.1852	0.0038
X_3	1.9548	1	1.9548	0.7834	7.9454	0.0225
X_4	10.0918	1	10.0918	−0.9441	41.0176	0.0002
X_1^2	3.1495	1	3.1495	0.848	12.801	0.0072
X_2^2	1.6216	1	1.6216	0.7541	6.5908	0.0333
X_3^2	6.4238	1	6.4238	0.9161	26.1091	0.0009
X_4^2	3.6553	1	3.6553	0.865	14.8567	0.0048
X_1X_2	0.1051	1	0.1051	0.2806	0.4273	0.5317
X_1X_3	0.008	1	0.008	0.0804	0.0325	0.8614
X_1X_4	0.1901	1	0.1901	−0.3659	0.7728	0.405
回归	56.8974	11	5.1725	F_2=21.02335		0.0001
剩余	1.9683	8	0.246	—	—	—
失拟	1.7788	5	0.3558	F_1=5.63286		0.0161
误差	0.1895	3	0.0632	—	—	—
总和	58.8657	19	—	—	—	—

由表 5-17 可以看出，PAC 投加量 X_1 的 *P* 值为 0.0005、PAM 投加量 X_2 的 *P* 值为 0.0038、磁粉投加量 X_3 的 *P* 值为 0.0225、沉淀时间 X_4 的 *P* 值为 0.0002，各因素 *P* 值均小于 0.05，表明 4 个因素均对浊度有显著影响。表中的 X_1^2、X_2^2、X_3^2、X_4^2 以及 X_1X_2、X_1X_3、X_1X_4 行（即表格第 5～11 行），其后列数值均用于回归模型的计算。由数学原理分析可知 X_2X_3 与 X_1X_4 线性相关、X_2X_4 与 X_1X_3 线性相关、X_3X_4 与 X_1X_2 线性相关，故在表 5-17 中没有列出 X_2X_3、X_2X_4 和 X_3X_4 的相关值。

同时，回归方程的失拟性检验 F_1=5.63286 < $F_{0.05}$（5，3）=9.01，不显著，说明未知因素对试验结果干扰较小；显著性检验 F_2=21.02335 > $F_{0.05}$（11，8）=3.31，说明所得回归方程显著。在 α=0.1 显著水平下剔除不显著项后，简化后高度显著的回归方程为：

$$Y=1.43537-0.95274X_1-0.68334X_2-0.47878X_3-1.08783X_4+0.59583X_1^2$$
$$+0.42753X_2^2+0.85093X_3^2+0.64189X_4^2 \tag{5-8}$$

（3）单因素分析

单因素分析即将 4 个因素中的单一因素作为变量，其余 3 个因素均取零水平，代入式（5-7）中所表达的四因素模型，在此将各因素变量的 0 水平（见表 5-13）列于表 5-18 中，目的是探究单因素变量对整体效果的影响。

表5-18　各因素0水平取值

因素变量	各因素0水平数值
PAC投加量Z_1/(mg/L)	15
PAM投加量Z_2/(mg/L)	0.4
磁粉投加量Z_3/(mg/L)	2
沉淀时间Z_4/min	1.5

如将 PAC 投加量 X_1 作为单变量时，可将 PAM 投加量 X_2、磁粉投加量 X_3 与沉淀时间 X_4 设为 0 水平，即将回归方程式（5-7）中 X_2、X_3、X_4 取 0，即可得到 PAC 投加量 X_1 作为单变量时的一元二次方程。以此类推，即可得到各单因素作为单一变量时此单因素的变化趋势及其最佳取值。

现将各单因素变量计算公式列出：

PAC 投加量 X_1 作为单一变量的方程：

$$Y_1=1.916-0.9922X_1+0.5554X_1^2 \tag{5-9}$$

PAM 投加量 X_2 作为单一变量的方程：

$$Y_2=1.916-0.7416X_2+0.3688X_2^2 \tag{5-10}$$

磁粉投加量 X_3 作为单一变量的方程：

$$Y_3=1.916-0.4551X_3+0.2877X_3^2 \tag{5-11}$$

沉淀时间 X_4 作为单一变量的方程：

$$Y_4=1.916-1.181X_4+0.5499X_4^2 \tag{5-12}$$

根据式（5-9）～式（5-12）四个方程作图，对单因素效应进行分析，结果见图 5-42。可以看出，在试验水平为 $-1.682 \leqslant X_i \leqslant 1.682$ 时，PAM 投加量 X_2、磁粉投加量 X_3、沉淀时间 X_4 均取 0 水平，PAC 投加量 X_1 的单因子效应曲线是一条开口向上的抛物线，水体的浊度随着 PAC 投加量的增加先减小后又略有上升，根据抛物线顶点公式可以算

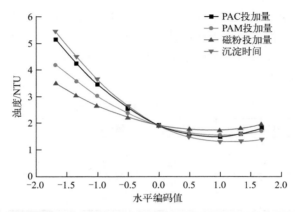

图5-42　各因素变量对磁絮凝效果影响的单因子效应曲线

出，在 X_1=0.8932 水平时约达到最小值 [式（5-9）]，代入式（5-7）即可得此时预估浊度为 1.47NTU。将 X_1 根据式（5-3）换算成原数值，即可得 PAC 此时投加量为 17.6mg/L。推测 PAC 投加量使得絮凝后浊度呈抛物线形的原因是 PAC 投加过量时，多余的絮体分散于水中，无法沉淀，导致水体浊度下降。

当 PAM 投加量 X_2 为单一变量，其他 3 项均为 0 水平时，单因子效应曲线是一条开口向上的抛物线，水体浊度随着 PAM 投加量增加先减小后增大，在 X_2=1.0100 水平时达到最小值，代入式（5-10）即可得此时预估浊度为 1.54NTU。而将 X_2 根据式（5-4）换算成原数值，即可得 PAM 此时投加量为 0.58mg/L。关于 PAM 投加量的单因素影响效应呈抛物线型的原因推测是由于 PAM 溶液的黏度随投加量的增大而增大，高分子溶液的黏度由分子运动时分子间的相互作用产生。当聚合物达到一定浓度时，高分子线团开始相互渗透，足以影响对光的散射。浊度是指溶液对光线通过时所产生的阻碍程度，它包括悬浮物对光的散射和溶质分子对光的吸收。水的浊度不仅与水中悬浮物质的含量有关，而且与折射率等有关。过高浓度的 PAM 通过影响光的散射从而影响了浊度，使得浊度上升。

当磁粉投加量 X_3 为单一变量，其余 3 个变量均为 0 水平时，单因子效应曲线是一条开口向上的抛物线，水体浊度随着磁粉投加量呈现出先减小后增大的趋势，在 X_3=0.7921 水平时约达到最小值，代入式（5-11）即可得此时预估浊度为 1.74NTU。将 X_3 根据式（5-5）换算成原数值，即可得磁粉此时投加量为 2.7mg/L。磁粉投加量在一定范围内的增加可以提升絮凝效果。这是由于磁沉淀可以使沉淀效果在有限的沉淀时间内得到有效提升，但磁粉投加过量时，除了与絮体结合形成大絮凝体沉淀的磁粉外，剩余过量的黑色磁粉会导致水体中悬浮物浓度有所升高，因此浊度有所上升。

当 PAC 投加量 X_1、PAM 投加量 X_2 和磁粉投加量 X_3 均为零水平时，沉淀时间 X_4 的单因子效应曲线也是一条开口向上的抛物线，在 X_4=1.0713 水平时达到最小值，代入式（5-12）可得预估浊度为 1.28NTU。此处需要说明实际情况是随着时间的增加，浊度在沉淀前半段会如抛物线顶点左端趋势一般快速下降，后沉淀速度会由于大絮凝体已经沉降而减缓，下降趋势逐渐趋于水平，但仍然呈现下降趋势。使用四元二次通用旋转组合设计，其特定的计算方法计算出的拟合式（5-7）为四元二次方程，R^2=0.952 代表拟合良好，但方程拟合仍具有一定的局限性。沉淀时间相关的单因素拟合式（5-12）为一元二次方程，使得其拟合必将出现一个最小值且不一定位于沉淀时间末端，根据计算式（5-12）可知此时拟合出的沉淀时间最佳值为 2.1min，导致此结果的出现。

单因素分析的重要性主要体现在趋势分析方面，通过单因素分析可以得到当其他水平固定时单一变量对整体效果的影响趋势，以实现对整体的预估。现对以上分析数据做总结，如表 5-19 所列。

表5-19　其他因素为0水平时单因素水平最佳取值

单因素变量	PAC/(mg/L)	PAM/(mg/L)	磁粉/(mg/L)	沉淀时间/min	预估浊度/NTU
PAC投加量	17.6	0.40	2.0	1.5	1.47
PAM投加量	15.0	0.58	2.0	1.5	1.54
磁粉投加量	15.0	0.40	2.7	1.5	1.74
沉淀时间	15.0	0.40	2.0	2.1	1.28

（4）交互效应分析

双因素交互效应分析即将所建立的回归模型四个因素中的其中两个固定在 0 水平上，建立两个因素间的交互效应图。由于 X_2X_3 与 X_1X_4 线性相关、X_2X_4 与 X_1X_3 线性相关、X_3X_4 与 X_1X_2 线性相关，故只对 X_1X_2、X_1X_3、X_1X_4 的交互效应进行分析。目的是探究当两个变量为恒定值时，另外两个变量的改变会如何影响实验结果。

首先分析当 PAC 投加量 X_1、PAM 投加量 X_2 作为变量，磁粉投加量 X_3、沉淀时间 X_4 固定在 0 水平上的双因素交互效应，将 $X_3=0$、$X_4=0$ 代入式（5-7），可以得到一个与 X_1、X_2 相关的二元二次方程：

$$Y=1.916-0.9922X_1-0.7416X_2+0.5554X_1^2+0.3688X_2^2+0.745X_1X_2 \qquad (5\text{-}13)$$

根据式（5-13），利用 Matlab 可以作出 X_1X_2 双因素交互效应面，如图 5-43 所示。可以看出，磁絮凝处理后的水体浊度随着 PAC 投加量和 PAM 投加量的增加整体呈现出先减小后增大的趋势，根据前段单因素分析可知 PAC 投加过量或 PAM 投加过量都会引起浊度的上升，当二者共同作为变量作用于磁絮凝效果时，首先随着二者浓度的增加，会使 PAC 的吸附电中和及压缩双电层作用增强，PAM 的吸附加强作用提升，絮凝效果变好。但当二者浓度过量时，过量 PAC 就会作为单体悬浮于溶液中，造成悬浮物对透过水体的光线阻拦，过量 PAM 造成水的光线折射率改变，二者共同作用下使得浊度以相对较快的速度增大。

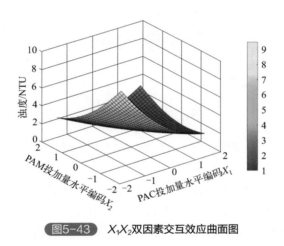

图5-43　X_1X_2 双因素交互效应曲面图

根据式（5-13），使用 Matlab 软件可以计算出极值点大小，即当 $X_1=0.6786$，$X_2=0.3200$ 时，此时浊度出现最小值 1.46NTU。利用式（5-3）、式（5-4）换算出此时 PAC 投加量为 17mg/L，PAM 投加量为 0.46mg/L。具体配合比见表 5-20。

表5-20　X_1X_2 双因素交互效应最佳结果表

因素变量	PAC/(mg/L)	PAM/(mg/L)	磁粉/(mg/L)	沉淀时间/min	预估浊度/NTU
最佳取值	17.0	0.46	2.0	1.5	1.46

分析当 PAC 投加量 X_1、磁粉投加量 X_3 作为变量，PAM 投加量 X_2、沉淀时间 X_4 固定在 0 水平上的双因素交互效应，将 $X_2=0$、$X_4=0$ 代入式（5-7），可以得到一个与 X_1、

X_3 相关的二元二次方程：

$$Y=1.916-0.9922X_1-0.4551X_3+0.5554X_1^2+0.2877X_3^2+0.040X_1X_3 \tag{5-14}$$

根据式（5-14），利用 Matlab 可以作出 X_1X_3 双因素交互效应曲面图，如图 5-44 所示。可以看出，磁絮凝处理后的水体浊度随着 PAC 投加量和磁粉投加量的增加整体呈现出先减小后增大的趋势，但磁粉投加量的影响效果没有 PAC 投加量的影响效果大。一方面这可能是由于磁粉的投加量（0.5～3.5mg/L）没有 PAC（10～20mg/L）高，因此在二者作为悬浮固体时，PAC 投加过量使水体悬浮物增加的效应要大于磁粉；另一方面可能是由于磁场的作用使得悬浮的磁粉也会被吸附沉淀，但由于磁场强度在 4cm 高度时仅有 100Gs，实验用烧杯却高 15cm 以上，靠近磁铁的部分磁粉可被吸附，但仍有部分磁粉悬浮于液体内成为悬浮物阻碍光线透过，但总体影响效应小于 PAC。PAC 与磁粉投加过量时均易成为悬浮物阻拦水体光线通过，当二者共同作为变量作用于磁絮凝效果时，首先随着二者浓度增加，絮凝效果变好，但当二者浓度过量时就会由于悬浮物增加使得浊度有所上升。

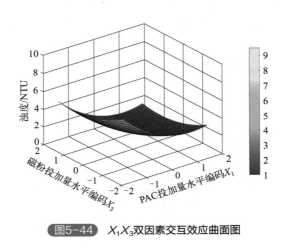

图5-44 X_1X_3 双因素交互效应曲面图

根据式（5-14），使用 Matlab 软件可以计算出极值点大小，即当 $X_1=0.8669$，$X_3=0.7307$ 时，此时浊度出现最小值 1.32NTU。利用式（5-1）、式（5-3）换算出此时 PAC 投加量为 17.6mg/L，磁粉投加量为 2.7mg/L。具体配合比如表 5-21 所列。

表5-21 X_1X_3 双因素交互效应最佳结果表

因素变量	PAC/(mg/L)	PAM/(mg/L)	磁粉/(mg/L)	沉淀时间/min	预估浊度/NTU
最佳取值	17.6	0.4	2.7	1.5	1.32

分析当 PAC 投加量 X_1、沉淀时间 X_4 作为变量，PAM 投加量 X_2、磁粉投加量 X_3 固定在 0 水平上的双因素交互效应，将 $X_2=0$、$X_3=0$ 代入式（5-7），可以得到一个与 X_1、X_4 相关的二元二次方程：

$$Y=1.916-0.9922X_1-1.181X_4+0.5554X_1^2+0.5499X_4^2+0.195X_1X_4 \tag{5-15}$$

根据方程，利用 Matlab 可以作出 X_1X_4 双因素交互效应曲面图，如图 5-45 所示。可以看出，磁絮凝处理后的水体浊度随着 PAC 投加量和沉淀时间的增加，整体亦呈现出先减小后增大的趋势。从这张双因素交互效应曲面图中可以看出，PAC 与沉淀时间对浊度的影响程度相差不大，二者均对浊度有较强影响。随着 PAC 投加量的增加以及沉淀时间的增加，浊度快速下降，达到一定最低值后又出现上升的趋势，这是由于过量投加的 PAC 在水中应是以胶体或者微粒形式存在，这种悬浮物很难随着沉淀时间的增加而沉淀下来，因此 PAC 投加过量时，沉淀时间的增加也并不能使浊度下降。但浊度增加速度相较于前面分析的 PAC、PAM 共同作用条件下及 PAC、磁粉共同作用条件下，浊度的上升趋势更加缓慢。同时沉淀时间方程拟合的局限性，也使得其趋势呈现先下降后上升的效果。

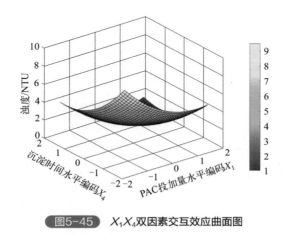

图5-45 X_1X_4双因素交互效应曲面图

根据式（5-15），使用 Matlab 软件可以计算出极值点大小，即当 $X_1=0.7274$，$X_4=0.9449$ 时，此时浊度出现最小值 0.99NTU。利用式（5-1）、式（5-4）换算出此时 PAC 投加量为 17.2mg/L，沉淀时间为 2.1min。具体配合比见表 5-22。

表5-22 X_1X_4双因素交互效应最佳结果表

因素变量	PAC/(mg/L)	PAM/(mg/L)	磁粉/(mg/L)	沉淀时间/min	预估浊度/NTU
最佳取值	17.2	0.4	2.0	2.1	0.99

5.3.2.4 磁分离技术运行效果分析

为分析磁分离技术效果，进行实验室小试。在 2 个烧杯中各取 1L 的苏州市外城河水，一组加入 PAC 和 PAM，另一组加入 PAC、PAM 和磁粉。其中 PAC 投加量为 50mg/L，PAM 投加量为 0.5mg/L，磁粉投加量为 2mg/L。未加磁粉的普通混凝组沉淀时间为 10min，磁絮凝组沉淀时间为 5min。取原水、原水滤后水和两组实验的沉后水测定水体的浊度、色度、悬浮物（SS）、叶绿素 a（Chla）、化学需氧量（COD）、总氮（TN）和总磷（TP）、水体中的颗粒物粒径分布和溶解性有色有机物（CDOM）的组分含量，并开展了藻类增殖潜力对比实验。

（1）浊度、色度、SS 和叶绿素 a 去除效果

图 5-46 反映了实验中各组浊度、色度、SS 和叶绿素 a 的变化。加入磁粉后，处理

后水的浊度相比未加磁粉进一步降低约 2NTU,色度与未加磁粉的一样都未检出。浊度的降低可能是由于加入磁粉后水样的悬浮物浓度相比未加磁粉的低(约 1mg/L),而 SS 与浊度有极显著的正相关性。对于色度,由于原水的色度是悬浮物等引起的表色度,因此当 SS 降低后水样的色度快速降低。同时,从叶绿素的变化可以看出,混凝可以去除悬浮的藻类,加入磁粉后可以进一步降低水样叶绿素 a 的含量。此外,由于实验时磁絮凝的沉淀时间仅为普通混凝沉淀时间的 1/2,因此在相同处理效果的条件下,磁絮凝工艺的水力负荷可以达到普通混凝的 2 倍以上。由此可以得到结论,磁粉的加入相比普通混凝工艺可以进一步提高水体的感官品质。

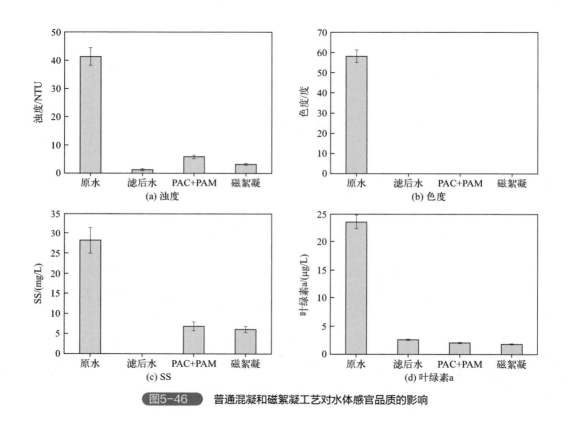

图5-46 普通混凝和磁絮凝工艺对水体感官品质的影响

(2)COD、TN 和 TP 的去除效果

图 5-47 显示了磁絮凝工艺对水体 COD、TN 和 TP 的影响。

可以看出,加入磁粉后,相比普通混凝工艺,磁絮凝对水体 COD 和 TP 的去除率分别提高了 28% 和 5%,原因可能是水体中的有机物和磷会部分吸附在悬浮物上,而磁絮凝有更好的去除悬浮物的能力,间接提高了对有机物和磷的去除。但是,混凝工艺对水体氮的去除不明显,原因可能是水中的氮主要是溶解性的无机氮盐,且难沉淀和被吸附。

(3)粒径分布和粒径分级变化情况

图 5-48 反映了各水样中的粒径分布和粒径分级。从原水和滤后水的粒径分布来看,原水中含有大量的细悬浮物和一定量的胶体,细颗粒物粒径 > 1000nm,胶体平均粒径约

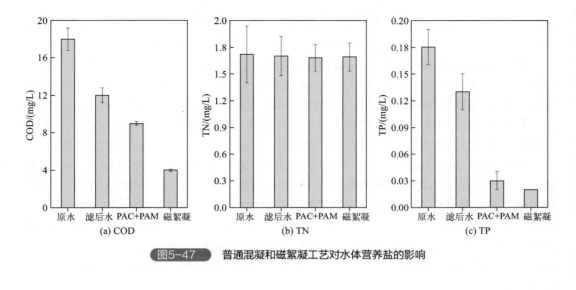

图5-47　普通混凝和磁絮凝工艺对水体营养盐的影响

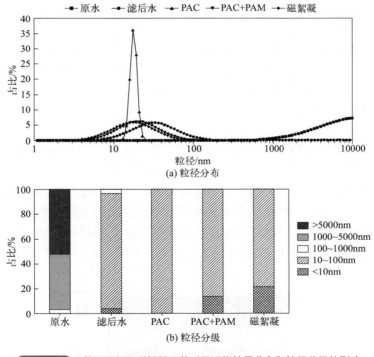

图5-48　普通混凝和磁絮凝工艺对悬浮物粒径分布和粒径分级的影响

40nm。通过投加 PAC 和 PAM，可以将原水中大部分颗粒物（＞100nm）去除，水样的粒径峰值左移至约 20nm，而加入磁粉后，粒径分布的峰值会进一步左移至约 15nm 处。

从粒径分级可以看出，加入磁粉后，粒径在 10nm 以下的颗粒物占比上升，粒径为 10～100nm 的颗粒物占比下降，说明磁粉的加入对较大粒径的胶体物质有更好去除能力。

（4）溶解性有色有机物（CDOM）变化情况

河道水体中的溶解性有色有机物（CDOM）是一类可以吸收光的溶解性有机物，由于会导致天然水体带有颜色从而被称为溶解性有色有机物。河水中的 CDOM 来源可以通过荧光指数（FI）、自生源指数（BIX）和腐殖化指数（HIX）这三类指标进行分析。

FI（fluorescence index）是衡量 CDOM 来源的重要指标，其计算方法是在激发波长 370nm 下，荧光发射光谱在 470nm 和 520nm 处荧光强度的比值。当 FI > 1.9 时，表示内源输入为主体，CDOM 的来源是水体或微生物活动；当 FI < 1.4 时，则以陆源或土壤来源为主，微生物等的活动对 CDOM 的贡献率相对比较低。本研究中，苏州市外城河河水的 FI > 1.9，说明 CDOM 来源主要是微生物代谢过程，陆生植物或者土壤有机质的输入很少。

BIX（biological index）计算方法是在激发波长 310nm 下，发射波长 380nm 与 430nm 处荧光强度的比值。该指数反映 CDOM 自生源相对贡献，值越大，自生源特征越明显，类蛋白组分贡献越大，生物可利用性越高。BI=0.6 ～ 0.7 时，表明自生源贡献较少，代表陆源输入或受人类影响较大；BIX > 1.0 时，代表生物或细菌引起的自生来源且有机质为新近产生；BIX=0.8 ～ 1.0 时，则表明 CDOM 来源介于两者之间。本研究中，苏州外城河河水的 BIX > 1.0，表明水样自生源贡献较大，CDOM 主要为生物或细菌等来源。

HIX（humification index）是评价 CDOM 腐殖化程度的重要指标，能在一定程度上反映 CDOM 输入源特征，其计算方法是在激发波长 254nm 下，发射光谱中 435 ～ 480nm 荧光强度积分值除以 300 ～ 345nm 与 435 ～ 480nm 间荧光强度积分值之和。HIX 通常在 0.5 ～ 0.9 之间。本研究中，苏州市外城河河水的 HIX=0.53，表明水样呈现微弱腐殖化特征，CDOM 主要为微生物或藻类等来源。

以上指数可以说明苏州市外城河河水受陆源或人为影响较小，CDOM 的主要来源是微生物代谢过程。

苏州市原水和不同混凝方式处理后水样的三维荧光图如图 5-49 所示。

原水的三维荧光光谱中芳香蛋白类物质、溶解性微生物代谢产物和腐殖酸类物质的峰较强，表明水样中 CDOM 以这三类物质为主。与不同处理方式沉后水的三维荧光光谱进行对比，投加 PAC+PAM 处理后的水样中荧光强度得到较轻程度的减弱，而投加 PAC 和 PAM 并结合磁絮凝处理后的水样中荧光强度得到明显的减弱，这说明磁絮凝可以极大地提升混凝剂对水体中 CDOM 的去除效果，对降低水体色度是有利的。

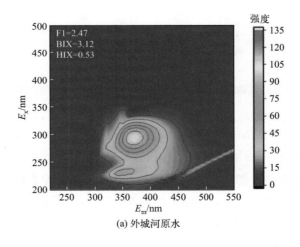

(a) 外城河原水

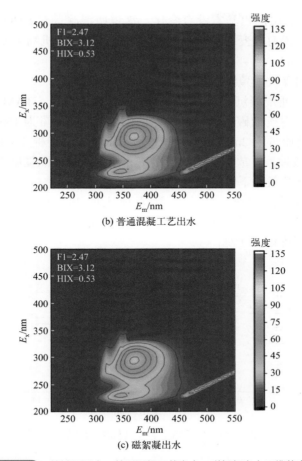

图5-49　外城河原水、普通混凝工艺出水、磁絮凝出水三维荧光图

　　进一步计算分析水样中 CDOM 的组分相对含量，如图 5-50 所示。可以发现混凝对部分芳香蛋白类物质、富里酸类物质、微生物代谢产物和腐殖酸类物质都有一定的去除，总去除率约为 16%，但剩余 CDOM 各组分的比例基本没有变化。而磁絮凝对CDOM 有进一步去除效果，去除率能达到约 22%，且对五类有机物都有去除效果，但

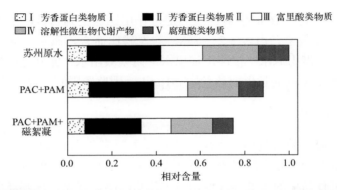

图5-50　外城河原水、普通混凝出水及磁絮凝出水溶解性有机物相对含量

剩余 CDOM 各组分的比例也基本没有变化。这说明混凝剂对 CDOM 的去除没有选择性，磁絮凝技术也并没有改变这种现象，水体中的溶解性有机物可能是通过絮体吸附网捕后沉淀的方式去除的。

（5）不同出水的藻类增殖潜力实验

向河道原水、普通混凝沉淀后水（PAC 投加量为 15mg/L，PAM 投加量为 0.4mg/L，沉淀时间为 15min，不投加磁粉）、磁絮凝后水（PAC 投加量为 15mg/L，PAM 投加量为 0.4mg/L，磁粉投加量为 2mg/L，沉淀时间为 5min）中接种 0.5mL 铜绿微囊藻藻种液和 0.5mL 小球藻藻种液。放置在光照恒温培养箱里，于光照强度 2000lx、温度 30℃，光照、暗置各 12h 交替条件下恒温培养，观察藻类生长情况。

如图 5-51 所示，原水的叶绿素 a 达到第 12 天的 38.84μg/L 后基本不再上升，曲线趋于平稳，普通混凝与磁絮凝沉淀后水的叶绿素 a 于第 11 天分别达到 28.21μg/L 和 25.51μg/L，之后曲线即趋于平稳。

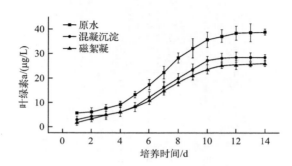

图5-51　原水、混凝沉淀出水、磁絮凝出水藻类增殖情况

不同水样中氮磷指标如表 5-23 所列。

表5-23　水样中氮磷指标及其比值

水样	TN/(mg/L)	TP/(mg/L)	N/P值
原水	2.72	0.39	6.97
混凝沉淀出水	2.52	0.16	15.8
磁絮凝出水	2.34	0.10	23.4

一般认为当 N/P 值＞16 时磷对藻类的促进作用比氮更为明显，即磷更倾向于成为限制藻类生长的主要因素。由表 5-23 可知，就氮磷比而言，原水＜混凝沉淀出水＜磁絮凝出水，藻类增殖潜力原水＞混凝沉淀出水＞磁絮凝出水，尤其是磁絮凝后水的氮磷比大于 16，叶绿素 a 最高含量仅能达到 25.51μg/L，因此磷限制了藻类的生长。

5.3.2.5　磁粉改性实验研究

在之前的磁絮凝实验过程中发现所用磁粉（主要成分为 Fe_3O_4）会发生自身团聚现象，一方面在称量上造成较大的误差，另一方面使得磁粉在水中的分散更不均匀。因此考虑对现有磁粉进行简单的预处理改性，减少磁粉的团聚现象，使其能更好地在水中分散，从而在磁絮凝工艺中对浊度等指标有更好的去除效果。

预处理方法：取适量磁粉，按固液比 1∶50（g∶mL）的比例与 1mol/L 盐酸或 100g/L FeCl$_3$ 溶液混合，在摇床中摇晃处理 2h，过滤收集处理后磁粉，烘干备用。经计算，盐酸处理与氯化铁处理磁粉的回收率分别约 87% 和 92%。

（1）处理后磁粉的形貌变化

磁粉的形貌变化如图 5-52 所示。未处理磁粉因自身团聚主要呈颗粒状，粒径最大可至 2mm，少量为粉末状，粒径大小不一，一般介于 20～130μm。经过盐酸或氯化铁处理后，磁粉性状基本均为黑色粉末，粒径更小且相对更均匀（20～70μm），且无团聚现象。

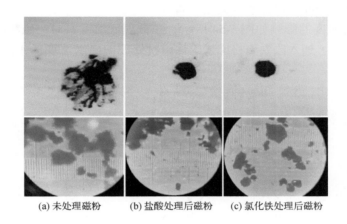

(a) 未处理磁粉　　　(b) 盐酸处理后磁粉　　　(c) 氯化铁处理后磁粉

图5-52　未处理磁粉与处理后磁粉(盐酸处理，氯化铁处理)的形貌对比

分析 3 种磁粉的磁性能，结果如图 5-53 所示。经盐酸和氯化铁改性的磁粉的比饱和磁化强度从未改性时的 54.69emu/g 分别提高到 61.81emu/g 和 57.10emu/g，说明改性磁粉在磁场中的磁性能均有所提高，改性磁粉与絮体结合后在磁场中有更好的沉淀效果

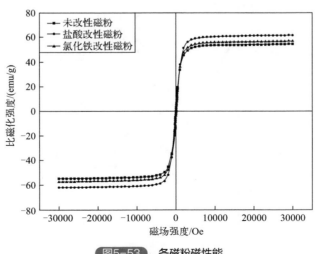

图5-53　各磁粉磁性能

和分离效果。而盐酸和氯化铁改性的磁粉的比剩余磁化强度从原磁粉的 1.61emu/g 分别降低到 0.93emu/g 和 1.02emu/g，矫顽力从 28.80Oe 分别降低到 15.74Oe 和 18.45Oe，说明经改性后磁粉自身的磁性减弱，因此通过盐酸或氯化铁改性可以有效改善磁粉的团聚现象。

（2）改性磁粉对磁絮凝出水浊度和 TP 的影响

实验使用低浊度和高浊度的两种原水，在 4 个烧杯中各盛 1L 原水，加入 PAC 和 PAM，其中一组不加磁粉作为对照，另外三组分别加入未改性磁粉、盐酸改性磁粉和氯化铁改性磁粉。其中 PAC 投加量为 50mg/L，PAM 投加量为 0.5mg/L，磁粉投加量约为 20mg/L。快速搅拌后在磁场下进行沉淀，分别取沉淀 5min、10min 和 15min 时的水样测量浊度和沉淀 15min 时的水样测定总磷。

磁粉改性对浊度的影响如图 5-54 所示。在处理低浊度水时，磁粉的加入相比不加磁粉出水浊度更低，加入改性磁粉比未改性磁粉处理的出水浊度低 1.5 ～ 2.0NTU。对

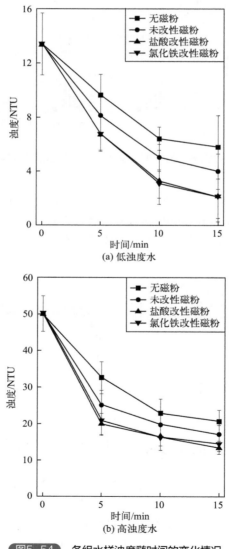

图5-54　各组水样浊度随时间的变化情况

于高浊度水的处理，其出水浊度的变化规律与低浊度水相似，加入改性磁粉比未改性磁粉处理的出水浊度低 3.0 ～ 5.0NTU，氯化铁改性的磁粉对浊度的去除效果与盐酸改性的磁粉相近。

图 5-55 反映了各种磁粉投加对低浊度水和高浊度水 TP 的影响。磁粉的加入可以提高混凝工艺对 TP 的去除效果，提高量在 0.02 ～ 0.03mg/L，而通过盐酸或氯化铁改性后可以进一步去除 0.01 ～ 0.02mg/L 的 TP。通过磁粉对磷的吸附实验的结果来看，磁粉本身对水体中的磷基本没有吸附或化学沉淀作用，因此在磁絮凝工艺中，PAC 的投加量是影响 TP 去除的关键因素。而磁粉的加入可以使絮体对磷酸铝等颗粒态磷有更好的捕获效果，从而提高磷的去除率。对于改性磁粉，其除磷效果的提高可能是因为改性后磁粉的粒径更均匀，使其更容易在水中分散均匀，提高了磁粉的混凝效果，从而进一步提高了处理效果。

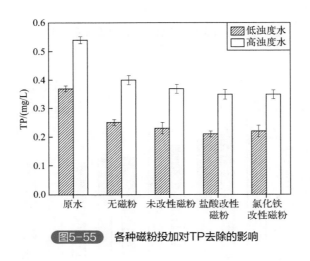

图5-55 各种磁粉投加对TP去除的影响

（3）改性磁粉投加量对磁絮凝出水浊度和 TP 的影响

本实验使用较高浊度的原水（SS 约 44.8mg/L），在 4 个烧杯中各盛 1L 原水，加入 PAC 和 PAM，其中一组不加磁粉作为对照，另外三组分别加入未改性磁粉、盐酸改性磁粉和氯化铁改性磁粉。其中 PAC 投加量为 50mg/L，PAM 投加量为 0.5mg/L，磁粉投加量分别为 20mg/L、40mg/L 和 60mg/L。快速搅拌后在磁场下进行沉淀，分别取沉淀 5min、10min 和 15min 时的水样测量浊度和沉淀 15min 时的水样测定总磷。磁粉投加量对浊度的影响如图 5-56 所示。可以看出，提高磁粉的投加量有利于浊度的去除，投加量为 40mg/L 时效果最佳，比 20mg/L 和 60mg/L 的投加量下浊度低 2.0 ～ 5.0NTU。对比改性磁粉和未改性磁粉，在 40mg/L 的最佳投加量下，改性磁粉比未改性磁粉处理的出水浊度低 2.5 ～ 5.0NTU。而盐酸改性磁粉与氯化铁改性磁粉间去除效果的差异不大。

磁粉投加量对 TP 去除的影响如图 5-57 所示。随着磁粉投加量的提高，磁混凝对 TP 的去除效果略有提升，提高量为 0.01 ～ 0.02mg/L。原因可能是磁粉投加量的提升提高了对浊度的去除效果，进一步去除了磷酸铝等颗粒态磷，从而提高了 TP 的去除率。在相同投加量下，通过盐酸或氯化铁改性后的磁粉较未改性磁粉均可以进一步去除 0.01 ～ 0.02mg/L 的 TP。

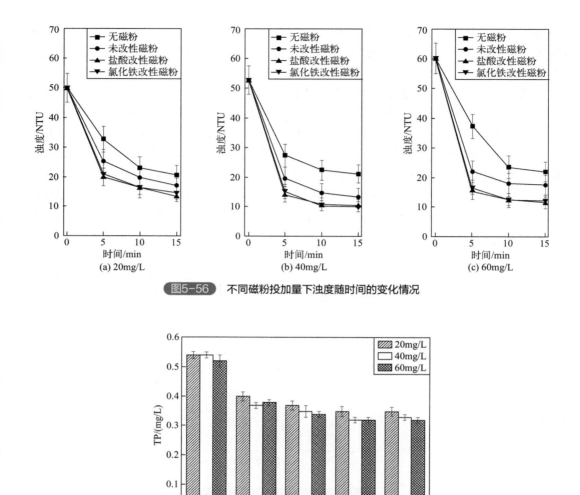

图5-56　不同磁粉投加量下浊度随时间的变化情况

图5-57　磁粉投加量对TP去除的影响

5.3.3　强化混凝-滤布滤池悬浮物快速去除技术研究

5.3.3.1　技术原理

滤布滤池是一种表层过滤技术，过滤介质（即滤布，一般由高分子纤维堆积而成）的网孔直径为 10 ～ 20μm，具有较高的除污精度，加之高分子纤维材质对水中有机物及 SS 等具有更好的黏附性能，因而能够在极小的过滤深度（1 ～ 2cm）条件下有效地去除污水中的颗粒污染物。但在实际应用中，滤布滤池存在容易堵塞、过滤阻力大、需要频繁清洗等问题，而强化混凝技术与滤布滤池相结合可以有效改善以上这些不足。本研究中以苏州市城区河道水为研究对象，通过现场实验，考察强化混凝 - 滤布滤池系统对河水水质的净化效果，为解决河道水感官品质不高的问题提供借鉴和参考。

5.3.3.2　实验装置和分析方法

（1）实验装置

强化混凝-沉淀-滤布滤池一体化装置如图 5-58 所示。装置总体积为 8m³，主要包括加药系统、沉淀池以及滤布滤池。装置进水量可调节，最大进水量为 2.5t/h。加药系统为 2 个带搅拌装置的水箱，可以通过计量泵调节加药量。沉淀区设计停留时间为 1h，体积为 2.5m³，并加装斜板以改善沉淀效果。滤布滤池选择转盘过滤池，共有 2 个转盘，直径为 1m，转盘材质为不锈钢，滤布材料为 PE（聚乙烯）和 PA（聚酰胺）纤维，网孔直径为 5μm，绒毛长度为 10～14mm，滤布质量为 700～850g/m²，过滤滤速为 10～12m³/(h·m²)，反抽吸强度不超过 333L/(m·s)。沉淀池规格为 1.5m×0.5m×2.2m，纤维转盘规格为 1.5m×1.5m×2.5m，装置整体尺寸为 3m×1.5m×2.2m，装机功率为 3kW。设备体积小，运行管理方便，均为自动化处理流程。

(a) 加药系统　　　　　　　　(b) 沉淀池　　　　　　　　(c) 滤布滤池

图5-58　强化混凝-沉淀-滤布滤池一体化装置

（2）实验分析方法

以苏州市姑苏区外城河为研究对象，选择平门附近的十字洋河汇入点安装现场实验装置，此处河水流量较大，对苏州外城河以及姑苏区各个水系均有较大影响。实验期间气温为 25～35℃，水温为 20～25℃。通过进水泵从河道抽水至强化混凝-滤布滤池一体化装置，连续运行并监测分析进水、混凝沉淀以及过滤出水水质，以考察系统对河道水质的改善效果。现场检测的指标主要为温度、浊度和透明度等，其余指标则通过在进水处、沉淀池上清液和出水口取样，在 4℃ 环境中密封保存，并尽快于实验室进行检测分析。采样频率为每周 2 次，中试期间共采样 6 次。分析指标主要包括有机碳、总氮、色度、三维荧光吸光度、浮游植物及其产生的叶绿素 a、悬浮颗粒粒径分布等。其中三维荧光吸光度和有机碳、总氮在经过 0.45μm 的玻璃纤维膜过滤后的水样中测定。

浊度采用 HACH-2100Q 哈希浊度仪现场测定；色度使用哈希 DR6000 分光光度计测定；透明度通过将水样注入圆筒柱，并对透明度盘进行目测得到；三维荧光图谱采用日立 F-7000 荧光仪进行扫描；TOC（总有机碳）、DIC（溶解性无机碳）和 TN（总氮）使用 multi3100 型总有机碳/氮分析仪分析；TP（总磷）采用高温消解-钼酸铵分光光度法进行测定；水样颗粒粒径使用 Delsa Nano C 型粒度分析仪进行分析测定；藻细胞及叶绿素 a 采用流式细胞仪 Beckman Cytoflex (Beckman Coutler) 和浮游植物荧光仪进行分析测定。

基础数据采用 Excel 和 Origin pro8 进行分析；三维荧光数据预处理和分析工作采用 Matlab 2018a 完成；水质参数的相关性分析使用 SPSS 24.0 完成。

5.3.3.3 混凝剂、助凝剂的选择与条件优化

考察 3 种混凝剂〔PAC、PAFC（聚合氯化铝铁）、FeCl₃〕在不同投加量的情况下对河水的处理效果，设置了投加量梯度的混凝剂处理效果对比试验。通过前期预实验发现，河水中投加混凝剂之后在 30min 左右可达到较好的处理效果。将 3 种混凝剂与 3 种助凝剂（纳米 Fe_3O_4、纳米 Fe_2O_3、纳米零价 Fe）依次搭配，进行实验，并每隔特定时间测定水体浊度。投加助凝剂后，沉淀速度有明显提升，并且能够有效降低混凝剂的投加量。具体最佳投加量和最佳沉淀时间如表 5-24 所列。

表5-24　3种混凝剂和3种助凝剂最佳投加量及最佳沉淀时间

混凝剂/助凝剂		最佳投加量/(mg/L)	90%去除率沉降时间/min	总去除率/%
PAC	无助凝剂	23	35	96.00
	纳米Fe₃O₄助凝	10	20	97.08
	纳米Fe₂O₃助凝	12	22	97.50
	纳米零价Fe助凝	10	22	97.40
PAFC	无助凝剂	22	30	96.19
	纳米Fe₃O₄助凝	15	25	96.39
	纳米Fe₂O₃助凝	10	28	96.98
	纳米零价Fe助凝	15	25	98.01
FeCl₃	无助凝剂	25	35	94.19
	纳米Fe₃O₄助凝	15	30	95.11
	纳米Fe₂O₃助凝	20	32	95.19
	纳米零价Fe助凝	15	28	95.18

PAC 投加后的絮凝物体积较大且密实，沉降速度快，投加后不会改变河水颜色。PAFC 投加之后水溶液呈现暗色，处理效果与 PAC 比较接近，沉淀速度相对较快。FeCl₃ 的处理效果弱于 PAC 和 PAFC，且沉淀后的河水颜色偏黄。除此之外，相对于高分子混凝剂，FeCl₃ 保存条件较为严格，因此保存成本相对较高。在实验室条件下，即使无助凝剂的参与，FeCl₃ 处理效果也非常好，均在 95% 以上。其中处理率最高的是 PAFC 和纳米零价 Fe 助凝的情况，处理率可达 98.01%。助凝剂的添加虽不能明显提升总去除率，但是对缩短沉淀时间有较大帮助。其中 PAC 和纳米 Fe₃O₄ 的组合下，20min 即可完成 90% 的沉淀进程。3 种同等级的纳米铁中，纳米零价 Fe 和纳米 Fe₃O₄ 的处理效果较为接近，纳米 Fe₂O₃ 投加之后会使得水样带有微微红绿色，助凝效果也不如其他 2 种助凝剂。

综合来看 PAC 相对于 PAFC 和 FeCl₃ 晶体，处理效果和沉淀时间最佳，助凝剂中纳米 Fe₃O₄ 和纳米零价 Fe 更适合作为助凝剂。

从浊度的去除率来看，实验室条件下，12 种混凝剂和助凝剂搭配方式，在适合的投加量下都能达到较高的去除效果，去除率在 94% ~ 98% 之间，浊度从进水的 49.7NTU 均降到 2NTU 以下。因此，为了进一步对助凝剂进行甄选，考察其对其他指标的去除效果，结果如图 5-59 所示。

分别对比了 PAC、2 种助凝剂和有无滤布过滤情况下对河水中叶绿素 a 和色度的去除率。在实验室条件下，助凝剂和滤布可以提高系统对各指标的去除率，但是效果并不显著。在纳米 Fe₃O₄ 助凝的情况下，叶绿素 a 去除率高于纳米零价 Fe；而纳米零价

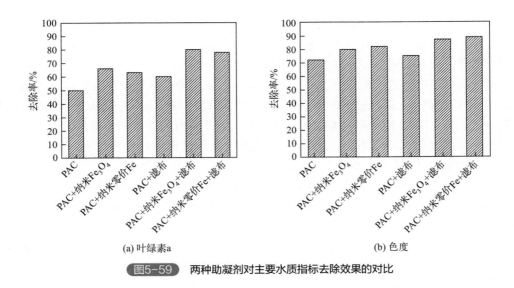

(a) 叶绿素a (b) 色度

图5-59 两种助凝剂对主要水质指标去除效果的对比

Fe的助凝效果在色度上优于纳米 Fe_3O_4。纳米 Fe_3O_4 的助凝效果与纳米零价 Fe 非常接近，对主要感官品质指标的去除率均有一定提升效果，其费用仅为纳米零价 Fe 的 1/5，因此纳米 Fe_3O_4 为较合适的助凝剂。

5.3.3.4 强化混凝-滤布滤池处理河道水现场试验效果

在混凝优化实验的基础上，现场实验选择聚合氯化铝（PAC）为混凝剂，投加量为 10mg/L，纳米 Fe_3O_4 为助凝剂，颗粒粒径为 100nm，投加量为 2.5mg/L。进水量稳定在 2000L/h，持续运行，观察装置运行效果。

（1）对浊度及悬浮颗粒物的去除效果

图 5-60 为 2019 年 6 月 5 ～ 24 日强化混凝 - 滤布滤池一体化装置对河道水浊度的平均去除效果。

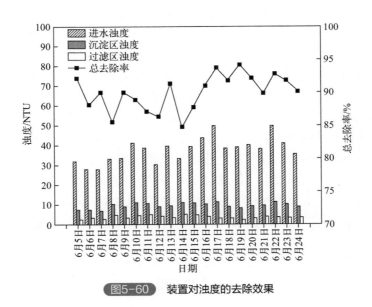

图5-60 装置对浊度的去除效果

6月份的河道水水质较差，浊度较高，这主要是由于气温逐渐升高，河水中的浮游植物生长繁殖旺盛，同时6月进入梅雨季节，雨水以及风的搅动使得河水底部的沉砂悬浮颗粒物进入河水之中，导致河水感官品质下降。由图5-60可知，强化混凝-滤布滤池一体化装置可以有效改善河道水浊度较高且波动大的问题，尽管6月份整体河水的浊度为27.9～49.8NTU，但沉淀区出水以及过滤出水浊度较为稳定，分别为7.4～11.4NTU和2.5～5.1NTU，总去除率为84.8%～94.1%，因此可有效改善河水品质。

使用粒度分析仪对进水、沉淀出水以及滤池出水进行颗粒粒径分布分析，结果如图5-61所示。可以看出，水中的颗粒粒径分布与正态分布相似，并且进水区、沉淀区、过滤区粒径范围逐渐减小，平均粒径大小有所下降。对比沉淀区和过滤区，可以看出，混凝沉淀环节能有效去除粒径＞1200nm的颗粒物，出水中颗粒物粒径基本分布在500～1000nm。聚合氯化铝溶解进入水中之后，能够通过压缩双电层、吸附电中和及吸附架桥等作用对胶体和大颗粒的悬浮物进行有效去除，而纳米Fe_3O_4的使用不仅减少了PAC的投加量，也加速了沉淀过程。对比过滤区和沉淀区的颗粒粒径可以看到，滤布滤池进一步降低颗粒物的平均粒径，转盘上的浓密纤维绒毛去除了混凝沉淀过程中没有得到有效去除的粒径范围为800～1000nm的悬浮物。

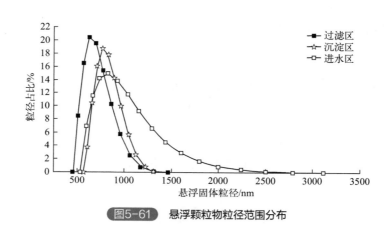

图5-61 悬浮颗粒物粒径范围分布

（2）对TOC、N、P等的去除效果

一体化装置对TOC、TN、TP的去除效果如表5-25所列。由表可得，滤布滤池系统对TOC、TP、TN都有不同程度的去除效果，总去除率分别为47.08%、72.00%、27.5%，其中混凝沉淀阶段主要去除大部分的胶体和絮凝物，在这个过程中也同时去除了吸附在胶体或者悬浮颗粒物上的有机物和氮磷元素；在滤布滤池处理阶段，河水中的有机碳和氮磷能够被滤布上的纤维绒毛截留。因此，混凝沉淀与滤布滤池的结合对水中的溶解性物质有一定的去除效果。装置对TOC和TN的去除效果接近，而对TP的去除效果最好，这是因为河水中的PO_4^{3-}可与Al^{3+}、Fe^{3+}等金属离子结合形成沉淀物。除此之外，磷元素有一部分是以颗粒态的形式存在于河道颗粒物中的，而滤布滤池系统能够有效去除颗粒态的物质。氮磷元素的去除降低了富营养化的可能性，也能够抑制出水的藻类生殖潜力。装置对氮元素的去除效果一般，但是出水氮磷比得到显著改变，从8.44提高到21.85，因此可以有效降低出水藻类增殖潜力。

表5-25　装置对有机碳、总氮、总磷的去除效果

项目	TOC/(mg/L)	TP/(mg/L)	TN/(mg/L)
进水区	7.25	0.25	2.11
沉淀区	5.53	0.13	1.93
过滤区	3.84	0.07	1.53

（3）对有机物的去除效果

河道水中有机物对水质有一定影响，其中 CDOM 主要由腐烂物质释放的单宁酸引起，这不仅对水环境中的生物活动有重要影响，而且在短波段有强烈的吸收光谱，使得含有 CDOM 的水体带有颜色，与河水色度有较高相关性。为考察装置对有机物的去除效果，使用三维荧光分光光度计对处理后的水样进行扫描，三维荧光图谱如图 5-62 所示。可以看到，三个水样的荧光图并没有发生本质的变化，但从进水到过滤出水荧光强度有一定程度的减弱。图中总共有两个峰值，分别是在 $E_x≈225nm$、$E_m≈340nm$ 和 $E_x≈275nm$、$E_m≈325nm$，这两种有机物分别为外来有机物和类色氨酸基团。类色氨酸基团源于生物降解类蛋白质，外来有机物可能是来自向河道中排放的有害有机物，如多环芳烃（PAH）、杀虫剂、表面活性剂等。将三维荧光图谱重点指标进行汇总，结果如表 5-26 所列。

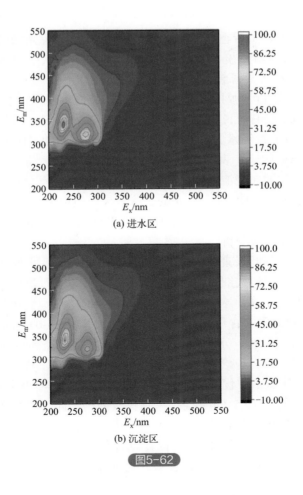

(a) 进水区

(b) 沉淀区

图5-62

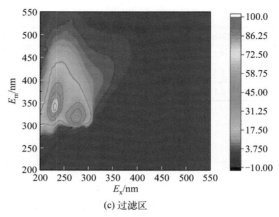

(c) 过滤区

图5-62 进水区、沉淀区、过滤区水样的三维荧光光谱

表5-26 三维荧光图谱重点指标及CDOM的去除效果

区域	荧光指数(FI)	自生源指标(BIX)	腐殖化指数(HIX)	有色溶解性有机物相对含量(CDOM)
进水区	0.93	0.22	−0.20	4.0
沉淀区	0.85	0.22	0.022	3.2
过滤区	0.88	0.17	0.73	2.8

荧光指数（FI）反映了芳香与非芳香氨基酸对CDOM荧光强度的相对贡献率，是衡量CDOM的来源及降解程度的指标。FI < 1.4，说明河水中的溶解性腐殖质是来自陆生植物和土壤有机质等外源输入。自生源指标（BIX）反映了新产生的CDOM在整体CDOM中占的比例。自生源指数越高，表明CDOM的降解程度越高，内源碳产物越容易生成。BIX在0.2左右，说明河水中的CDOM较为稳定。因此，河道水中对色度有影响的CDOM难以通过河水的降解自动消除。腐殖化指数（HIX）反映了CDOM的输入源特征，HIX指数较小，表明CDOM主要来源于生物活动，而且其腐殖化程度较小。结果也表明，经过滤布滤池处理之后再回水至河道，也不会对河道水的有机组成产生明显影响。虽然装置对CDOM有一定的去除效果，但由于CDOM是一种小分子难降解有机物，其去除率仅为30.2%，相对于有机碳和氮磷较低，如表5-26所列。

（4）藻细胞的去除效果分析

浮游植物及其产生的叶绿素a对感官品质有较大影响，因此装置对叶绿素a的去除效果具有重要意义。使用流式细胞仪对进水、沉淀出水以及过滤出水中的藻细胞进行分析，分析的主要指标有FSC（表征细胞的大小）、SSC（细胞复杂程度）、PE（藻红蛋白含量）、PC-5.5（叶绿素a含量）、APC（藻蓝蛋白）。图5-63所示为水样不同指标之间的二维分布图。经过分析，水体中主要有聚球藻、微囊藻和绿藻三种藻细胞，在图5-63中分别用黄、青、蓝3种颜色表示，红色为标准荧光珠，其余杂质部分为黑色。

6月份的苏州市河道水中优势藻种主要是微囊藻和绿藻，小型聚球藻的含量较低，细胞体积最小。绿藻的PC-5.5（叶绿素a）指标较高，因此，相对其他两种藻类会产生更多的叶绿素a。从进出水的藻细胞组成来看，进水区、沉淀区和过滤区并没有发生变化，各组藻细胞在图5-63上形成的相对位置没有发生变化，而藻细胞呈现的密集度明显下降。对这三种组分以及叶绿素a的含量分别进行浓度统计，如图5-64所示。

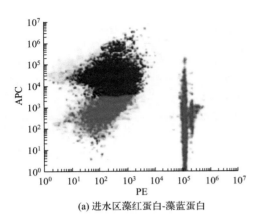

(a) 进水区藻红蛋白-藻蓝蛋白

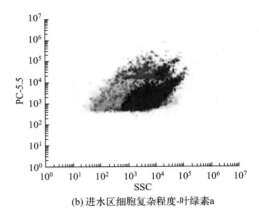

(b) 进水区细胞复杂程度-叶绿素a

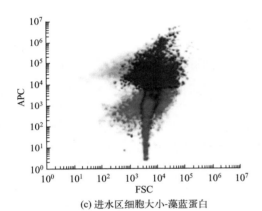

(c) 进水区细胞大小-藻蓝蛋白

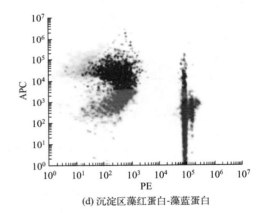

(d) 沉淀区藻红蛋白-藻蓝蛋白

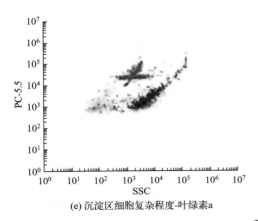

(e) 沉淀区细胞复杂程度-叶绿素a

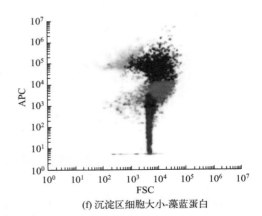

(f) 沉淀区细胞大小-藻蓝蛋白

图5-63

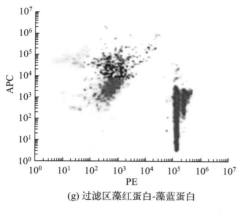

(g) 过滤区藻红蛋白-藻蓝蛋白

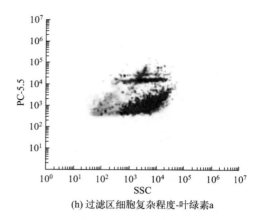

(h) 过滤区细胞复杂程度-叶绿素a

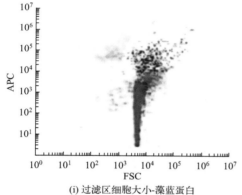

(i) 过滤区细胞大小-藻蓝蛋白

图5-63 进水区、沉淀区、过滤区的流式细胞仪二维分布图

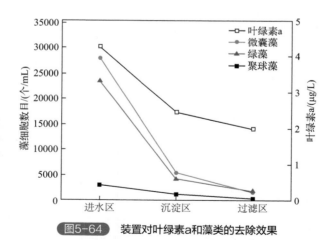

图5-64 装置对叶绿素a和藻类的去除效果

　　叶绿素 a 和藻类均是在混凝沉淀阶段得到有效去除，并在滤布滤池过滤阶段进一步降低。叶绿素 a、微囊藻、绿藻、聚球藻的去除率分别为 53.4%、95.0%、99.7%、99.8%。藻细胞去除率接近浊度的去除率，这是因为藻细胞体积较大，均在 1000nm 以上，可在强化混凝滤布滤池一体机中得到有效去除。

（5）河道水色度和透明度改善效果分析

装置进水区、沉淀区和过滤区水样平均色度和透明度如表 5-27 所列。

表5-27　色度和透明度指标分析

区域	色度/度	透明度/m
进水区	31±9	0.3±0.1
沉淀区	16±3	2.2±0.5
过滤区	10±2	3.0±1.0

对比过滤出水和进水可以看到，强化混凝 - 滤布滤池一体化装置可以有效提升河道水体感官品质，并且出水色度能够降低到 10 度左右，平均去除率为 67.7%，透明度能够提高到 3m。

为了进一步分析色度和透明度的影响因素，对中试期间 6 次采集水样感官品质重点指标进行相关性分析，结果如表 5-28 所列。可以看出，与色度呈显著相关的指标有总磷、浊度、叶绿素 a、绿藻和 CDOM。

表5-28　感官品质重点指标的 Pearson 相关性分析

指标	色度	浊度	叶绿素a	TN	TOC	TP	透明度	聚球藻	微囊藻	绿藻	CDOM
色度	NA										
浊度	0.813*	NA									
叶绿素a	0.895*	0.698*	NA								
TN	0.41	0.598	0.559	NA							
TOC	0.571	0.576	0.508	0.579	NA						
TP	0.698*	0.789*	0.619	0.238	0.338	NA					
透明度	−0.602*	−0.899**	−0.56	−0.483	−0.678	−0.724*	NA				
聚球藻	0.597	0.667*	0.629*	0.489	0.523	0.499	−0.7*	NA			
微囊藻	0.589	0.738*	0.689*	0.405	0.598	0.503	−0.78*	0.891*	NA		
绿藻	0.683*	0.767*	0.723*	0.447	0.606	0.529	−0.811*	0.887*	0.901*	NA	
CDOM	0.897*	0.595	0.432	0.532	0.544	0.361	−0.631*	0.472	0.432	0.501	NA

注：NA表示不做分析；*表示在 $P < 0.05$ 水平，呈显著相关；**表示 $P < 0.01$ 水平，呈极显著相关。

水体色度主要分为表色度和真色度。其中，表色度主要是由河水中悬浮固体导致的，因此河水的色度与浊度有较高相关性；而真色度则主要是由浮游植物产生的叶绿素 a 以及河水中的 CDOM 等物质导致的。装置对叶绿素 a 和 CDOM 的去除效果相对于悬浮固体较差，去除率在 60% 以下，因此，强化混凝 - 滤布滤池一体化装置对色度的去除率（67.7%）低于浊度的去除率（84.8% ~ 94.1%）。在三种藻细胞之中绿藻与色度呈显著相关，主要原因是绿藻的叶绿素含量相对其他两种藻更高，因此对水体的色度有较大的影响。氮、磷元素过剩是水体富营养化的必要条件，但是并不会直接导致水质色度变化。在表 5-28 中，TP 与色度、透明度以及浊度具有显著相关性，这是因为磷元素中的一部分是以颗粒态的形式存在于河水中的，与悬浮固体具有一定的共性，因此，随着悬浮固体的减少，色度、透明度和浊度出现了类似的下降趋势，所以具有显著相关性。

与透明度呈显著相关的指标有总磷、浊度和三种藻细胞，其中浊度和透明度呈极显著相关。经过装置处理后的出水透明度得到了较大程度的提高，这是因为透明度主要取决于水体对光线的阻碍程度，故其与浊度的去除效果高度相关，而河水的浊度由 25～50NTU 下降至出水的 2.5～5.1NTU。因此，河水透明度也同样得到大幅度提高。同时藻细胞平均粒径较大，对河水透明度也会造成影响。在透明度和色度都得到有效改善的情况下，河水的感官品质得到了显著提高。

综上，可以看出，强化混凝 - 滤布滤池快速去除技术可以有效降低河水中的悬浮颗粒物含量，对体积较大的颗粒（粒径为 1000nm 以上的颗粒）有较好的去除效果，出水的颗粒粒径为 480～1200nm，可有效降低浊度，出水浊度为 2.5～5.1NTU，去除率为 84.8%～94.1%；对溶解性有机碳、TN 和 TP 也有一定的去除效果，对溶解性有机碳的平均去除率为 47.1%，对 TN 的去除率为 41.1%，对 TP 的去除率为 72%，对 CDOM 的去除率为 30.2%。出水中的有机物以及氮磷元素含量降低，可以降低藻细胞增殖潜力，CDOM 的去除能降低河道水色度。装置出水藻细胞的含量明显减少，装置对叶绿素 a 的去除率为 53.4%，对聚球藻、微囊藻和绿藻的去除率分别为 95.0%、99.7%、99.8%，并且不改变出水中浮游植物的组成和相对数量。河道水色度的主要影响因素有浊度、叶绿素 a 和 CDOM 的含量，透明度与浊度以及浮游植物有较高相关度。装置对这些物质均有一定的去除效果，这是能够改善水质、提升水体感官品质的主要原因。

5.3.4 软质外壁可膨胀式弹性滤池过滤技术

雨季苏州城区的河道处于低水位运行状态，由于管道破损、渗漏等原因，一部分污水会混入雨水管排入就近河道，支河汇集雨污混合水后排入干流，对河道水质造成较大的影响。雨季入河旁侧支流具有瞬时水量大、悬浮物含量高、污染负荷高的特点，通过快速削减其悬浮物含量能在很大程度上减少入河污染负荷。

软质外壁可膨胀式弹性滤池过滤技术（以下简称"弹性滤池"）曾经在"十二五"国家水体污染控制与治理重大科技专项期间用于城市黑臭水体的净化，对 SS 的去除率可达到 50% 以上，对藻密度的去除率可达到 60% 以上。该技术在一定的条件下可实现无动力自动运行，尤其适用于非重污染河道雨洪溢流污水的治理，对水体中悬浮物、藻类具有良好的去除效果。

5.3.4.1 技术原理

弹性滤池是一种中小型水处理设备，其主体由软质弹性侧壁、弹性过滤介质、曝气管、集水区及外侧辅助支撑软质弹性外壁的薄壁穿孔板组成，如图 5-65 所示。

弹性滤池的工作原理是污水进入过滤室后，滤池弹性侧壁在水压作用下向内挤压，从而间接挤压纤维球滤料，形成上疏下密的分布状态。随着过滤室水位的继续升高，污水通过弹性滤池顶部布水通道进入弹性滤池内部，由上至下进行过滤，过滤水进入底部集水区。随着过滤的持续进行，滤层阻力不断增大，当过滤室水位触及设定的最高液位时，弹性滤池需进行反冲洗。在反冲洗时，首先将过滤室内的污水排出至污水管道。滤池外壁在内部水压的作用下向外挤压，原先压实的弹性纤维球滤料恢复原始状态，大大降低反冲洗过程中的阻力，减小反冲洗能耗，提高反冲洗效率。通过气水反冲洗，将截留的污染物洗出，通过污水泵排入市政污水管道。

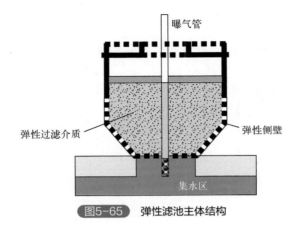

图5-65 弹性滤池主体结构

弹性滤池可以单独布置，也可以组合式串联布置。例如三组弹性滤池单排布置，如图 5-66 所示。组合式弹性滤池过滤系统主要由进水间、过滤室、出水渠、反冲洗废水渠组成。过滤室是由多个单独的弹性滤池过滤主体组成的，形成弹性滤池单排布置系统。

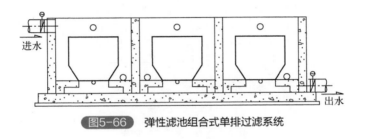

图5-66 弹性滤池组合式单排过滤系统

5.3.4.2 技术效果分析

2020 年期间，以平江新城斜河浜河道水为原水，对弹性滤池对浊度、SS、COD、TP、NH_3-N 的去除效果进行分析，并对弹性滤池截流的悬浮物的粒径进行了分析。研究发现，弹性滤池对雨季入河旁侧支流中的水体污染物具有良好的去除效果，对浊度的去除率最高可达 65%，对 SS 的去除率可达到 60% 以上，从粒径分析中也可以看出，弹性滤池尤其对粒径较大的 SS 的去除效果更佳。弹性滤池对 COD 的去除率为40% ～ 50%，对 N、P 的去除不明显。

（1）浊度的去除效果

从图 5-67 中可以看出弹性滤池对污水中浊度的去除效果差异较大，其去除率为30% ～ 65%。在进水浊度相对较高或较低的点，其浊度去除率相对较低。进水浊度较高，这可能与进水中其他污染物有关，如水样中存在有机类污染物使测得的进水浊度较高，而弹性滤池只能去除非溶解性有机颗粒，因此出水浊度同样相对较高。当进水浊度本身较低时，弹性滤池的去除效果有限，加上有其他污染物干扰，对浊度的去除效果相对较差。

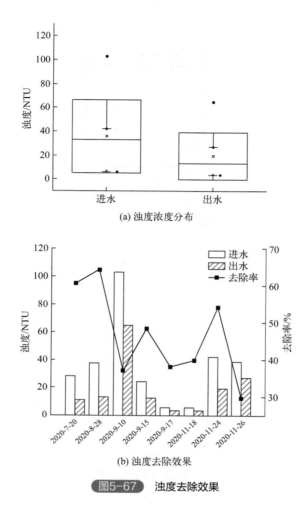

(a) 浊度浓度分布

(b) 浊度去除效果

图5-67　浊度去除效果

（2）悬浮物的去除效果

弹性滤池对水体中悬浮物（SS）的去除效果较好，通过对 SS 的去除减少雨水径流对河道的污染负荷。从图 5-68 中进出水 SS 的浓度分布可以看出，进水中 SS 浓度波动范围较大，为 4～70mg/L，出水中 SS 浓度波动范围相对较小，在 1～30mg/L 之间波动。进水中 SS 浓度范围波动较大与下雨天气有关，其次还与取样时间有关，当出现连续降雨且降雨强度相对较大时，路面冲刷得较干净，使得雨水径流中 SS 浓度相对较低。由于降雨具有突发性，且采样人员距离采样点相对较远，一般初期降雨径流污染浓度较高，随着降雨的持续，径流污染浓度会逐渐降低，当采样时间在初期降雨径流之后时，且经过雨水调节池调节之后，其污染浓度会出现很大程度的降低，使得进水中 SS 浓度较低。

通过对 SS 去除效果的分析，可以看出弹性滤池对雨水径流中 SS 的去除率总体上可以达到 60% 以上，最高可达到 85%。从图 5-68 中可以看到，2020 年 9 月 17 日和 11 月 18 日进水中 SS 的浓度相近，但是去除率却差别较大，这主要是因为本身进水中 SS 浓度较低。虽然雨水径流中 SS 浓度变化较大，但是弹性滤池对其去除率能够达到 60% 以上，抗冲击负荷较强。

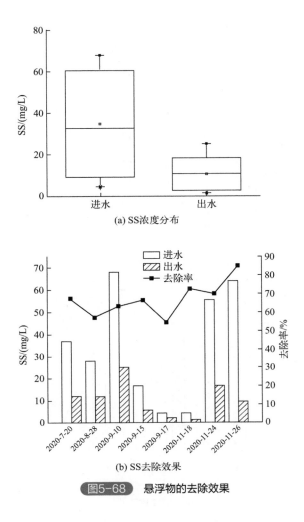

(a) SS浓度分布

(b) SS去除效果

图5-68　悬浮物的去除效果

（3）COD 的去除效果

通过对进出水中 COD 浓度分析可以发现，进水 COD 浓度范围为 10 ～ 100mg/L，经过弹性滤池过滤后出水 COD 浓度范围基本在 10 ～ 60mg/L。雨水径流中 COD 的主要来源可能是生活垃圾，在服务范围内主要是住宅区，因此相应地生活垃圾相对较多；另外，还有少部分的餐饮业也可能会贡献部分有机物。从图 5-69 中可以看出，弹性滤池对 COD 的去除率主要在 40% ～ 50% 之间，而弹性滤池能将一些悬浮固体过滤，所以从侧面可以看出在服务范围内的雨水径流中有 40% ～ 50% 的 COD 吸附在 SS 上。

（4）TP 的去除效果

通过对进出水 TP 浓度分析可以看出，进水 TP 浓度基本低于 1.5mg/L，经过弹性滤池过滤后出水 TP 浓度基本在 1.2mg/L 以下，弹性滤池对 TP 的去除率大部分在 10% 左右，去除效率较低。TP 的来源主要与大气沉降及化肥使用有关。从图 5-70 中可以看出，在 9 月 10 日进水 TP 浓度达到了 2.2mg/L，而 9 月 15 日和 9 月 17 日 TP 浓度依次减小，这是因为在 9 月 10 日之前连续晴天数比 9 月 15 日和 17 日多，大气沉降多，因此其雨水径流中 TP 浓度相对偏高。另外，小区绿化及道路绿化养护均会对雨水径流中 TP 浓度的增加做出贡献。

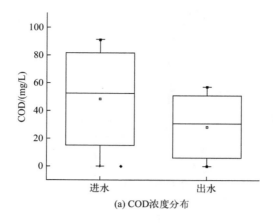

(a) COD浓度分布

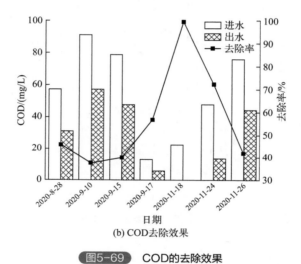

日期

(b) COD去除效果

图5-69   COD的去除效果

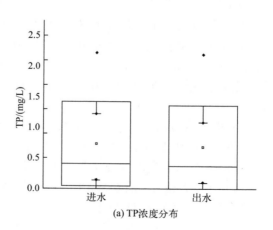

(a) TP浓度分布

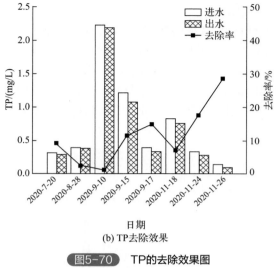

(b) TP去除效果

图5-70　TP的去除效果图

（5）NH₃-N 的去除效果

通过对进出水 NH₃-N 浓度进行分析可以看出，进水 NH₃-N 浓度在 0～14mg/L，经过弹性滤池过滤后其出水 NH₃-N 浓度在 0～10mg/L，服务范围内雨水径流中 NH₃-N 浓度含量差异较大。有研究表明雨水径流中 NH₃-N 的主要来源为化肥、交通运输、大气沉降。弹性滤池服务范围内主要为住宅区，小区绿化和道路绿化养护会对雨水径流中氮负荷造成一定的影响。同时，服务范围周边为大型商业区，人流量较大，路面车辆的行驶对雨水径流污染具有一定的贡献。从图 5-71 中可以看出，弹性滤池对 NH₃-N 的去除效率仅 20% 左右，去除效果较差，因此出水中 NH₃-N 浓度相对进水 NH₃-N 浓度差异不大。

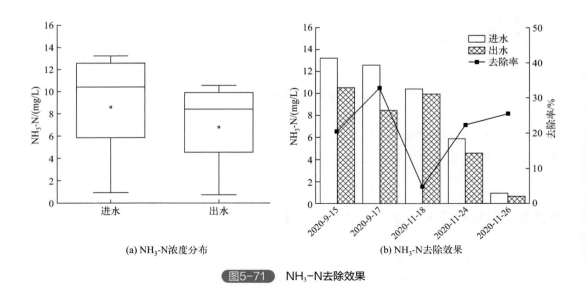

(a) NH₃-N浓度分布　　(b) NH₃-N去除效果

图5-71　NH₃-N去除效果

（6）颗粒物粒径的变化情况

图 5-72 所示为 4 个样品进出水的颗粒粒径分布，从图中可以看出 4 组样品雨污中所含颗粒物的粒径均较小。4 组样品进水颗粒物的 D_{50}（中值粒径）分别是 20.6μm、23.95μm、12.34μm、15.77μm，经过弹性滤池系统过滤后，其出水 D_{50} 分别为 19.93μm、21.67μm、10.96μm、13.05μm。对比过滤前后粒径分布可以发现，雨污中粒径较大的颗粒经过弹性滤池过滤后被截留在滤料上，因此出水颗粒的中值粒径整体往粒径小的方向移动。

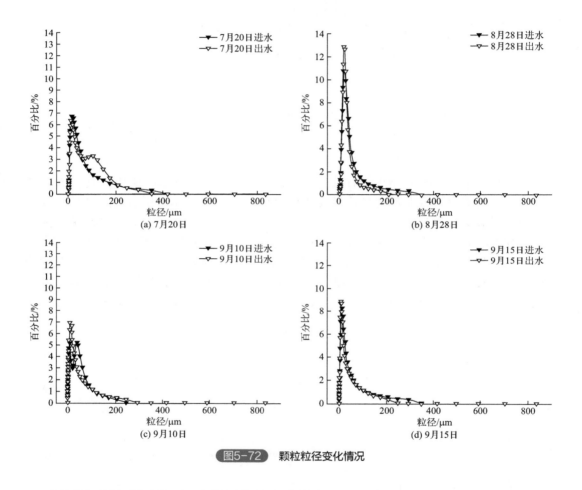

图5-72　颗粒粒径变化情况

通过将弹性滤池对雨污中悬浮物的去除效率和颗粒粒径去除效果结合分析可以发现，被弹性滤池截留的大颗粒粒径分布虽然较少，但是其在悬浮物质量中占有较大的比重。

5.3.5　絮凝剂投加对水生系统的生态影响研究

膜分离、磁分离和滤布滤池水体悬浮物快速去除技术，均采用了混凝技术作为预处理手段，通过投加絮凝剂实现对水体中悬浮颗粒物的快速去除。因此，为分析絮凝剂的投加及残留对城市河湖水生系统的生态影响，选取各级食物链典型模式生物开展急性毒性和慢性毒性实验研究。生产者、初级消费者、次级消费者分别选取了藻类（普通小球藻和铜绿微囊藻）、大型溞、斑马鱼。

5.3.5.1 实验方法

（1）生物培养

① 普通小球藻（*Chlorella vulgaris*）与铜绿微囊藻（*Microcystis aeruginosa*）接种于无菌 BG11 营养液（表 5-29）中，于（25±2）℃、24h 光照周期、1500lx 冷白光条件下静置培养。

表5-29 BG11营养液组分与霍格兰营养液组分

BG11营养液组分		霍格兰营养液组分	
组分	含量/(mg/L)	组分	含量/(mg/L)
$NaNO_3$	1.50×10^3	KNO_3	254
柠檬酸	6.00	$Ca(NO_3)_2 \cdot 4H_2O$	177
柠檬酸铁铵	6.00	KH_2PO_4	64.5
K_2HPO_4	40.0	$MgSO_4 \cdot 7H_2O$	123
$MgSO_4 \cdot 7H_2O$	75.0	NH_4Cl	13.2
$CaCl_2 \cdot 2H_2O$	36.0	Fe-EDTA	—
EDTA-2Na	1.00	$FeSO_4 \cdot 7H_2O$	12.4
Na_2CO_3	20.0	EDTA-2Na	16.6
H_3BO_3	2.86	H_3BO_3	1.43
$MnCl_2 \cdot 4H_2O$	1.81	$MnSO_4 \cdot H_2O$	0.763
$ZnSO_4 \cdot 7H_2O$	0.222	$ZnSO_4 \cdot 7H_2O$	0.112
$Na_2MoO_4 \cdot 2H_2O$	0.390	$CuSO_4 \cdot 5H_2O$	0.0395
$CuSO_4 \cdot 5H_2O$	0.0790	MoO_3	0.00900
$Co(NO_3)_2 \cdot 6H_2O$	0.0494	NaCl	1.46

② 大型溞（*Daphnia magna*）置于1% 霍格兰营养液（表 5-29）中，于（25±2）℃、24h 光照周期、300lx 弱冷白光条件下培养，持续曝气，定期换水，并以普通小球藻（*Chlorella vulgaris*）作为食物。

③ 斑马鱼（*Danio rerio*）置于1% 霍格兰营养液中，于（25±2）℃、24h 光照周期、300lx 弱冷白光条件下培养，持续曝气，定期换水，并投喂鱼粮。

（2）藻类生长实验

藻类生长实验依据 OECD-201 标准方法进行，如图 5-73 所示。实验期间小球藻沉积于底部，铜绿微囊藻悬浮于水中。待藻类进入对数生长期（接种后 4d），加入无菌聚合氯化铝（PAC）储备液，得到一系列浓度梯度，每组设置 4 组平行实验。0～4d 每日测定藻类培养液叶绿素 a（Chla）浓度与最大光化学量子产量（F_v/F_m），实验进行至藻类生长有所恢复/稳定期，4～10d 内每 3d 采样测定一次。絮凝剂（PAC）投加对藻类生长影响实验设计如表 5-30 所列。

(a) 普通小球藻

(b) 铜绿微囊藻

图5-73 藻类生长实验

表5-30 PAC投加对藻类生长影响实验设计

PAC浓度/(mg Al/L)	PAC投加量/(mg/L)	参考值
0	0	对照组
0.04	0.267	模拟残留量
0.2	1.33	《生活饮用水卫生标准》（GB 5749—2022）
1	6.67	1/2实际投加量
2	13.3	实际投加量

（3）大型溞急性毒性试验

大型溞急性毒性试验依据 OECD-202 标准方法进行，如图 5-74 所示。选取＜ 24h 大型溞个体，每个实验条件设置 4 组平行，每组 5 只大型溞。实验溶液为 1% 霍格兰营养液，并以普通小球藻（*Chlorella vulgaris*）作为大型溞的食物。絮凝剂投加对大型溞急性毒性试验设计如表 5-31 所列。实验进行 48h，每 24h 记录大型溞存活个数，由此得出其存活率。表中，PAC 为聚合氯化铝，APAM 为阴离子聚丙烯酰胺，CPAM 为阳离子聚丙烯酰胺。

图5-74 大型溞急性毒性试验

表5-31 絮凝剂投加对大型溞急性毒性试验设计

项目	投加量/(mg/L)		
	PAC	**APAM**	**CPAM**
对照组	0	0	0
模拟残留量组	0.267	0.00832	0.005
1/2实际投加量组	6.67	0.208	0.125
实际投加量组	13.3	0.417	0.250

（4）大型溞生殖毒性试验

大型溞生殖毒性试验依据 OECD-211 标准方法进行，如图 5-75 所示。选取 < 24h 雌性大型溞个体，每个实验条件设置 4 组平行，每组 5 只大型溞，其中每只大型溞个体单独置于 100mL 的 1% 霍格兰营养液中，并以 *C. vulgaris* 作为大型溞的食物。生殖毒性试验需保证大型溞实验期间存活率高于 80%，依据急性毒性试验结果，生殖毒性试验仅设置表 5-31 中所列的对照组、模拟残留量组与 1/2 实际投加量组。实验进行 21d，每天记录大型溞存活个数与产仔数，并及时移除新生个体以免消耗水中溶解氧。实验期间每 7d 换水、喂食一次。

(a) 大型溞生殖毒性试验   (b) 大型溞母体与新生个体

图5-75 大型溞生殖毒性试验

（5）斑马鱼毒性试验

选取健康斑马鱼个体进行慢性和急性毒性试验，实验前于实验室条件下驯化 2 周。慢性毒性试验于长 × 宽 × 高为 57.5cm×15.5cm×18.0cm 的水槽中进行，水位维持在 10.5cm（图 5-76）。每个实验条件组放置 5 只斑马鱼，加入 PAC、APAM、CPAM 储备液，得到一系列浓度梯度（表 5-32）。

表5-32 絮凝剂投加对斑马鱼的毒性试验设计

项目	投加量/(mg/L)		
	PAC	**APAM**	**CPAM**
对照组	0	0	0
模拟残留量	0.267	0.00832	0.005
1/2实际投加量	6.67	0.208	0.125
实际投加量	13.3	0.417	0.250

图5-76 斑马鱼慢性毒性实验装置

斑马鱼慢性毒性试验开展90d。每7d记录两次斑马鱼存活个数与健康指标（平衡、游泳、呼吸、体色）。暴露30d时对斑马鱼活动指标（单位时间水平游动距离与摆尾次数）进行观测统计。在此基础上，分别在暴露45d与90d时对斑马鱼行为指标进行观测统计（表5-33）。对暴露组与实验组结果进行单因素方差分析，$P < 0.05$认为产生显著影响。

表5-33 斑马鱼行为分类表

分类	行为	缩写	具体描述
移动行为	缓慢游动	SS	任意方向缓慢游动
	快速游动	FS	任意方向快速游动
	群体游动	GS	鱼群快速/慢速定向游动
	浮现与下潜	ES	浮现水面，快速呼吸，而后潜入水中
	保持静止	SM	5s以上未发生位移
激互行为	追逐	CH	快速游向对方，发生/未发生身体接触
	逃避	EE	远离对方的追逐/攻击
	正面攻击	FA	以张开嘴巴的姿势相互攻击对方
	侧面攻击	LA	攻击时咬住对方一侧身体
摄食行为	吞食	EA	吞下食物
	觅食	FO	主动寻找食物
应激行为	水面呼吸	AB	水面呼吸5s以上
	跳跃	JU	跳出水面
	不稳定游动	ER	发生偏转位移
	侧躺	LD	身体的一侧在水族箱底部，保持静止5s以上
	水面游动	SW	近水面游动
	吞食粪便	CP	吞食粪便
	悬垂	HVW	近水面头部向上体态悬垂5s以上

参考文献：Acute and chronic toxicity of the benzoylurea pesticide, lufenuron, in the fish, *Colossoma macropomum*. 2016. Chemosphere。

斑马鱼急性毒性试验依据OECD-203标准方法进行，如图5-77所示。选取健康斑马鱼个体［体长为（3.0±0.1）cm］，每个实验条件设置4组平行，每组4只斑马鱼，每只斑马鱼个体单独置于 300mL 的 1% 霍格兰营养液中。实验设计见表 5-32。实验进行 96h，每 24h 记录斑马鱼存活个数与健康指标（平衡、游泳、呼吸、体色），每天投喂鱼粮。

图5-77　斑马鱼急性毒性实验

5.3.5.2　絮凝剂投加对藻类生长的影响

（1）PAC 含量对普通小球藻生长的影响

如图 5-78 所示，实验期间 0.2mg Al/L、1mg Al/L、2mg Al/L 处理组小球藻叶绿素 a（Chla）低于对照组（0mg Al/L）；而 0.04mg Al/L 处理组叶绿素 a（Chla）与对照组几乎无差别，且藻类生长曲线几乎重合。

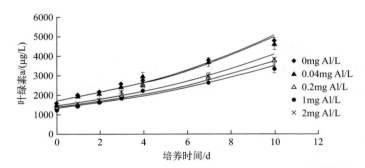

图5-78　普通小球藻叶绿素a随时间的变化（曲线表示实验数据对指数模型的拟合结果）

为描述藻类生长趋势，将藻类生物量［叶绿素 a（Chla）］随时间的变化拟合为指数函数：

$$N(t)=N(0)\exp(\mu t) \tag{5-16}$$

式中　$N(0)$——初始藻类密度，μg Chla/L；

$N(t)$——时间为 t 天时的藻类密度，µg Chla/L;

μ——藻类的平均生长速率，d^{-1}。

拟合得到藻类 10d 的平均生长速率 μ（单位为 d^{-1}）如表 5-34 所列。PAC 投加组，藻类 10d-μ 均低于对照组，但差异并无显著性（$P < 0.05$）。0.04mg Al/L 组藻类生长速率与对照组差异极小，且高于 0.2mg Al/L、1mg Al/L、2mg Al/L 处理组。

表5-34 普通小球藻10d平均生长速率（10d-μ）、SE（标准误差）及其与指数模型拟合度R^2

项目	0	0.04mg Al/L	0.2mg Al/L	1mg Al/L	2mg Al/L
10d-μ/d^{-1}	0.10080	0.09705	0.09152	0.08881	0.09419
SE	0.00399	0.00684	0.00559	0.00541	0.00588
R^2	0.9600	0.8833	0.9321	0.9090	0.9062

同样地，如图 5-79 所示，对照组与 0.04mg Al/L 组藻类 F_v/F_m 在实验期间趋势一致，且略低于 0.2mg Al/L、1mg Al/L、2mg Al/L 处理组。F_v/F_m 表征藻类光合作用能力，0.2mg Al/L、1mg Al/L、2mg Al/L 处理组藻类 F_v/F_m 值较高可能是由于 PAC 絮凝作用，藻类多沉积于底部，产生的光遮蔽效应导致藻类利用光进行光合作用的能力增强。

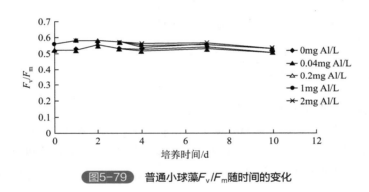

图5-79 普通小球藻F_v/F_m随时间的变化

（2）PAC 含量对铜绿微囊藻生长的影响

实验期间，铜绿微囊藻生长均未受 PAC 投加影响，如图 5-80 所示。拟合得到 10d-μ 与对照组相比亦未存在显著性差异（$P < 0.05$），其中 1mg Al/L 藻类生长速率甚至略高于对照组（表 5-35）。同样地，藻类 F_v/F_m 各组在实验期间几乎重合（图 5-81）。

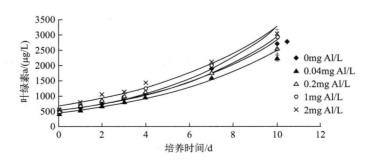

图5-80 铜绿微囊藻叶绿素a随时间的变化（曲线表示实验数据对指数模型的拟合结果）

表5-35 铜绿微囊藻10d平均生长速率（10d-μ）、SE及其与指数模型拟合度R^2

项目	0	0.04mg Al/L	0.2mg Al/L	1mg Al/L	2mg Al/L
10d-μ/d^{-1}	0.15940	0.15070	0.15340	0.16570	0.14290
SE	0.00705	0.00722	0.01104	0.00644	0.00617
R^2	0.9681	0.9490	0.8922	0.9674	0.9570

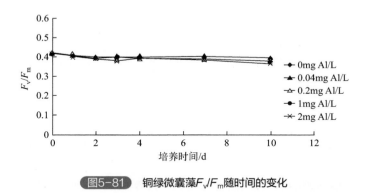

图5-81 铜绿微囊藻F_v/F_m随时间的变化

与普通小球藻不同，铜绿微囊藻为浮游性藻类，由于其细胞内存在气囊，能够调节藻类在水体中的深度，因此加入 PAC 后沉降性能低于普通小球藻，这也导致 PAC 投加并未显著影响藻类生长与光合作用能力。

5.3.5.3 絮凝剂投加对大型溞生长和生殖的影响

（1）絮凝剂投加对大型溞生长的影响

图 5-82 为絮凝剂投加对大型溞生长的影响的试验情况，分析絮凝剂投加对大型溞生长的影响。48h 实验期间，絮凝剂模拟残留量与 1/2 实际投加量（表 5-31）并未显著影响大型溞生长，两暴露组大型溞 24h 与 48h 存活率均为 95%；而絮凝剂实际投加量条件下，大型溞 24h 与 48h 存活率分别仅为 50% 与 45%。

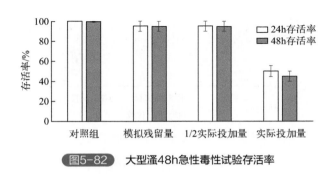

图5-82 大型溞48h急性毒性试验存活率

（2）絮凝剂投加对大型溞生殖的影响

图 5-83 为大型溞生殖毒性试验情况，分析絮凝剂投加对大型溞生殖的影响。21d 实验期间，对照组大型溞产仔总数为（290±7）个；模拟残留量组（表 5-31）为（303±5）

个，且与对照组无显著性差异；而 1/2 实际投加量组大型溞产仔总数为（247±10）个，显著低于对照组与模拟残留组。对于大型溞首次产仔时间，絮凝剂投加组——模拟残留量组和 1/2 实际投加量组并未与对照组产生显著性差异，如图 5-84 所示，各条件下大型溞均为实验第 6 天首次产仔。产仔代数对照组与模拟残留量组均为 8 代，而 1/2 实际投加量组则仅为 7 代。

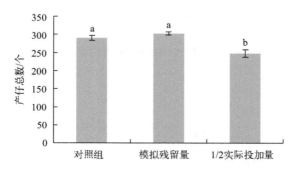

图5-83 大型溞21d繁殖毒性试验产仔总数 [不同字母表示组间显著性差异（$P<0.05$）]

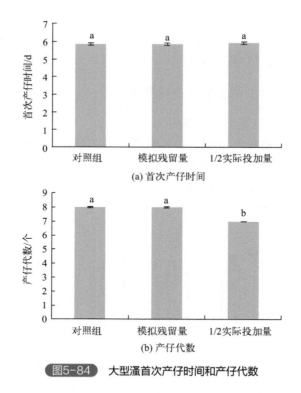

(a) 首次产仔时间

(b) 产仔代数

图5-84 大型溞首次产仔时间和产仔代数

通过上述研究，可以看出絮凝剂投加后残留剂量并不会显著影响大型溞的存活率、产仔总数、产仔代数与首次产仔时间。1/2 实际投加量虽会导致大型溞产仔总数与代数显著降低，但实际工况下水体絮凝剂剂量并不会达到此数值。大型溞 48h 急性毒性试验与 21d 繁殖毒性试验结果表明，絮凝剂投加残留剂量并未对大型溞的生长与生殖造成显著生态影响。

5.3.5.4 絮凝剂投加对斑马鱼的慢性毒性

试验进行 90d 内，斑马鱼存活与健康指标——平衡、游泳、呼吸与体色均未受到絮凝剂暴露（模拟残留量、1/2 实际投加量、实际投加量）的影响。

经絮凝剂暴露 30d，斑马鱼单位时间的水平游动距离与摆尾次数如图 5-85 所示。

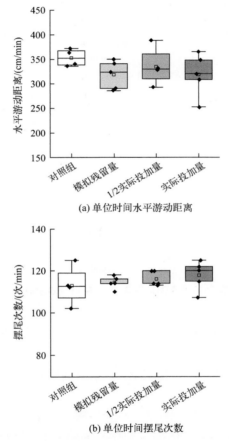

图5-85 斑马鱼经30d絮凝剂暴露，单位时间水平游动距离与摆尾次数

对结果进行单因素方差分析发现，絮凝剂暴露（模拟残留量、1/2 实际投加量、实际投加量）对斑马鱼活动指标并未产生显著影响（$P > 0.05$）。

在此基础上，分别在暴露 45d 与 90d 时对斑马鱼行为指标进行观测统计，实验结果如图 5-86 所示。通过单因素方差分析发现，絮凝剂暴露（模拟残留量、1/2 实际投加量、实际投加量）并未对斑马鱼行为指标产生显著影响（$P > 0.05$）。其中各组斑马鱼 75% ～ 90% 的行为为缓慢游动（SS），约 5% 为快速游动（FS），5% ～ 10% 为群体游动（GS），约 5% 为浮现与下潜（ES），总计 90% ～ 95% 的行为为移动行为。此外，激互行为与摄食行为 < 5%，并未观测到应激行为。

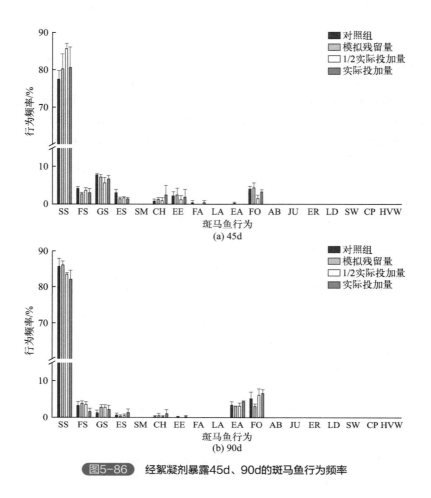

图5-86　经絮凝剂暴露45d、90d的斑马鱼行为频率

　　综上所述，经絮凝剂长期暴露，斑马鱼存活、健康、活动与行为均未受到显著影响，且并未观测到斑马鱼产生应激行为，认为后者与污染物毒性具有显著相关性。实验结果表明，斑马鱼作为絮凝剂慢性毒性受试模式生物，絮凝剂投加并未对水体造成显著生态风险。

5.4　城区水体典型污染物快速去除与透明度提升工程案例

　　在前期开展的悬浮物快速去除技术研究的基础上，为提升苏州市古城区平江历史文化街区河流的水环境品质，综合考虑苏州市轨道交通建设的影响和水处理设施场地空间的限制，开展了基于磁分离悬浮物快速去除技术的工程示范，工程于 2019 年 5 月底建成并投入运行。平江历史文化街区河流包括平江河、新桥河、柳枝河、胡厢使河、麒麟河、东北街河和悬桥河 7 条河道，水面面积约 $4.59 \times 10^4 \mathrm{m}^2$。

5.4.1　工程示范方案

　　方案包括河道净化补水和河道水流控制两部分。河道净化补水是采用磁分离悬浮物快速去除设备对河道水体净化后补充干净水源。河道水流控制是在河道上设置控导堰控制河道水体流量分配。

5.4.1.1　河道净化补水方案

工程主体设备位于新桥河与仓街交叉口西南侧停车场，总占地面积约 $847m^2$，其中构（建）筑物占地面积约 $324m^2$，设施处理能力为 $5×10^4m^3/d$。采用两套 $2.5×10^4m^3/d$ 的磁分离悬浮物快速去除一体化设备，24h 连续运行。工艺流程如图 5-87 所示。

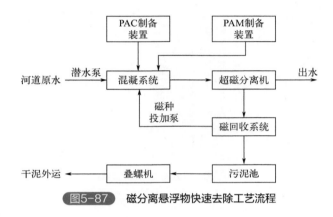

图5-87　磁分离悬浮物快速去除工艺流程

① 新桥河道水经安装于河道上的潜水泵提升进入混凝系统，在混凝系统中投加已经配制好的 PAC、PAM 和循环使用的磁种，经过 3～5min 的混凝搅拌后在混凝系统的后段生成以磁种作为"核"的磁性絮体，然后自流进入超磁分离机。

② 利用超磁分离机产生的高强磁场，实现磁性絮团与水体的快速分离（整个处理过程仅用 3～5s），原水变得清澈透明且无味后再排入河道，干净的水体通过超磁分离机直接排入管道流入新桥河道下游。

③ 超磁分离机的磁盘吸附上来的磁性絮体通过螺旋输送设备输送到磁种回收装置，实现磁种的回收再利用和污泥的分离，分离的污泥通过管道排入污泥池，回收的磁种经过搅拌后通过泵投加进入混凝系统循环使用。

④ 污泥池内的污泥通过泵进入叠螺机降低污泥的体积，排出的污泥含水率约80%，通过泵送进入干泥暂存罐，暂存罐内的污泥每天用污泥车外运进行无害化处理。叠螺机的滤液和冲洗水排入滤液池，滤液池底的沉积物通过泵抽入污泥池再次处理，滤液池的上清液通过清液泵抽入移动超磁水体净化站设备入口再次处理。

5.4.1.2　河道水流控制方案

在新桥河、柳枝河、胡厢使河、麒麟河、东北街河 5 条河道新建共 7 座控导堰。控导堰堰体采用钢管桩围堰。围堰顶宽 0.2m，两侧采用 $\phi6$ 钢管桩密打，中间采用钢板止水。在悬桥河增设循环水泵一台 [Q（流量）$=300m^3/h$，H（扬程）$=5m$，N（功率）$=5.5kW$]，在水下沿驳岸敷设活水管道至浜底，保障悬桥河水体流动性。通过旁路磁分离工程设施的运行，将外部河道的水体净化后引入示范区域河道中。

　　悬浮物快速去除设备每天处理 50000m³ 的洁净水，按以下方式调配：前期为尽快改善重点保护区域平江河和东北街河的水质，除了开启东北街河与临顿河相交处的闸门外，设置在其他支流处的闸门都关闭，处理后的全部洁净水均由南向北沿平江河、东北街河流至西北街河；后期在确保上述重点保护区域水质的前提下，为了尽量改善周边水体的水质，可以同时开启或者间断开启支流闸门，给支流补充处理后的洁净水。

　　磁分离工程现场的鸟瞰图如图 5-88 所示。

图5-88　磁分离工程现场鸟瞰图

5.4.2　水环境品质效果分析

5.4.2.1　磁分离设施进出水对比

　　磁分离设施的进出水的悬浮物和透明度如图 5-89 所示。从处理设施进出水悬浮物含量来看，进水在不同季节还是有所波动的，但是出水一直维持在较低的水平，基本都在检测限 4mg/L 左右或以下；出水的透明度也在 1.5m 以上，设施处理后出水口处水质清澈，与取水河道反差比较明显，见图 5-90。

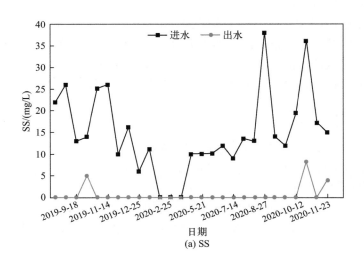

(a) SS

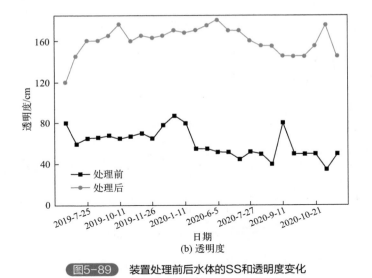

图5-89 装置处理前后水体的SS和透明度变化

(a) 取水河道 　　　　　　(b) 设施出水口河道

图5-90 取水河道与设施出水口河道的外观差异

5.4.2.2 河道水环境品质变化情况

磁分离设施运行期间，也对设定的河道监测点的悬浮物含量和透明度进行了长期的监测，用于分析评价处理设施对于示范区域河道的感官品质改善状况。

由图 5-91 和图 5-92 可以看出，设施运行以来，平江历史文化片区内河道监测点处水体的悬浮物呈现稳步下降的态势。其中，胡厢使河与悬桥河两处的悬浮物自处理设施运行后，基本上保持在 10mg/L 以下的水平，这是因为这两处监测点位于水流方向的上游，水体置换率高，见效更快。东北街河监测点位于水流方向的下游，水体置换率较低，其中的悬浮物含量在进入 2020 年后才逐渐降到 10mg/L 以下。从透明度来看，设施运行后，监测点位的透明度快速响应出现升高现象，胡厢使河和悬桥河监测点的透明度稳定在 1.2m 以上，东北街河透明度稍低，但基本也维持在 90cm 以上。通过 2 年多的监测数据可以说明工程的运行大幅提升了河道水体的感官品质。

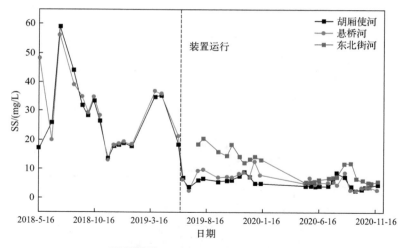

图5-91 河道监测点悬浮物含量变化

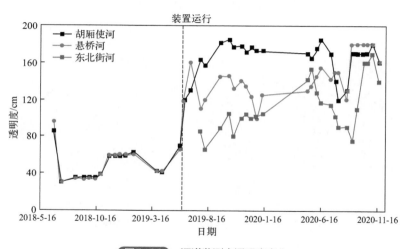

图5-92 河道监测点透明度变化

参考文献

[1] 李林. 絮凝沉淀法在城市内河水质净化中的应用[J]. 中国环保产业, 2014(6): 26-29.
[2] 钟振辉, 刘晓珊, 黄洁阳, 等. 絮凝法处理原水的研究进展[J]. 广东化工, 2016(7): 148-149.
[3] 刘转年, 金奇庭, 周安宁. 废水的吸附法处理[J]. 水处理技术, 2003, 9(6): 318-322.
[4] 张全兴, 刘天华. 我国应用树脂吸附法处理有机废水的进展[J]. 化工环保, 1994(6): 344-347.
[5] 李子龙, 马双枫, 王栋, 等. 活性炭吸附水中金属离子和有机物吸附模式和机理的研究[J]. 环境科学与管理, 2009, 34(10): 88-92.
[6] 栾冠华. 膜处理技术在市政污水处理中的应用分析[J]. 科技经济导刊, 2019, 27(13): 116.
[7] 高珊珊. 膜处理技术在污水处理中的运用[J]. 中国资源综合利用, 2017, 35(11): 45-47.
[8] 许超, 俞海燕. 关于市政污水处理中膜处理技术的运用[J]. 化工管理, 2016, 411(14): 269.
[9] Bolton G, Lacasse D, Kuriyel R. Combined models of membrane fouling: Development and

application to microfiltration and ultrafiltration of biological fluids[J]. Journal of Membrane Science, 2006, 277(1-2): 75-84.

[10] Jeong J, Hidaka T, Tsuno H, et al. Development of biological filter as tertiary treatment for effective nitrogen removal: Biological filter for tertiary treatment[J]. Water Research, 2006, 40(6): 78-82.

[11] 刘丽, 汤权新, 乔瑞平, 等. 预处理/USR/UASB/SBR/AO/氧化塘工艺处理养猪污水[J]. 中国给水排水, 2017, 33(8): 116-119.

[12] Ye F X, Li Y. Enhancement of nitrogen removal in towery hybrid constructed wetland to treat domestic wastewater for small rural communities[J]. Ecological Engineering, 2009, 35(7): 1043-1050.

[13] Jan V. Constructed wetlands for wastewater treatment: Five decades of experience[J]. Critical Reviews in Environmental Control, 2010, 31(4): 351-409.

[14] 王茹, 李铁云. 浅议我国水处理技术的现状及发展[J]. 内蒙古石油化工, 2007(5): 150-151.

[15] Zhang D Q, Jinadasa K B S N, Gersberg R M, et al. Application of constructed wetlands for wastewater treatment in developing countries - A review of recent developments (2000-2013)[J]. Journal of Environmental Management, 2014, 141: 116-131.

[16] Sundaravadivel M, Vigneswaran S. Constructed wetlands for wastewater treatment[J]. Critical Reviews in Environmental Science and Technology, 2001, 31(4): 351-409.

[17] Headley T R, Tanner C C. Constructed wetlands with floating emergent macrophytes: An innovative stormwater treatment technology[J]. Environmental Science and Technology. 2012, 42: 2261-2310.

[18] Vymazal J. Plants in constructed, restored and created wetlands[J]. Ecological Engineering, 2013, 61: 501-504.

[19] Smith L K, Sartoris J J, Thullen J S, et al. Investigation of denitrification rates in an ammonia-dominated constructed wastewater-treatment wetland[J]. Wetlands, 2000, 20(4): 684-696.

[20] 曾毅夫, 邱敬贤, 刘君, 等. 人工湿地水处理技术研究进展[J]. 湿地科学与管理, 2018, 14(3): 64-67.

[21] Tan E, Huang X, et al. Nitrogen transformations and removal efficiency enhancement of a constructed wetland in subtropical Taiwan[J]. Science of the Total Environment. 2017, 601-602: 1378-1388.

[22] 王佳, 舒新前. 人工湿地植物的作用和选择[J]. 环境与可持续发展, 2007(4): 62-64.

[23] Li J H, Yang X Y, Wang Z F, et al. Comparison of four aquatic plant treatment systems for nutrient removal from eutrophied water[J]. Bioresource Technology, 2015, 179: 1-7.

[24] 杨宝玲, 胡卫霞, 马爱军, 等. 人工湿地植物的选择与配置[J]. 现代农业科技, 2018(21): 147-148.

[25] 陶正凯, 陶梦妮, 王印, 等. 人工湿地植物的选择与应用[J]. 湖北农业科学, 2019, 58(1): 44-48.

[26] 李峰平, 魏红阳, 马喆, 等. 人工湿地植物的选择及植物净化污水作用研究进展[J]. 湿地科学, 2017, 15(6): 849-854.

[27] Jing D B, Hu H Y. Chemical oxygen demand, nitrogen, and phosphorus removal by vegetation of different species in pilot-scale subsurface wetlands[J]. Environmental Engineering Science, 2010, 27(3): 247-253.

[28] 吴富勤, 陶晶, 华朝朗, 等. 箐花甸国家湿地公园植物多样性调查研究[J]. 林业调查规划, 2019, 44(1): 138-142.

[29] Vymazal J. Constructed wetlands for treatment of industrial wastewaters: A review[J]. Ecological Engineering, 2014, 73: 724-751.

[30] Abou-Elela S I, Golinielli G, Abou-Taleb E M, et al. Municipal wastewater treatment in horizontal and vertical flows constructed wetlands[J]. Ecological Engineering, 2013, 61: 460-468.

[31] Davis A P, Shokouhian M, Sharma H, et al. Water quality improvement through bioretention media：Nitrogen and phosphorus removal[J]. Water Environment Research, 2006, 78(3): 284-293.

[32] Martín M, Gargallo S, Hernández-Crespo C, et al. Phosphorus and nitrogen removal from tertiary treated urban wastewaters by a vertical flow constructed wetland[J]. Ecological Engineering, 2013, 61(19): 34‐42.

[33] Vymazal J. Multistage hybrid constructed wetland for enhanced removal of nitrogen[J]. Ecological Engineering, 2015, 84: 202-208.

[34] Keizer-Vlek H E, Verdonschot P F M, Verdonschot R C M, et al. The contribution of plant uptake to nutrient removal by floating treatment wetlands[J]. Ecological Engineering, 2014, 73: 684-690.

[35] Pavlineri N, Skoulikidis N, Tsihrintzis V A. Constructed floating wetlands：A review of research, design, operation and management aspects, and data metaanalysis[J]. Chemical Engineering Journal, 2017, 308: 1120-1132.

[36] Zhao Y, Xing G, Zhao J, et al. Treatment of sewage containing nitrogen and phosphorus by using substrates in constructed wetland[J]. Journal of Shenyang Jianzhu University, 2010, 26(1): 145-149.

[37] Nguyen H T T, Le V Q, Hansen A A, et al. High diversity and abundance of putative polyphosphate-accumulating Tetrasphaera-related bacteria in activated sludge systems [J]. FEMS microbiology ecology, 2011, 76(2): 256-267.

[38] Huett D O, Morris S G, Smith G, et al. Nitrogen and phosphorus removal from plant nursery runoff in vegetated and unvegetated subsurface flow wetlands[J]. Water Research, 2005, 39(14): 3259-3272.

[39] Xie E, Ding A, Zheng L, et al. Seasonal variation in populations of nitrogen transforming bacteria and correlation with nitrogen removal in a full-scale horizontal flow constructed wetland treating polluted river water[J]. Geomicrobiology Journal, 2016, 33(3-4): 338-346.

[40] Vymazal J. Removal of nutrients in various types of constructed wetlands[J]. Science of the Total Environment, 2007, 380(1-3): 48-65.

[41] Zou X, Zhang H, Zuo J K, et al. Decreasing but still significant facilitation effect of cold-season macrophytes on wetlands purification function during cold winter[J]. Scientific Reports, 2016, 6(1): 27011.

[42] Valipour A, Sh A, Raman V K, et al. The comparative evaluation of the performance of two phytoremediation systems for domestic wastewater treatment[J]. Journal of Environmental Science & Engineering, 2014, 56(3): 319.

[43] Wu Z B, Chen H R, He F. Primary studies on the purification efficiency of phosphorus by means of constructed wetland system[J]. Acta Hydrobiologica Sinica, 2001, 25(1): 28-35.

[44] 姚燃, 刘锋, 吴露, 等. 三级绿狐尾藻表面流人工湿地对养殖废水处理效应研究[J]. 地球与环境, 2018, 46(5): 475-481.

[45] 何娜, 孙占祥, 张玉龙, 等. 不同水生植物去除水体氮磷的效果[J]. 环境工程学报, 2013, 7(4): 1295-1300.

[46] 蔡佩英, 刘爱琴, 侯晓龙. 9种水生植物对模拟污水中氮、磷的生物净化效果[J]. 福建农林大学学报(自然科学版), 2010, 39(3): 313-318.

[47] 王全金, 李丽, 李忠卫. 四种植物潜流人工湿地脱氮除磷的研究[J]. 环境污染与防治, 2008, 30(2): 33-36.

[48] 余陆沐. 人工湿地在制革废水深度处理中的应用[J]. 中国皮革, 2008, 37(19): 44-45.

[49] 唐述虞. 人工湿地及其在生活污水氮磷去除方面的应用分析[J]. 环境工程, 1996, 14(4): 3-7.

[50] 陈金发, 阮尚全, 卿东红. 组合人工湿地对渗滤液中有机物和氨氮的去除研究[J]. 节水灌溉, 2009, 3: 41-42.

[51] Czudar A, Gyulai I, Keresztúri P, et al. Removal of organic material and plant nutrients in a

constructed wetland for petrochemical wastewater treatment[J]. Seria Stiintele Vietii, 2011, 21: 109-114.

[52] Kapellakis I E, Paranychianakis N V, Tsagarakis K P, et al. Treatment of olive mill wastewater with constructed wetlands[J]. Water, 2012, 4(1): 260-271.

[53] Ghermandi A, Bixio D, Thoeye C. The role of free water surface constructed wetlands as polishing step in municipal wastewater reclamation and reuse[J]. Science of the Total Environment, 2007, 380(1-3): 247-258.

[54] Sultana M Y, Akratos C S, Vayenas D V, et al. Constructed wetlands in the treatment of agro-industrial wastewater: A review[J]. Hemijska industrija, 2015, 69(2): 127-142.

[55] 胡鹏, 杨庆, 杨泽凡, 等. 水体中溶解氧含量与其物理影响因素的实验研究[J]. 水利学报, 2019, 50(6): 679-686.

[56] 王宁宁, 赵阳国, 孙文丽, 等. 溶解氧含量对人工湿地去除污染物效果的影响[J]. 中国海洋大学学报(自然科学版), 2018, 48(6): 24-30.

[57] Andersson J L, Kallner Bastviken S, Tonderski K S. Free water surface wetlands for wastewater treatment in Sweden: Nitrogen and phosphorus removal[J]. Water Science & Technology A Journal of the International Association on Water Pollution Research, 2005, 51(9): 39.

[58] 金晶, 张饮江, 黎臻, 等. 两种挺水植物强化底泥抗蚀效能研究[J]. 安全与环境学报, 2013(4): 92-97.

[59] 胡碧莹. 湿地植物在不同水力条件处理下的净化效果与生长特性研究[D]. 重庆: 西南大学, 2017.

[60] Yu J, Chen W Q, Liu J Q, et al. Study on removal of nitrogen and phosphorus in wastewater by constructed wetland[J]. Sichuan Daxue Xuebao, 2012, 44(3): 7-12.

[61] 张之浩, 吴晓芙, 陈永华. 湿地水生植物化感抑藻研究进展[J]. 环境与可持续发展, 2015(5): 73-76.

[62] 董奕馀. 水生植物对保定市府河水体水质净化效果研究[D]. 保定: 河北农业大学, 2018.

[63] Dzakpasu M, Wang X C, Zheng Y C, et al. Characteristics of nitrogen and phosphorus removal by a surface-flow constructed wetland for polluted river water treatment[J]. Water Science & Technology A Journal of the International Association on Water Pollution Research, 2015, 71(6): 904-912.

[64] Hua Y, Peng L, Zhang S H, et al. Effects of plants and temperature on nitrogen removal and microbiology in pilot-scale horizontal subsurface flow constructed wetlands treating domestic wastewater[J]. Ecological Engineering, 2017, 108: 70-77.

[65] 钟金鸣. 人工湿地水质净化试验及应用研究[D]. 邯郸: 河北工程大学, 2018.

[66] 华昇, 陈浩, 刘云国, 等. 不同季节人工湿地处理污水效果[J]. 安徽农业科学, 2019, 47(19): 68-72.

[67] 曹谨玲, 盛辛辛, 刘青, 等. 人工湿地对藻类的去除效果研究[J]. 山西农业大学学报(自然科学版), 2013, 33(4): 319-323.

[68] 许海, 陈洁, 朱广伟, 等. 水体氮、磷营养盐水平对蓝藻优势形成的影响[J]. 湖泊科学, 31(5): 1239-1247.

[69] 郭晓瑜. 再生水景观回用与藻类的控制研究[D]. 西安: 西安建筑科技大学, 2017.

[70] 鲁敏, 刘顺腾, 郭振. 人工湿地植物组合对生活污水的浊度净化效果研究[J]. 山东建筑大学学报, 2012, 27(6): 545-550.

[71] 周军, 于德淼, 白宇, 等. 再生水景观水体色度和臭味控制研究[J]. 给水排水, 2008, 34(1): 47-49.

[72] 刘振中, 宋刚福. 水源水中腐殖酸的危害及去除方法[J]. 江西科学, 2006(4): 112-117.

[73] 李璐, 邹立, 孟泰舟, 等. 辽河口芦苇湿地有色溶解有机物的光谱特征研究[J]. 中国海洋大学学报(自然科学版), 2017, 47(12): 27-36.

[74] 王亚军, 马军. 水体环境中天然有机质腐殖酸研究进展[J]. 生态环境学报, 2012, 21(6): 1155-1165.

[75] Rodriguez-Sanchez A, Margareto A, Robledo-Mahon T, et al. Performance and bacterial community structure of a granular autotrophic nitrogen removal bioreactor amended with high

antibiotic concentrations[J]. Chemical Engineering Journal, 2017, 325: 257-269.

[76] 赵立君, 刘云根, 王妍, 等. 砷污染湖滨湿地底泥微生物群落结构及多样性[J]. 中国环境科学, 2019, 39(9): 3933-3940.

[77] Li B, Yang Y, Chen J, et al. Nitrifying activity and ammonia-oxidizing microorganisms in a constructed wetland treating polluted surface water[J]. Science of The Total Environment, 2018, 628-629: 310-318.

[78] 范海青, 王凌文, 王丹, 等. 基于高通量测序的人工湿地微生物群落分析[J]. 科技通报, 2019, 35(2): 213-219.

[79] 房昀昊, 彭剑峰, 宋永会, 等. 高通量测序法表征潜流人工湿地中不同植物根际细菌群落特征[J]. 环境科学学报, 2018, 38(3): 911-918.

[80] Liu J, Yi N K, Wang S, et al. Impact of plant species on spatial distribution of metabolic potential and functional diversity of microbial communities in a constructed wetland treating aquaculture wastewater[J]. Ecological Engineering, 2016, 94: 564-573.

[81] Song K, Lee S H, Kang H. Denitrification rates and community structure of denitrifying bacteria in newly constructed wetland[J]. European Journal of Soil Biology, 2011, 47(1): 24-29.

[82] Meng P, Pei H, Hu W, et al. How to increase microbial degradation in constructed wetlands: Influencing factors and improvement measures[J]. Bioresource Technology, 2014, 157: 316-326.

[83] Mustafa A, Scholz M. Characterization of microbial communities transforming and removing nitrogen in wetlands[J]. Wetlands, 2011, 31(3): 583-592.

[84] Yin J, Jiang L Y, Wen Y, et al. Treatment of polluted landscape lake water and community analysis of ammonia-oxidizing bacteria in constructed wetland[J]. Environmental Letters, 2009, 44(7): 722-731.

[85] Hira D, Aiko N, Yabuki Y, et al. Impact of aerobic acclimation on the nitrification performance and microbial community of landfill leachate sludge [J]. Journal of Environmental Management, 2018, 209: 188-194.

[86] Dytczak M A, Londry K L, Oleszkiewicz J A. Activated sludge operational regime has significant impact on the type of nitrifying community and its nitrification rates[J]. Water Research, 2008, 42(8-9): 23-28.

[87] Cytryn E, Levkovitch I, Negreanu Y, et al. Impact of short-term acidification on nitrification and nitrifying bacterial community dynamics in soilless cultivation media[J]. Applied and Environmental Microbiology, 2012, 78(18): 6576-6582.

[88] Pelissari C, Dos Santos M O, Rousso B Z, et al. Organic load and hydraulic regime influence over the bacterial community responsible for the nitrogen cycling in bed media of vertical subsurface flow constructed wetland[J]. Ecological Engineering, 2016, 95: 180-188.

[89] 宋连朋. 混凝沉淀法处理景观水体污染水的试验研究[D]. 天津: 河北工业大学, 2012.

[90] 刘弯弯. 絮凝剂对活性污泥的毒性研究[D]. 保定: 河北大学, 2017.

[91] Jahangir M M R, Fenton O, Müller C, et al. In situ denitrification and DNRA rates in groundwater beneath an integrated constructed wetland[J]. Water Research, 2017, 111: 254-264.

[92] Pavlineri N, Skoulikidis N, Tsihrintzis V A. Constructed floating wetlands: A review of research, design, operation and management aspects, and data meta-analysis[J]. Chemical Engineering Journal, 2017, 308: 1120-1132.

[93] Gao L, Zhou W, Huang J, et al. Nitrogen removal by the enhanced floating treatment wetlands from the secondary effluent[J]. Bioresource Technology, 2017, 234: 243-252.

[94] Avellána T, Gremillion P. Constructed wetlands for resource recovery in developing countries[J]. Renewable wetland for resource recovery in developing countries, 2019, 99: 42–57.

[95] 张瑞斌. 不同水生植物对污水处理厂尾水的生态净化效果分析[J]. 环境工程技术学报，2015, 5(6): 504–508.

[96] 何柳东，林亚凯，闫博，等. 浸没式PVDF 超滤膜在大型再生水厂的中试研究[J]. 中国给水排水，2019, 35(1): 73–76.

[97] Samer S Adham, Joseph G Jacangelo, Jean-Michel Laine. Characteristics and costsof MF and UF plants[J]. Journal of AWWA, 1996, 88(5): 22–31.

[98] 陈晓安，王新华. 膜处理在水厂苦咸水深度处理工程中的应用[J]. 中国给水排水，2009, 16: 41–43.

[99] 管晓涛，王全金，董秉直. 膜分离技术在给水处理中的应用研究[J]. 华东交通大学学报，2001, 18(1): 41–43.

[100] 黄程. 广州市北部水厂工程项目投资分析[D]. 广州：华南理工大学，2017.

[101] Kim M H, Yu M J. Characterization of NOM in the Han River and evaluation treatability using UF–NF membrane[J]. Environmental Research, 2005, 97(1): 116–123.

[102] Jacangelo J G, Adham S S, Laine J M. Mechanism of cryptosporidium, giard and MS2 virus removal by MF and UF[J]. Journal of AWWA, 1995, 88(9): 117–121.

[103] Adham S S, Jacangelo J G, Laine J M. Characteristics and costs of MF and UF plants [J]. Journal of AWWA, 1996, 88(5): 22–31.

[104] 郜玉楠，王信之，周历涛，等. 混凝–超滤短流程工艺低温运行膜污染机理研究[J]. 水处理技术，2018, 44(5): 119–122.

[105] Véronique L T. Fouling in tangential-flow ultrafiltration: the effect of colloid size and coagulation pretreatment[J]. Journal of Membrane Science, 1990, 52(2): 173–190.

[106] Stoller M. On the effect of flocculation as pretreatment process and particle size distribution for membrane fouling reduction[J]. Desalination, 2009, 240(20): 209–217.

[107] Fan L H, Nguyen T, Roddick F A, et al. Low-pressure membrane filtration of secondary effluent in water reuse: Pretreatment for fouling reduction[J]. Journal of Membrane Science, 2008, 320(1–2): 135–142.

[108] Jermann D, Pronk W, Kagi R, et al. Influence of interactions between NOM and particles on UF fouling mechanisms[J]. Water Research, 2008, 42(14): 3870–3878.

[109] Yuan W, Zydney A L. Humic acid fouling during ultrafiltration[J]. Environmental Science Technology, 2000, 4(23): 5043–5050.

[110] Amy G. Fundamental understanding of organic matter fouling of membranes[J]. Desalination, 2008, 231(1–3): 44–51.

[111] Cho J, Amy G, Pellegrino J. Membrane filtration of natural organic matter: Factors and mechanisms affecting rejection and flux decline with charged ultrafiltration membrane[J]. Journal of Membrane Science, 2000, 164(1–2): 89–110.

[112] Lin C F, Lin T Y, Hao O J. Effects of humic substance characteristics on UF performance[J]. Water Research, 2000, 34(4): 1097–1106.

[113] Kimura K, Maeda T, Yamamura H, et al. Irreversible membrane fouling in microfiltration membranes filtering coagulated surface water[J]. Journal of Membrane Science, 2008, 320(1–2): 356–362.

[114] 陆晓峰，陈仕意，刘光全，等. 超滤膜的吸附污染研究[J]. 膜科学与技术，1997, 17(1): 37–41.

[115] Huang X, Liu R, Qian Y. Behaviour of soluble microbial products in a membrane bioreactor[J]. Process Biochemistry, 2000, 36(5): 401–406.

[116] Chiou Y T, Hsieh M L, Yeh H H. Effect of algal extracellular polymer substances on UF membrane fouling[J]. Desalination, 2010, 250(2): 648–652.

[117] Xing J J, Heng L, Chong J C, et al. Insight into Fe(Ⅱ)/UV/chlorine pretreatment for reducing ultrafiltration (UF)membrane fouling:Effects of different natural organic fractions and comparison with coagulation[J]. Water Research, 2019, 159: 283-293.

[118] 崔丽，许涛，李虹翰，等.电催化氧化预处理技术减轻超滤膜污染实验研究[J].环境保护科学，2019, 45(4): 41-44.

[119] Kim J, Davies S H R, Baumann M J, et al. Effect of ozone dosage and hydrodynamic conditions on the permeate flux in a hybrid ozonation-ceramic ultrafiltration system treating natural waters[J]. Journal of Membrane Science, 2008, 311(1-2): 165-172.

[120] Wang X, Wang L, Liu Y, et al. Ozonation pretreatment for ultrafiltration of the secondary effluent[J]. Journal of Membrane Science, 2007, 287(2): 187-191.

[121] Treguer R , Tatin R, Couvert A, et al. Ozonation effect on natural organic matter adsorption and biodegradation-Application to a membrane bioreactor containing activated carbon for drinking water production[J]. Water Reasearch, 2010, 44(3): 781-788.

[122] Williams M D, Pirbazari M. Membrane bioreactor process for removing biodegradable organic matter from water[J]. Water Reasearch, 2007, 41(17): 3880-3893.

[123] Kim S H, Moon S Y, Yoon C H, et al. Role of coagulation in membrane filtration of wastewater for reuse[J]. Desalination, 2015, 173(3): 301-307.

[124] 姜洪涛，叶元柳，吴义超，等.原位混凝/超滤处理回用水工艺研究[J].供水技术，2018, 12(4): 1-5.

[125] 陆俊宇，李伟英，赵勇，等.不同预处理工艺对超滤膜运行影响的中试试验研究[J].水处理技术，2010, 36(6): 119-122.

[126] Judd S, Hillis P. Optimisation of combined coagulation and microfiltration for water treatment [J]. Water Research, 2001, 35(12): 2895-2904.

[127] Kimura M, Matsui Y, Saito S, et al. Hydraulically irreversible membrane fouling during coagulation - microfiltration and its control by using high-basicity polyaluminum chloride [J]. Journal of Membrane Science, 2015, 477: 115-122.

[128] Chen Y, Dong B Z, Gao N Y, et al. Effect of coagulation pretreatment on fouling of an ultrafiltration membrane[J]. Desalination, 2007, 204(1-3): 181-188.

[129] 冯颜颜.混凝-超滤工艺处理滦河水中试研究[D].西安：西安建筑科技大学，2013.

[130] Zeman L J, Zydney A L. Microfiltration and ultrafiltration: Principles and applications[M]. Florida: CRC Press, 2017.

[131] D'souza N M, Mawson A J. Membrane cleaning in the dairy industry:A review[J]. Critical reviews in food science and nutrition, 2005, 45(2): 125-134.

[132] Li Q, Elimelech M. Organic fouling and chemical cleaning of nanofiltration membranes:Measurements and mechanisms[J]. Environmental Science & Technology, 2004, 38(17): 4683-4693.

[133] Petrus H, Li H, et al. Enzymatic cleaning of ultrafiltration membranes fouled by protein mixture solutions[J]. Journal of Membrane Science, 2008, 325(2): 783-792.

[134] He X, Li B D, Wang P P, et al. Novel $H_2O_2-MnO_2$ system for efficient physicochemical cleaning of fouled ultrafiltration membranes by simultaneous generation of reactive free radicals and oxygen[J]. Water Research, 2019, 167: 1-10.

[135] Xia S J, Li X, Liu R P, et al. Study of reservoir water treatment by ultrafiltration for drinking water production[J]. Desalination, 2004, 167: 23-26.

[136] 范小江，张锡辉，苏子杰，等.超滤技术在我国饮用水厂中的应用进展[J].中国给水排水，2013, 29(22): 64-70.

[137] 王同成. PAC、PFS 混凝剂去除微污染水体中PCBs 效果研究[J]. 工业用水与废水，2019, 50(1): 34-39.

[138] 宋连朋. 混凝沉淀法处理景观水体污染水的试验研究[D]. 天津：河北工业大学，2012.

[139] 邹瑜斌，陈昊雯，段淑璇，等. 混凝-超滤过程中絮体形态对膜污染的影响[J]. 环境工程学报，2017, 11(12): 6226-6232.

[140] 田思瑶，于晓彩，塔荣凤，等. 辽东湾中部近岸海域COD、石油类、叶绿素分布特征及富营养化状态评价[J]. 大连海洋大学学报，2019, 34(5): 739-745.

[141] 范帆，李文朝，柯凡. 巢湖市水源地铜绿微囊藻(*Microcystis aeruginosa*)藻团粒径时空分布规律[J]. 湖泊科学，2013, 25(2): 213-220.

[142] 卢青青，张娟，尹立红，等. 灵菌红素对铜绿微囊藻生长及产毒能力的抑制作用[J]. 环境与职业医学，2016, 33(2): 97-102.

[143] 卢金锁，张博，张旭. 不同光强下小球藻纵向沉降及悬浮特性研究[J]. 海洋科学，2013, 37(9): 54-60.

[144] 舒欣欣，庞维海，张华，等. 污水处理厂出水色度超标原因分析[J]. 给水排水，2018, 44(7): 41-46.

[145] Hu J, Song H, Addison J W, et al. Halonitromethane formation potentials in drinking waters[J]. Water research, 2010, 44(1): 105-114.

[146] Sharp E L, Parson S A, Jefferson B. Seasonal variations in natural organic matter and its impact on coagulation in water treatment[J]. Science of the Total Environment, 2005, 363(1): 183-194.

[147] 党二莎，唐俊逸，周连宁，等. 珠江口近岸海域水质状况评价及富营养化分析[J]. 大连海洋大学学报，2019, 34(4): 580-587.

[148] 杨亚馨. 脱氮除磷超滤膜的制备及其性能研究[D]. 北京：北京化工大学，2018.

[149] 华建良，倪先哲，桂波，等. 在线混凝/超滤膜高通量处理太湖水的效果与机理[J]. 中国给水排水，2018, 34(3): 37-41.

[150] 宋晓娜，于涛，张远，等. 利用三维荧光技术分析太湖水体溶解性有机质的分布特征及来源[J]. 环境科学学报，2010, 30(11): 2321-2331.

[151] Birdwell J E, Engel A S. Characterization of dissolved organic matter in cave and spring waters using UV-Vis absorbance and fluorescence spectroscopy[J]. Organic Geochemistry, 2010, 41(3): 270-280.

[152] 张晓燕. 基于三维荧光光谱的饮用水有机物定性判别方法研究[D]. 杭州：浙江大学，2018.

[153] 袁园. 环境因子对腐殖酸荧光性能影响的研究[J]. 杭州：浙江工业大学，2013.

[154] 宋凡浩. 土壤富里酸光谱表征及质子键合行为研究[D]. 北京：中国环境科学研究院，2018.

[155] 冯胜，袁斌. 狐尾藻腐烂过程中DOM 的三维荧光光谱特征[J]. 常州大学学报(自然科学版)，2018, 30(4): 46-52.

[156] Lyu H, Liang Z. Dynamics of soil organic carbon and dissolved organic carbon in Robina pseudoacacia forests[J]. Journal of Soil Science&Plant Nutrition, 2012, 12(4): 763-774.

[157] Zsolnay A, Baigar E, Jimenez M. Differentiating with fluorescence spectroscopy the sources of dissolved organicmatter in soils subjected to drying[J]. Chemosphere, 1999, 38(1): 45.

[158] Ohno T. Fluorescence inner-filtering correction for determining the humification index of dissolved organic matter[J]. Environmental Science&Technology, 2002, 36(19): 742-746.

[159] Chang H Q, Liu B C, Luo W S, et al. Fouling mechanisms in the early stage of an enhanced coagulation-ultrafiltration process[J]. Frontiers of Environmental Science & Engineering, 2015, 9(1): 73-83.

[160] Meng F, Zhang S, Oh Y, et al. Fouling in membrane bioreactor :An updated review[J]. Water Research, 2017, 114: 151-180.

[161] Xiao K, Xu Y, Liang S, et al. Engineering application of membrane bioreactor for wastewater treatment in China:Current state and future prospect[J]. Front Environ Sci Eng, 2014, 8(6): 805-

819.

[162] Guo W, Ngo H H, Li J. A mini-review on membrane fouling[J]. Bioresour Technol, 2012, 122(5): 27-34.

[163] Peter V M, Margot J, Traber J, et al. Mechanisms of membrane fouling during ultra-low pressure ultrafiltration[J]. Journal of Membrane Science, 2011, 377(1-2): 42-53.

[164] 穆思图, 樊慧菊, 韩秉均, 等. 中空纤维膜的膜污染过程及数学模型研究进展[J]. 膜科学与技术, 2018, 38(1): 114-121.

[165] Kim H C, Dempsey B A. Membrane fouling due to alginate, SMP, EfOM, humic acid, and NOM[J]. Journal of Membrane Science, 2013, 428: 190-197.

[166] Chen J, Zhang M, Li F, et al. Membrane fouling in a membrane bioreactor: High filtration resistance of gellayer and its underlying mechanism[J]. Water Research, 2016, 102: 82-89.

[167] Lim A L, Bai R. Membrane fouling and cleaning in microfiltration of activated sludge wastewaster[J]. Journal of Membrane Science, 2003, 216(1-2): 279-290.

[168] Ding Y, Ma B, Liu H, et al. Effects of protein properties on ultrafiltration membrane fouling performance in water treatment[J]. Journal of Environmental Sciences, 2019, 77: 273-281.

[169] Huang H O, Schwab K, Jacangelo J G. Pretreatment for low pressure membranes in water treatment: A review[J]. Environmental Science & Technology, 2009, 43(9): 3011-3019.

[170] Tian J Y, Ernst M, Cui F, et al. Effect of particle size and concentration on the synergistic UF membrane fouling by particles and NOM fractions[J]. Journal of Membrane Science, 2013, 446: 1-9.

[171] Lee Y, Cho J, Seo Y. Modeling of submerged membrane bioreactor process for wastewater treatment[J]. Desalination, 2002, 146(1-3): 451-457.

[172] Lee W, Kang S, Shin H. Sludge characteristics and their contribution to microfiltration in submerged membrane bioreactors[J]. Journal of Membrane Science, 2003, 216(1-2): 217-227.

[173] Xiao K, Shen Y X, Huang X. An analytical model for membrane fouling evolution associated with gel layer growth during constant pressure stirred dead-end filtration[J]. Journal of Membrane Science, 2013, 427(1): 139-149.

[174] Shen X, Gao B, Huang X, et al. Effect of the dosage ratio and the viscosity of PAC/PDMDAAC on coagulation performance and membrane fouling in a hybrid coagulation-ultrafiltration process[J]. Chemosphere, 2017, 173: 288-298.

[175] Feng L, Wang W, Feng R, et al. Coagulation performance and membrane fouling of different aluminum species during coagulation-ultrafiltration combined process[J]. Chemical Engineering Journal, 2015, 262: 1161-1167.

[176] Wang Z W, Ma J X, Tang C Y Y, et al. Membrane cleaning in membrane bioreactors: A review[J]. Journal of Membrane Science, 2014, 468(20): 276-307.

[177] 张艳. 浸没式超滤膜处理含藻水及膜污染控制研究[D]. 哈尔滨: 哈尔滨工业大学, 2011.

[178] 李诚. 超滤膜集成工艺处理滦河水的中试研究[D]. 西安: 西安建筑科技大学, 2013.

[179] Mcknight D M, Boyer E W, Westerhoff P K, et al. Spectrofluorometric characterization of dissolved organic matter for indication of precursor organic material and aromaticity[J]. Limnology and Oceanography, 2001, 46(1): 38-48.

[180] Mladenov N, Mcknight D M, Macko S A, et al. Chemical characterization of DOM in channels of a seasonal wetland[J]. Aquatic Sciences Research Across Boundaries, 2007, 69(4): 456-471.

[181] 常青. 水处理絮凝学[M]. 北京: 化学工业出版社, 2003.

[182] 宋连朋. 混凝沉淀法处理景观水体污染水的试验研究[D]. 天津: 河北工业大学, 2012.

[183] Wang C B, Zhang W X. Synthesizing nanoscale iron particles for rapid and complete dechlorination

of TCE and PCBs[J]. Environmental Science and Technology, 1997, 31(7): 2154−2156.

[184]　Lien H L, Zhang W X. Transformation of chlorinated methanes by nanoscale iron particles[J]. Journal of Environmental Engineering, 1999, 125(11): 1042−1047.

[185]　Li F, Vipulanandan C, Mohanty K K. Microemulsion and solution approaches to nanoparticle iron production for degradation of trichloroethylene[J]. Colloids & Surfaces A Physicochemical & Engineering Aspects, 2003, 223(1−3): 103−112.

[186]　Yue X, Zhang W X. Subcolloidal Fe/Ag particles for reductive dehalogenation of chlorinated benzenes[J]. Industrial and Engineering Chemistry Research, 2000, 39(7): 2238−2244.

[187]　Lowry G V, Johnson K M. Congener-specific dechlorination of dissolved PCBs by microscale and nanoscale zerovalent iron in a water/methanol solution[J]. Environmental Science & Technology, 2004, 38(19): 5208−5216.

[188]　付雯，蒋丹，张波，等. 纳米四氧化三铁作为助凝剂去除水中藻类[J]. 环境工程学报，2015, 9(12): 5721−5726.

[189]　昂安坤，徐峥，何义亮. 强化混凝−滤布滤池提升城市河道水感官品质效果分析[J]. 环境工程学报，2021, 15(1): 172−180.

[190]　李云雁，胡传荣. 实验设计与数据处理[M]. 3版. 北京：化学工业出版社，2017.

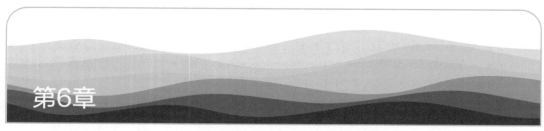

第6章

城市河道生态修复与健康维系

城市河流生态系统结构单一、功能弱化等问题制约着人居环境改善和城市可持续发展，恢复河流生态功能已成为城市生态环境综合治理的关键。在"河流再自然化"理念和"多自然性河道生态修复"原则指导下，人们一方面对硬质河岸进行生态改造，恢复河岸的自然状态，另一方面结合化学、物理和生物的方法改善河道底质，提高透明度和溶解氧，降低营养负荷，营造良好生境，重构河流植被和生物链，以达到恢复河流生态功能的目的。

6.1　城市河道生态修复与健康维系技术思路

目前城市河湖水生态修复方面的研究虽然已经持续了数十年，但总体仍处于探索阶段，许多技术研究都只针对单一的问题，有些技术在应用于实际生态修复工程中时还不够成熟，往往会暴露出技术的片面性，出现解决了一个问题却又因此产生了新的问题的局面。研发和完善系统性的生态修复技术体系尤为迫切。

国内外常见的水生态修复技术主要有生态驳岸技术、微生物强化和促生技术、水生植物净化技术、人工湿地技术、生态浮岛技术、生物操纵与调控技术以及生态景观构建技术等。在河流生态修复技术研究中以生态完整性保护为目标，开发了河岸线生态修复与景观改善、健康河流重要功能水生植物群落恢复、水动力生态过程调控管理等技术。

目前城市河道多为硬直驳岸和硬质河底，水生态系统的自然构建困难，针对苏州市城区河道连续38个月的水生态监测也证明了这一点，主要问题在于河道中作为生产者之一的水生维管束植物生长困难，多数河道都没有发现水生维管束植物，这样会导致另一生产者水生浮游植物的大量生长，从而导致水体水华的暴发。并且由于不合理的生物投放等原因，苏州市城区河道中有大量滤食性鱼类，导致生态位拥挤，大量鱼类会产生大量营养盐，进而促进水生浮游植物的生长，造成水华暴发，水环境进入恶性循环。因此，营造合适的生境是生态修复的前提。

为了解决苏州市城区河道硬直驳岸、水体透明度变化大、河底多为硬质底、水生态与坡岸生态无法自然恢复、季节性水华暴发以及底泥污染等问题，在前面章节悬浮物等典型污染物去除和水环境品质提升的基础上，研发了基于生境营造的河道生态修复技术，探索采用城市河道底质电化学原位修复技术削减底泥及其上覆水污染，改善底泥微生物群落结构；同时采用水草生境构建技术，建立草型清水生境；并且辅以特定条件下的植物源化感抑藻技术，控制季节性水华暴发。在水草生境构建完成后，加入河流健康生物链构建技术，建立人工生态系统。基于生境营造的河道生态修复技术组成如图 6-1 所示。

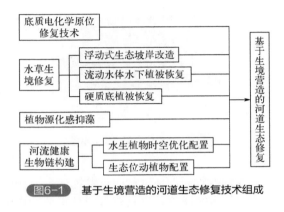

图6-1　基于生境营造的河道生态修复技术组成

6.2 城市河道底质电化学原位修复技术

河道底泥是内源污染的重要来源，削减河道内源污染，对营造适宜的生境很重要。河道底泥污染防控措施，除了减少外源污染和物质输入外，常选择环保疏浚、原位覆盖等。除了传统的工程修复措施外，探讨在城市水体中利用电化学原理进行原位修复也成为研究热点和方向之一。

6.2.1 技术原理

采用电化学法进行河道底泥的原位修复，主要包括两部分：一部分是作用于上覆水体的过氧化氢原位生成部分；另一部分是作用于表层底泥的污染物氧化还原部分。以载碳气体扩散电极作为阴极，能够通过氧化还原反应原位生成过氧化氢，见图 6-2。过氧化氢具有较强的氧化性，能够氧化降解上覆水中的部分有机物，从而有效阻断河道底泥与上覆水体的部分物质交换活动。河道中底泥是内源污染的重要来源，尤其是疏松多孔、质地细腻的表层底泥向上覆水体输送大量的碳、氮、磷等营养物质。在河道表层底泥中投放电极、施加电场，利用电化学氧化还原从而对底泥中 TOC、TN、NH_3-N、NO_3^--N、TP、PO_4^{3-}-P 等污染物加以削减，从而实现对河道污染负荷的原位削减。

自然条件下，底泥中溶解氧含量低，氧化还原电位呈负值，处于较强的还原性条件，因此底泥中微生物以厌氧微生物为主。微生物作为地球物质循环的主要推动力，在

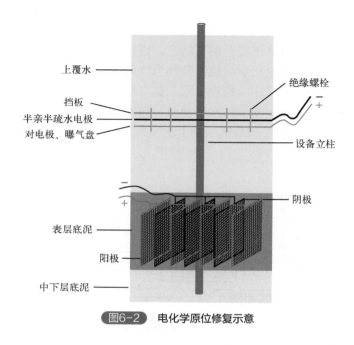

图6-2 电化学原位修复示意

水沉积物界面的碳、氮、磷等营养物质循环过程中也发挥着重要作用。微生物的生命活动对营养物质在沉积物与上覆水体中的迁移转化具有直接且重要的作用。在电场的直接刺激下，微生物活性会改变；并且在电场作用下，底泥环境原有的溶解氧、氧化还原电位、pH值以及温度等指标会改变，而微生物群落对于这些变化往往较为敏感。可以通过调整电化学系统的工况条件，实现电化学 - 微生物协同作用，从而对河道内源污染进行原位削减。

6.2.2 电化学原位修复设备实验室研究

6.2.2.1 实验系统设计

选择苏州市官渎花园内河底泥为实验室小试底泥，底泥采样后，拣去枯枝落叶等杂物，分装到20L聚丙烯塑料箱中，以模拟河道环境。底泥厚度约12cm，体积约11.6L，整理箱用保温避光材料包裹，加入4L去离子水静置48h。分别以钛镀钌铱网、钛网（规格均为15cm×20cm、6mm×12mm网孔）作为阳极和阴极，电极间距为10cm，设置实验组电场强度分别为1V/cm、2V/cm、3V/cm，共运行14d。在阳极附近、两极中间、阴极附近布设热电偶，并将这些位置作为底泥取样点。在第7天和运行结束时，分别对底泥和上覆水进行取样，测试其中C、N、P等营养物质含量，并分析底泥样品中微生物群落结构变化。

实验室电化学反应器模型及实验小试设备见图6-3。

6.2.2.2 河道底泥污染物去除效果分析

（1）总有机碳（TOC）含量与pH值变化分析

基于电化学氧化模拟实验系统运行设计，经过14d的运行，电场强度与TOC和pH值变化的关系如图6-4所示。

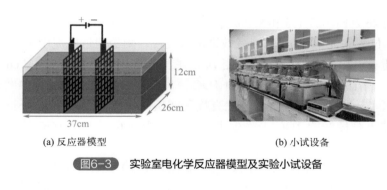

(a) 反应器模型　　　　　　　　　　(b) 小试设备

图6-3　实验室电化学反应器模型及实验小试设备

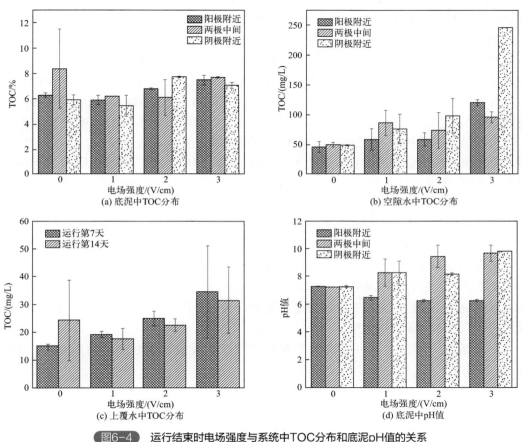

(a) 底泥中TOC分布　　　　　　　　(b) 空隙水中TOC分布

(c) 上覆水中TOC分布　　　　　　　(d) 底泥中pH值

图6-4　运行结束时电场强度与系统中TOC分布和底泥pH值的关系

　　运行 14d 后各组底泥中 TOC 含量如图 6-4（a）所示。可见对照组阳极附近底泥 TOC 含量为（6.29±0.16）%，1V/cm、2V/cm、3V/cm 电场强度作用下该处 TOC 含量分别为（5.91±0.3）%、（6.77±0.06）% 和（7.49±0.38）%；对照组两极中间底泥 TOC 含量为（8.38±3.1）%，1V/cm、2V/cm、3V/cm 电场强度作用下该处 TOC 含量分别为（6.18±0.00）%、（6.11±1.4）% 和（7.7±0.06）%；对照组阴极附近底泥中 TOC 含量为（5.93±0.4）%，1V/cm、2V/cm、3V/cm 电场强度作用下该处 TOC 含量分别为（5.46±0.8）%、（7.73±0.04）% 和（7.06±0.2）%。由此可见，在电场作用下，两极中间的底泥 TOC 含量能够被降低；1V/cm、2V/cm、3V/cm 电场强度作用下，TOC

去除率分别为 26.25%、27.1% 和 8.1%。

对比不同位置底泥中 TOC 的削减效果可以发现，阳极附近底泥中 TOC 降低效果不显著，并且随着电场强度的升高，该处 TOC 量呈上升趋势。而且在 1V/cm、2V/cm 电场强度作用下，阳极附近底泥空隙水中 TOC 浓度的提升幅度小于两极中间和阴极附近的底泥空隙水。与预期的阳极附近发生直接和间接氧化从而削减 TOC 不同的是，阳极附近底泥中并未有良好的 TOC 去除效果，可见电极在底泥中对 TOC 的去除作用范围有限。

运行 14d 后各组底泥空隙水中 TOC 含量如图 6-4（b）所示。可见对照组阳极附近的底泥空隙水中 TOC 浓度为（46.7±9.5）mg/L，1V/cm、2V/cm、3V/cm 电场强度作用下该处空隙水中 TOC 浓度分别为（59.4±18.1）mg/L、（60.0±10.7）mg/L 和（121.0±4.8）mg/L；对照组两极中间的空隙水中 TOC 浓度为（50.8±4.0）mg/L，1V/cm、2V/cm、3V/cm 电场强度作用下该处空隙水中 TOC 浓度分别为（87.7±21.1）mg/L、（75.1±29.3）mg/L 和（97.0±9.1）mg/L；对照组阴极附近的空隙水中 TOC 浓度为（50.0±0.8）mg/L，1V/cm、2V/cm、3V/cm 电场强度作用下该处空隙水中 TOC 浓度分别为（77.1±24.7）mg/L、（99.0±28.6）mg/L 和 246mg/L。可以发现，随着电场强度的增加，电化学系统内各处底泥空隙水中 TOC 浓度呈上升趋势。

运行至第 7 天和第 14 天时，上覆水中 TOC 浓度如图 6-4（c）所示。可以发现，随着模拟系统中电场强度的增加，上覆水中 TOC 浓度上升。运行至第 14 天时，实验组上覆水中 TOC 浓度均低于第 7 天时。由此可见，电场作用下会导致上覆水中 TOC 浓度有所升高，随着反应的进行，上升趋势会停止。

（2）不同形态氮含量变化与去除效率分析

1）铵态氮含量变化分析

电化学模拟实验系统运行结束后，不同介质、电极空间的不同形态氮含量变化如图 6-5 所示。可见随着电场强度的增加，铵态氮在底泥空隙水中的含量有所增加。运行结束时，电场不同位置处铵态氮浓度存在差异，可能是阴极附近的硝酸盐被还原为铵态氮，并在两极中间积累造成的。

好氧条件下，铵态氮可以被微生物氧化为亚硝酸盐和硝酸盐，如式（6-1）和式（6-2）所示。

$$NH_4^+ + \frac{3}{2}O_2 \xrightarrow{\text{氨氧化菌}} NO_2^- + 2H^+ + H_2O \tag{6-1}$$

$$NO_2^- + \frac{1}{2}O_2 \xrightarrow{\text{亚硝酸盐氧化菌}} NO_3^- \tag{6-2}$$

随着电场强度的增加，底泥中铵态氮含量增加。与此同时，由于电场作用，底泥中胶体容易脱稳，使得胶体层被破坏，胶体表面所吸附的 NH_4^+ 类阳离子被释放，从而导致空隙水中铵态氮含量升高。运行结束时，对照组不同位置处底泥空隙水中铵态氮浓度较一致，为 4.5 ~ 4.7mg/kg。

已有研究显示，底泥中有机质被去除后，沉积物中对铵态氮的有效吸附位点大幅减少，上覆水中铵态氮含量会显著增加，最大可达有机质去除前的 4.16 倍。由此可见，有机质的减少为底泥中铵态氮的释放创造了有利条件。

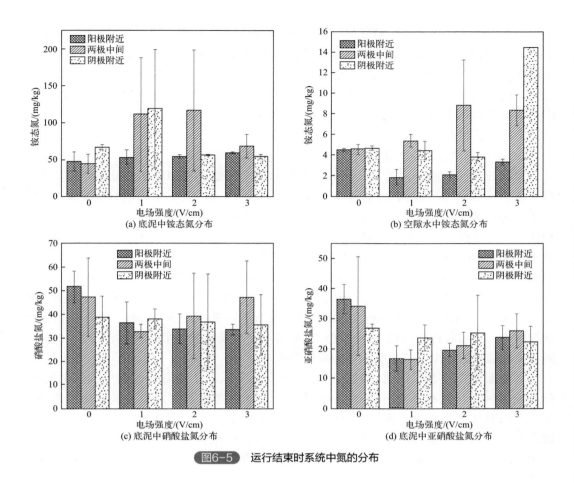

图6-5　运行结束时系统中氮的分布

在电极运行过程中，阳极析氧作用所产生的溶解氧使底泥原本的还原条件向氧化条件转变。底泥环境中溶解氧含量的提升，有利于铵态氮好氧硝化反应的发生。这进一步解释了阳极附近底泥空隙水中铵态氮浓度下降的原因。

与此同时，在电场作用下铵态氮会向阴极发生迁移，进一步造成了阴极附近空隙水中铵态氮的积累。两极中间底泥空隙水中铵态氮浓度随着电场强度的增加稳步提升，也反映了铵态氮电迁移的发生。3V/cm 电场强度下，阴极附近底泥空隙水中铵态氮浓度远高于其他位置，达 14.5mg/L，这一方面得益于其阴极附近的还原性条件，另一方面得益于电场驱动下铵态氮的聚集。

2）硝酸盐氮含量变化分析

如图 6-5（c）所示，与对照组相比，电场作用下阳极附近和两极中间位置处硝酸盐氮含量明显减少。对照组阳极附近底泥中硝酸盐氮含量为（51.85±6.6）mg/kg，1V/cm、2V/cm、3V/cm 电场强度作用下该处底泥中硝酸盐氮含量分别为（36.55±8.8）mg/kg、（34±6.2）mg/kg 和（33.85±2.19）mg/kg；对照组两极中间底泥中硝酸盐氮含量为（47.5±16.5）mg/kg，1V/cm、2V/cm、3V/cm 电场强度作用下该处底泥中硝酸盐氮含量分别为（33±2.8）mg/kg、（39.5±18.1）mg/kg 和（47.4±15.4）mg/kg。1V/cm 电场作用下，底泥中硝酸盐氮含量在阳极附近和两极中间的削减率分别为 29.5% 和 30.5%。

与铵态氮的电迁移方向相反，空隙水中硝酸盐氮、亚硝酸盐氮在电场作用下向阳极运动。在阳极附近的强氧化条件下，有利于硝酸盐的积累。但运行结束时，电场作用下阳极附近底泥中硝酸盐氮浓度均低于对照组，由此可见大量硝态氮已通过其他途径被还原。硝酸盐能够直接被生物利用，其在底泥中大量存在时，是水体富营养化的重要诱因。底泥中硝酸盐氮的削减，一部分由微生物引起，另一部分由于阴极附近的还原作用，转换为其他形态的氮。

3）亚硝酸盐氮含量变化分析

如图 6-5（d）所示，运行结束后，电场作用下各组底泥中亚硝酸盐氮浓度均低于对照组，并且从 1V/cm 到 3V/cm，随着电场强度的增加，底泥中亚硝酸盐氮浓度有所增加。与对照组相比，电场作用下底泥中亚硝酸盐氮含量明显减少，尤其是阳极附近和两极中间位置。对照组阳极附近底泥中亚硝酸盐氮含量为（36.5±4.8）mg/kg，1V/cm、2V/cm、3V/cm 电场强度作用下该处底泥中亚硝酸盐氮的含量分别为（16.7±4.4）mg/kg、（19.8±2.2）mg/kg 和（23.9±3.9）mg/kg。对照组两极中间底泥中亚硝酸盐氮含量为（34.3±16.3）mg/kg，1V/cm、2V/cm、3V/cm 电场强度作用下该处底泥中亚硝酸盐氮的含量分别为（16.5±3.3）mg/kg、（21.2±4.3）mg/kg 和（26.1±5.5）mg/kg。在 1V/cm 的电场作用下，阳极附近和两极中间底泥中亚硝酸盐氮含量的削减率分别为 54.2%、51.9%。随着电场强度的增加，亚硝酸盐氮削减量有所减少。

亚硝酸盐在铵态氮氧化、硝态氮还原中均会生成，是氮循环过程中的重要物质。在氧化条件下，亚硝酸盐作为硝化反应的重要反应物被氧化为硝态氮。在还原条件下，亚硝酸盐在反硝化或厌氧氨氧化过程中被转化为氮气，或通过异化硝酸盐还原成铵的途径转化为铵态氮。电场作用下，亚硝酸盐发生迁移，在强氧化性条件的阳极底泥中被进一步氧化为硝酸盐氮，继而被消耗，因此实验组中亚硝酸盐均有较好的削减效果。

4）TN 含量变化分析

运行结束时，底泥中不同位置处 TN 含量如图 6-6（a）所示。可以发现，对照组阳极附近底泥中 TN 含量为（4470±608.1）mg/kg，1V/cm、2V/cm、3V/cm 电场作用下该位置底泥中 TN 含量分别为（4500±523.3）mg/kg、（4810±386.0）mg/kg 和（5235±63.6）mg/kg；对照组两极中间底泥中 TN 含量为（4585±544.5）mg/kg，1V/cm、2V/cm、3V/cm 电场作用下该位置底泥中 TN 含量分别为（4715±360.6）mg/kg、（4615±322.3）mg/kg 和（4975±275.8）mg/kg；对照组阴极附近底泥中 TN 含量为（4450±410.1）mg/kg，1V/cm、2V/cm、3V/cm 电场作用下该位置底泥中 TN 含量分别为（4640±410.1）mg/kg、（4595±176.8）mg/kg 和（4335±7.1）mg/kg。通过对比可以发现，电场作用对底泥中总氮的削减作用微弱。

系统运行 14 d 时底泥空隙水中 TN 浓度如图 6-6（b）所示。可以发现，对照组不同位置底泥空隙水中 TN 浓度较为接近，为 28.4 ～ 31.1mg/L。随着电场强度的增加，底泥空隙水中 TN 浓度增加明显。1V/cm 电场强度下，不同位置底泥空隙水中 TN 浓度为 26.1 ～ 33.6mg/L；2V/cm 电场强度下，阳极附近底泥空隙水中 TN 浓度为（27.7±0.7）mg/L，两极中间底泥空隙水中 TN 浓度为（52.9±20.6）mg/L，阴极附近底泥空隙水中 TN 浓度为（30.5±3.6）mg/L；3V/cm 电场强度下，阳极附近底泥空隙水中 TN 浓度为（45.9±5.1）mg/L，两极中间底泥空隙水中 TN 浓度为（42.9±8.1）mg/L，阴极附近底泥空隙水中 TN 浓度为 94.9mg/L。

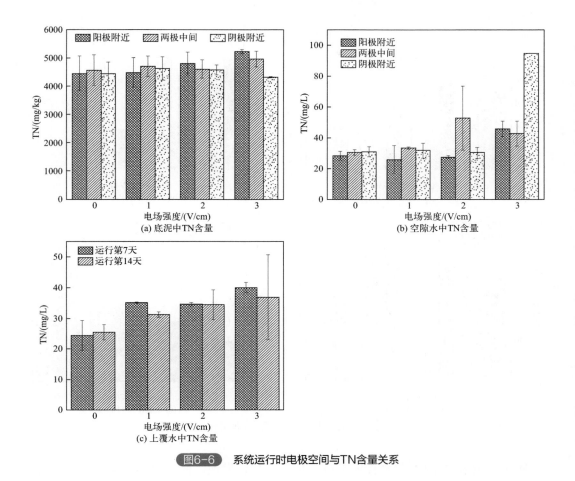

图6-6　系统运行时电极空间与TN含量关系

模拟系统上覆水中 TN 浓度如图 6-6（c）所示。可以发现，随着系统的运行实验组上覆水中 TN 浓度逐渐上升，而对照组无明显变化。并且随着电场强度的增加，上覆水中 TN 浓度有所升高。

尽管电场作用促进了底泥中不同形态氮的转化，就 TN 而言并未实现良好的削减效果。但是电场作用下所实现的不同形态氮之间的转化，为底泥中含氮营养物质的削减提供了思路。电场作用下，底泥中硝酸盐氮这种能够直接被生物利用的物质明显减少，能够有效削减河道内源污染，从而降低水体富营养化的风险。

（3）不同形态磷组分含量变化分析

1）TP 含量变化分析

运行结束后 TP 在各组底泥中的含量如图 6-7（a）所示。可以发现，电场作用下底泥中 TP 含量下降明显，尤其是在两极中间。对照组两极中间底泥中 TP 含量为（3145±2043.5）mg/kg，1V/cm、2V/cm、3V/cm 电场作用下该位置底泥中 TP 含量分别为（1297±626.5）mg/kg、（980±0.7）mg/kg 和（1389±793.4）mg/kg。与对照组两极中间底泥相比，1V/cm、2V/cm、3V/cm 电场作用下该位置底泥中 TP 含量分别下降58.75%、68.84% 和 55.83%。

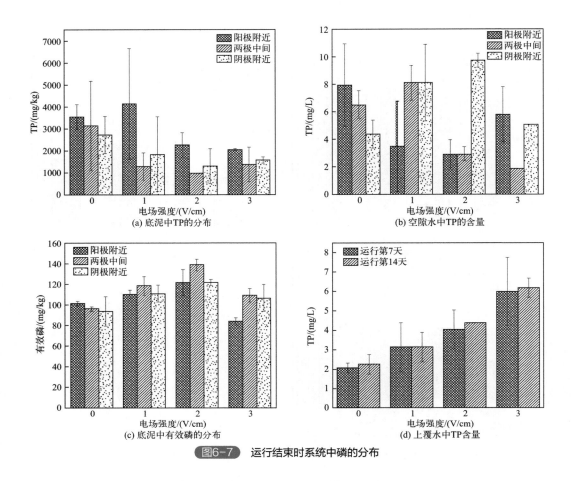

图6-7 运行结束时系统中磷的分布

底泥空隙水中 TP 含量如图 6-7（b）所示。可以发现，同一电场强度作用下不同位置底泥空隙水中 TP 含量差异较大。上覆水中 TP 含量如图 6-7（d）所示。可以发现，随着电场强度的增加，上覆水中 TP 浓度升高。从运行 7d 至运行 14d 时，上覆水中 TP 浓度并未显著增高。由此可见，磷仍被固定在底泥中。

有研究表明，1V/cm 电场强度下，利用电动脱水排磷的方式可以削减底泥中 19.3% 的 TP 含量。电场作用下磷酸根发生迁移，导致磷在底泥中分布不均，继而生成了难溶的磷酸盐，致使磷的不均匀分布被固定下来。实验中取样点是 TP 含量较低的位置，从而导致电场作用下 TP 含量远低于对照组。对照组不同位置底泥中 TP 含量较为均匀，而实验组不同位置底泥中 TP 含量差异较大，这样的差异性体现了磷在底泥中的迁移。这样的结果，为固定底泥中的磷提供了一种新的思路，即通过电极反应调节底泥 pH 值，从而改变磷的赋存状态，进而电驱动将磷迁移至阳极附近并加以固定。

2）有效磷含量变化分析

运行结束后有效磷在各组底泥中的含量如图 6-7（c）所示。可以发现，从 0V/cm 到 2V/cm 随着电场强度的增加，底泥中有效磷的浓度有所上升。而 3V/cm 的电场强度作用下，阳极附近底泥中有效磷浓度低于对照组，两极中间和阴极附近底泥中有效磷浓度与对照组较为接近。电场作用下底泥中 TP 含量减少，而有效磷含量增加，由此可见底泥中 TP 的减少量主要是不能被生物直接利用的部分。沉积物孔隙水中的磷主要以磷酸盐的形式存在，施加电场会驱使磷酸盐从阴极向阳极迁移并产生电渗流，可见实验中电压梯度的增大有利于空隙水和磷的迁移分离。

底泥中有机质含量减少，会削减磷酸根在底泥中吸附位点，从而导致原本吸附在底泥中的磷被释放，而且有机质的矿化过程也会释放出磷酸根。随着底泥中有机质含量的下降，底泥微生物能够利用的碳源减少，通过微生物生命活动对空隙水中磷酸根的固定作用会减弱。运行结束时，电场作用下底泥中有效磷含量增加的同时有机碳含量减少。这样的结果也说明有机质的减少在一定程度上会促进有效磷的增加。

河道底泥中磷的赋存形态较丰富，而铁结合态磷在碱性条件下往往不能稳定存在，容易向上覆水中释放磷。因此，底泥中 pH 值的升高会提升上覆水中的 TP 含量。在温度较高的条件下，底泥向水体释放磷的能力也会有所增强。更高的温度可以强化微生物分解有机磷的能力；并且随着微生物生命活动的增强，会导致溶解氧迅速消耗，从而在沉积物空隙中形成还原条件，铁结合态磷在这样的环境下更容易释放磷。研究表明，扰动会使底泥中的颗粒态磷发生再悬浮，增加沉积物与上覆水的接触，从而导致水体中 TP 含量升高。

上述分析表明，系统运行过程中环境和微生物群落变化，可能影响 TOC、N、P 等组分变化过程和机制，进而制约含量变化和去除效果。为此，探讨系统运行过程中溶解氧、温度场、酸碱环境、含盐量、微生物群落等关键环境和微生物学环境条件演化是十分重要的。

6.2.2.3　运行过程中环境条件变化特征分析

（1）溶解氧（DO）变化特征分析

模拟系统运行过程中，不同空间 DO 含量实时监测结果如图 6-8 所示。模拟系统运行开始，各组上覆水中 DO 浓度在 2～4mg/L。随着系统运行，阳极析氧效应明显，上覆水中 DO 均有明显升高，而对照组上覆水在自然条件下 DO 仅有微弱提升。

运行过程中，对照组上覆水中 DO 保持在 2mg/L 左右，阳极附近、两极之间以及阴极附近，DO 浓度基本一致；在 2V/cm 和 3V/cm 的电场强度下阳极附近、两极之间、

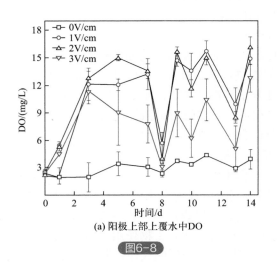

(a) 阳极上部上覆水中DO

图6-8

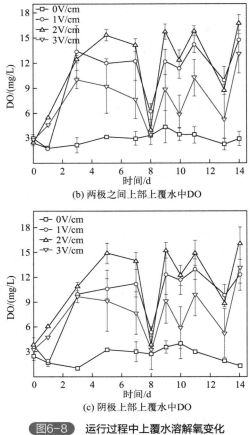

(b) 两极之间上部上覆水中DO

(c) 阴极上部上覆水中DO

图6-8 运行过程中上覆水溶解氧变化

阴极附近上部上覆水中 DO 浓度均达 16mg/L 和 12mg/L，表明阳极的析氧作用能够明显提升上覆水中 DO 浓度。

由此可见，阳极析氧作用能够有效提升底泥及上覆水中 DO，从而改善底泥的厌氧环境。电极间电场强度为 2V/cm 达到最优的增氧效果。在此电场强度下，能够迅速、有效地提升体系中的 DO 浓度。

（2）温度的变化特征分析

基于模拟系统运行过程中对底泥温度的监测，得到的温度变化如图 6-9 所示。随着模拟系统中电场强度的提高，底泥中的升温效应增加。1V/cm、2V/cm、3V/cm 的电场强度作用下，底泥温度分别升高约 5℃、10℃、20℃。阳极附近、两极中间以及阴极附近底泥温度的变化趋势相近，升温幅度一致。这样的热效应，一方面会加强泥水之间的物质交换，另一方面会影响底泥微生物群落结构。

（3）pH 值的变化特征分析

基于模拟系统运行过程中对上覆水 pH 值的监测，绘制 pH 值变化曲线，如图 6-10 所示。实验启动时各组上覆水的 pH 值在 7.5 左右。随着实验的进行，阳极表面会有氢离子生成，阴极表面会有氢氧根生成，从而改变电极附近底泥以及上覆水的 pH 值，对照组不施加任何处理手段，仅在内部微生物作用下改变其理化性质，尤其是在底泥中的厌氧以及兼性厌氧微生物作用下所产生的代谢产物使得上覆水的 pH 值略有升高。由于

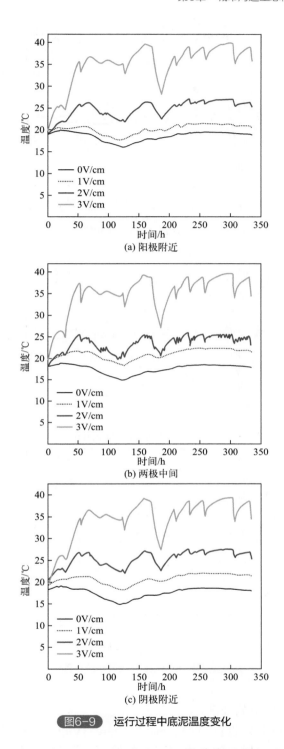

(a) 阳极附近

(b) 两极中间

(c) 阴极附近

图6-9 运行过程中底泥温度变化

微生物作用缓慢，故反应结束时，对照组阳极附近、两极中间以及阴极附近上覆水 pH 值保持在 8 左右。

由于反应体系为 20L 的封闭体系，加之在电场作用下底泥及上覆水离子交换频繁，故反应结束时实验组不同位置处 pH 值差异不大，保持在 8.5～9 之间。上覆水 pH 值

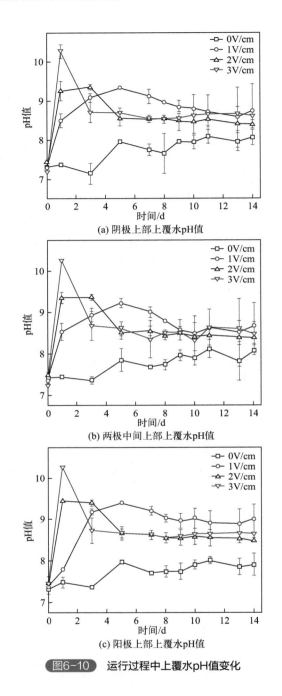

(a) 阴极上部上覆水pH值

(b) 两极中间上部上覆水pH值

(c) 阳极上部上覆水pH值

图6-10 运行过程中上覆水pH值变化

的升高，反映了底泥 pH 值的升高。

实验组的电场强度分别设置为 1V/cm、2V/cm、3V/cm，分别代表高、中、低电场强度。在高电场强度下，反应体系内不同位置处 pH 值升高速率最大，在运行 1d 后即升至 10 以上。而低电场强度下，体系 pH 值升高速率最小，运行 1d 后阴极附近和两极中间的 pH 值仅为 8.5 左右，而阳极附近由于析氧反应的副产物氢离子的生成，pH 值仅有微弱提升，但仍低于 8。随着反应的进一步进行，阴极所产生的氢氧根与阳极附近的氢离子发生中和反应，使得整个体系 pH 值升高速率降低，pH 值保持在 8.5 ~ 9。

由此可见，在后续的实验中，为保持体系 pH 值保持在适宜的范围内，施加于体系内的电场强度应在 2V/cm 以下。在此电场强度下，体系内 pH 值不会发生剧烈变化，不会致使底泥环境和上覆水的理化性质发生显著改变，对底泥微生态环境的负面影响较小。

（4）电导率的变化特征分析

基于模拟系统运行过程中对上覆水电导率的监测，绘制电导率变化曲线，如图 6-11 所示。运行开始前，各组上覆水电导率在 400μS/cm 左右。随着反应的进行，对照组和

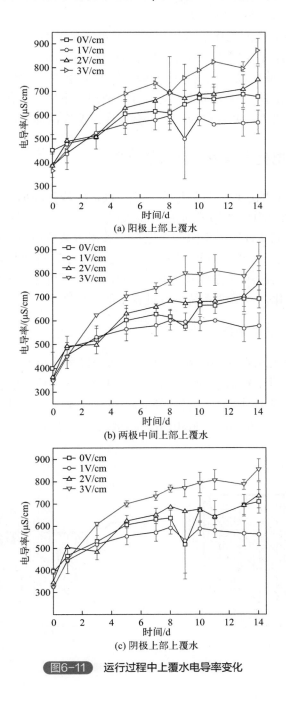

图6-11 运行过程中上覆水电导率变化

实验组上覆水的电导率均逐渐升高，随着电场强度的增加，上覆水电导率升高变得明显，空白组电导率的升高较为缓慢。

对照组上覆水电导率为（691.5±37.5）μS/cm，1V/cm、2V/cm、3V/cm 电场强度作用下，上覆水电导率分别为（578±55.2）μS/cm、（757.5±75.7）μS/cm 和（869±60.8）μS/cm。一定范围内电场强度增加，电极表面的析氢、析氧反应也会不可避免地增强，并且电极热效应的增强会导致底泥升温明显，这都会加强底泥向上覆水进行物质输送，从而使得上覆水电导率提高。

综上，可以看出，底泥电化学原位修复技术对底泥中不同形态氮的削减效果不同，且可以通过电场作用，促进不同形态氮之间的转化。由于电动作用的发生，电场作用下，底泥中 TP 含量下降明显。电场作用下磷酸根发生迁移，导致磷在底泥中分布不均，继而生成了难溶的磷酸盐，致使磷的不均匀分布被固定下来。电化学系统的运行可以有效提升上覆水中 DO 浓度，并且电极热效应会使底泥温度明显升高。

6.2.3 河道底质电化学原位修复示范研究

室内模拟无法很好地还原实际河道中水流、底泥组成等环境条件，不能全面掌握电化学系统在原位治理河道内源污染时的实际效果。因此，研究中加大电化学系统的规模，受用电、河道底泥条件等因素限制，选择了苏州市某河道作为示范河道，在 1V/cm 电场强度下运行 18 周。分析运行过程中底泥、上覆水中营养物质浓度变化，确定电化学系统原位治理河道内源污染的实际效果。与此同时，分析运行过程中底泥微生物群落结构以及环境因子变化，以厘清系统运行过程中的环境影响。

6.2.3.1 原位电化学治理系统设计

原位电化学治理系统设计如图 6-12 所示。两套设备均以钛镀钌铱网为阳极、钛网为阴极，二者电极布置上略有差异。设备 A 中阳极共计 4 块、阴极共计 3 块，并且设备最外侧为阳极。设备 B 中阳极共计 3 块、阴极共计 4 块，且设备最外侧为阴极。电极间距为 10cm，电极长 60cm、高 30cm，阳极之间和阴极之间均用金属片焊接，连

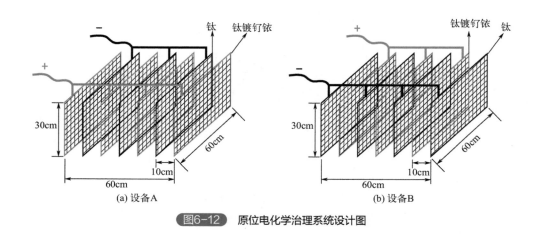

图6-12　原位电化学治理系统设计图

接两极的线缆长 5m，与电极连接处做防水处理。图 6-13 为电极实物。阳极能发生析氧反应，阴极能发生析氢反应，并且部分污染物能在电极表面直接被氧化还原。

图6-13　电化学设备实物

在苏州市某河道安装电化学设备两套，设备 1 位于上游、设备 2 位于下游，并在上覆水体布设能够在线监测水中电导率、溶解氧、浊度以及氧化还原电位等水质指标的传感器。综合考虑前期试验效果及现场用电安全，利用 PLC 自控系统保证电化学设备电场强度为 1V/cm，运行时间为每天 8:00 ～ 20:00。

6.2.3.2　运行过程中底泥营养物质浓度

（1）TOC 浓度变化分析

运行过程中底泥中 TOC 含量变化如图 6-14（a）所示。可以发现，上游设备表层底泥中 TOC 含量在运行过程中变化幅度较小，下游设备表层底泥中 TOC 含量先升高后下降，设备之间区域表层底泥中 TOC 含量逐渐升高，研究区域外表层底泥中 TOC 含量先下降后呈上升趋势。运行 18 周后底泥中 TOC 含量如图 6-14（b）所示，上游设备、下游设备以及设备之间区域表层底泥中 TOC 含量仅为研究区域外表层底泥中 TOC 含量的 64.6%、66% 和 80.2%。与运行 1 周后相比，运行 18 周后上游设备、下游设备、设备之间和研究区域外表层底泥中 TOC 含量升高幅度分别为 0、6.1%、84.8% 和 24.0%。

上覆水中 TOC 含量较高，设备之间和研究区域外表层底泥中 TOC 含量的增高是由于上覆水中 TOC 的沉降。相较于设备之间区域和研究区域外表层底泥中 TOC 含量的明显升高，电化学设备表层底泥中 TOC 含量变化很小，这得益于电极表面的直接氧化和间接氧化。由此可见，电化学设备运行过程中有效缓解了底泥中 TOC 含量的增加。

（2）含氮物质浓度变化分析

1）TN 浓度变化分析

运行过程中底泥中 TN 含量变化如图 6-15（a）所示。可以发现，电化学设备内表层底泥中 TN 含量呈稳步下降态势，设备之间区域表层底泥中总氮含量逐渐升高，研究区域外表层底泥中 TN 含量在运行前后变化不大。

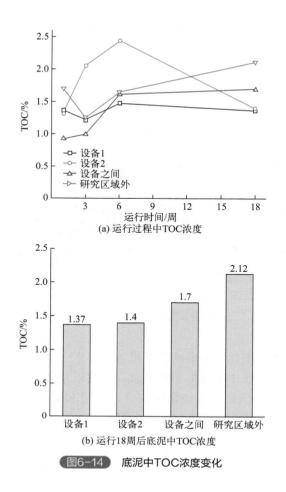

(a) 运行过程中TOC浓度

(b) 运行18周后底泥中TOC浓度

图6-14 底泥中TOC浓度变化

运行 18 周后,底泥中 TN 含量如图 6-15(b)所示。可以发现,与运行 1 周后相比,上游设备表层底泥中 TN 含量下降 22.9%,下游设备表层底泥中 TN 含量下降 34.1%,设备之间表层底泥中 TN 含量升高 39.4%,研究区域外表层底泥中 TN 含量升高 4.7%。运行 18 周后,上游设备、下游设备以及设备之间表层底泥中 TN 含量分别为研究区域外表层底泥中 TN 含量的 72.1%、75.1% 和 98.5%。由此可见,电化学设备在河道的原位运行过程中能够削减底泥中 TN 含量。

2)硝态氮浓度变化分析

电化学系统运行过程中,底泥中硝态氮含量变化如图 6-15(c)所示。可以发现,上游设备表层底泥中硝态氮含量在运行前 6 周内变化幅度不大,在后 12 周内迅速升高。下游设备表层底泥中汇总硝态氮含量在运行过程中稳步下降。设备之间区域表层底泥中硝态氮含量在 1~3 周的时段内迅速下降,而后随运行的进行略有上升。研究区域外表层底泥中硝态氮含量在运行前 6 周内含量较为稳定,在后 12 周内迅速上升。

运行 18 周后,底泥中硝态氮含量如图 6-15(d)所示。与运行 1 周后相比,运行 18 周后,上游设备表层底泥中硝态氮含量升高 121.2%,下游设备表层底泥中硝态氮含量下降 70.4%,设备之间表层底泥中硝态氮含量下降 52.6%,研究区域外表层底泥中硝态氮含量升高 72.9%。运行 18 周后,上游设备、下游设备以及设备之间表层底泥中硝态氮含量为研究区域外表层底泥中硝态氮含量的 87.3%、25.1% 和 46.1%。

由此可见，电化学设备的运行能对底泥中硝态氮含量加以削减。硝酸盐能直接被生物利用，底泥中硝酸盐氮的削减，一部分由微生物引起，而另一部分由于阴极附近的还原作用，被转换为其他形态的氮。在室内模拟系统中发现，电化学作用下底泥中硝酸盐含量能够被削减，原位应用过程中进一步证实了这样的结论。这表明，电化学系统对底泥中硝酸盐的削减行之有效。

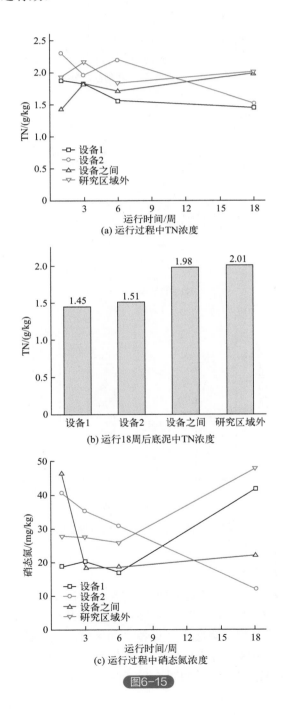

(a) 运行过程中TN浓度

(b) 运行18周后底泥中TN浓度

(c) 运行过程中硝态氮浓度

图6-15

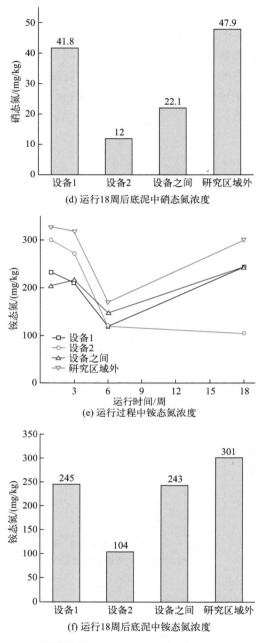

(d) 运行18周后底泥中硝态氮浓度

(e) 运行过程中铵态氮浓度

(f) 运行18周后底泥中铵态氮浓度

图6-15 底泥中含氮物质浓度变化

3）铵态氮浓度变化分析

运行过程中底泥中铵态氮含量变化如图6-15（e）所示。可以发现，上游设备表层底泥中铵态氮含量在前6周稳步下降，后12周迅速上升。下游设备表层底泥中铵态氮在前6周迅速下降，后12周下降缓慢。设备之间区域表层底泥中铵态氮含量在前6周下降，后12周升高。研究区域外表层底泥中铵态氮含量前6周下降，后12周升高。

运行18周后底泥中铵态氮含量如图6-15（f）所示。与运行1周的结果相比，运行

18 周后，上游设备表层底泥中铵态氮含量升高 5.2%，下游设备表层底泥中铵态氮含量下降 65.4%，设备之间表层底泥中铵态氮含量升高 19.1%，研究区域外表层底泥中铵态氮含量下降 8.2%。

由此可见，电化学设备的运行能降低底泥中铵态氮含量。电化学设备良好的析氧作用在室内模拟系统中已得到证实，在原位应用过程中析氧仍然发挥着良好作用，从而使得底泥中铵态氮含量得到控制。底泥环境中溶解氧含量的提升，有利于铵态氮的好氧硝化。

（3）含磷物质浓度变化分析

1）TP 浓度变化分析

电化学系统运行过程中，底泥中 TP 含量变化如图 6-16（a）所示。可以发现，上游设备表层底泥中 TP 含量先升高后降低，下游设备表层底泥中 TP 含量在运行过程中变化幅度较小，设备之间区域表层底泥中 TP 含量先下降后升高，研究区域外表层底泥中 TP 含量在运行过程中几乎无变化。

运行 18 周后底泥中 TP 含量如图 6-16（b）所示。可以发现，与运行 1 周后相比，运行 18 周后，上游设备表层底泥中 TP 含量下降 6.3%，下游设备表层底泥中 TP 含量下降 19.7%，设备之间区域表层底泥中 TP 含量升高 32.8%，研究区域外表层底泥中 TP 含量下降 1.9%。两套设备均能实现对底泥中 TP 含量的原位削减。

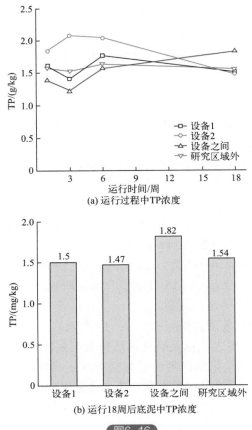

(a) 运行过程中TP浓度

(b) 运行18周后底泥中TP浓度

图6-16

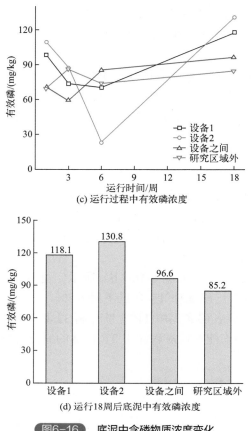

(c) 运行过程中有效磷浓度

(d) 运行18周后底泥中有效磷浓度

图6-16　底泥中含磷物质浓度变化

由此可见，电化学设备在实际河道底泥中运行时，能够削减底泥中 TP 含量。在第 4 章模拟系统中，已经发现在电极反应所引起的底泥 pH 值变化以及电场驱动的作用，能够将底泥中 TP 加以迁移转化，从而实现底泥中 TP 含量的削减。在原位治理的过程中 TP 含量仍然被削减，对利用电化学手段治理河道底泥中 TP 的可行性进一步加以验证。

2）有效磷浓度变化分析

电化学系统运行过程中，底泥中有效磷含量变化如图 6-16（c）所示。可以发现，上游设备表层底泥中有效磷含量在前 6 周缓慢下降，后 12 周迅速上升。下游设备表层底泥中有效磷含量在前 6 周迅速下降，后 12 周迅速升高。设备之间区域表层底泥中有效磷含量在前 3 周呈下降趋势，后 15 周逐步升高。研究区域外表层底泥中有效磷含量在前 6 周有所波动，后 12 周逐步升高。

运行 18 周后底泥中有效磷含量如图 6-16（d）所示。可以发现，与运行 1 周后相比，上游设备、下游设备、设备之间以及研究区域外表层底泥中有效磷含量分别升高 20%、19.1%、37.0% 和 22.2%。电化学设备内有效磷含量上升幅度均小于其他位置底泥，由此可见电化学设备的运行可以对底泥中有效磷含量加以削减。

电化学系统内在 18 周的运行过程中底泥中有效磷含量较为稳定，实验组底泥中有效磷含量上升，这与室内模拟系统的结果一致。由此可见，电动作用下的磷酸盐迁移在实际河道环境中同样会发生，在后续的应用过程中应当尤其注意这一现象。

6.2.3.3　运行过程中上覆水中营养物质浓度和环境因素

河道内源污染治理过程中，削减内源污染负荷的同时不应对水体环境带来二次污染和潜在威胁。基于此，在电化学设备运行过程中对上覆水水质和环境因素变化进行监测。

（1）上覆水中营养物质浓度变化

运行过程中设备上方上覆水中 TOC、TP、硝态氮及铵态氮浓度如图 6-17 所示。可见运行过程中设备上方上覆水中 TOC、硝态氮以及铵态氮等物质浓度与其他

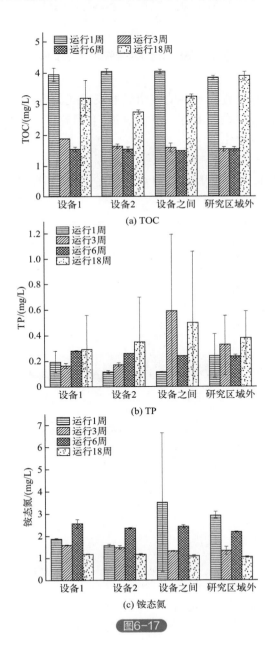

图6-17

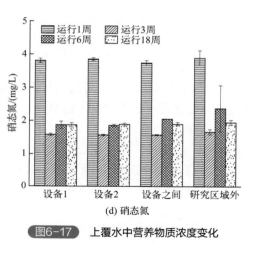

图6-17 上覆水中营养物质浓度变化

水域差别不大，设备运行过程中不会造成明显的表层底泥再悬浮，对上覆水体水质不会构成潜在威胁。运行过程中设备上方上覆水中 TP 含量略低于其他水域。

（2）上覆水环境因素变化

在水深约 1.5m 的上覆水体中布设在线监测探头，探头在水面以下 30cm 处。如图 6-18 所示，从 2020 年 11 月 10 日至 12 月 8 日的运行过程中，与空白区域上覆水相比，

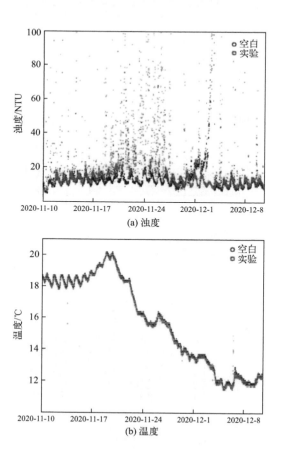

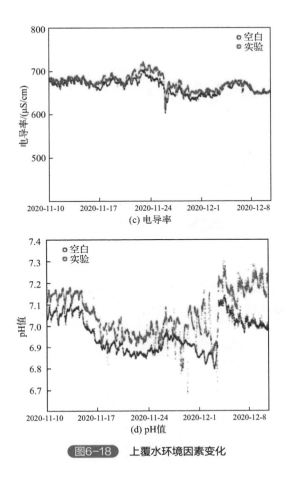

图6-18 上覆水环境因素变化

设备运行过程中并不会明显改变上覆水温度、电导率和浊度等环境指标，但会导致上覆水pH值略有升高。研究区域内浊度基本保持在15NTU，电导率保持在650～715μS/cm。运行过程中，当地气温逐渐下降，直接导致上覆水温度从运行初始时的18.6℃降至12.4℃。

在运行第6周（2020年12月27日）下午2时左右天气晴好，利用哈希便携式水质测试仪在研究区域上覆水不同深度处测定溶解氧浓度，可以发现不同深度上覆水中溶解氧浓度存在一定梯度，如图6-19所示。由于与空气接触较充分，水下30cm处溶解氧浓度最高。随着深度的增加，溶解氧浓度下降，因此水下50cm处溶解氧浓度明显低于水下30cm处。由于电化学设备阳极的析氧作用，水下100cm处电化学设备附近溶解氧浓度并未明显低于水下50cm处。并且明显可以发现电化学设备提高了附近水体中溶解氧浓度。由于水流影响，溶解氧浓度在电化学设备下游呈升高趋势。

（3）运行过程中微生物群落结构

自然环境中，微生物生命活动在河道底泥中营养物质的迁移转化中发挥重要作用。由于对底泥微生态存在较大负面影响，底泥疏浚、化学试剂的添加等底泥修复手段存在一定的环境风险。因此，有必要探究电化学设备运行过程中底泥微生物群落结构的变化，从而明晰电场作用对底泥微生态的影响。

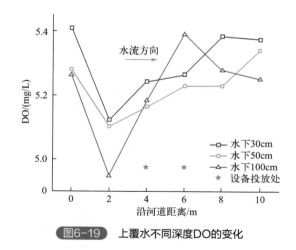

图6-19 上覆水不同深度DO的变化

1）生物多样性指数

电化学设备运行过程中生物多样性的变化如图 6-20 所示。图例中 E 代表设备处，O 代表研究区外。在系统运行过程中，电化学设备表层底泥中属水平 Ace 指数、Chao

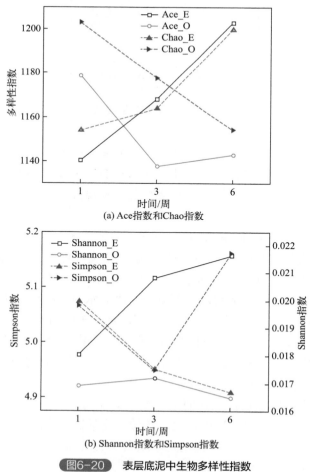

(a) Ace指数和Chao指数

(b) Shannon指数和Simpson指数

图6-20 表层底泥中生物多样性指数

指数和 Shannon 指数呈上升趋势，而 Simpson 指数呈下降趋势。研究区域外表层底泥中属水平 Ace 指数、Chao 指数和 Shannon 指数呈下降趋势，而 Simpson 指数呈上升趋势。由此可以发现，随着系统的运行，电化学设备表层底泥中群落的丰富度和多样性逐渐增高。电化学设备的运行，不仅不会对底泥微生态造成破坏，还会提高底泥中微生物群落的丰富性和多样性。

2）门水平群落结构变化

系统运行 6 周后，电化学设备内部和研究区域外表层底泥中门水平物种相对丰度如图 6-21 所示。可以发现，部分门水平物种在设备内部表层底泥中的相对丰度高于研究区域外表层底泥：放线菌门（Actinobacteriota）在设备内部表层底泥中和研究区域外表层底泥中的相对丰度分别为 4.5%、3.0%；Halobacterota 在设备内部表层底泥中和研究区域外表层底泥中的相对丰度分别为 2.2%、1.2%。部分门水平物种在设备内部表层底泥中的相对丰度低于研究区域外表层底泥：酸杆菌门（Acidobacteriota）在设备内部表层底泥中和研究区域外表层底泥中的相对丰度分别为 3.1%、5.0%；Verrucomicrobiota 在设备内部表层底泥中和研究区域外表层底泥中的相对丰度分别为 2.3%、3.0%；浮霉菌门（Planctomycetota）在设备内部表层底泥中和研究区域外表层底泥中的相对丰度分别为 1.9%、3.3%；Thermoplasmatota 在设备内部表层底泥中和研究区域外表层底泥中的相对丰度分别为 0.9%、2.0%。

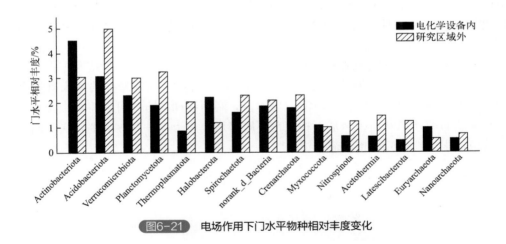

图6-21 电场作用下门水平物种相对丰度变化

综上所述，所设计的电化学系统，在原位治理河道内源污染过程中，可以实现对底泥中 TN、铵态氮、硝态氮和 TP 的削减，并且可以改善底泥微生态，从而使底泥微生物群落结构朝着有利于物质降解的方向发展。

6.3 水草生境构建技术

近年来研究普遍认为水草生境构建技术，尤其是水生维管束植物的修复是一种生态友好的水体污染治理技术，可能增强水体的自净能力和生态健康水平。但目前不少城市内的河道都承担着航运等任务，无法在城市河道内大面积种植水生维管束植物。同时城市河道多是硬质堤岸，其结构以及材料也导致岸边水生维管束植物缺乏合适的生境生存。因此，在生态修复中，最关键的一步是通过营造水草生长的生境，再人工栽培水草引导河道或湖泊底部的水草群落重新形成。

6.3.1 浮动式生态坡岸改造技术

为解决城市河道为硬质堤岸无法种植水生维管束植物的问题，提出了浮动式生态坡岸改造技术，其核心是一种壁挂式生态种植水生维管束植物技术。该方法使得水生维管束植物可以在硬质河道堤岸上生长，对于维持河道内的生态系统具有重要的作用。

6.3.1.1 壁挂式网床技术

壁挂式网床主要由无纺布或者纱绢组成，这两种材料具有良好的透水性，同时可以抵挡部分水力因素。另外，无纺布或纱绢可以为微生物的生长提供场所，对于净化水体也具有重要的作用。

壁挂式网床由多个网孔组成，每个网孔为正方体或长方体，网孔的高度根据种植的植物高度设置，网孔的底部铺有供水生维管束植物生长的石英砂或者陶粒材料。选择石英砂或陶粒材料作为水生维管束植物种植基质，有益于水生维管束植物着根生根，易于植物生长，同时该种植方式可以根据河道水体透明度来调节水生维管束植物的种植高度。

壁挂式网床一般紧贴河道两壁悬挂，将壁挂式水生维管束植物栽培网床作为一个整体，在岸边打桩，将整个网床拴在桩上，如图6-22所示。贴壁悬挂的网床有多个单独的网孔，网床通过缆绳固定在硬质河道堤岸上。利用这样的方式可以将水生维管束植物种植在无纺布或纱绢网布中，从而种植在硬质河道堤岸上，并且存活率较高，同时该种植方式也能很好地适应城市缓流河道。

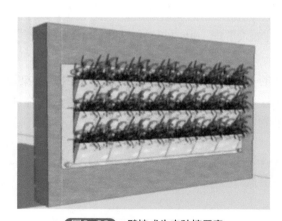

图6-22　壁挂式生态种植示意

6.3.1.2　沉水植物现状调查与适用种类筛选

沉水植物是河道健康水体生态系统的重要组成部分。沉水植物的茎叶可以吸附和沉降水体中的悬浮物，根部可以固定沉积物，并有效地减少沉积物的再悬浮，为微生物提供良好的栖息场所，并将光合作用产生的氧气送给根部的好氧微生物，维系好氧微生物的有氧呼吸活动。目前，在一些特定的条件下，应用沉水植物进行水体生态修复的技术已经较为完善。很多研究表明沉水植物种植条件受制于光照强度、水体温度、水体透明度等一系列自然环境因素，因此利用沉水植物的多样性，依据不同沉水植物去除营养盐的特性以及生长特性，根据水体的具体条件筛选适宜的沉水植物是进行水体生态修复的关键。

2018 年 1～11 月期间对苏州市城区河道水体中的沉水植物群落进行了调查研究，并在冬（1 月）、春（5 月）、夏（7 月）和秋（11 月）四季分别采样一次。采样断面有 14 个，分别为盘蠡桥（120°37′12″E，31°16′56″N）、裕棠桥（120°37′35″E，31°17′32″N）、泰让桥（120°36′57″E，31°18′9″N）、胜塘桥（120°35′49″E，31°18′52″N）、虎阜大桥（120°35′19″E，31°20′13″N）、校场桥（120°37′19″E，31°19′51″N）、外塘河大桥（120°38′46″E，31°20′57″N）、沧浪亭（120°37′55″E，31°18′2″N）、兴市桥（120°38′27″E，31°18′52″N）、阊门（120°36′43″E，31°19′17″N）、中市桥（120°36′47″E，31°19′17″N）、娄门桥（120°38′50″E，31°19′49″N）、银杏桥（120°38′21″E，31°18′6″N）以及觅渡桥（120°39′9″E，31°17′42″N）。

经过调查发现，其中 9 个断面有沉水植物生长，分别为 S1 盘蠡桥、S2 裕棠桥、S3 泰让桥、S4 虎阜大桥、S5 外塘河大桥、S6 沧浪亭、S7 阊门、S8 中市桥以及 S9 娄门桥。苏州市城市河道中主要有五种沉水植物，分别为水盾草（*Cabomba caroliniana*）、轮叶黑藻（*Hydrilla verticillata*）、菹草（*Potamogeton crispus* L.）、金鱼藻（*Ceratophyllum demersum* L.）以及苦草（*Vallisneria natans*）。水盾草是调查期间主要优势种且在四季均有分布，其生物量在夏季达到最高，为 1045g/m² 左右，且显著高于其他季节。其次为轮叶黑藻，主要出现在春季以及冬季，最大生物量出现在春季 S2 断面，达到 2536g/m²。菹草与金鱼藻总体生物量相差不大，其中菹草主要出现在夏季，金鱼藻主要出现在春季。苦草出现次数较少且生物量较低。

占据优势物种的水盾草由于较强的入侵性，不作为水生态修复的选择，而菹草无法适应 TN 浓度较高的水体环境，故并不适用于苏州市城市河道生态修复。根据苏州市城区河道的现状，综合水生植物的生长特点，选取伊乐藻、苦草、金鱼藻以及轮叶黑藻作为水体生态修复工程主要沉水植物，尽管伊乐藻在前期调查河道中并未发现，但其在苏南地区也存在。

6.3.1.3　技术效果分析

首先按照壁挂式水生维管束植物种植方法将苦草种植到水箱内，10d 后水箱中氮磷指标与河道水和初始配制的水箱原水相应指标相比，结果见表 6-1。可以看出，壁挂式生态种植水生维管束植物技术对河道内水的生态系统修复具有明显的效果，氮和磷的去除效果较好，表明壁挂式生态种植水生维管束植物技术对于修复以及维持良好生态环境具有较好的效果。

表6-1 室内模拟实验结果

项目	NO_3^--N /(mg/L)	NO_3^--N /(mg/L)	NO_2^--N /(mg/L)	溶解性活性磷 /(mg/L)
河道水	0.641	0.613	0.086	0.104
配制液	1.193	7.250	0.061	0.659
种植10d后含量	0.389	0.380	0.074	0.264

前期研究表明，当城市河道流速在 0 ~ 0.06m/s 时，苦草的生长不会受到影响，存活率达到 95% 以上；在 1500 ~ 10000lx 光照条件下，苦草能较好地生长，但苦草在高光照（9000lx）条件时生长状态明显好于低光照（1500lx）条件。为研究在高流速范围（0 ~ 0.2m/s）内壁挂种植技术的应用可行性，在实际河道中开展了壁挂种植沉水植物苦草的现场试验，考察其在不同流速（0.02m/s、0.05m/s、0.10m/s、0.14m/s、0.22m/s）条件下的生长情况。壁挂种植结果见图 6-23 ~ 图 6-25。在 5 个不同流速情况下，表征光合作用胁迫的光系统Ⅱ最大光化学量子产量 F_v/F_m 值以及与光适应条件下的光量子产量 $Y(Ⅱ)$ 值与实验初期差异不显著，但当流速大于 0.10m/s 时，苦草相对生长率（RGR）显著降低。

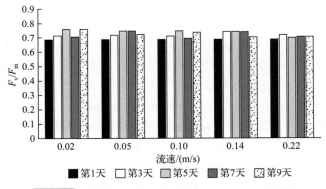

图6-23 壁挂式苦草在不同流速条件下 F_v/F_m 变化情况

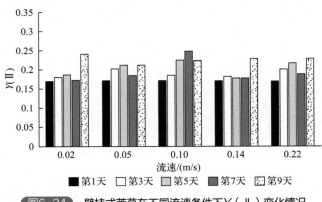

图6-24 壁挂式苦草在不同流速条件下 $Y(Ⅱ)$ 变化情况

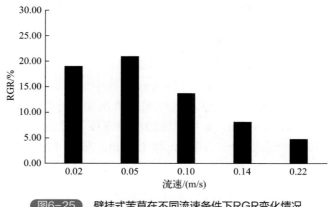

图6-25 壁挂式苦草在不同流速条件下RGR变化情况

通过上述分析可以看出，用壁挂式生态种植水生维管束植物技术种植的苦草在高流速的水体中也能保持良好的生长状态。有研究表明流水条件下不同的种植技术对水生维管束植物的生长有影响，在高流速的水体中植物生长受到严重的抑制。壁挂式生态种植水生维管束植物技术下苦草贴壁生长，水流对其冲击较小，对植物生长的影响可以忽略，因此壁挂式生态种植水生维管束植物技术对高流速水体的修复比传统修复方法具有显著的优势。

6.3.2 流动水体水下植被恢复技术

6.3.2.1 浮动式网床技术

流动水体水下植被恢复技术的核心是一种浮动式网床技术，由网床系统及浮动控制系统两部分组成，网床用于沉水植物的种植，浮动装置可控制网床布置在合适的深度。装置采用模块式，单个装置长 10m、宽 2m，见图 6-26。可以根据河道宽度并排放置多个网床式沉水植物种植装置。通过在网床载体上种植移栽水生维管束植物，从而进行水体生态修复。与传统浮床相比，网床式沉水植物种植法适应性更广泛，植物根系不会受损，存活率高，生长速率快，尤其适用于城市缓流水体的水生态修复。对一些透明度低、水位较深的城市河道水体也具有明显的优势和应用价值，具有良好的应用前景。

图6-26 浮动式网床种植示意

6.3.2.2 技术效果分析

（1）静水状态下种植生态修复效果

1）不同透明度下水生维管束植物网床深度选择

实验分别在透明度 50cm、100cm 和 160cm 水体中进行，水生维管束植物选取长势一致的狐尾藻 400g，设置 3 个深度，水体水质情况如表 6-2 所列。9 号网床的网袋深度设置为 15cm、30cm 和 45cm，4 号网床的网袋深度设置为 30cm、60cm 和 90cm，7 号网床的网袋深度设置为 50cm、100cm 和 150cm。放置 12d 后称重并计算鲜重增加量。

表6-2　实验点水质情况

网床编号	点位透明度/cm	TN/(mg/L)	TP/(mg/L)	NH_3-N/(mg/L)	NO_3^--N/(mg/L)	COD_{Mn}/(mg/L)
9	50	3.48	0.17	2.18	0.32	10.37
4	100	1.64	0.05	0.41	1.01	7.59
7	160	1.37	0.03	0.26	0.91	6.86

如图 6-27 所示，水体透明度 50cm 左右时网床深度应控制在 15cm 以内；透明度在 160cm 左右时，网床深度 100cm 时水生维管束植物生长最佳；透明度在 100cm 时，网袋深度对水生维管束植物鲜重增加的影响较小。

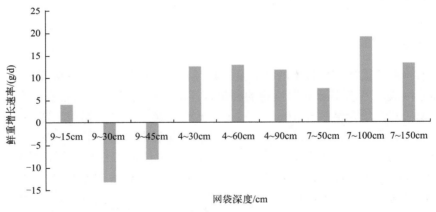

图6-27　不同透明度下网床深度对水生维管束植物鲜重增长率的影响

2）试验河道水生维管束植物种植技术生态修复效果

2018 年 10 月份开展的浮动式网床河道现场试验，选取的试验河道长 170m，宽 11～14m，水深 1.5～1.8m，初始透明度为 110～120cm。将水生维管束植物种植于网床内，为保证网床中的植物获得最适的光照条件，在修复过程中，根据水体透明度和光照条件及时调整水生维管束植物网床的深度以满足其最适宜的生长条件。实验进行 2 周，网床内水生维管束植物选择耐污性强、根茎柔韧度较高的狐尾藻（*Myriophyllum verticillatum* L.）。狐尾藻网床构建后，生长旺盛，形成狐尾藻草垫，水体透明度在 9d 内显著提高，达到 174cm。光照条件改善后，水底沉水植被逐渐恢复，形成了苦草、轮叶黑藻、水盾草、金鱼藻等构成的水生维管束植物群落。

网床狐尾藻种植后水体营养盐变化情况如图 6-28 所示。可以看出，15d 后，静水状态下网床水生维管束植物种植方式对水体的 TN、TP、NH_3-N 以及 NO_3^--N 的去除率分别为 65.13%、62.50%、81.63% 以及 75.22%。其中 NH_3-N 的去除效果最明显，水体透明度从 108 ～ 120cm 提升到 170 ～ 180cm，几乎清澈见底。

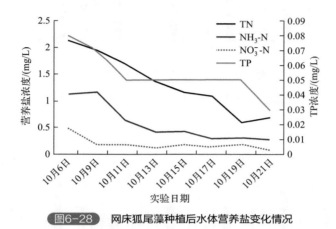

图6-28 网床狐尾藻种植后水体营养盐变化情况

修复后水下水生维管束植物植被覆盖率高达 80%，苦草株高高至 1m 左右，水盾草株高 50 ～ 80cm，轮叶黑藻株高 40 ～ 70cm，修复区水生维管束植物优势种为水盾草和苦草，其中水盾草生物量高达 2126.5kg，苦草生物量为 1468.8kg，如图 6-29 所示。

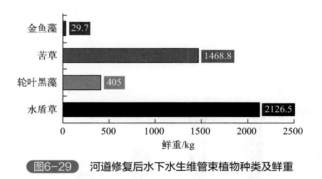

图6-29 河道修复后水下水生维管束植物种类及鲜重

（2）流水条件下网床种植技术效果

依次设置 5 组流速梯度，分别为 0.02m/s、0.05m/s、0.10m/s、0.14m/s 以及 0.22m/s。利用表征光合作用胁迫的光系统 II 最大光化学量子产量 F_v/F_m 值以及与光适应条件下的光量子产量 Y（II）值说明沉水植物的生长情况，如图 6-30 ～图 6-33 所示。结果发现在较高流速（0.22m/s）条件下，F_v/F_m 以及 Y（II）值均显著低于实验初始状态。同时当流速大于 0.14m/s 时，苦草相对生长率（RGR）相较于其他流速状态下显著下降。同时在实验期间，该种植方式对水体中 TN、TP 以及 NH_3-N 的去除率分别为 46.45%、57.85% 以及 97.78%，而对 NO_3^--N 的去除并不明显且有所上升。

326 | 城市河流水环境品质提升与生态健康维系

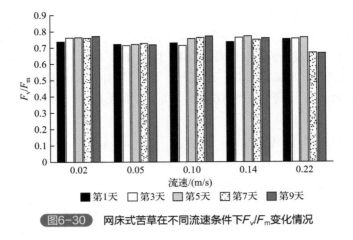

图6-30　网床式苦草在不同流速条件下F_v/F_m变化情况

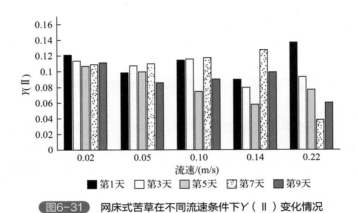

图6-31　网床式苦草在不同流速条件下$Y(\mathrm{II})$变化情况

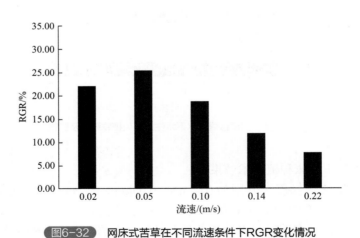

图6-32　网床式苦草在不同流速条件下RGR变化情况

　　流动水体水下植被恢复技术可降低水体中营养盐含量并提高水体透明度，为水下水生维管束植物的生长创造光照条件，通过人工生态修复引领自然生态修复，最终实现水生维管束植物植被的恢复，逐渐重构生态系统，提高水域的自我净化能力。

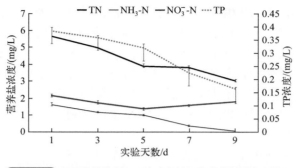

图6-33 网床苦草在不同流速条件下水体营养盐变化情况

浮动式网床可根据植物类型合理调节网孔大小，可避免对根茎的伤害，为水生维管束植物提供了良好的生长环境。同时，浮动式网床的固定可采用 UPVC 管，方便调节浮力，经久耐用。

综上所述，该技术具有种植深度调节灵活性，模块化组合可根据河道宽度和河面情况改变装置排列方式，根据水体营养盐水平选择不同耐污水平的水生维管束植物种类，该装置适用于静水、流动型河道水域、景观水域等。

6.3.3　硬质底植被恢复技术

硬质底植被恢复技术采用模块化种植理念，使用模块化载体承载水生维管束植物生长所需的基质，在不实施覆土工程的条件下，能高效、长久地完成水生维管束植物的种植任务。

6.3.3.1　模块化水草载体的选择

如图 6-34 所示，模块化水草是指将筛选驯化后的水生维管束植物种植在预制的基质模块上，利用基质模块的相对便携性，在水生维管束植物的重建工程中以模块为单位进行水生维管束植物的采挖运输和栽种。

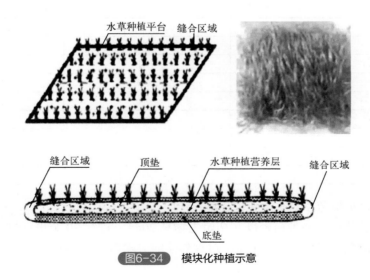

图6-34 模块化种植示意

模块化水草种植技术选用编织筐作为苦草的载体材料,制作水生维管束植物模块化种植盒(每个规格为边长25cm、高10cm,并镂空或在编织时留孔)。目前常见的模块化多采用塑料制成的倒锥形花盆形载体,不过由于塑料入水后不便打捞,遗留的载体可能存在二次污染,可以采用竹筐种植解决这个问题。另外,常见的圆形截面使盆和盆之间不可避免地留下空隙,浪费了大量空间。选用方形种植筐,弥补了种植体系内空间上的缺漏。模块化种植筐之间可以通过孔隙盘根交错,做到由一个个的模块化种植筐变成一个互相联系的稳固体系。

模块化水草种植可应用于不同场景,在无底泥的生态养殖中应用模块化水草不仅可以为鱼虾提供栖息环境,同时可以降低水中营养物质浓度,改善水体环境,提高养殖质量。越来越多的学者着手研究利用水生维管束植物修复植物群落重建水下生态系统,许多问题也随之暴露出来。传统修复方法对于单株植物进行种植迁移耗费太大;水生维管束植物完全沉于水下,其采挖和运输成本较高,在移栽过程中水生维管束植物根系较易被破坏,加上富营养水体中各种污染胁迫超过了水生维管束植物的耐受程度,给工程的实施带来了诸多不利因素。模块化种植针对性地解决了材料问题、运输问题、施放问题和成本问题。模块化水草是将水生维管束植物和基质模块视为整体,每个模块上可以种植几百株水草,在移栽过程中只需移动模块即可,利用基质固定将水草进行整体转移,可以保护植物根系不受破坏。种植过程中,无需铺设底泥,直接将基质模块转移至水中即可,不但移栽方便,而且可以根据需要进行比例搭配和造景形状设计。

6.3.3.2 模块化种植效果分析

(1)模块化种植密度对水生维管束植物生物量增长的影响

设置0g、5g、10g、15g、20g、25g、30g、35g八组初始生物量,研究模块化种植苦草的初始合适密度。培育35d后称量生物量,结果如表6-3所列。增长率最高的是第五组,初始生物量为20g时,苦草35d的增长率达到30.22%;除对照组外增长率最低的是35g组,为21.18%,不过差距不大。说明模块化苦草种植存在最适密度,为20g/m^{2}左右。

表6-3 不同初始生物量(密度)下模块化苦草35d的生物量增长率

序号	初始生物量/g	35d增长量/g	增长率/%
1	0	0	0
2	5	1.130	22.60
3	10	2.497	24.97
4	15	4.080	27.20
5	20	6.044	30.22
6	25	6.405	25.62
7	30	6.918	23.06
8	35	7.413	21.18

(2)模块化种植苦草对去除率的影响

选取苦草长势最好的种植密度(初始生物量20g),进行10个平行试验,测试其对营养盐的去除情况。35d后模块化苦草对营养盐的去除率见表6-4。

表6-4 最适密度10个平行下模块化苦草35d的营养盐去除率

序号	TN去除率/%	TP去除率/%	NH₃-N去除率/%
1	80.56	65.83	91.45
2	73.61	69.28	89.76
3	75.32	63.11	92.87
4	78.89	75.43	86.59
5	70.53	64.58	90.46
6	78.49	61.25	84.23
7	81.64	66.14	91.14
8	76.84	70.44	87.28
9	72.35	74.91	88.45
10	79.93	71.77	82.31

6.4 植物源化感抑藻技术

目前富营养化水体中水华暴发现象已成为世界主要环境问题，大量有害藻类在水体中爆发式增长，降低水体溶解氧，释放出大量藻毒素并腐败产生恶臭，破坏水体质量和水体景观，对水生生态系统及水资源利用产生重大威胁。因此，寻求安全高效、价格低廉的抑藻剂成为现今该领域的重要课题之一。传统控藻技术如曝气混合技术、化学试剂法、微生物控藻技术都存在明显的局限性，有学者认为利用植物化感作用可能是控制富营养化水体中的有害藻类大量繁殖的有效手段之一。目前，具有化感活性物质的各类植物被认为是天然抑藻剂的潜在来源。

城市河道夏季易暴发水华，即使当下水体富营养化得到改善，夏季也难以完全避免。人工和自然生态系统都有其耐受极限，并非每个生态系统都能有效控制水华暴发，故在完成生态系统构建的同时，也要做好预防水华暴发的准备。植物源化感抑藻技术是一种以凋落物浸提液化感抑藻的技术，由陆生植物浸提液而来的靶向性抑藻剂，抑制藻类的生长。

水生植物分泌的化感物质在水环境中更容易释放扩散，自1949年首次发现水生植物对藻类生长有抑制效应以来，研究表明具有抑藻活性的高等水生植物至少有37种，多数为沉水植物，少数为漂浮植物。沉水植物植株完全在水体中生长，通过根、茎、叶释放的化感物质能够有效抑制藻类的生长。马来眼子菜、狐尾藻、黑藻、金鱼藻等沉水植物均具有较强的化感作用。挺水植物的茎、叶生长在水面之上，只有根和部分根茎生长在水体中，因此挺水植物主要通过根系释放化感物质以抑制水体中藻类生长。石菖蒲、宽叶菖蒲、芦苇、芦竹、鸢尾、马蹄莲等浮水植物均有较明显的化感抑藻作用。浮水植物的叶片基本漂浮在水面之上，对浮游植物能产生一定的遮盖作用。但植物体与水面接触面积较小，导致植物体释放化感物质的范围和浓度都受到一定的限制，其中凤眼莲化感抑制作用较为常见。

相较于水生植物，陆生植物具有更大的生物量和更丰富的次生代谢产物，同时当某一水体环境中的藻类已经适应了该环境中的化感物质时，加入新的陆生植物化感物质可能会有更明显的效果。对陆生植物的化感活性物质进行提取分析，开发新型抑藻剂是今后研究的有效控藻手段。研究发现，菊科、禾本科、毛茛科等草本植物，桃金娘科、松科、胡桃科、芸香科、杨柳科和木犀科等木本植物，均对藻类有较明显的化感抑制作用。

6.4.1 植物化感作用抑藻机理

植物化感物质主要通过破坏藻类细胞膜及超微结构、影响藻类光合系统、影响藻类呼吸代谢、影响藻类抗氧化体系、影响藻类基因表达等方式来达到抑制藻类生长的目的。

（1）破坏藻类细胞膜及超微结构

细胞膜是一些化感物质的初始位点，化感物质通过改变藻类细胞膜组成从而改变细胞膜流动性，或降低细胞膜的完整性，导致藻细胞内溶物大量渗出，增加细胞外环境的电导率，并进一步作用于膜内的叶绿体、拟核、线粒体及内含物和细胞核等细胞超微结构，达到杀死藻细胞、抑制藻类生长的目的。例如芦苇中含有的 EMA（2-甲基乙酰乙酸乙酯）具有化感抑藻活性，能够破坏铜绿微囊藻和蛋白核小球藻的细胞膜结构，使细胞膜流动性增强、稳定性降低，并使铜绿微囊藻和蛋白核小球藻的细胞壁脱落，细胞内片层结构解体，细胞核和线粒体等结构损坏。

（2）影响藻类光合系统

虽然高等植物的生理和代谢过程受到化感胁迫影响的机制尚不完全清楚，但光合作用总是第一个受到化感胁迫抑制的过程。叶绿素 a 在光合作用中承担着吸收和转化光能的作用，其含量与植物光合作用关系密切。相关研究表明，化感物质主要通过抑制叶绿素的合成、加速叶绿素的降解、既抑制合成又加速降解 3 种途径降低叶绿素含量。

（3）影响藻类呼吸代谢

化感物质可以影响植物呼吸作用的不同过程，主要途径包括抑制线粒体的电子传递和氧化磷酸化 2 种方式。例如穗花狐尾藻分泌的焦性没食子酸和没食子酸能使铜绿微囊藻的呼吸作用明显增强。有研究发现 EMA 能够促进铜绿微囊藻的呼吸速率，呼吸作用很可能是藻类在受到胁迫时的一种自我保护机制，在受到胁迫时通过增强呼吸作用为藻类提供能量，然而当胁迫持续增加或强度较大时，呼吸作用最终还是会受到抑制，呼吸速率降低，影响藻类正常生长代谢。

（4）影响藻类抗氧化体系

细胞内氧化的平衡状态在藻类生长中起着非常重要的作用。化感物质通过改变藻细胞中超氧化物歧化酶（SOD）、过氧化物酶（POD）和过氧化氢酶（CAT）活性及增加膜脂过氧化产物（MDA）的含量使得细胞内活性氧（ROS）水平增加，破坏藻细胞的抗氧化系统，过量的 ROS 可直接作用于细胞内的 DNA（脱氧核糖核苷酸）、RNA（核糖核苷酸）和蛋白质等生物大分子，造成藻细胞死亡，或作为信号分子引发细胞程序性死亡。

（5）影响藻类基因表达

化感物质对藻类基因表达的影响主要是通过诱导藻类细胞内的某些基因表达，并通过阻止 DNA 的翻译和转录影响蛋白质表达。例如，研究发现麦麸提取液可以下调抗氧化蛋白合成基因 *Prx* 的表达，导致 Prx 蛋白含量降低，从而减少藻细胞对 ROS 的清除，造成氧化损伤。

6.4.2　植物抑藻凋落物的筛选

叶绿素荧光测量技术在不对植物本身造成损伤的前提下，能够提供不同的荧光参数，包括光系统Ⅱ（PSⅡ）最大光化学量子产量 F_v/F_m 值、光适应条件下的光量子产量 $Y(Ⅱ)$ 值、最大相对电子传递效率（$rETR_{max}$）等，为植物的生理变化提供有效信息，并能够在藻体形态或密度发生明显变化之前识别光合状态的变化，是一种快速灵敏地估算植物光合作用能力的有效技术。

研究中，筛选出 10 种被报道含有抑藻活性物质的植物，包括香樟、银杏、梧桐、柳树 4 种木本植物，地锦草、一年蓬、加拿大一枝黄花 3 种草本植物，喜旱莲子草、再力花、水葫芦 3 种水生维管束植物。

6.4.2.1　实验方法

（1）实验材料

4 种木本植物和 3 种草本植物采回后，洗净烘干，粉碎至 50 目后保存备用。

水生维管束植物采集后用 BG-11 培养基培养。培养条件为：温度（25±1）℃，光照强度 2000～2500lx，光、暗时间为 12h∶12h，每天定时摇晃两次，并镜检藻种生长情况。当藻体生长进入对数生长期后，进行分瓶实验。

（2）植物浸提液的制备

称取适量烘干的植物粉末，以 1∶20 的固液比加入蒸馏水进行超声波常温提取 2h，连续提取两次。混合浸提液后以 4000r/min 离心 3min，过滤以去除沉淀，并用 0.22μm 滤膜过滤以去除微生物的影响，定容至 250mL，得到清澈的浓度为 7.5g/L 的浸提液母液备用。

（3）植物浸提液抑藻实验设计

在 250mL 锥形瓶中加入适量植物浸提液和处于对数生长期的藻液，用 BG-11 培养基稀释至 150mL，得到植物浸提液最终浓度为 3g/L。在上述条件下培养所有样品，每组 3 个平行。

（4）植物浸提液抑藻实验方法

分别在 48h 和 96h 用血球计数板在显微镜下统计藻细胞密度，并采用浮游植物分类荧光仪测定藻细胞叶绿素荧光参数。所使用的测量方法及参数遵循 Schreiber 描述的方法，并根据实际实验条件做了适当调整。测定参数如下。

PSⅡ的最大光化学量子产量（F_v/F_m）反映光系统Ⅱ（PSⅡ）下的最大光能转化效率和藻类潜在光合作用能力。正常情况下，F_v/F_m 可以维持一个相对稳定的水平，当受到外界胁迫时，F_v/F_m 值会明显下降。在充分暗适应条件下，打开测量光，记录暗适应后最小荧光 F_0，接着打开饱和脉冲测量暗适应后最大荧光 F_m。F_v/F_m 计算公式为：

$$F_v/F_m = (F_m - F_0)/F_m \tag{6-3}$$

PSⅡ的光适应条件下的光量子产量 $[Y(Ⅱ)]$ 用来评估光系统Ⅱ吸收的能量用于光合作用的比例，$Y(Ⅱ)$ 值越高，表明光系统Ⅱ的光合效率越高。打开光化光进行光合诱导时，会在质体醌（PQ）处积累电子，只有部分电子门处于开放状态，并得到荧光值 F，在饱和脉冲条件下，处于开放的电子门将作用于光合作用的能量转化为叶绿素荧光和热，得到叶绿素荧光峰值 F'_m。$Y(II)$ 计算公式为：

$$Y(II) = (F'_m - F)/F'_m \tag{6-4}$$

6.4.2.2 植物浸提液对藻类生长的影响

（1）植物浸提液对黄丝藻生长的影响

如表6-5所列，处理96h时，香樟、银杏、梧桐、柳树4种木本植物浸提液对黄丝藻的生长抑制率均超过90%，抑制效果极显著。3种草本植物中，地锦草和一年蓬浸提液在96h时对黄丝藻的生长抑制率可达到70%以上，表现出抑制作用起效时间长的特点。3种水生维管束植物在48h均表现出短期的促进作用，直到96h时均表现出显著的抑制效果，其中水葫芦浸提液对黄丝藻抑制效果最高，抑制率达到90.34%。总体上，对于黄丝藻，木本植物浸提液表现出高效迅速的抑藻效果。

表6-5 不同植物浸提液在暴露48h和96h时对黄丝藻的生长抑制率

植物种类	生长抑制率IR（平均值±标准误）	
	48h	96h
香樟	78.29±0.12**	92.87±0.01**
银杏	80.76±0.32**	96.74±0.01**
梧桐	80.09±0.07**	96.31±0.01**
柳树	83.45±0.08**	96.87±0.02**
地锦草	2.52±0.25	72.40±0.33**
一年蓬	4.73±0.16	73.46±0.18**
加拿大一枝黄花	−8.89±0.03	10.07±0.37
喜旱莲子草	−16.05±0.19	73.71±0.10**
再力花	−8.04±0.29	68.55±0.19**
水葫芦	−7.36±0.00	90.34±0.05**

注：**表示与对照组差异极显著（$P<0.01$）。

（2）植物浸提液对铜绿微囊藻生长的影响

从表6-6中可以看出，4种木本植物中，银杏浸提液和柳树浸提液表现出更好的抑制效果，但银杏浸提液对铜绿微囊藻的抑制作用起效更迅速。3种草本植物中，加拿大一枝黄花浸提液的抑制效果优于其余2种植物。3种水生维管束植物中，再力花浸提液对铜绿微囊藻的生长抑制效果最好。10种植物浸提液对铜绿微囊藻的生长均表现出显著的抑制效果。

表6-6 不同植物浸提液在暴露48h和96h时对铜绿微囊藻的生长抑制率

植物种类	生长抑制率IR（平均值±标准误）	
	48h	96h
香樟	35.47±0.06**	57.75±0.15**
银杏	55.98±0.38**	75.06±0.29**

续表

植物种类	生长抑制率IR（平均值±标准误）	
	48h	96h
梧桐	43.16 ± 0.33**	68.02 ± 0.14**
柳树	29.91 ± 0.20**	70.66 ± 0.18**
地锦草	50.21 ± 0.15**	67.62 ± 0.15**
一年蓬	58.85 ± 0.33**	63.17 ± 0.07**
加拿大一枝黄花	62.66 ± 0.15**	73.02 ± 0.20**
喜旱莲子草	49.52 ± 0.35**	64.13 ± 0.23**
再力花	55.05 ± 0.25**	71.11 ± 0.40**
水葫芦	48.13 ± 0.13**	64.44 ± 0.13**

注：**表示与对照组差异极显著（$P < 0.01$）。

（3）植物浸提液对水华微囊藻生长的影响

从表6-7中可以看出，4种木本植物中，柳树浸提液对水华微囊藻的抑制效果最好。3种草本植物中，地锦草和加拿大一枝黄花浸提液表现出更好的抑制效果。3种水生维管束植物中，喜旱莲子草和再力花浸提液的抑制率持续增长，但水葫芦浸提液的生长抑制率先增长后降低。在所有植物浸提液中，柳树、地锦草、加拿大一枝黄花和喜旱莲子草在3g/L的条件下具有较高的抑藻活性。所有实验组在48h和96h时均表现出明显的抑藻活性。

表6-7　不同植物浸提液在暴露48h和96h时对水华微囊藻的生长抑制率

植物种类	生长抑制率IR(平均值±标准误)	
	48h	96h
香樟	50.00 ± 0.13**	67.73 ± 0.23**
银杏	48.18 ± 0.23**	69.09 ± 0.19**
梧桐	49.39 ± 0.21**	67.73 ± 0.03**
柳树	61.21 ± 0.10**	73.18 ± 0.12**
地锦草	45.96 ± 0.24**	76.85 ± 0.15**
一年蓬	56.17 ± 0.23**	68.09 ± 0.26**
加拿大一枝黄花	57.45 ± 0.09**	72.58 ± 0.03**
喜旱莲子草	51.91 ± 0.19**	77.30 ± 0.15**
再力花	51.91 ± 0.08**	58.88 ± 0.30**
水葫芦	51.91 ± 0.08**	47.64 ± 0.16**

注：**表示与对照组差异极显著（$P < 0.01$）。

（4）植物浸提液对黄丝藻光合荧光特性的影响

从图6-35中可以看出，4种木本植物中，柳树浸提液对黄丝藻光合荧光效率的抑制效果极显著，梧桐浸提液也表现出显著抑制黄丝藻光合荧光活性的能力，银杏浸提液对黄丝藻光合荧光活性没有抑制作用。3种草本植物中，一年蓬和加拿大一枝黄花浸提液表现出相同的抑制效果，黄丝藻光合荧光活性均出现先下降后升高的趋势。3种水生维管束植物中，添加喜旱莲子草浸提液的实验组抑制效果极显著，水葫芦和再力花浸提液对黄丝藻光合荧光活性的抑制效果不显著。

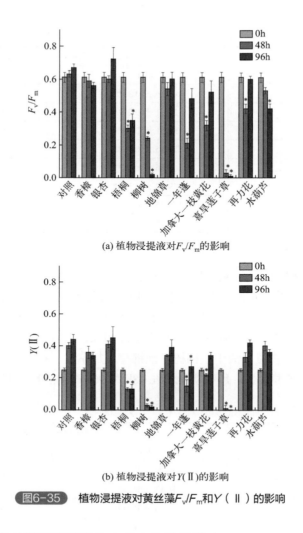

(a) 植物浸提液对F_v/F_m的影响

(b) 植物浸提液对$Y(\text{II})$的影响

图6-35　植物浸提液对黄丝藻F_v/F_m和$Y(\text{II})$的影响

（5）植物浸提液对铜绿微囊藻光合荧光特性的影响

从图 6-36 中可以看出，4 种木本植物中，银杏浸提液对铜绿微囊藻光合荧光活性表现高效的抑制效果，但在实验进行 96h 时 F_v/F_m 值和 $Y(\text{II})$ 值出现回升，48h 时有最大抑制效率。3 种草本植物和 3 种水生维管束植物中铜绿微囊藻的 F_v/F_m 值及 $Y(\text{II})$ 值在培养过程中出现不同程度的下降。10 种植物浸提液对铜绿微囊藻光合荧光活性均有显著的抑制效果。

（6）植物浸提液对水华微囊藻光合荧光特性的影响

4 种木本植物中，银杏浸提液和柳树浸提液对水华微囊藻光合荧光活性表现出相对较高的抑制效果，如图 6-37 所示。柳树浸提液处理组 F_v/F_m 值 48h 出现小幅上涨后降低。香樟和梧桐浸提液对水华微囊藻光合荧光活性无明显抑制作用。3 种草本植物中，地锦草和一年蓬浸提液对水华微囊藻叶绿素荧光参数的抑制作用效果相似，抑制效果极显著。加拿大一枝黄花提取液具有较高的抑藻活性。3 种水生维管束植物中，喜旱莲子草和再力花浸提液对水华微囊藻的抑制作用表现为先升后降，但喜旱莲子草处理组总体仍显著低于对照组，而再力花处理组微囊藻生长甚至高于对照组，对水华微囊藻光合荧光活性没有抑制效果。水葫芦浸提液对微囊藻抑制效果不显著。

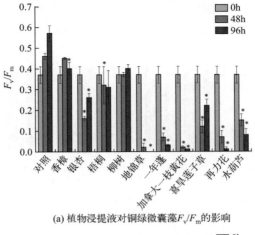

(a) 植物浸提液对铜绿微囊藻F_v/F_m的影响

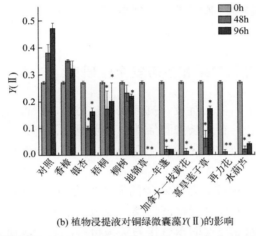

(b) 植物浸提液对铜绿微囊藻$Y(Ⅱ)$的影响

图6-36　植物浸提液对铜绿微囊藻F_v/F_m和$Y(Ⅱ)$的影响

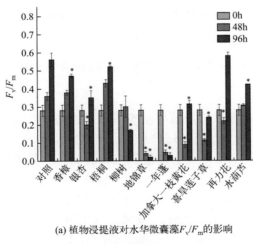

(a) 植物浸提液对水华微囊藻F_v/F_m的影响

图6-37

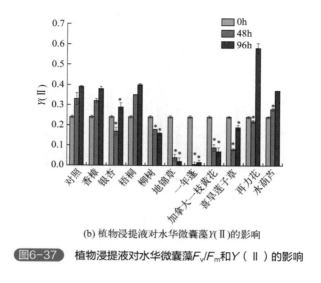

(b) 植物浸提液对水华微囊藻 $Y(\text{II})$ 的影响

图6-37 植物浸提液对水华微囊藻 F_v/F_m 和 $Y(\text{II})$ 的影响

6.4.3 银杏浸提液抑藻效果和生态安全性研究

研究表明银杏具有抗氧化、抗炎、抗菌效果。另外，银杏落叶能够释放多种化感物质，对杂草（如黑麦草）具有生长抑制活性。也发现从银杏外果皮中分离出的银杏酸具有杀藻活性，并导致细胞结构破坏和氧化损伤诱导。然而，银杏落叶浸提液对水华蓝藻的影响尚未阐明。

目前利用植物化感作用控制蓝藻水华的研究多集中于植物活体或新鲜植物浸出液，利用植物废弃物（如落叶）或其浸提液抑藻的报道并不多。因此，根据上一节的研究结果，选择了抑藻作用高效且迅速的银杏作为实验材料，进一步研究银杏落叶浸提液的抑藻机理。

研究中，用不同浓度的银杏落叶浸提液处理水华微囊藻后，对其生长及光合荧光活性进行了监测，并从基因水平探究银杏落叶浸提液对水华微囊藻的影响。同时，对不同浓度的银杏落叶浸提液的生态安全性进行了研究，以判断银杏落叶作为一种植物源抑藻剂的生态安全性。

6.4.3.1 银杏落叶提取液实验室抑藻效果和生态安全性分析

（1）实验材料

银杏落叶取回后，洗净烘干，粉碎至 50 目后保存备用。水华微囊藻藻种用 BG-11 培养基培养。培养条件为：温度（25±1）℃，光照强度 2000～2500lx，光、暗时间为 12h：12h，每天定时摇晃 2 次，并镜检藻种生长情况。当藻体生长进入对数生长期后，进行分瓶实验。

斑马鱼平均体长（1±0.05）cm，平均体重（0.18±0.02）g。实验前在室温（25±1）℃下驯养 7d 以上，自然死亡率小于 0.5%，实验 1 天前停止喂食，实验期间也不喂食。

沉水植物苦草、穗花狐尾藻和伊乐藻，平均鲜重（6.00±0.50）g。实验前在室温（25±1）℃下暂养。

（2）银杏落叶浸提液的制备

称取适量烘干的银杏落叶粉末，以1∶20的固液比加入蒸馏水进行超声波常温提取2h，连续提取2次。混合浸提液后以4000r/min转速离心3min，过滤以去除沉淀，并用0.22μm滤膜过滤以去除微生物的影响，定容至250mL，得到清澈的浓度为7.5g/L的浸提液母液备用。

（3）实验设计

在250mL锥形瓶中加入适量植物浸提液和处于对数生长期的水华微囊藻藻液，用BG-11培养基稀释至150mL，得到的植物浸提液最终浓度分别为0、0.75g/L、1.5g/L、3g/L、6g/L和12g/L。每组3个平行。

（4）银杏落叶提取液对水华微囊藻的影响

1）银杏落叶浸提液对水华微囊藻生长的影响

在银杏落叶浸提液的处理下，水华微囊藻藻细胞逐渐沉降到底部，在显微镜下可以清晰地观察到藻细胞碎片。随着银杏落叶提取物浓度的增加，藻类密度逐渐降低，抑制效果逐渐增强。浓度＞1.5g/L的银杏落叶浸提液能有效降低水华微囊藻藻细胞密度，浓度为3g/L和6g/L的浸提液抑制作用更稳定，6g/L的银杏落叶浸提液对水华微囊藻生长的抑制效果优于12g/L（图6-38）。银杏落叶浸提液对水华微囊藻的半最大效应浓度（half maximal effective concentration，EC_{50}），96h为0.82g/L。综上，银杏落叶浸提液对水华微囊藻有显著的抑制作用。

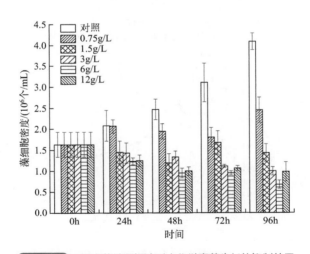

图6-38　银杏落叶浸提液对水华微囊藻生长的抑制效果

2）银杏落叶浸提液对水华微囊藻光合荧光活性的影响

如图6-39所示，水华微囊藻在浓度为1.5g/L的银杏落叶浸提液中暴露48h后，$Y(II)$和$rETR_{max}$下降，而72h后F_v/F_m开始下降，96h后光合活性受显著影响。F_v/F_m、$Y(II)$和$rETR_{max}$在浸提液浓度为3g/L、6g/L、12g/L的条件下表现出相似的抑制趋势，3g/L的抑制效果低于6g/L和12g/L。综上，银杏落叶浸提液对水华微囊藻的光合荧光活性有显著的抑制作用。

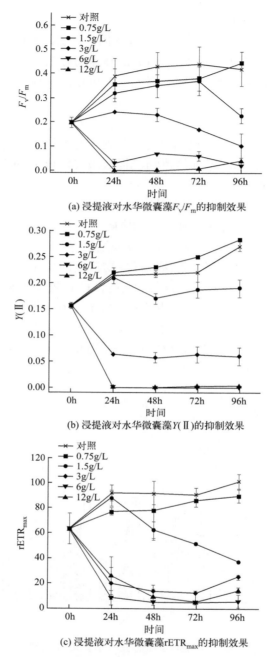

(a) 浸提液对水华微囊藻F_v/F_m的抑制效果

(b) 浸提液对水华微囊藻$Y(II)$的抑制效果

(c) 浸提液对水华微囊藻$rETR_{max}$的抑制效果

图6-39 　银杏落叶浸提液对水华微囊藻F_v/F_m、$Y(II)$和$rETR_{max}$的抑制效果

3）银杏落叶浸提液对水华微囊藻光合基因表达的影响

图 6-40 为银杏落叶浸提液浓度为 3g/L 时，对水华微囊藻光合基因表达的影响（图中，白色柱代表对照组，灰色柱代表处理组）。可以看出，在银杏落叶浸提液浓度为 3g/L 时 $psbD$ 和 $rbcL$ 基因均显著下调。与对照组相比，$nblA$ 基因在 24h 时无明显变化，48h 和 96h 后相对表达量下降。

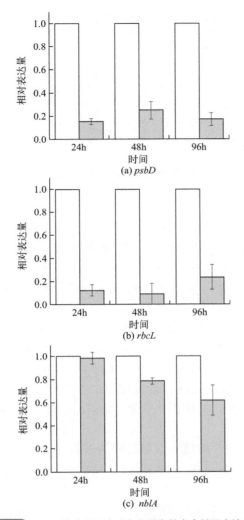

图6-40　银杏落叶浸提液对水华微囊藻光合基因表达的影响

4）银杏落叶浸提液的生态安全性

将 15 条斑马鱼和 3 种沉水植物各 3 株置于 25L 的鱼缸内，分别加入适量的银杏落叶浸提液，使其浓度分别为 0、3g/L、6g/L、12g/L，用自来水稀释至 15L。每组 3 个重复。每 24h 记录一次斑马鱼的死亡情况，并通过双通道调制叶绿素荧光仪测定 3 种沉水植物的叶绿素荧光参数。

表 6-8 显示了 96h 银杏落叶浸提液对斑马鱼死亡率和 3 种沉水植物光合效率的影响。结果表明，96h 后各浓度银杏落叶浸提液中斑马鱼生长状态良好，无异常行为，且无死亡现象；对照组和实验组中，3 种沉水植物均生长良好，没有腐烂现象，光合荧光活性无显著差异。

综上所述，3g/L 的银杏落叶浸提液对水华微囊藻生长有明显抑制效果，室内生态安全性实验也可以证明浓度低于 12g/L 的银杏落叶浸提液对水生生态系统没有毒性，故 3g/L 的银杏落叶浸提液可作为生态安全的潜在植物源抑藻剂，应用于自然水体中。

表6-8　96h银杏落叶浸提液对斑马鱼死亡率和3种水生维管束植物光合效率的影响

浓度/(g/L)	斑马鱼死亡率	F_v/F_m		
		苦草	伊乐藻	穗花狐尾藻
0	0	0.74	0.66	0.77
3	0	0.67	0.71	0.78
6	0	0.61	0.71	0.71
12	0	0.69	0.66	0.69

6.4.3.2　银杏落叶浸提液抑藻效果室外中试模拟研究

（1）实验材料

实验所需浮游植物群落采自苏州市十字洋河河道内暴发水华时的浮游植物群落，样品用稀释10倍的BG-11培养基培养。培养条件为：温度（25±1）℃，光照强度2000～2500lx，光、暗时间为12h∶12h，每天定时摇晃2次，并镜检藻种生长情况。当藻体生长进入对数生长期后，在自然条件下进行扩大培养。

（2）实验设计

实验于7月中旬展开，光照充足，室外温度较高。户外中试模拟实验采用体积为120cm×90cm×34cm白色塑料水箱，加入自然河水250L和水华藻液，投加$NaNO_3$和KH_2PO_4调节水体中氮磷水平，在水箱内诱导水华暴发。取样测得水箱内各水质参数后，向水箱内加入适量银杏落叶浸提液，使浸提液最终浓度为3g/L，同时设置对照组，置于室外自然环境条件下培养。每组3个平行。均匀混合后，每24h进行一次等体积采样，并对水样进行后续检测分析。

（3）银杏落叶浸提液对浮游植物群落结构的影响

将1000mL水样倒入1000mL分液漏斗中，加入15mL鲁哥氏碘液固定，静置48h，收集下层沉淀物50mL于100mL血清瓶中。将样本充分摇匀，取0.1mL样品于0.1mL浮游植物计数框中，在10×40倍显微镜下全片观察，记下每种浮游植物的个数。同一采样点水样观察计数2片，取其平均值，若同一样品的2次计数结果之差大于±15%，则应再增加计数次数。1000mL水样中浮游植物密度N计算公式为：

$$N=C_sVP_n/(F_sF_nv) \tag{6-5}$$

式中　C_s——计数框的面积，mm^2；

　　　F_s——一个视野的面积，mm^2；

　　　F_n——计数视野数；

　　　V——1000mL水样浓缩后的体积，mL；

　　　v——计数框的体积，mL；

　　　P_n——在F_n个视野中所计数到的浮游植物数。

表6-9及图6-41显示了在室外中试模拟实验中经银杏落叶浸提液处理后，主要浮游植物的细胞密度和组成的变化情况。本次实验中浮游植物主要包括蓝藻门、绿藻门和硅藻门三大类，其中蓝藻的优势度更高，而绿藻种类最多。蓝藻门6种（占藻类种类的92.34%），以微囊藻属和伪鱼腥藻属占优势；绿藻门12种（占藻类种类的6.42%），以栅藻属占优势；硅藻门3种（占藻类种类的1.24%），以舟形藻属和小环藻属占优势。

随着时间的增加，对照组中蓝藻密度显著上升，蓝藻成为主要的优势种，水体中基本没有其他藻类生存。添加银杏落叶浸提液后，浮游植物密度明显降低，其中蓝藻数量显著下降，并随着蓝藻的死亡，水体内绿藻数量显著增加，以空星藻属、浮球藻属、微芒藻属和顶棘藻属占优势，硅藻无明显变化。实验 7d 后，蓝藻占藻类种类的 41.54%，绿藻占藻类种类的 56.22%，硅藻占藻类种类的 2.24%。

表6-9　银杏落叶浸提液对围隔内浮游植物细胞密度的影响

浮游植物		对照组浮游植物细胞密度/(10⁴cell/L)			实验组浮游植物细胞密度/(10⁴cell/L)		
		初始	4d	7d	初始	4d	7d
蓝藻门	微囊藻属	1275.58	3619.42	1963.91	1275.58	403.06	154.63
	微小平裂藻属	20.56	25.70	7.71	20.56	2.57	9.00
	伪鱼腥藻属	1482.46	2350.27	4115.86	1482.46	174.76	253.15
	鱼腥藻属	298.12	1272.58	1882.95	298.12	98.52	89.95
	色球藻属	181.61	500.72	451.46	181.61	59.97	9.00
	棒胶藻属	48.40	11.57	14.99	48.40	6.43	10.71
	总数	3306.73	7780.25	6167.57	3306.73	745.30	526.42
绿藻门	栅藻属	120.36	96.38	11.57	120.36	79.24	13.28
	空星藻属	9.85	10.28	9.00	9.85	134.50	29.56
	小球藻属	10.71	8.14	57.40	10.71	29.98	180.33
	绿星球藻属	6.43	11.99	15.85	6.43	13.28	89.52
	浮球藻属	6.85	13.28	29.98	6.85	104.09	254.43
	四角藻属	3.43	6.43	14.56	3.43	7.71	5.14
	卵囊藻属	9.00	9.42	2.14	9.00	26.99	3.43
	盘星藻属	1.71	7.28	2.57	1.71	48.83	52.26
	蹄形藻属	30.84	20.99	11.99	30.84	22.27	14.56
	微芒藻属	3.43	7.28	9.85	3.43	230.87	20.56
	顶棘藻属	2.14	1.29	6.85	2.14	103.66	23.99
	盘藻属	25.27	1.71	3.43	25.27	17.13	25.27
	总数	230.02	194.46	175.19	230.02	818.55	712.32
硅藻门	舟形藻属	19.28	9.85	6.85	19.28	2.57	5.14
	小环藻属	18.42	20.56	6.00	18.42	23.13	7.28
	卵形藻属	6.43	19.92	11.14	6.43	39.84	15.85
	总数	44.12	50.33	23.99	44.12	65.54	28.27

（4）银杏落叶浸提液对叶绿素含量的影响

图 6-42 为银杏落叶浸提液对中试模拟实验中叶绿素 a 含量的影响。可见，对照组叶绿素 a 浓度随着时间增加出现逐渐上升的趋势，第 4 天出现最大叶绿素 a 浓度，为 6.47mg/L；第 5 天叶绿素 a 浓度出现小幅下降，但仍维持在较高趋势。实验组叶绿素 a 含量在实验初始时明显降低，在第 4 天时叶绿素 a 含量突然升高，随后逐渐降低，变化趋势与浮游植物细胞密度变化相似，处理 7d 后叶绿素 a 浓度为 1.99mg/L，抑制率达到 67.02%。

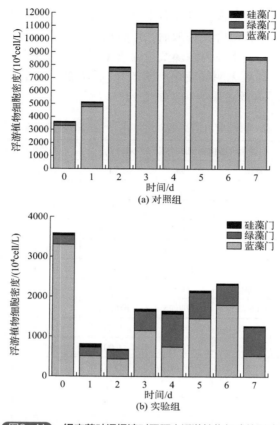

图6-41 银杏落叶浸提液对围隔内浮游植物组成的影响

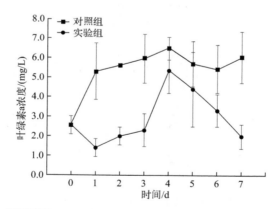

图6-42 银杏落叶浸提液对围隔内叶绿素a浓度的影响

（5）银杏落叶浸提液对水质的影响

图 6-43 为投加银杏落叶浸提液后，中试模拟实验中 pH 值和溶解氧（DO）含量的变化情况。前 3d 对照组与实验组 pH 值变化趋势基本一致，先缓慢下降后逐渐恢复到初始水平，3d 后对照组 pH 值逐渐出现下降状态，而处理组 pH 值则逐渐升高，

6d 时 pH 值相比于对照组上升了 0.5。实验期间处理组 DO 含量变化趋势与对照组相同，与对照组无明显差异。对照组和实验组的 DO 含量始终维持在 8.5 ～ 9mg/L 范围内。

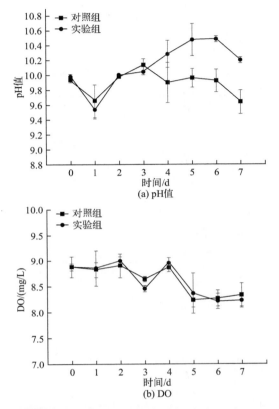

图6-43 **银杏落叶浸提液对围隔内pH值和DO的影响**

图 6-44 为投加银杏落叶浸提液后，中试模拟实验中水体 TN、NH_3-N 和 TP 的变化情况。对照组和实验组 TN 含量都出现持续下降的趋势，2d 之后实验组 TN 含量低于对照组，实验组 3d 时 TN 浓度降低到 1.3mg/L，随后趋于稳定。实验组 NH_3-N 含量在 1d 突增到 1.4mg/L 后逐渐降低，但实验周期内 NH_3-N 含量始终高于对照组。实验组 TP 含量与对照组没有显著差异，在 1d 时升高到 0.37mg/L 后降低，与对照组变化趋势相同。第 4 天开始对照组和实验组都出现下降状态，7d 时出现了回升。

研究中银杏落叶浸提液能够显著抑制蓝藻生长，水体逐渐从以蓝藻为优势种的水华水体过渡到以绿藻为优势种的水体，从而调控藻类群落结构。投加银杏落叶浸提液初期，蓝藻数量下降明显，但随着时间的延长，蓝藻有恢复生长的趋势。在后续的研究中，可进一步研究银杏落叶浸提液的提取方法，提高提取液中活性物质的提取效果，对其有效抑藻成分进行研究，延长其有效抑制时间。另外，银杏落叶浸提液对中试模拟实验内几个重要理化指标在短期没有显著影响，可以成为应用于自然水体的潜在新型抑藻剂。

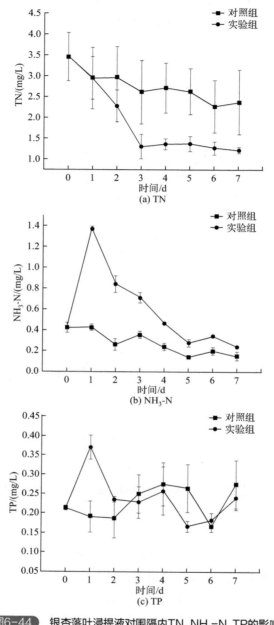

银杏落叶浸提液对围隔内TN、NH₃-N、TP的影响

6.5 河流健康生物链构建技术

一个完整的水生态系统，不但要有多样化的生境，还要有包括各级生产者和消费者的健康的生态链。水生植物作为初级生产者，其种类组成、生态分布、群落结构及种群数量直接影响着河流生态系统的结构和水环境改善。而水生动物在水体净化中的作用同

样非常重要，是维持河流生态系统健康必不可少的组成部分。多样性的水生动物在水中形成完整的生物链，与水生植物互相依赖，互相作用，形成了平衡的生态系统，使水体中的污染物质不断地消耗和降解，水体得以自净。依据生态系统物质转化和能量流动的基本规律以及水生动物的生物学特性，可采用水生动物种群的重构技术，人工调控关键物种，进而利用生物操纵原理，通过生态系统的食物链网关系，重建水生动物的种群结构，提高水生动物的物种多样性，恢复和重建良好的水域生态环境与景观生态，改善水环境。

营造河流生态系统，首先要修复河道生物的栖息环境，重视生态系统的食物链关系，只有构成生态金字塔底边的小型生物集群数量的恢复才能使位于金字塔顶端的高级消费者生存栖息。

6.5.1 水生维管束植物时空优化配置技术

水生维管束植物是生活在水体中的维管束植物的总称，常见的水生维管束植物包括挺水植物、浮叶植物、沉水植物、漂浮植物等。水生维管束植物与水体有着密切的关系，其分布受水深、透明度的影响较大，对水体污染也有显著的改善作用。因水体富营养化趋势越来越严峻，各种水体治理技术应运而生，水生维管束植物可改善水体中溶解氧量、抑制藻类增长、净化水质等，在水体治理过程中扮演了非常重要的角色。许多水生维管束植物都可以通过附着、吸收、积累和降解等方式，吸收水体中的氮、磷、重金属、有机物等污染物。作为水体的初级生产者，水生维管束植物和藻类之间在营养物质、光照等方面存在着竞争与排斥，因为也起到抑制藻类生长的作用。

水生植物能否发挥其最大的净化及应用潜力，关键在于植物种类的选择和植物群落的配置。多个物种植物的合理配置会增强对水体的净化效果。适用于受损水体修复的水生维管束植物应该具备净化能力高、耐污能力强、抗虫害能力强、引种及管理容易、资源化利用价值高、景观效果好等特点。

水草生境构建技术主要利用沉水植物进行水草生境的构建，水生维管束植物配置是将沉水植物与挺水植物等进行空间优化配置，从而构建健康的河道生物链。

水生维管束植物配置通过野外试验进行研究。通过对常见的沉水植物、挺水植物进行合理搭配，分析植物生长速率、对氮磷的吸收能力，选择最优的配置，为城市河道水生态修复提供理论依据。

6.5.1.1 沉水植物优化配置

沉水植物，选择了4种常见的水生维管束植物，即伊乐藻（*Elodea canadensis*）、苦草（*Vallisneria spiralis*）、金鱼藻（*Ceratophyllum demersum*）以及轮叶黑藻（*Hydrilla verticillata*）。利用实验室小试进行试验，通过单种、多种植物的搭配，分析了不同配置下植物生长速率以及对水体的净化能力。

试验用水为自来水，利用营养盐调配实验用水模拟水体环境，配置之前需要检测自来水体中TN、TP以及NH_3-N的浓度。配制水体最初营养盐浓度：TN浓度约为4.432mg/L，TP浓度约为0.409mg/L，NH_3-N浓度约为1.905mg/L。试验周期为7d。

（1）单种水生维管束植物生长速率研究

将4种水生维管束植物置于实验水体下暂养，使其适应实验环境。试验发现，植物生物料增长率从大到小排序为：苦草（9.62%）＞轮叶黑藻（8.52%）＞金鱼藻（7.88%）＞伊乐藻（6.33%）。

（2）单种水生维管束植物吸收氮磷能力研究

从表 6-10 中的试验结果可以看出，4 种水生维管束植物对 TN 的去除率从大到小排序为：伊乐藻＞苦草＞轮叶黑藻＞金鱼藻；对 TP 的去除率从大到小排序为：苦草＞轮叶黑藻＞金鱼藻＞伊乐藻；对 NH_3-N 的去除率从大到小排序为：金鱼藻＞苦草＝轮叶黑藻＞伊乐藻。

表6-10　水生维管束植物对营养盐的去除效果对比

水生维管束植物	TN去除率/%	TP去除率/%	NH₃-N去除率/%
伊乐藻	82.50	45.22	78.50
苦草	79.15	72.5	87.65
金鱼藻	40.88	67.56	92.22
轮叶黑藻	74.81	71.98	87.65

研究表明，苦草对水体中的 TN、TP 和 NH_3-N 都有良好的去除效果，其植物生物量的增长率为 9.62%，为 4 种水生维管束植物中最高，是理想的潜流湿地系统中水生维管束植物的选择。

（3）多种水生维管束植物生长速率研究与配置优化

试验用培养容器采用体积为 5L 的塑料箱，处理水体体积为 2L。植物在经过预培养后，尽量选取长势相对良好、大小一致的植株，清洗干净，栽植于供试水体中。试验期间用纯水补充蒸发和蒸腾所消耗的水分，以保持试验期间容器中的水位不变。

基于单种水生维管束植物的研究结果，选择不同的水生维管束植物进行配置，设置 4 个实验组：T1 为苦草＋轮叶黑藻；T2 为苦草＋金鱼藻；T3 为狐尾藻＋伊乐藻；CK 为空白对照，只添加配制污水。每个实验组均设置 3 个平行，共 12 个实验单元。每个培养容器中所种水生维管束植物生物量尽量保持相同。试验周期为 7d。

结果显示，植物生长率大小排序为：T1（苦草＋轮叶黑藻）＞T2（苦草＋金鱼藻）＞T3（狐尾藻＋伊乐藻）。

（4）多种水生维管束植物吸收氮磷能力研究与配置优化

从表 6-11 中可以看出，植物搭配之后，对水体中营养盐的去除效果明显较单种水生维管束植物提高，这是由于混种水生维管束植物可以造成植物的竞争性增长，导致根系变得更加发达，吸收能力加强。其中 T1 组（苦草＋轮叶黑藻）对营养盐的去除效果好于其他两组，且植物的生长率也高于其余两组，可以看出苦草和轮叶黑藻两种水生维管束植物之间相容性较好，能够很好地搭配并达到净化水体的效果，是理想的潜流湿地系统中水生维管束植物组合的选择。

表6-11　水生维管束植物组合对营养盐的去除效果对比

水生维管束植物组合	TN去除率/%	TP去除率/%	NH₃-N去除率/%
T1	84.78	76.23	92.66
T2	62.81	73.52	89.32
T3	72.10	72.38	91.23

6.5.1.2　挺水植物与沉水植物优化配置

选择适用于苏州市城区河道的西伯利亚鸢尾、石菖蒲、再力花3种挺水植物与沉水植物（狐尾藻）进行组合配置，分析其对水体中营养物的净化效果，并分析其生物量的变化情况。

（1）不同植物组合对水体中营养物的去除效果

3种水生维管束植物组合对富营养化水体中营养盐的去除情况如图6-45所示。可以看出，不同植物组合均表现出较高的营养盐去除效果。

图6-45（a）为3种植物组合对水体中TN的去除情况。可见，TN均有较大幅度的下降。其中T1（狐尾藻＋西伯利亚鸢尾）组合的处理效果最好，在第30天达到了地表水Ⅳ类水标准（湖库）。其次是T2（狐尾藻＋石菖蒲）组合，最终达到了82.8%的去除率。去除效果相对较差的T3（狐尾藻＋再力花）组合去除率为72.1%。对照组（CK组）由于未种植任何水生维管束植物，TN基本保持稳定。

图6-45（b）是3个实验组对水体中TP的去除情况。可以看出，3种植物组合也均表现出较强的TP去除能力。其中T1对TP的去除效率相较其他两组较高，前15天TP浓度下降速度快，后期趋于平缓。T2、T3前期（0～15d）TP去除效率不如T1组合，但3组TP浓度都在第25天下降到了最低，最终3种植物组合对TP的去除率为T1＞T2＞T3。

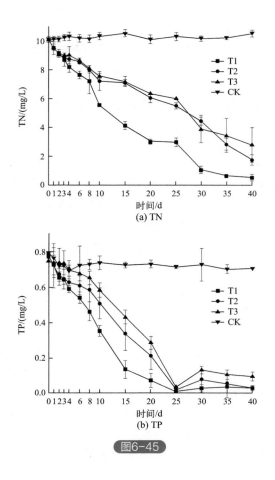

(a) TN

(b) TP

图6-45

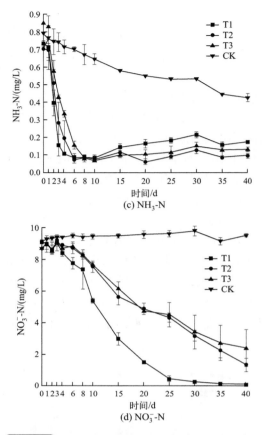

图6-45 不同植物组合对尾水中营养盐的去除效果

T1—狐尾藻+西伯利亚鸢尾；T2—狐尾藻+石菖蒲；T3—狐尾藻+再力花；CK—空白对照

如图 6-45（c）所示，3 种植物组合前期（0～6d）NH_3-N 的浓度都呈现出快速降低的趋势，T1 组在第 3 天对 NH_3-N 的去除率就达到了 78.7%，后面由于水体中残留 NH_3-N 浓度降低，去除速率有所下降。T2、T3 组 NH_3-N 在第 6 天的浓度也达到了较低的水平。总体来说，3 种植物组合对 NH_3-N 的去除效果差异不大，后期的 NH_3-N 浓度基本维持稳定，没有再出现下降的情况。3 组最终的 NH_3-N 去除率为 T2 > T3 > T1。

如图 6-45（d）所示，3 种植物组合 NO_3^--N 浓度变化趋势与 TN 的变化趋势基本相同，在前期（0～5d）对 NO_3^--N 的去除效果并不明显，后续才出现了下降的趋势，且都在第 21 天下降趋势开始趋于平缓，但相对来说 T1 组的去除效率一直略高于其余两组。比较 40d 的处理效果可以看出，对 NO_3^--N 的去除效率，T1 > T2 > T3。

综上所述，T1 组对尾水中 TN、TP 和 NO_3^--N 的去除率均优于 T2 和 T3 组。其中 T1 与 T3 在对 TN 和 NO_3^--N 的去除方面均存在显著性差异（$P < 0.05$）；但 3 个实验组在对 TP 及 NH_3-N 的去除方面均没有显著性差异（$P > 0.05$）。

（2）水生维管束植物的生物量变化情况

由表 6-12 可知，经过 40d 的实验后，不同植物组合生物量的增长情况有较大的差异（$P < 0.05$），其中 T1 组在 40d 实验周期结束时生物量由 257.7g 左右增长到了 428.7g 左右，增长率为 66.4%，明显高于 T2 组和 T3 组。

表6-12　3种水生维管束植物组合实验前后的生物量变化情况

实验组别	实验开始前		实验结束时		增长率		
	狐尾藻/g	挺水植物/g	狐尾藻/g	挺水植物/g	狐尾藻/%	挺水植物/%	总增长率/%
T1	204.3±2.5	53.3±1.7	314.3±30.6	114.3±10.0	53.80	114.4	66.40
T2	205.0±0	47±2.9	294±2.4	76±3.6	43.40	61.7	46.80
T3	202±2.2	56.7±1.9	233.3±12.5	102±20	15.50	79.9	29.60

结合表 6-13 结果分析得出，植物的生物量增长率与 TN、TP 和 NO_3^--N 的去除率呈显著正相关关系，与 NH_3-N 未表现出显著性相关关系。

表6-13　生物量增长率和营养盐去除率的Pearson相关性分析

项目	TN去除率/%	TP去除率/%	NO_3^--N去除率/%	NH_3-N去除率/%
生物量增长率	0.919**	0.795**	0.901**	−0.445

注：**表示在0.01水平（双侧）上显著相关。

本研究所设的不同植物组合均可有效地去除尾水中的 TN、TP、NH_3-N 和 NO_3^--N。种植了狐尾藻和西伯利亚鸢尾的模拟湿地对 TN、TP 及 NO_3^--N 的去除效果更佳，狐尾藻和石菖蒲的组合去除效果次之，狐尾藻和再力花组合的去除效率最低。狐尾藻和西伯利亚鸢尾在一起生长得更为适宜，生物量增长率最大。不同植物组合的种植改善了根系微生物的丰富度和生物多样性。植物的生长状况和根系脱氮除磷相关菌属的相对丰度均会对系统的净化能力产生影响，但植物的生长吸收是污水中营养盐得以去除的主要原因。

6.5.2　生态位动植物配置技术

国内外现有研究发现，滤食性动物可以控制有害藻类过度繁殖，促进沉水植被系统构建。水生底栖动物如河蚌、螺蛳等以简单藻类和颗粒状有机质为食，可通过其刮食及过滤作用将这些物质从水体中除去；食草性水生动物能够控制水草的过度生长，防止二次污染。微生物可参与水体生态修复，通过参与硝化、反硝化及厌氧氨氧化作用去除水体中部分污染物，在维持良好的水生态系统、维持水环境稳定的过程中也发挥着重要的作用。因此，合理地构建多营养级生物群落，不仅可以净化水质，同时还可以产生一定的生态和景观效益，具有广泛的应用前景。

通过构建多营养层级生态系统，探究水生动植物联合的生物扰动作用对水体微生物群落结构和多样性的影响。研究发现，各系统间微生物群落组成相似，但其丰度存在明显差异。螺、鱼的生物扰动作用使微生物多样性降低，同时也极大地减少了水体中蓝细菌门的数量，能够有效控制蓝细菌过度繁殖。本研究中营养盐浓度的变化主要依赖于水生生物与微生物的共同作用，是影响微生物群落变化的间接因素。综上，多营养层级生态系统的构建不仅可以改善水质，而且可以提高水体中细菌的多样性，改变水体中细菌的群落结构，使之向更加健康、稳定的方向发展。

6.5.2.1 试验材料与方法

（1）试验材料

试验容器：采用规格为 100L（直径 40cm、高 62cm）的白色塑料桶作为构建水下微生态系统的环境容器。并设置曝气装置，主要起充氧和循环扰动作用。

选用苦草作为水下主体植物，同时引入水生动物铜锈环棱螺、三角帆蚌和鲫以构建水生动物群落，从而形成较为完整的食物链。试验所用的苦草、铜锈环棱螺［平均体重（2.20±0.02）g］、三角帆蚌［平均体重（40±0.4）g］和鲫鱼［平均体重（6.0±0.2）g］，取回后均洗净放入水箱中暂养备用。

试验原水为河道水体，添加氯化铵（NH_4Cl）、硝酸钾（KNO_3）及磷酸氢二钾（K_2HPO_4）以保证水质达轻度污染水平。作为试验初始水体，试验水体中的初始 TN 浓度为 2.639mg/L，TP 浓度为 0.289mg/L，NH_3-N 浓度为 1.123mg/L。

（2）试验方法

试验在室内进行，水温控制在 24℃左右。共设置 5 个处理组，分别为无生物组（C0）、苦草组（C）、苦草+螺组（CL）、苦草+螺+蚌组（CLB）、苦草+螺+蚌+鱼组（CLBY），如表 6-14 所列。每组 3 个平行，其水生生物最终投放量通过预实验确定。在淡水生态系统中，沉水植物：底栖动物：鱼的生物量为 5：4：1（其中螺：蚌=1：5）时，系统可维持稳定且水质没有恶化。每个试验桶内放入 5cm 厚的石英砂以固定根系，加入 60L 配制好的富营养化水体。初期控制 5 个系统水质状况基本一致，之后每 2d 进行一次水样采集，以完成水体各项理化指标分析，试验维持 24d。测定指标为 DO、pH 值、TN、TP、NH_3-N。试验结束时，每个试验桶采集上、中、下 3 层共 5L 水样，水样混匀后过 0.22μm 滤膜，-80℃下保存，用于进行高通量测序以分析细菌群落结构。

表6-14 水下微型生态系统构建生物配置

编号	苦草/g	铜锈环棱螺/g	三角帆蚌/g	红鲫鱼/g
无生物组（C0）	—	—	—	—
苦草（C）	180	—	—	—
苦草+螺（CL）	180	24（11只）	—	—
苦草+螺+蚌（CLB）	180	24（11只）	120（3只）	—
苦草+螺+蚌+鱼（CLBY）	180	24（11只）	120（3只）	36（6尾）

6.5.2.2 单营养层级生态特性分析

在实验室条件下，以苦草、铜锈环棱螺、三角帆蚌、红鲫鱼为研究对象，将其进行单独放养，通过监测水体中氮磷浓度，计算单位时间内苦草对水体中营养盐的去除率以及水生动物单位体重的排放率。

如表 6-15 所列，苦草对水体中的 NH_3-N 具有去除作用，而螺类、蚌类和鱼类均没有去除水体中营养盐的能力。如果使用单营养层级生物，只有作为生产者的水生维管束植物可以对水体进行进化。从表 6-16 中可以看出，水生维管束植物、大型底栖无脊椎动物和鱼类均会向水体中排出一定程度的营养盐物质，其中鱼类排出量最高，水生维管束植物虽然会排出一定的营养盐物质，但本身具备吸收营养盐的能力，所以最终仍具有净化水质的作用。

表6-15　单营养层级不同生物对水中NH₃-N浓度的影响　　　　单位：mg/L

生物	0h	6h	24h
苦草	2.26	1.29	0.51
铜锈环棱螺	0	0.35	0.74
三角帆蚌	0	0.1	0.10
红鲫鱼	0	1.06	2.12

表6-16　单营养层级不同生物单位体重吸氨率/排氨率

生物	N_t-N_0/(mg/L)	$(N_t-N_0)V$/mg	$W_{鲜}$/g	单位体重吸氨率/排氨率/[mg/(g·d)]
苦草	1.75	5.25	44.8	0.1172
铜锈环棱螺	0.74	2.23	100.3	0.0222
三角帆蚌	0.10	0.30	168.1	0.0018
红鲫鱼	2.12	6.36	24.8	0.2566

6.5.2.3　多营养层次草型清水系统的构建

在整个净化试验过程中，试验水温在23.2～25.8℃之间。从感官上看，在实验结束后，5个系统塑料箱壁均出现少量附着藻，但空白系统要明显多于其他4个系统。而且动植物组合系统中生物多样性要高于单植苦草处理组，水生维管束植物的化感作用、水生动物（铜锈环棱螺、三角帆蚌和红鲫鱼）的摄食作用以及共同构成的微生态系统对藻类的抑制起了主要作用。

（1）植物生长指标

不同处理组实验开始时苦草总鲜重均为30.8g，实验结束时苦草有明显的生长，如图6-46所示。研究发现，水生动物的投放量与苦草的生长速率呈负相关，投放量越低则苦草生物量增长越快。在动植物组合的处理中可以认为植物起主要的净化作用，而动物的增加能够有效控制植物的生长，避免了单一水生维管束植物在河道中出现"疯长"现象，多种生物联合净水，可以起到维持水体稳定性的效果。

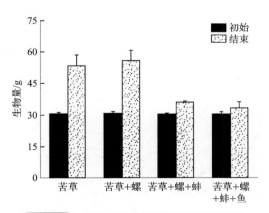

图6-46　不同生物组合对苦草生物量的影响

（2）对水体中 TN、TP、NH₃-N 浓度的影响

水体中 TN、TP、NH₃-N 浓度随时间变化的情况如图 6-47 ～图 6-49 所示。

从图 6-47 ～图 6-49 中可以看出，在不同生物组合的处理方式中，对照组中 TN 浓度明显高于各实验组的 TN 浓度，并且随着时间的延长，TN 浓度基本呈下降的趋势。

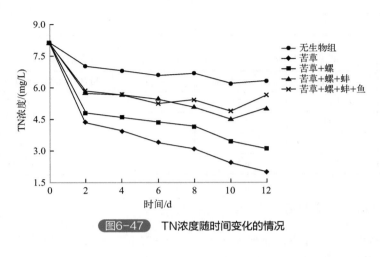

图6-47　TN浓度随时间变化的情况

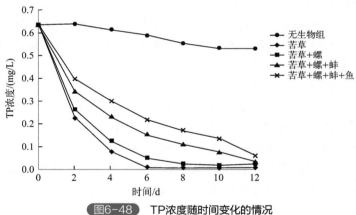

图6-48　TP浓度随时间变化的情况

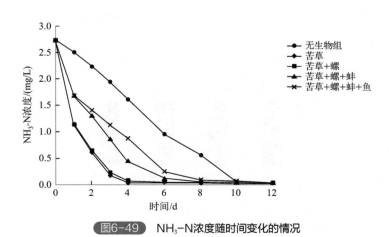

图6-49　NH₃-N浓度随时间变化的情况

从 TN 的去除效果看,苦草的 TN 去除率较高,显著高于动植物组合的处理组,这与动植物去除方式有关,植物可以吸收水体中溶解态的氮,动物主要滤食悬浮态的氮,而溶解态的氮在水体中占的比重较大,所以单植苦草组表现出更好的净化能力。对照组和不同处理系统中 TP 浓度变化较为明显,系统中 TP 浓度均呈现下降的规律,单植苦草组水质在第 4 天就降到了河流的 II 类水水质,其余组水质变化不明显,说明苦草吸收磷的能力比较强。在实验期间,整个试验过程中,实验组的 NH_3-N 浓度始终低于对照组,其去除率均高达 95%,最终浓度均低于 0.05mg/L,达到地表水 I 类水中 0.15mg/L 的标准要求。

综上所述,运用水生动植物组合净化富营养化水体,去除污染物的效果良好,在为期 12d 的试验过程中,各处理组中 NH_3-N 均符合地表水 I 类水标准,且 TP 也达到了地表水 II 类水要求。该技术方法具有维护成本低、景观持久性好、净污能力强的特点,是一项综合性的生态修复技术,可以更好地实现水体景观持久、净化效果良好、养护费用低廉兼具经济价值、恢复水体自净能力与生产功能,实现景观型人工水景可持续的净化功能,具有较为广阔的应用前景。

6.6　河道水生态修复工程案例

作为苏州市古城区平江历史文化片区内主要的景观河道,平江片区水系担负着彰显古城水乡魅力的重要功能。提升水体透明度,优化河道景观,对提升平江片区乃至苏州市城区的城市品质具有重要意义。通过对源水及周边水系的分析,拟于苏州市古城区东北街河、胡厢使河以及柳枝河区域进行"草型清水"系统的构建,完善水体的生态系统,提升水体的自净能力。

平江河原水经过第 5 章介绍的磁分离悬浮物快速处理后,$5 \times 10^4 m^3/d$ 的清水进入平江河上游河道。出水水质浊度≤ 3NTU,色度≤ 15 度。这为区域河流生态修复创造了良好的生境。

6.6.1　工程方案

工程范围为平江河、东北街河、麒麟河、柳枝河、胡厢使河、悬桥河、新桥河、东园内河、耦园东侧河、娄门内河、北园河、临顿河 12 条河道。12 条河道全长 9924m,总面积约 93258m²。因平江河区域已经清淤完成,河道底泥较少,且河道有一定的景观要求,无法进行底质电化学原位修复技术,故只对水草生境构建技术、植物源化感抑藻技术、河流健康生物链构建技术进行示范应用。

工程方案设计时,首先合理配置岸边植物,尽量选择适应能力强的本土植物,发挥雨水径流的拦蓄净化作用;河内植物以沉水植物为主,构建水下森林,强化生态净化能力,提升景观美化效果。沉水植物根系能够吸附和吸收水中的氮、磷等物质,从而降低水体化学需氧量、氨氮及总磷含量,抑制各类藻类的生长。同时,沉水植物叶、茎、根具有巨大的表面积,能为水体微生物生长提供良好的固着载体,发挥生物膜载体的作用,还能为各种生物、微生物提供适合栖息、附着、繁衍的空间,从而增加河中物种多样性,加快河区的生态修复进程。

在河床种植挺水植物和沉水植物，可以起到净化水质的作用，同时也能衬托清澈见底的河水效果。在人流活动集中的码头、交叉口、桥头位置，河床散置河卵石，形成潺潺流水的河道景观，搭配水下灯、装饰灯，衬托水体的清澈。再结合曝气复氧等措施，激活水流，改善水质。

6.6.1.1　工程内容

工程以基于生境营造的河道生态修复为主线，进行场地的准备、沉水植物种植、挺水植物种植、种植床构筑、曝气设备安装、线缆铺设等。

（1）沉水植物种植

沉水植物种植是河道生态修复的主体工程，因此设计并配置了适宜各个季节生长的多种水生植物，以增加水体的景观效果，同时也保持生物多样性原则，增强生态系统的稳定性。根据河道重要性和水深情况，选择平江河、胡厢使河、柳枝河、悬桥河、麒麟河、新桥河、娄门内河、东园内河作为重点种植区域，采用高密度网床式种植方式。

配置的沉水植物品种为矮化苦草、水盾草、篦齿眼子菜、黄丝草、轮叶黑藻，其中苦草为优势种，水盾草、篦齿眼子菜、黄丝草、轮叶黑藻点缀种植。五种沉水植物自由组合，根据现场条件选择点缀品种，最终形成多样性的"水下森林"，达到净化水质的效果。麒麟河、柳枝河沉水植物如图6-50所示。

图6-50　沉水植物种植现场

矮化苦草采用高密度种植法，平均不少于 200 株 /m²，株高 10～30cm；其他品种沉水植物点缀种植或穿插种植，株高 10～50cm；种植总面积 19200m²，其他种植沉水植物面积控制在 200m² 以上。种植方式为网床植入压实重物定投、扦插和抛投的其中一种或多种种植方式结合。由于带水种植沉水植物，定位和定量无法精确计量，故初次种植后，经过一定生长周期，沉水植物生长起来，透明度提升，再查漏补缺，分批次多次补种，直至种植区域观感形成覆盖度为止。

（2）挺水植物种植

挺水植物通过扎在水中的根系吸收大量的氮、磷等营养物质，对有机污染物起到促进降解的作用；植物根系在吸附悬浮物的同时为微生物和其他水生生物提供栖息、繁衍场所，兼可美化水域景观。主要在众安桥、通利桥、相思桥、庆林桥、吴家桥和东北街河的忠王桥、停车场桥等处以及两岸游客较多的景观节点处进行重点景观提升。由于平江河和东北街河为直立式挡墙护岸，挺水植物生长需要构建种植床。种植床使用外径DN50锌镀管间隔25mm布置，加竹片或模板间隔，内部填入泥土和砂子，种植挺水植物。

挺水植物品种为花叶美人蕉、再力花、旱伞草、梭鱼草、千屈菜、水葱等，可根据现场情况适当微调一种或多种合理搭配；挺水植物株高控制在30～40cm，根系植入水体以下控制在30cm内且入土深度应满足20cm；挺水植物栽种密度控制在8～16株/m²。挺水植物种植现场效果如图6-51所示。

图6-51　挺水植物现场种植示意

（3）花箱

为了提升平江片区河道生态景观，以平江河、东西北街河为重点，在两岸及两侧驳岸主要景点放置适量的植物种植箱。花箱按照图纸要求选用防腐木。花箱规格为0.6m×0.3m×0.3m，以装饰花箱为主。装饰花箱投放在沿岸两边石条下空隙。花箱中添加植物种植土壤，配合种植植物，以增加植物生态景观，如图6-52所示。装饰花箱种植品种为迎春花等岸上植物，花箱位置可以按照现场实际情况适当调整。

图6-52　挂式花箱示意

由于花箱安置在护岸上，生长条件比较苛刻，需要定期浇水施肥和补种。

（4）砾石铺设

通过人工填充的砾石，使水与生物膜的接触面积增大，水中污染物在砾石间流动过程中与砾石上附着的生物膜接触、沉淀，进而被生物膜作为营养物质而吸附、氧化分解，从而使水质得到改善。砾石铺设选取河道人流活动集中的平江河众安桥桥头两侧位置，河床散置砾石，形成潺潺流水的河道景观，同时形成生物膜，发挥砾石间净化效果。砾石选择白色鹅卵石，铺设厚度20cm，粒径5～7cm，水面浮船均匀投撒。

（5）食物链构建

在完成水草生境构建之后，为了维持生态修复系统的稳定性，结合研究成果和当地水质需求，向水体中投放环棱螺、青虾、鱼类等水生动物，投放量如表6-17所列，以构建人工生态系统。形成水生平衡，以沉水植物作为生产力，优化水生生物的多样性，完善整体牧食结构及生物链系统：藻类／水生植被（生产者）—浮游动物／螺类／贝类／虾类／草食性鱼类（一、二级消费者）—肉食性鱼类（顶级消费者）。并尽量选择投放太湖流域原有土著水生动物。

表6-17　水生动物投放量

种类	规格	数量
鲫鱼	30～50g/尾	150尾
红鳍鲌	50～100g/尾	50尾
青虾	体长2～3cm	105kg
无齿蚌	体长2～3cm	100kg
铜锈环棱螺	体长1～2cm	100kg

（6）曝气复氧

考虑到游船通行以及日后保洁船的作业，在麒麟河、柳枝河、胡厢使河、悬桥河、东园内河安装22套景观涌泉（380V，0.75kW），涉水直径1～1.5m；在东北街河、娄门内河、东园内河、耦园东侧河中间或边缘共安装12台喷泉（380V，0.75kW），涉水直径2.5～3m；在东北街河、麒麟河、胡厢使河、柳枝河、耦园内河、娄门内河清水工程末梢安装15套漂浮式潜水曝气机（380V，0.75kW），以提升末梢水质。曝气复氧示意如图6-53所示。

种植水生植物，搭配LED(发光二极管)装饰灯

铺放卵石，衬托清水，改善水质

拐角滞留区进行曝气复氧

适当投放鱼类

图6-53　曝气复氧示意

曝气复氧的作用主要包括：

① 水体上下循环。上下层的水体，在电动机的驱动下实现上下循环，提升了水体流动性，减少了滞水区或水体死角的存在，达到流水不腐的目的。

② 增氧曝气。通过喷头抛向空中的水柱与空气充分接触，增加水体溶解氧，上层含氧水转移到下层，逐步提高下层水体溶解氧。

6.6.1.2　具体方案

不同的河道，根据河道的水文水质及空间特点，采用不同的水生态修复方案搭配。部分河道方案如下。

（1）东北街河

东北街河全长1172m，河宽约11m，按照现场情况，在不同的区域分别采用网床式、壁挂式+模块化水生植物种植方式，主要种植四季常绿矮型苦草和水盾草，如图6-54所示。节点种植浅水植物处可适当搭配水下射灯。华阳桥、停车桥及普新桥10m范围左右设计荷花灯，如图6-55所示。

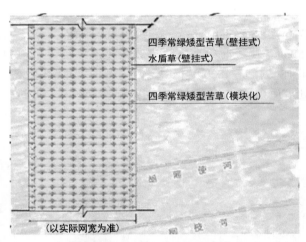

图6-54　壁挂式+模块化种植示意

图6-55　东北街河方案设计和现场效果

（2）平江河和麒麟河

平江河全长 1586m，河宽约 7.1m，沿岸 1m 宽范围内，按照 20% 的覆盖率种植沉水植物。麒麟河全长 730m，宽约 10m，河岸 1m 宽的范围内，在重要的节点按照 20% 的覆盖率种植沉水植物。游客量大的区域可以搭配 LED 装饰灯。岸边码头区域投放河卵石，衬托清水的同时，防止水质恶化。在河道拐角滞留区设置曝气机，投放鱼类，增加生物多样性。

（3）柳枝河和胡厢使河

柳枝河全长 532m，河宽约 10.9m，利用沉水植物模块化技术种植沉水植物 4260m²，根据流水方向依次种植水盾草 750m²、轮叶黑藻 750m²、四季常绿矮型苦草 2760m²，如图 6-54 所示。同时注意种植不同种沉水植物应间隔一定距离，为沉水植物群落恢复建立基础。

胡厢使河全长 495m，河宽约 10m，沿驳岸利用壁挂式种植技术种植沉水植物四季常绿矮型苦草 750m²、水盾草 250m²，每平方米约 20 个网袋，每个网袋约 5 株，两侧驳岸均种植满，如图 6-54 所示。在河道内利用沉水植物模块化技术构建"水下森林"，种植四季常绿矮型苦草 3680m²。

（4）临顿河

临顿河全长 2431m，河宽约 10m，按节点种植浅水植物，沿岸 1m 宽范围内种植沉水植物 20%，约 2252m²。施工时需要在沿岸制作生态围隔，采用 100 目筛绢、浮球以及 DN32 镀锌管桩将岸边围成 4860m² 区域，投撒微生物制剂提高水体透明度。另外，节点种植浅水植物处可适当搭配水下射灯（图 6-56）。

图6-56　临顿河水生态修复现场效果

6.6.2　工程实施效果

平江河历史文化片区内河道水生态修复完成后，通过修复成本和水草覆盖率来评估河道水生态修复效果。

6.6.2.1　监测方案

（1）监测方法

1）水草覆盖率计算方法

首先通过样方检测（随机 3 个样方）确定生态修复河道水生植物覆盖面积。当河道单位面积水生植物数量 ≥ 15 株以上时，判断为 100% 水生植物覆盖面积；当河道单位面积水生植物数量 ≥ 3 株且 ≤ 15 株时，判断为 50% 水生植物覆盖面积；当河道单位面积水生植物数量 < 3 株时，判断为 0 水生植物覆盖面积。其次确定生态修复河道水生植物覆盖率。测定整条生态修复河道水面面积，并通过样方检测确定水生植物覆盖面积，按照公式计算出水生植物覆盖率（%），沉水植物覆盖面积/整条生态修复河道水面面积 = 沉水植物覆盖率（%），当水生植物覆盖率 ≥ 20% 时判断为合格，当水生植物覆盖率 < 20% 时判断为不合格。

2）随机样方测定方法

采用采草器（抓取面积 $0.04m^2$）抓取水生植物并计数，或采用样方框（25cm×25cm）目测框内水生植物并计数，并通过计算公式计算出单位面积水生植物株数。

（2）监测点位

在工程示范核心区平江河水系设置监测点位 4 个，分别为东北街河随机监测区段 A、麒麟河随机监测区段 B、胡厢使河随机监测区段 C、柳枝河随机监测区段 D。为了与平江河区域内水生态效果进行对比，在未实施水生态修复的区域设置点位 E。在每个区域河道上设置多个断面进行监测分析。

（3）监测频率

① 水生态修复前：对于河道中现有水草覆盖率进行 3 个月的测定，每月监测 1 次。施工前不进行成本核算。

② 水生态修复后：工程建成后连续 6 个月以上对水草覆盖率进行测量和计算，每月 1 次。修复成本核算为建成后以及监测期（运行期不低于 6 个月）结束时分别进行 2 次核算。

6.6.2.2　水生态实施效果分析

2020 年 5～12 月期间，连续 8 个月对河道水草覆盖率进行了监测和计算，如表 6-18 所列。平江河历史文化片区河道从开始的没有水草生长，到平均水草覆盖率达到 29%，如图 6-57 所示。水生态修复实施 8 个月后，水草覆盖率达到了 36%，形成了水下森林。水体透明度显著提升，有效地抑制了水华暴发。相较于周边未修复河道的水草覆盖率 10% 以下，水生生态环境得到了有效改善。

表6-18　水生植物覆盖率

监测区域（断面编号）		断面水生植物覆盖率/%							
		2020年5月	2020年6月	2020年7月	2020年8月	2020年9月	2020年10月	2020年11月	2020年12月
A	1	44.44	46.67	66.67	64.44	75.56	75.56	71.11	68.89
	2	44.44	44.44	62.22	64.44	71.11	71.11	75.56	68.89
	3	51.11	51.11	71.11	68.89	75.56	75.56	71.11	71.11
	4	60.00	62.22	71.11	80.00	86.67	75.56	75.56	82.22

续表

监测区域（断面编号）		断面水生植物覆盖率/%							
		2020年5月	2020年6月	2020年7月	2020年8月	2020年9月	2020年10月	2020年11月	2020年12月
B	1	95.56	84.44	84.44	86.67	84.44	84.44	80.00	73.33
	2	91.11	80.00	80.00	80.00	80.00	75.56	64.44	68.89
	3	91.11	84.44	84.44	86.67	84.44	88.89	80.00	73.33
C	1	88.89	95.56	84.44	93.33	95.56	91.11	84.44	77.78
	2	91.11	91.11	80.00	88.89	93.33	84.44	80.00	73.33
	3	95.56	91.11	71.11	68.89	71.11	71.11	71.11	73.33
D	1	42.22	33.33	31.11	48.89	55.56	57.78	51.11	51.11
	2	37.78	35.56	31.11	48.89	55.56	51.11	51.11	55.56
	3	37.78	31.11	31.11	48.89	51.11	48.89	44.44	42.22
示范区内均值		28.19	26.42	26.02	28.68	29.86	29.08	27.19	26.50
示范区外E		15.56	13.33	8.89	11.11	13.33	13.33	8.89	6.67

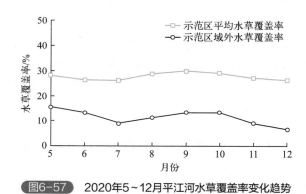

图6-57 2020年5～12月平江河水草覆盖率变化趋势

　　通过水生植物时间、空间的合理配置，科学投放相应生态位水生动物，形成多营养层级的完整食物链，恢复了健康的河道水生态系统。

参考文献

[1] 黄溢. 苏州东北街河水体生态修复试验效果研究[D]. 苏州：苏州科技大学，2016.

[2] 武士蓉，徐梦佳，赵彦伟. 白洋淀湿地水质与水生物相关性研究[J]. 环境科学学报，2013，33(11)：3160-3165.

[3] 谢文玲. 水生维管束植物在修复受损水环境汇总的选择与配置[J]. 环境科学与管理，2008，33(11)：96-98.

[4] 徐盼盼，何培民，邵留，等. 人工沉床技术引导沉水植物恢复的生态工程实践[J]. 湿地科学，2022，20(4)：554-563.

[5] 尹颖，孙媛媛，郭红岩，等. 芘对苦草的生物毒性效应[J]. 应用生态学报，2007，18(7)：1528-1533.

[6] 汤春宇. 基于流水状态植被恢复技术的河道生态修复研究[D]. 上海：上海海洋大学，2019.

[7] 张晟曼，何培民，刘炜，等. 上海城市河流浮游动物季节变化及其与环境因子的关系[J]. 水生态学杂志，2022，43(5)：42-47.

[8] 汤春宇，谭梦，石雨鑫，等. 挂壁式种植技术在硬直驳岸河道生态修复中的应用——以苏州城区河道为例[J].

环境工程，2018，36(11)：13-17.

[9] 石雨鑫，汤春宇，谭梦，等. 常见入侵植物水提液对水华藻生长及光合荧光特性的影响[J]. 上海农业学报，2020，36(2)：7.

[10] 汤春宇. 基于流水状态植被恢复技术的河道生态修复研究[D]. 上海：上海海洋大学，2019.

[11] 朱亮，蔡金榜，陈艳. 城市缓流水体污染成因分析及维护对策[J]. 水科学进展，2002，13(3)：384-388.

[12] 马进，何文辉，彭自然，等. 大型溞-苦草配合处理富营养化水体的研究[J]. 上海海洋大学学报，2018，27(4)：515-520.

[13] 谭梦，石雨鑫，何培民，等. 基于RAD-seq的苦草属(Vallisneria)SSR标记开发[J]. 分子植物育种，2021，19(8)：2690-2696.

[14] 徐盼盼，何培民，邵留，等. 人工沉床技术引导沉水植物恢复的生态工程实践[J]. 湿地科学，2022，020(4)：554-564.

[15] 吴溶，崔莉凤，蒋凌炜，等. 金鱼藻和狐尾藻对铜绿微囊藻生长及藻毒素释放的影响[J]. 水生态学杂志，2010，3(3)：43-46.

[16] 马妍，石福臣，柴民伟，等. 几种植物对铜绿微囊藻和莱茵衣藻的影响[J]. 南开大学学报(自然科学版)，2010，43(3)：81-87.

[17] 刘光涛，周长芳，孙利芳，等. 凤眼莲化感物质对铜绿微囊藻、斜生栅藻生长及细胞数相对比例的影响[J]. 环境科学学报，2011，31(10)：2303-2311.

[18] 李娜，黎佳茜，李国文，等. 中国典型湖泊富营养化现状与区域性差异分析[J]. 水生生物学报，2018，42(4)：854-864.

[19] 倪利晓，陈世金，任高翔，等. 陆生植物化感作用的抑藻研究进展[J]. 生态环境学报，2011，20(6,7)：1176-1182.

[20] 邹华，邓继选，朱银. 植物化感作用在控制水华藻类中的应用[J]. 食品与生物技术学报，2012，31(2)：134-140.

[21] 胡利静，肖艳翼，刘腾飞，等. 植物化感抑藻作用及机制的研究[J]. 水产养殖，2016，37(10)：4147.

[22] 李锋民，胡洪营. 植物化感作用控制天然水体中有害藻类的机理与应用[J]. 给水排水，2004，30(2)：14.

[23] 王立新. 黑藻对水华的抑制及其机制的研究[D]. 南京：南京师范大学，2005.

[24] 董昆明，缪莉，李楠，等. 广玉兰叶片浸提液中抑铜绿微囊藻化学成分分析[J]. 环境化学，2011，30(7)：1253-1258.

[25] 郭沛涌，李庆华，苏东娇，等. 柳树叶浸提液对四尾栅藻生长特性及光合效率的影响[J]. 激光生物学报，2011，20(4)：455-461.

[26] 白羽，黄莹莹，孔海南，等. 加拿大一枝黄花化感抑藻效应的初步研究[J]. 生态环境学报，2012，21(7)：1296-1303.

[27] 黄莹莹. 加拿大一枝黄花控制富营养化水体有害藻类技术的研究[D]. 上海：上海交通大学，2009.

[28] 胡廷尖，王雨辰，陈丰刚，等. 凤眼莲对铜绿微囊藻的化感抑制作用研究[J]. 水生态学杂志，2010，3(6)：47-51.

[29] 刘洁生，陈芝兰，杨维东，等. 凤眼莲根系丙酮提取物抑制赤潮藻类生长的机制研究[J]. 环境科学学报，2006，26(5)：815.

[30] 王赛君，吴湘，王奕棉，等. 水生入侵植物对常见水华的抑藻效应及其影响机理[J]. 海洋与湖沼，2017，48(4)：798-805.

[31] Hussain M I，Reigosa M J．A chlorophyll fluorescence analysis of photosynthetic efficiency, quantum yield and photon energy dissipation in PSII antennae of Lactuca sativa L. leaves exposed to cinnamic acid[J]. Plant Physiol Biochem, 2011, 49(11):1290-1298.

[32] Ortiz-hernández M L, Quintero-Ramírez R, Nava-Ocampo A A, et al. Study of the mechanism of Flavobacterium sp. for hydrolyzing organophosphate pesticides[J]. Fundamental & Clinical

Pharmacology, 2003, 17(6): 717–723.

[33] 陈立婧, 吴淑贤, 彭自然, 等. 2008年苏州阳澄湖浮游藻类群落结构与环境因子的ccA分析[J]. 生物学杂志, 2012, 29(6): 65–69.

[34] 徐恒省, 张咏, 王亚超, 等. 太湖浮游植物种类组成时空变化规律[J]. 环境监控与预警, 2012, 4(6): 38–41.

[35] 刘霞. 太湖蓝藻水华中长期动态及其与相关环境因子的研究[D]. 武汉: 华中科技大学, 2012.

[36] 吕晓磊, 马放, 王立, 等. 水源地水体富营养化过程微宇宙模拟试验研究[J]. 环境科学与技术, 2010, 33(12F): 22–27.

[37] 夏洁. 龙爪槐抑藻化感物质的分离、抑藻机理及应用效果研究[D]. 扬州: 扬州大学, 2011.

[38] 高李李, 郭沛涌, 苏光明, 等. 化感物质肉桂酸乙酯对蛋白核小球藻生长及生理特性的影响[J]. 环境科学, 2013, 34(1): 156–162.

[39] 王志强, 王捷, 班剑娇, 等. 芦苇水浸提液对水华微囊藻的化感作用研究[J]. 安全与环境学报, 2014, 14(4): 302–306.

[40] 毕相东, 张树林, 孙学亮, 等. 中草药乌梅浸提液的抑藻效应研究[J]. 天津农业科学, 2013, 19(12): 66–69.

[41] 梁宇斌, 毕永红, 刘国祥, 等. 三种柑橘类果皮提取物对铜绿微囊藻生长的影响[J]. 武汉植物学研究, 2010, 28(1): 43–48.

[42] 尹颖, 孙媛媛, 郭红岩, 等. 苊对苦草的生物毒性效应[J]. 应用生态学报, 2007, 18(7): 1528–1533.

[43] 吴建勇, 温文科, 吴海龙, 等. 种植方式对沉水植物生态修复效果的影响[J]. 湿地科学, 2015, 13(5): 602–608.

[44] 雷泽湘, 谢贻发, 徐德兰, 等. 大型水生植物对富营养化湖水净化效果的试验研究[J]. 安徽农业科学, 2006, 34(3): 553–554.

[45] 周裔文, 许晓光, 韩睿明, 等. 水体氮磷营养负荷对苦草净化能力和光合荧光特性的影响[J]. 环境科学, 2018, 39(3): 1–12.

[46] 陆锋. 富营养化水体生态修复示范工程[D]. 上海: 上海海洋大学, 2011.

[47] 董哲仁, 刘蒨, 曾向辉. 生态——生物方法水体修复技术[J]. 中国水利, 2002, 3(8): 10.

[48] 刘建伟, 夏雪峰, 吕臣, 等. 富营养化景观水体高效修复水生植物的筛选[J]. 江苏农业科学, 2015, 43(8): 354–357.

[49] 殷红桂, 唐子夏, 唐可欣, 等. 大型水生植物在水质修复过程中的应用现状及发展[J]. 环境科技, 2017(1): 67–70.

[50] Harborne J B, Turner B L. Plant chemosystematics[M]. New York: Academic Press, 1984.

[51] Xian Q, Chen H, Zou H, et al. Allelopathic activity of volatile substance from submerged macrophytes on Microcystin aeruginosa[J]. Acta Ecologica Sinica, 2006, 26(11): 3549–3554.

[52] Gopal B, Goel U. Competition and allelopathy in aquatic plant communities[J]. The Botanical Review, 1993, 59(3): 155–210.

[53] Cheng W, Chang X, Dong H, et al. Allelopathic inhibitory effect of Myriophyllum aquaticum (Vell.) Verdc. on Microcystis aeruginosa and its physiological mechanism[J]. Acta Ecologica Sinica, 2008, 28(6): 2595–2603.

[54] 李金中, 李学菊. 人工沉床技术在水环境改善中的应用研究进展[J]. 农业环境科学学报, 2006, 25(2): 825–830.

[55] Li J Z, Li X J, Sun S J, et al. Restoration of hyper-eutrophic water with a modularized and air adjustable constructed submerged plant bed[J]. Frontiers of Environmental Science & Engineering in China, 2011, 5(4):573–584.

[56] 吴建勇, 温文科, 吴海龙, 等. 可调式沉水植物网床净化河道中水质的效果——以苏州市贡湖金墅港断头浜为例[J]. 湿地科学, 2014, 12(6): 777–783.

[57] Li H D, Lin J, Zhang J C, et al. Discussion on the application of ecological slope protection

technology for stream channel[J]. Journal of Nanjing Forestry University(Natural Sciences Edition), 2008, 32(1):119−123.

[58] 王楠，徐静.城市河道生态护岸技术研究现状与展望[J].科技视界，2013(7): 180.

[59] Spänhoff B, Arle J. Setting attainable goals of stream habitat restoration from a macroinvertebrate view [J]. Restoration Ecology, 2007, 15(2): 317−320.

[60] Everaert G, Pauwels I S, Boets P, et al. Model−based evaluation of ecological bank design and management in the scope of the European Water Framework Directive [J]. Ecological engineering, 2013: 53144−53152.

[61] 张庭荣，刘瑛，李益，等.城市硬质河道生态治理方案——以欧洲河道生态治理为例[J].广东水利水电，2017(12): 18−21.

[62] 高晓琴，姜姜，张金池. 生态河道研究进展及发展趋势[J]. 南京林业大学学报(自然科学版)，2008，32(1):103−106.

[63] 刘小梅. 现代城市河道生态修复方法与实践[J]. 山西水利科技，2010, 11(4): 71−72.

[64] 赵广琦，崔心红，张群，等.河岸带植被重建的生态修复技术及应用[J]. 园林科技，2010(2):23−29.

[65] 张宝森，荆学礼，何丽. 三维植被网技术的护坡机理及应用[J]. 中国水土保持，2001(3):32−33.

[66] 王德铭，王明霞，罗森源. 水生生物监测手册[M]. 南京：东南大学出版社，1993.

[67] 魏复盛. 水和废水监测分析方法[M]. 北京：中国环境科学出版社，2002.

[68] Hill M O, Gauch H G. Detrended correspondence analysis: An improved ordination technique[J]. Vegetatio, 1980, 42(1):47−58.

[69] Borcard D, Gillet F, Legendre P. Numerical ecology with R [M]. New York: Springer, 2012.

[70] Olivieri A, Eisenberg D, Soller J, et al. Estimation of pathogen removal in an advanced water treatment facility using monto carlo simulation[J]. Water Science & Technology, 1999, 40(4−5): 223−233.

[71] 于明坚，丁炳扬，俞建，等.水盾草入侵群落及其生境特征研究[J]. 植物生态学报，2004, 28(2): 231−239.

[72] 丁炳扬，于明坚，金孝锋，等. 水盾草在中国的分布特点和入侵途径[J]. 生物多样性，2003, 11(3): 223−230.

[73] 王华，逄勇，刘申宝，等.沉水植物生长影响因子研究进展[J]. 生态学报，2008, 28(8): 3958−3968.

[74] 田翠翠，吴幸强，冯闪闪，等. 东平湖沉水植物分布格局及其与环境因子的关系[J]. 环境科学与技术，2018, 41(11): 6.

[75] 田翠翠，郭传波，吴幸强. 高邮湖沉水植物分布格局及其与水环境因子的关系[J]. 水生生物学报，2019, 43(2): 423−430.

[76] 张圣照，王国祥，濮培民. 太湖藻型富营养化对水生高等植物的影响及植被的恢复[J].植物资源与环境学报，1998, 7(4): 52−57.

[77] Bagousse−Pinguet Y L, Liancourt P, Gross N, et al. Indirect facilitation promotes macrophyte survival and growth in freshwater ecosystems threatened by eutrophication [J]. Journal of Ecology, 2012, 100(2): 530−538.

[78] 王韶华，赵德锋，廖日红. 关于北京后海水体光照强度及沉水植物光补偿深度的研究[J].水处理技术，2006, 32(6): 3.

[79] Zhang X Y, Zhong Y, Chen J. Fanwort in eastern China:An invasive aquatic plant and potential ecological consequences [J]. Ambio A Journal of the Human Environment, 2003, 32(2): 158−160.

[80] 张浩.不同光照条件对四种沉水植物生长差异的影响[D]. 昆明：云南大学，2009.

[81] 陈小峰，王庆亚，陈开宁. 不同光照条件对菹草外部形态与内部结构的影响[J]. 武汉植物学研究，2008, 26(2): 163−169.

[82] 丁桂珍，艾桃山，喻运珍，等. 不同营养盐对轮叶黑藻生长的影响[J]. 水生态学杂志，2014, 35(3): 66−69.

[83] 李红丽，王永阳，李玉，等. 水体氮浓度对狐尾藻和金鱼藻片段萌发及生长的影响[J]. 植物营养与肥料学报，

2014, 20(1): 213-220.

[84] 丁国际，赵洪涛，邹联沛，等. 曝气、氮和磷对滇池底泥中渣草生长的影响[J]. 湖南科技大学学报(自然科学版), 2008, 23(2): 120-124.

[85] 吴洁，钱天鸣，虞左明. 西湖叶绿素a周年动态变化及藻类增长潜力试验[J]. 湖泊科学, 2001, 13(2): 6.

[86] 张嵘梅，马博馨，杨志杰，等. 沉水植物苦草属在水体环境修复中的研究进展和应用现状[J]. 中国农学通报, 2016, 32(28): 144-154.

[87] 雷婷文，魏小飞，戴耀良，等. 6种常见沉水植物对水体的净化作用研究[J]. 安徽农业科学, 2015, 43(36): 160-161.

[88] Yang M, Xiao-Gang W U, Zhang W H, et al. Application of aquatic plant in ecological restoration of eutrophic water[J]. Environmental Science & Technology, 2007: 102-798.

[89] Wenchao L. Ecological restoration of shallow, eytrophic lakes-experimental studies on the recover of aquatic vegetation in Wuli Lake[J]. Journal of Lake Science S, 1996: 10-81.

[90] Gao J, Xiong Z, Zhang J, et al. Phosphorus removal from water of eutrophic Lake Donghu by five submerged macrophytes[J]. Desalination, 2009, 242(1-3): 193-204.

[91] 黎慧娟，倪乐意，曹特，等. 弱光照和富营养对苦草生长的影响[J]. 水生生物学报, 2008, 32(2): 225-230.

[92] 牛淑娜，张沛东，张秀梅. 光照强度对沉水植物生长和光合作用影响的研究进展[J]. 现代渔业信息, 2011, 26(11): 9-12.

[93] 靳萍，胡灵卫，靳同霞，等. 伊乐藻光合能力对三种生态因子的响应[J]. 水生态学杂志, 2013, 34(1): 25-29.

[94] 季高华，徐后涛，王丽卿，等. 不同水层光照强度对4种沉水植物生长的影响[J]. 环境污染与防治, 2011, 33(10): 4.

[95] 吴英海，卞国建，方建德，等. 环境因子对伊乐藻光合作用影响的试验研究[J]. 四川环境, 2009, 28(6): 1-4.

[96] 谭雪梅. 伊乐藻修复水生态系统的试验研究[D]. 南京：河海大学, 2005.

[97] 庞翠超，吴时强，赖锡军，等. 沉水植被降低水体浊度的机理研究[J]. 环境科学研究, 2014, 27(5): 498-504.

[98] 郭长城，江亭桂，潘国权，等. 静态条件下水生植物对悬浮颗粒物沉积的影响[J]. 人民长江, 2007, 38(1): 2.

[99] 温腾. 泥沙型浑浊水体中浊度对苦草和黑藻生长的影响[D]. 南京：南京师范大学, 2008.

[100] 沈应时，张云霄，张翠英，等. 5种植物沉床系统对富营养化水体修复效果研究[J]. 环境保护科学, 2017, 43(1): 71-76.

[101] 汤春宇. 一种悬挂式生态种植沉水植物的方法：201711236523[P]. 2018-04-20.

[102] 汤春宇，谭梦，石雨鑫，等. 一种快速调节沉水植物种植密度系统：CN201810029632.9[P]. 2018-07-06.

[103] Dawson F, Robinson W. Submerged macrophytes and the hydraulic roughness of a lowland chalkstream: With 5 figures in the text [J]. Internationale Vereinigung für theoretische und angewandte Limnologie: Verhandlungen, 1984, 22(3): 1944-1948.

[104] 王帅，张义，曾磊，等. 动静态水环境下不同种植方式对苦草生长的影响[J]. 植物科学学报, 2017, 35(5): 691-698.

[105] Butcher R. On the distribution of macrophytic vegetation in the rivers of Britain [J]. Journal of Ecology, 1933: 2158-2191.

[106] Biggs B J. Hydraulic habitat of plants in streams [J]. Regulated Rivers: Research & Management, 1996, 12(2-3): 131-144.

[107] Chambers P A, Prepas E E, Hamilton H R, et al. Current velocity and its effect on aquatic macrophytes in flowing waters [J]. Ecological Applications, 1991, 1(3): 249-257.

[108] 陈少毅，许超，姚瑶，等. 黑藻和苦草对氨氮，硝态氮和磷吸收动力学研究[J]. 环境科学与技术, 2012, 35(8): 4.

[109] 周丽，付子轼，陈桂发，等. 陆生植物化感抑制铜绿微囊藻作用效应及机制研究进展[J]. 应用生态学报, 2018, 29(5): 345-354.

[110] 沈冰洁，陈明利，吴晓芙. 利用植物化感作用抑藻的研究进展[J]. 农业资源与环境学报，2013，30(6)：35-39.

[111] 张树林. 中草药对铜绿微囊藻的抑制作用及机理研究[D]. 青岛：中国海洋大学，2011.

[112] 邹华，邓继选，朱银. 植物化感作用在控制水华藻类中的应用[J]. 食品与生物技术学报，2012，31(2)：134-140.

[113] 孙志伟，邱丽华，段舜山，等. 化感作用抑制有害藻类生长的研究进展[J]. 生态科学，2015，34(6)：188-192.

[114] 边归国. 浮水植物化感作用抑制藻类的机理与应用[J]. 水生生物学报，2012，36(5)：978-982.

[115] Pei Y, Liu L, Hilt S, et al. Root exudated algicide of Eichhornia crassipes enhances allelopathic effects of cyanobacteria Microcystis aeruginosa on green algae[J]. Hydrobiologia, 2018, 823: 67-77.

[116] 倪利晓，陈世金，任高翔，等. 陆生植物化感作用的抑藻研究进展[J]. 生态环境学报，2011，20(Z1)：1176-1182.

[117] 边归国. 陆生植物化感作用抑制藻类生长的研究进展[J]. 环境科学与技术，2012，35(2)：90-95.

[118] 高李李，郭沛涌，苏光明，等. 化感物质肉桂酸乙酯对蛋白核小球藻生长及生理特性的影响[J]. 环境科学，2013，34(1)：156-162.

[119] 张彬，郭劲松，方芳，等. 植物化感抑藻的作用机理[J]. 生态学杂志，2010(9)：170-175.

[120] 李锋民，胡洪营，种云霄，等. 芦苇化感物质对藻类细胞膜选择透性的影响[J]. 环境科学，2007，28(11)：2453-2456.

[121] 李锋民，胡洪营，种云霄，等. 2-甲基乙酰乙酸乙酯对藻细胞膜和亚显微结构的影响[J]. 环境科学，2007，28(7)：1534-1538.

[122] Hussain M I, Reigosa M J. A chlorophyll fluorescence analysis of photosynthetic efficiency, quantum yield and photon energy dissipation in PSII antennae of Lactuca sativa L. leaves exposed to cinnamic acid[J]. Plant Physiology and Biochemistry, 2011, 49(11): 1290-1298.

[123] 鲁志营，高云霄，刘碧云，等. 水生植物化感抑藻作用机制研究进展[J]. 环境科学与技术，2013，36(7)：70-75,81.

[124] 汪瑾，杜明勇，于玉凤，等. 几种植物浸提液对铜绿微囊藻的抑制作用及抑藻特性[J]. 南京农业大学学报，2014，37(4)：91-96.

[125] Zhu J Y, Liu B Y, Wang J, et al. Study on the mechanism of allelopathic influence on cyanobacteria and chlorophytes by submerged macrophyte (Myriophyllum spicatum)and its secretion[J]. Aquatic Toxicology, 2010, 98(2): 196-203.

[126] Shao J H, Yu G L, Wang Z J, et al. Towards clarification of the inhibitory mechanism of wheat bran leachate on Microcystis aeruginosa NIES-843 (cyanobacteria)：Physiological responses[J]. Ecotoxicology, 2010, 19: 1634-1641.

[127] Belshe E F, Durako M J, Blum J E. Photosynthetic rapid light curves (RLC)of Thalassia testudinum exhibit diurnal variation[J]. Journal of Experimental Marine Biology and Ecology, 2007, 342: 253-268.

[128] Schreiber U. Chlorophyll fluorescence：New instruments for special applications[J]. Photosynthesis：Mechanisms and Effects, 1998, 8(17-22): 4253-4258.

[129] Jiang H S, Zhang Y Z, Yin L Y, et al. Diurnal changes in photosynthesis by six submerged macrophytes measured using fluorescence[J]. Aquatic Botany, 2018, 149: 33-39.

[130] Shao L, Shi Y X, Chen Y Q, et al. The effects of leaf litter on the filamentous alga Cladophora sp., with an emphasis on photosynthetic physioresponses[J]. Journal of Aquatic Plant Management, 2020, 58: 41-46.

[131] Wang X X, Szeto Y T, Jiang C C, et al. Effects of dracontomelon duperreanum leaf litter on the

growth and photosynthesis of *microcystis aeruginosa*[J]. Bulletin of Environmental Contamination and Toxicology, 2018, 100: 690-694.

[132] 王力明, 刘继, 黄海涛, 等. 银杏凋落叶对生菜生长及生理特性的影响[J]. 土壤, 2019, 51(3): 502-506.

[133] Van Beek T A, Montoro P. Chemical analysis and quality control of Ginkgo biloba leaves, extracts, and phytopharmaceuticals[J]. Journal of Chromatography A, 2009, 1216(11): 2002-2032.

[134] Kato-Noguchi H, Takeshita S. Contribution of a phytotoxic compound to the allelopathy of Ginkgo biloba[J]. Plant Signaling & Behavior, 2013, 8(11): e26999.

[135] Zhang C, Yi Y L, Hao K, et al. Algicidal activity of Salvia miltiorrhiza Bung on *Microcystis aeruginosa*-Towards identification of algicidal substance and determination of inhibition mechanism[J]. Chemosphere, 2013, 93(6): 997-1004.

[136] 胡秀彩, 边延峰, 周捷, 等. 四种药物对斑马鱼急性毒性试验[J]. 水产养殖, 2012, 33(1): 43-47.

[137] Roháček K. Method for resolution and quantification of components of the non-photochemical quenching (qN)[J]. Photosynthesis Ressearch, 2010, 105(2): 101-113.

[138] Hu J, Hu Z, Liu P L F. Surface water waves propagating over a submerged forest[J]. Coastal Engineering, 2019, 152: 103510.

[139] 刘波, 盛明, 唐千, 等. 有机质对城市污染河道沉积物铵态氮吸附-解吸的影响[J]. 湖泊科学, 2015, 27(1): 50-57.

[140] 许铭宇, 刘雯, 谭广文, 等. 生态净水系统对富营养化园林水体的净化效应研究[J]. 长江科学院院报, 2019, 36(4): 27-31.

[141] 李典宝, 胡振阳, 许铭宇, 等. 水下微生态系统构建及水体净化模拟研究[J]. 人民珠江, 2018, 39(6): 30-36.

[142] 王华胜, 应求是, 王彦. 富营养化观赏水体的生物-生态修复技术[J]. 中国园林, 2008, 24(5): 21-27.

[143] 李毅, 李志宁, 杨裕昊, 等. 城市景观水体水质改善的生态修复效果研究——以佛山石湾公园景观湖为例[J]. 广东化工, 2021, 48(5): 117-120.

[144] Singh N K, Gourevitch J D, Wemple B C, et al. Optimizing wetland restoration to improve water quality at a regional scale[J]. Environmental Research Letters, 2019, 14(6): 064006.

[145] 封永辉, 张人铭, 时春明, 等. 参与水体循环的微生物群落研究[J]. 安徽农业科学, 2016, 44(1): 132-134.

[146] Rivas F J, Beltrán F J, Alvarez P, et al. Joint aerobic biodegradation of wastewater from table olive manufacturing industries and urban wastewater[J]. Bioprocess Engineering, 2000, 23(3): 283-286.

[147] Admassu W, Korus R A. Engineering of bioremediation processes: Needs and limitations[M]. Crawford R L, Crawford D L. Bioremediation: Principles and Applications. Cambridge: Cambridge University Press, 1996: 13-34.

[148] Shilo M. Photosynthetic microbial communities in aquatic ecosystems[J]. Philosophical Transactions of the Royal Society B, Biological Sciences, 1982, 297(1088): 565-574.

[149] Kuypers M, marchant H K, Kartal B. The microbial nitrogen-cycling network[J]. Nature Reviews Microbiology, 2018, 16(5): 263-276.

[150] Srivastava J K, Chandra H, Kalra S J S, et al. Plant - microbe interaction in aquatic system and their role in the management of water quality: a review[J]. Applied Water Science, 2017, 7(3): 1079-1090.

[151] 李琳, 岳春雷, 张华, 等. 不同沉水植物净水能力与植株体细菌群落组成相关性[J]. 环境科学, 2019, 40(11): 4962-4970.

[152] 尹军霞, 陈瑛, 张春柳. 三角帆蚌养殖水体微生物群的动态研究[J]. 水利渔业, 2004, 24(3): 40-42.

[153] 罗丛强, 蒋东利, 雷澄, 等. 富营养化水体中铜锈环棱螺促进苦草生长和水质改善研究[J]. 环境生态学, 2020, 2(6): 27-33.

[154] 马进, 何文辉, 彭自然, 等. 大型溞-苦草配合处理富营养化水体的研究[J]. 上海海洋大学学报, 2018,

27(4):515-521.

[155]　高月香，陈桐，张毅敏，等. 不同生物联合净化富营养化水体的效果[J]. 环境工程学报，2017，11(6)：3555-3563.

[156]　薛同来，佟素娟，张为堂，等. 水生生物群落结构完整性对水环境的影响[J]. 北京工业大学学报，2016，42(10)：100-106.

[157]　范立民，陈家长，吴伟，等. 水葫芦栽培对池塘浮游细菌群落结构影响初探[J]. 上海海洋大学学报，2015，24(4)：513-522.

[158]　Mcqueen D J, Post J R, Mills E L. Trophic relationships in freshwater pelagic ecosystems[J]. Canadian Journal of Fisheries and Aquatic Sciences, 1986, 43(8): 1571-1581.

[159]　李乾岗，魏婷，张光明，等. 三角帆蚌对白洋淀底泥氮磷释放及微生物的影响探究[J]. 环境科学研究，2020，33(10)：2318-2325.

[160]　赵黎明，吕瑛，李旭东，等. 鲢鳙引入对于稻虾综合种养水体微生物多样性的影响研究[J]. 河南水产，2020(4)：19-21.

[161]　李建柱，侯杰，张鹏飞，等. 空心菜浮床对鱼塘水质和微生物多样性的影响[J]. 中国环境科学，2016，36(10)：3071-3080.

[162]　Ai Y H, Lee S, Lee J. Drinking water treatment residuals from cyanobacteria bloom-affected areas: Investigation of potential impact on agricultural land application[J]. Science of the Total Environment, 2020, 706: 135756.

[163]　Sun Y, Li X, Liu J J, et al. Comparative analysis of bacterial community compositions between sediment and water in different types of wetlands of northeast China[J]. Journal of Soils and Sediments, 2019, 19(7): 3083-3097.

[164]　Eiler A, Bertilsson S. Composition of freshwater bacterial communities associated with cyanobacterial blooms in four Swedish lakes[J]. Environmental Microbiology, 2007, 9(3): 838.

[165]　Logue J B, Bürgmann H, Robinson C T. Progress in the ecological genetics and biodiversity of freshwater bacteria[J]. BioScience, 2008, 58(2): 103-113.

[166]　Li X, Li Y Y, Lv D Q, et al. Nitrogen and phosphorus removal performance and bacterial communities in a multi-stage surface flow constructed wetland treating rural domestic sewage[J]. Science of the Total Environment, 2020, 709: 136235.

[167]　朱莉飞，李伟，周雨琪，等. 罗非鱼养殖水体水质参数与菌群多样性分析[J]. 华北农学报，2020，35(S1)：416-423.

[168]　李杨，王芳，杨海滟，等. 高通量测序研究李氏禾生态浮床净化污水的微生物群落结构变化[J]. 西南农业学报，2018，31(9)：1903-1911.

[169]　张德锋，李爱华，龚小宁. 鲟分枝杆菌病及其病原研究[J]. 水生生物学报，2014，38(3)：495-504.

[170]　薛银刚，刘菲，孙萌，等. 太湖竺山湾春季浮游细菌群落结构及影响因素[J]. 环境科学，2018，39(3)：1151-1158.

[171]　王欢，赵文，谢在刚，等. 碧流河水库细菌群落结构特征及其关键驱动因子[J]. 环境科学，2018，39(8)：3660-3669.

[172]　韩政，汤春宇，邵留，等. 多营养层级淡水生态系统构建对微生物的影响[J]. 上海海洋大学学报，2022，12(14)：1-13.

[173]　Amy J Burgin, Stephen K Hamilton. Have we overemphasized the role of denitrification in aquatic ecosystems? A review of nitrate removal pathways[J]. Frontiers in Ecology and the Environment, 2007, 5(2): 89-96.

[174]　Calvin W Mordy, Lisa B Eisner, Peter Proctor, et al. Temporary uncoupling of the marine nitrogen cycle: Accumulation of nitrite on the Bering Sea shelf[J]. Marine Chemistry, 2010, 121(1): 157-166.

[175] 聂铭，李振轮.水体中亚硝酸盐积累的生物过程及影响因素研究进展[J]. 生物工程学报，2020，36(8)：150-1493.

[176] 韩丁，黎睿，汤显强，等.电动脱除孔隙水削减底泥内源磷的效果研究[J]. 中国环境科学，2020，40(7)：3114-3123.

[177] 石雨鑫.植物凋落物浸提液化感抑藻效果及机理研究[D]. 上海：上海海洋大学，2020.

[178] 赵赢双.城市河道底泥污染特征与电化学原位治理研究[D]. 北京：清华大学，2021.

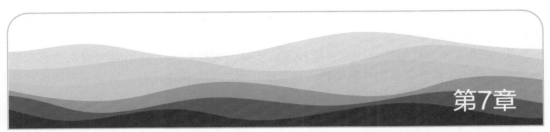

第7章

结语与展望

7.1 结语

随着我国经济以及城镇化的快速发展，城市河流出现水体污染与生态退化等一系列的环境和生态问题。随着环保投入的不断加大，生态环境问题得到了一定程度的改善，但仍存在不少重污染水体，水生态严重退化甚至遭到严重破坏，再加上城市面源污染控制难度大、河流水动力不足等影响，导致城市河流水体感官较差、水生态功能弱化。

平原河网区城市地势低平、河网密布、河流水动力微弱。受城市化进程的影响，平原河网区面临水环境品质下降、地表径流污染物含量升高、水生态恶化加剧等生态环境问题，极大地制约了区域经济社会高质量发展与高品质生活的创造。

尤其是太湖流域，水网密布，人口密集，产业发达，区域城镇化程度高，伴随着经济的发展，生活水平的提高，人们对城市水环境质量品质的要求不断提高。而在点源污染逐步控制的情况下，城市河流水质受到降雨径流面源污染及内源污染的影响，同时河道生态的修复对水质品质的提升至关重要。

① 通过筛选溶解氧、氧化还原电位、浊度、氨氮等特征指标，采用标准限值和综合指数等计算方法，结合城市水体功能性的要求，来进行水体感官愉悦度水平的综合评估。通过河道结构评价指标、水文状态评价指标、水质状况评价指标、水生生物评价指标等指标，利用综合指数法对城市河道生态健康状况进行综合评价，使得水质指标直接和水体的感官愉悦度以及生态健康水平挂钩，更加贴近人的感受与城区水体的功能性要求，反映水体的感官愉悦度和水体的生态健康水平。

② 针对降雨量高、河网密度高、地下水位高、土地利用率高和土壤入渗率低（"四高一低"）的城市特点及淹没式出流的雨水排水体系，集成高适性 LID-BMPs 控制技术、淹没式自排系统径流污染过程控制技术、基于源头减排-过程优化-末端控制的耦合模型技术、地表径流污染控制非工程措施的区域径流多维立体控制技术的应用，可以实现全过程、全方位的区域径流污染控制。

③ 通过基于水动力-水质双指标调控的城市河网流态联控联调技术，实现了复杂水

网区闸、泵、堰工程群的精准化、智能化联合调控，开创了面向平原地区河网水质和生境条件改善的水动力调控标准确定的先河，对于实现平原河网地区水力精准化、合理化调控具有重要的指导意义。

④ 河道水体典型污染物快速去除技术的实施，可以快速去除影响河道水体感官的悬浮物、胶体、藻类等颗粒性污染物，在保证水生态安全性的同时，快速提升河流水体感官品质，为后续水生态修复创造有利的条件。

⑤ 通过基于生境营造的生态修复技术的实施，为城市河流营造了良好的生境条件和物能流动通畅的生物链结构，为重建健康水生态系统打下基础。

河流水环境品质提升和生态修复是一项系统性工程，由于不同城市的社会经济和河流治理的发展阶段不同，各种治理和修复技术的适用条件也各不相同，因此针对实际的城市河流修复工程，必须因地制宜，根据城市河流水环境的实际情况，综合各方面因素，经过反复论证确定修复方案。

河流修复不应局限于某一河段和小的区域，应该向流域尺度转变，将流域作为一个复合生态系统，将河流生态系统与陆地生态系统结合起来，在流域尺度下进行河流环境修复。

（1）构建城市"绿-灰-蓝"设施耦合的工程体系，实现"源-网-厂-河"设施一体化协同调控，有效控制城市面源污染

应构建城市"绿-灰-蓝"设施耦合的工程体系，实现面源污染的协同控制。针对城市面源污染及现有排水系统的特点，要统筹优化着眼于源头削减的绿色基础设施、以过程蓄排为功能的灰色基础设施以及末端受纳水体蓝色基础设施的布局和衔接，建立"源头削减-过程蓄排-末端自净"的"绿-灰-蓝"设施相耦合的工程体系。

应重视城市绿色基础设施的建设，基于城市绿地、广场、道路等空间格局，结合海绵城市建设，在源头削减面源污染的产生；城市排水部门要着眼于城市水设施的提质增效，提升和利用排水管网、污水处理厂等灰色基础设施的过程调控能力，实现污染的过程调蓄和削减。

应通过生态河道及其缓冲带的建设，提升受纳水体的污染拦截和自净能力，系统解决城市面源污染对城市水环境的冲击，激发城市水域与绿色基础设施网络整合的潜力。

同时，应实施"源-网-厂-河"设施一体化协同调控与运行维护，提升城市排水系统运行效能。为改变目前源、网、厂、河分离运营管理，缺乏协同的问题，构建涵盖"源-网-厂-河"全系统的监测和协同调控系统。从硬件角度要加强全系统水量水质在线监测能力建设，同时要实现闸泵等设施的远程控制；从软件角度要构建"源-网-厂-河"一体化动态耦合模型，实施现场监测与数值模拟相结合的排水系统运行效能动态评估。在此基础上，以优化设施运行效能为目标，基于动态耦合模型实施"源-网-厂-河"一体化协同调控，推动全系统雨季污染负荷减排。

（2）协同推进水体品质提升与生态修复，提升城市宜居性和人民获得感

高质量的城市水环境品质是建设宜居城市的重要组成部分，也将成为人民生活质量的增长点。要实现城市水体品质提升，构建健康水生态系统，要系统推进水安全、水资源、水环境、水生态、水文化等全要素高质量发展，构建"水量-水质-水生态"耦合体系，建立"水灾害防控、水资源调配、水生态保护功能一体化"的"三水协调"模式，推进"五水共治"，齐抓共治，协同推进。

　　要提升城市水环境品质，优化水生态安全屏障体系，需要做好如下工作：

　　一是推进"源头减排 - 过程优化 - 末端控制"全方位的河湖畅流，建议根据城市水系总体布局，发展水环境水设施智能监测网络，实现水量、水质、水生态信息的实时采集记录，实现复杂水网区闸、泵、堰工程群的精准化、智能化联合调控，加强河、湖、荡水系连通。

　　二是推广水生态系统构建与健康维系技术体系，提升水体感官品质。恢复和重构生物链，修复生态系统结构，改善生态系统功能，保障水生态安全，实现河流生态健康长效维系。

　　三是构建基于新一代信息采集和监控基础设施的水管理综合平台，提升协同与信息融合能力，以"数字化 + 信息化"监管压实治水各主体责任，实现城市涉水数据共享共用、集中解析、统一决策，建立交界区域水环境联防联治、跨行政区域协同治水机制，形成"流域 - 区域 - 城市"一体化治理格局。

7.2　展望

　　总体而言，在城市河流环境修复方面，我国很多城市已经取得了经验和成绩，但目前国内相关技术仍处于起步和探索阶段，大部分还仅仅是河道整治工作，基本处于消除黑臭、水质改善和景观建设阶段，而这一阶段之后，必须将河流环境修复过渡到河流的水环境品质提升和生态修复上，只有从生态的角度恢复和重建生态系统，才能最终实现河流的生态健康，维持河流的可持续发展。

　　河流环境整治是一项长期任务，需要在科技支撑下，多方面多层次实施污染负荷削减及水生态修复措施，经过长期的不懈努力，实现城市河流水环境品质提升与水生态修复。